往复压缩机优化技术

巴 鹏　马春峰　张秀珩　李 颖　马小英 马毓姝　著

机 械 工 业 出 版 社

本书主要内容包括：典型零件的参数化设计、曲轴轴系优化技术、中体部件模态响应分析及结构优化设计、管道气流脉动分析及优化改造、监控及故障检测系统、隔膜压缩机配油系统结构优化、迷宫密封结构优化设计、气缸受迫振动分析及结构优化。将新技术与实际生产的往复压缩机设备运行情况相结合，通过主要零部件的参数化设计、建模、仿真、静态和动态分析，针对设备实际生产中引起的各种振动、泄漏等找出相关参数进行分析和修正，达到提升设备使用性能的目的。

本书可以作为企业技术人员解决实际问题的参考资料，也可作为研究生和本科生的参考书。

图书在版编目（CIP）数据

往复压缩机优化技术/巴鹏等著. —北京：机械工业出版社，2024. 3
ISBN 978-7-111-75385-8

Ⅰ. ①往…　Ⅱ. ①巴…　Ⅲ. ①往复式压缩机-研究　Ⅳ. ①TH457

中国国家版本馆 CIP 数据核字（2024）第 058073 号

机械工业出版社（北京市百万庄大街 22 号　邮政编码 100037）
策划编辑：吕德齐　　　　责任编辑：吕德齐　赵晓峰
责任校对：张勤思　王　延　　封面设计：马若濛
责任印制：张　博
北京建宏印刷有限公司印刷
2024 年 6 月第 1 版第 1 次印刷
169mm×239mm · 16. 75 印张 · 323 千字
标准书号：ISBN 978-7-111-75385-8
定价：89. 00 元

电话服务　　　　　　　　　网络服务
客服电话：010-88361066　　机　工　官　网：www. cmpbook. com
　　　　　010-88379833　　机　工　官　博：weibo. com/cmp1952
　　　　　010-68326294　　金　　书　　网：www. golden-book. com

机工教育服务网：www. cmpedu. com

PREFACE

前言

往复压缩机是石油化工、新能源、半导体材料制备等领域不可缺少的工艺系统设备。作为专业的学科团队，沈阳理工大学往复压缩机项目团队长期以来一直从事往复压缩机理论和应用技术研究工作，开发了独具特色的结构优化设计、脉动计算和故障分析、工艺优化和加工、安装调试和整机装备控制等技术，经过多年的新产品研制、转化、推广和产学研合作过程的不断完善，形成了专用的设计、计算、分析、工艺、加工、安装调试、监控、空载和负荷试车、整机成套等具有完全工程实践意义的应用技术。通过在石化、新能源等领域的广泛应用，该技术为应用企业提高往复压缩机设备运行效率、优化设备性能、缩短检修周期、降低能源消耗、高效解决设备故障及技术改进提供了可靠的支持，同时也为往复压缩机产品的发展方向和新技术开发提供了可借鉴的实践参考。

本书以目前国内外往复压缩机应用企业主要采用的 3 类、4 类或 5 类机型为对象，针对设计过程计算复杂问题和实践应用中的各种故障问题，利用现代技术方法进行分析，得出较为合理的方案，对有些结构进行相应的尺寸修改，达到优化设计的目的，实现了现代技术与实际产品的融合。本书可以作为企业技术人员设计及解决实际问题的参考资料，也可作为研究生和本科生的参考书。

随着新技术、新材料的不断应用和发展，往复压缩机可以得到更合理的优化。由于作者的经验有限，书中难免存在不足之处，恳切希望使用本书的读者提出宝贵意见，以求改进。

沈阳远大压缩机有限公司任希文正高级工程师、欧周华正高级工程师、张士永正高级工程师、赵玉忱正高级工程师、张鹏飞高级工程师、马静高级工程师、沈阳远大压缩机有限公司李晓刚副总经理兼亚太地区财务总监审阅了书稿并提出了宝贵意见。另外，国内石化炼化企业的一些工程技术人员曾对本书提出过许多意见，在此一并致以衷心的感谢。

作者

CONTENTS

目录

第1章 典型零件的参数化设计

01

1.1 计算程序平台

通过整理、分析往复压缩机的热力和动力计算（以下简称热-动力计算）过程，利用 VC++6.0 编写的程序，基于模态对话框开发了压缩机的热-动力计算程序平台，该平台可简化计算过程，减少重复的计算工作。

1.1.1 热-动力计算对话框设计步骤

打开一个对话框，在对话框中输入数据，经过数据计算处理，得出要求的压缩机各项参数，然后关闭对话框。下面是压缩机热-动力计算对话框技术平台的开发步骤。

1）运行 AppWizard，应用向导生成一个对话框，合理调整对话框的大小，设置新建的对话框标题为“压缩机计算”，通过控件调色板添加对话框中的编辑框、静态文本、按钮、图片等控件，并修改控件属性，为计算按钮添加命令处理函数。控件调色板如图 1-1 所示。

2）启动类向导 ClassWizard 创建新的类对话框，为各编辑框添加新的成员变量，定义成员变量的名称以及数据类型，如图 1-2 所示。

3）添加消息处理函数。为了使应用程序能够在用户单击“计算”按钮后进行计算，还要为“计算”按钮添加一个消息处理函数，用来响应单击操作。具体添加方法为：双击计算按钮，在下面程序段的“//”前为按钮控件编写相应成员函数的程序，所有计算过程都在此段程序中体现。

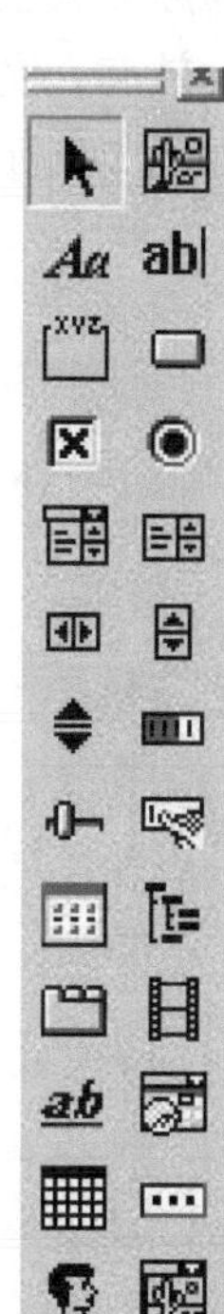

图 1-1　控件调色板

MFC ClassWizard

消息映射 | 成员变量 | 自动化 | 活跃 事件 | 类信息

项目：yasuojijisuan

类名称：CYasuojijisuanDlg

D:\...\yasuojijisuanDlg.h, D:\...\yasuojijisuanDlg.cpp

控制IDs	类型	成员
IDC_EDIT1	int	m_num1
IDC_EDIT10	int	m_num10
IDC_EDIT11	float	m_num11
IDC_EDIT12	float	m_num12
IDC_EDIT13	float	m_num13
IDC_EDIT14	float	m_num14
IDC_EDIT15	int	m_num15
IDC_EDIT16	int	m_num16
IDC_EDIT17	float	m_num17
IDC_EDIT18	float	m_num18
IDC_EDIT19	float	m_num19

图 1-2　添加新的成员变量

1.1.2　设计计算的程序平台

利用 VC++6.0 的 MFC 编程来完成前期复杂的热-动力计算，运行程序后输入给定设计原始参数，单击“确定”按钮就可以得到相应的数据计算结果，按照用户的各种技术和结构要求，获得压缩机的主要尺寸、最大压力、消耗功率等值。与原来人工设计计算相比，计算程序平台减少了大量的人力劳动，极大提高了设计效率，实现了设计计算过程的可视化和程序化。压缩机计算程序平台设计流程如图 1-3 所示。

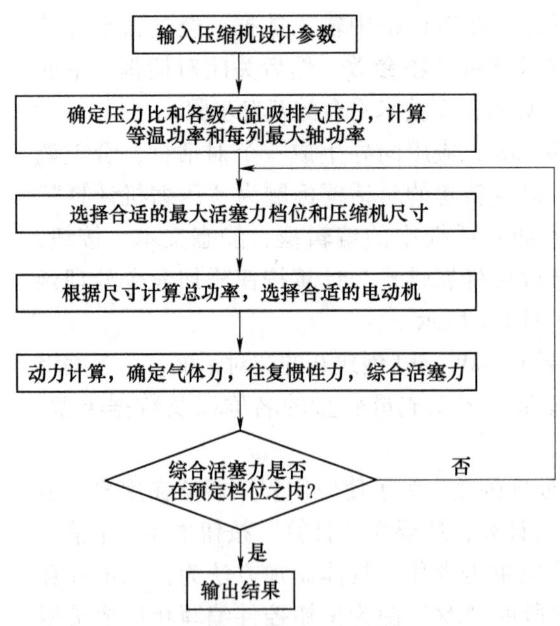

图 1-3　压缩机计算程序平台设计流程

设计一台空气压缩机，各段气体成分为氮气78.1%、氧气20.9%、稀有气体成分为0.939%、其他气体和杂质等为0.061%，排气量为$22m^3/min$，吸气压力为0.1MPa，排气压力为0.7MPa，各级的吸气温度为40℃，相对湿度$\phi=100\%$（计算时代入1），气体分2级压缩，双作用气缸。

根据设计经验，空气的绝热指数$k=1.4$，如果是混合气体可以查阅其他相关公式计算得出绝热指数。空气的压缩指数$n=1.4$，膨胀指数$m=1.25$，连杆长度和曲柄半径比$\lambda=0.232$，余隙行程系数取0.25，等温效率取0.65，机械效率取0.92。计算结果如图1-4所示。

根据计算结果，选用功率为132kW、转速为420r/min的异步电动机，根据最大活塞力确定压缩机活塞力挡位为4kN，该压缩机的排气量为$22m^3/min$，排气压力为0.7MPa（$7kgf/cm^2$），所以可以确定该往复压缩机的型号为4L-227型。

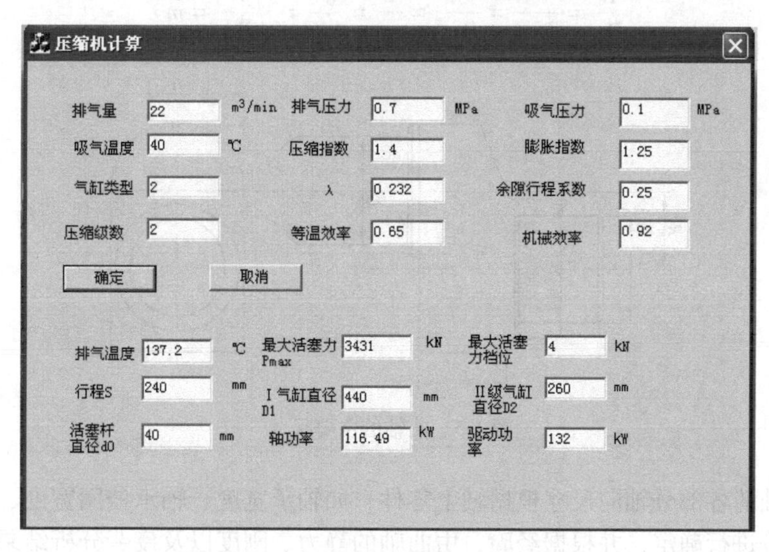

图1-4　热-动力计算对话框

1.2　曲轴参数化设计

以相似理论为基础，在分析压缩机典型零部件曲轴的设计计算和校核的前提下，对压缩机的曲轴进行参数化设计。利用Cero软件提供的参数化建模工具，对零件参数、关系进行重定义的方法实现曲轴的参数化建模。运用相似理论以企业现有的性能良好、运行可靠的成熟产品为模型，设计与模型相似的新压缩机。

1.2.1 曲轴的相似条件

以L型往复压缩机关键的传动部件——曲轴为例来介绍设计方法。首先选择曲轴模型，确定曲轴的过渡圆角、油孔、轴封、轴端平衡铁等结构形式，其相似换算设计如下。

曲轴的主要尺寸如图1-5所示，曲轴的曲柄销直径$D=(4.6\sim5.6)P$，P为活塞力，曲轴轴颈$D_1=(1\sim1.1)D$，曲柄厚度$t=(0.6\sim0.7)D$，曲柄宽度$h=(1.2\sim1.6)D$，由于曲轴是往复压缩机的传动部件，根据相似理论，首先要满足L型往复压缩机的模型（以下角标“M”表示模型的参数）与实物的几何形状相同，对应的线性长度比为一定值，见式（1-1）。

$$\frac{D}{D_M}=\frac{D_1}{D_{1M}}=\frac{D_2}{D_{2M}}=\frac{t}{t_M}=\frac{h}{h_M}=\sqrt{\frac{P}{P_M}}=m \tag{1-1}$$

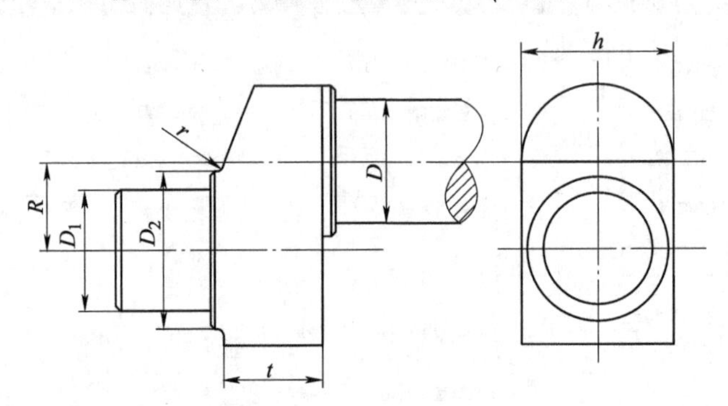

图1-5　曲轴的主要尺寸

曲轴的各部分轴向尺寸根据轴上零件，如轴承宽度、轴承挡圈宽度、轴承座的布置等进行确定，并根据经验，由曲轴的静力、刚度以及疲劳分析结果对设计结果进行修正。

1.2.2 曲轴强度及刚度计算

曲轴强度和刚度的计算以压缩机作用力的分析为基础，主要包括气体压力、曲柄连杆机构运动时产生的惯性力和摩擦力。作用在曲柄销上的力可分为垂直于曲柄的切向力F_t和沿半径方向的径向力F_r，如图1-6所示。由图1-6中的三角关系可得

$$F_t=F_p\frac{\sin(\alpha+\beta)}{\cos\beta} \tag{1-2}$$

$$F_r=F_p\frac{\cos(\alpha+\beta)}{\cos\beta} \tag{1-3}$$

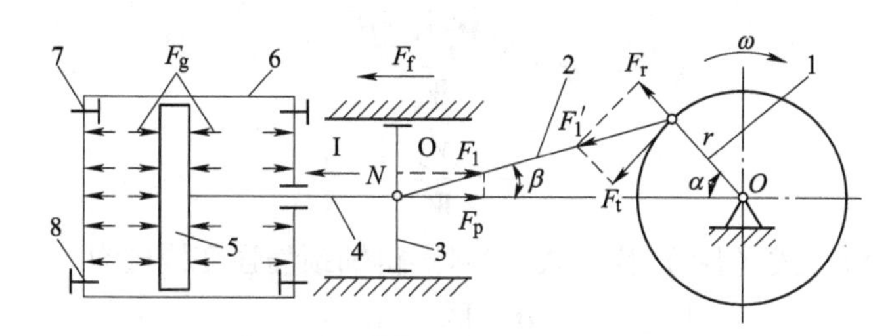

图 1-6　双作用压缩机结构示意图

1—曲柄　2—连杆　3—十字头　4—活塞杆　5—活塞　6—气缸　7—吸气阀　8—排气阀

为了使计算简便，对曲轴先作如下假设。

1）对于多支承曲轴，按在主轴承中点处被切开的分段简支梁考虑。

2）连杆力集中作用在连杆的中点处。

3）忽略回转惯性力。

4）忽略曲轴的自重。单拐曲轴的受力简图如图 1-7 所示。F_t为垂直于曲柄的切向力，F_r为沿半径方向的径向力，N_{Ay}、N_{Az}、N_{By}、N_{Bz}、N_{Cz}、N_{Cy}分别为 A、B、C 三个主轴承处的支反力沿坐标方向的分量，M 为输入转矩，M_0为相邻一跨传来的阻力转矩。

在曲轴旋转一周内的几个特殊位置上，由各主轴承的支反力计算出各截面绕 y 轴、z 轴的弯矩 M_{iy}、M_{iz}，x 轴的转矩 M_{ix}，轴力 Q_i。轴颈和曲柄各截面的静强度为

$$n = \frac{\sigma_{-1}}{\sqrt{\sigma^2 + 4\tau^2}} \geqslant [n] \tag{1-4}$$

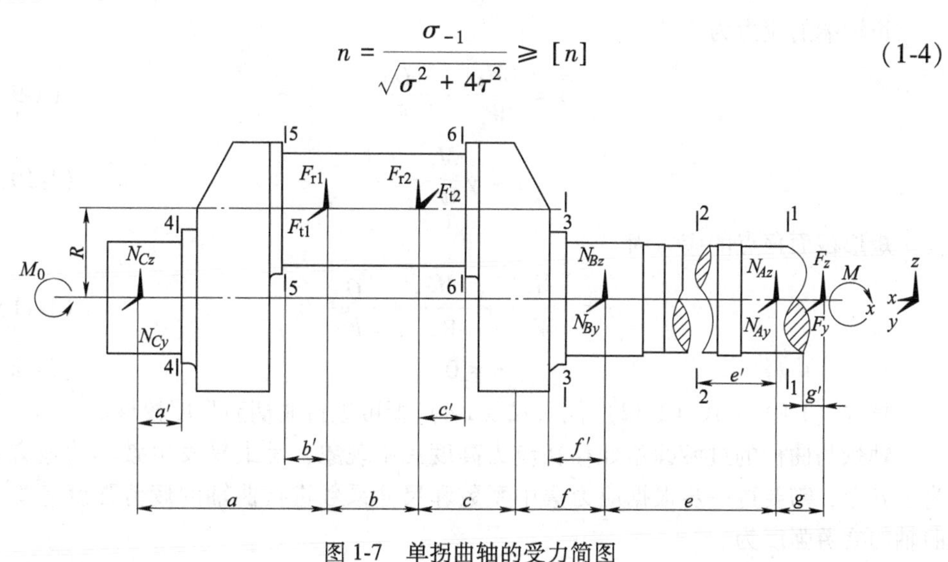

图 1-7　单拐曲轴的受力简图

轴颈各危险点应力为

$$\sigma = \frac{\sqrt{M_y^2 + M_z^2}}{W_y} \tag{1-5}$$

$$\tau = \frac{M_x}{W_x} \tag{1-6}$$

将式（1-5）、式（1-6）代入式（1-4）得轴颈静强度校核为

$$\begin{cases} n = \dfrac{\sigma_{-1} W_y}{\sqrt{M_y^2 + M_z^2 + M_x{}^2}} \geqslant [n] \\ W_y = \dfrac{\pi D_1^3}{32} \end{cases} \tag{1-7}$$

式中　σ_{-1}——曲轴材料对称弯曲疲劳极限（MPa）；

σ——危险点上的正应力（MPa）；

τ——危险点上的切应力（MPa）；

W_y——被校核截面的截面系数（m^3）；

D_1——轴颈直径（m）；

$[n]$——许用安全系数，推荐 $[n]$ =3.5~5。

对于曲柄的应力计算，情况比较复杂。以曲柄的矩形截面为例，短轴端的应力为

$$\sigma = \frac{|M_y|}{W_y} + \frac{|Q|}{F} \tag{1-8}$$

长轴端的应力为

$$\sigma = \frac{|M_z|}{W_z} + \frac{|Q|}{F} \tag{1-9}$$

$$\tau = \gamma \frac{M_x}{W_x} \tag{1-10}$$

矩形截面角点的应力为

$$\sigma = \frac{|M_y|}{W_y} + \frac{|M_z|}{W_z} + \frac{|Q|}{F} \tag{1-11}$$

$$\tau = 0 \tag{1-12}$$

将式（1-8）~式（1-12）代入式（1-4）即可进行曲柄静强度校核。

轴颈与曲柄的过渡圆角处存在应力高度集中现象，是最易发生破坏的地方。为了安全，需要进一步根据应力集中系数和尺寸系数进行曲轴的疲劳强度计算。曲轴的疲劳强度为

$$
\begin{cases}
n_1 = \dfrac{\sigma_{-1}\varepsilon}{\sqrt{(\sigma_a K_a)^2 + \left(\dfrac{\sigma_{-1}}{\tau_{-1}}\right)^2 (\tau_a K_\tau)^2}} \geqslant [n_1] \\
\sigma_a = \dfrac{M_{y\max} - M_{y\min}}{2W_y} \\
\tau_a = \dfrac{M_{x\max} - M_{x\min}}{2W_x}
\end{cases}
\tag{1-13}
$$

式中　σ_a——弯曲和扭转的应力幅度（MPa）；

σ_{-1}，τ_{-1}——材料的弯曲和扭转疲劳极限（MPa）；

K_a，K_τ——弯曲和扭转时曲轴的有效应力集中系数；

ε——曲轴的尺寸系数；

$[n_1]$——许用安全系数，推荐 $[n_1]$ =1.8~2.5；

$M_{y\max}$，$M_{y\min}$——曲轴旋转一周过程中，作用在曲柄过渡圆角所在截面处绕 y 轴的最大和最小弯矩；

$M_{x\max}$，$M_{x\min}$——曲轴旋转一周过程中，作用在轴颈过渡圆角所在截面处绕 x 轴的最大和最小转矩；

W_y——曲轴抗弯截面系数，$W_y = \dfrac{h(t^2 + s^2)}{6}$；

W_x——曲轴抗扭矩截面模量，$W_x = \beta b^3$（β 为系数，其值的大小随着矩形截面长边的长度 h 和短边的长度 b 的比值 $m=h/b$ 的大小改变）。

在做刚度校核时，要把曲轴转化为变截面直梁，要求转化梁与曲轴有同样的弯矩刚度。转化梁与曲轴轴颈有同样的坐标系，根据弯矩值求虚载荷，画虚载荷分布图、力多边形，求出轴颈的偏转角

$$
\theta = \sqrt{\theta'^2_z + \theta'^2_y} \leqslant [\theta] \tag{1-14}
$$

式中　$[\theta]$——为允许偏移角（rad）；

θ'_z——绕 z 轴的弯曲弧度（rad）；

θ'_y——绕 y 轴的弯曲弧度（rad）。

曲轴的参数化设计流程如图 1-8 所示。

1.2.3　参数化设计计算

按 1.1.2 节所给初始设计条件，应用参数化设计方法设计 4L-227 型往复压缩机曲轴。

初步确定曲轴结构设计方案，材料选择 45 钢，淬火。根据热-动力计算结

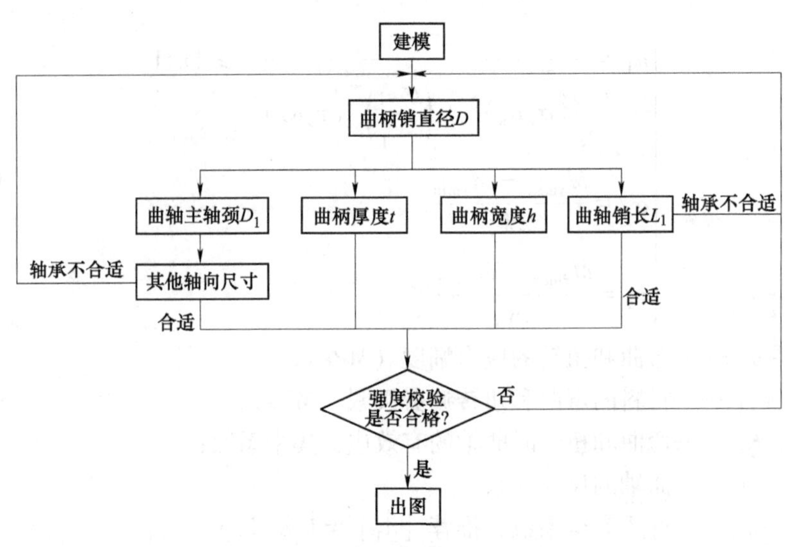

图 1-8　曲轴的参数化设计流程

果，由式（1-1）可以得出曲轴的主要尺寸，曲轴轴向尺寸根据轴上零件确定，圆角半径 $r=10\text{mm}$，曲轴尺寸如图 1-9 所示。应用 VC++6. 0 编写曲轴的校验对话框程序，计算曲轴的静强度和疲劳强度，计算结果如图 1-9 所示。

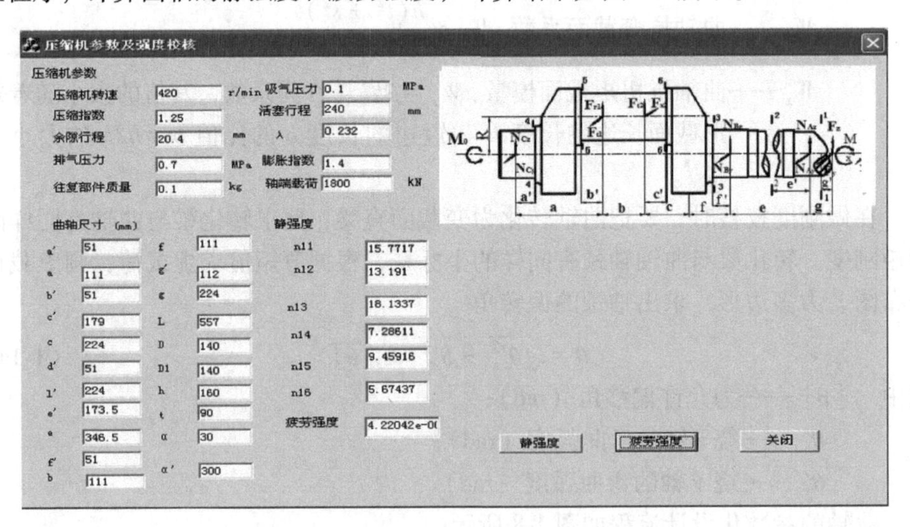

图 1-9　压缩机参数及强度校核对话框

校核结果表明，各截面的静强度和疲劳强度均符合要求。做刚度校核时，把曲轴转化为变截面直梁，要求转化梁与曲轴有同样的弯矩刚度。轴颈的偏转角 $\theta=0.00021\text{rad}\leqslant[\theta]=0.00031\text{rad}$，刚度合格。

假设第二轴承处轴颈直径为 D_2，第三轴承处轴颈直径为 D_3，轴颈长为 l_1，曲柄销长为 l_2，传动轴总长为 l_3，曲轴的其他尺寸如 1. 2. 1 节所述，按本章方法所得尺寸与炼化企业实际应用的 4L-227 型往复压缩机的曲轴实际尺寸对比结果见表 1-1，静强度系数和疲劳强度系数的对比见表 1-2。

表 1-1　计算结果与实际尺寸比较　（单位：mm）

曲轴参数	D	D_1	t	h	D_2	D_3	l_1	l_2	l_3
所得尺寸	140	140	90	160	130	120	99	230	670
实际尺寸	130	130	85	170	120	110	90	220	665

表 1-2　静强度系数和疲劳强度系数的对比

参数	n_{11}	n_{12}	n_{13}	n_{14}	n_{15}	n_{16}	疲劳强度系数
所得曲轴	15. 77	13. 19	18. 13	7. 28	9. 45	5. 67	4. 22
实际曲轴	12. 40	10. 57	14. 87	6. 45	4. 18	3. 56	2. 38

由两表中的数据对比可知，实际应用的 4L-227 型往复压缩机的尺寸值和安全系数值比设计结果小，造成这种现象的原因主要由以下几种。

1）确定曲轴主要尺寸所用的经验设计公式中一般有一个系数，此系数的大小一般要根据压缩机不同的设计要求而定。

2）出于曲轴安全可靠性能考虑，在上述设计曲轴过程中，将所得尺寸进行圆整选值时一般取尺寸的上限值。但是这些都不影响曲轴的安全性能，所以此方法适合曲轴的安全要求。

1. 2. 4　基于软件的参数化建模实例

以炼化企业常用的 4L-227 型往复压缩机曲轴为模型进行 Creo 参数化建模。通过修改原零件图中定义的各参数而改动图形某一部分或某几部分的尺寸，再完成相关联部分的改动，进而完成对整个三维零件图形的驱动。首先，画出 4L-227 型往复压缩机曲轴的三维图形。在画零件三维图时，一定要考虑为后续的零件特征驱动提供方便。然后，定义零件各特征尺寸参数，对零件各部分尺寸进行详细的描述。参数对话框如图 1-10 所示。

图 1-10　参数对话框

设定参数关系：在如图 1-11 所示的关系对话框中输入关系式，将特征与尺寸关联起来，对各关联尺寸进行定义。在参数对话框中重新输入新的一组参数就可以得到新的三维图。4L-227 型往复压缩机曲轴三维图如图 1-12 所示，三维建模后导出零件二维图，标注后如图 1-13 所示。可以进一步将生成的二维图形导入 ANSYS 软件进行有限元分析。

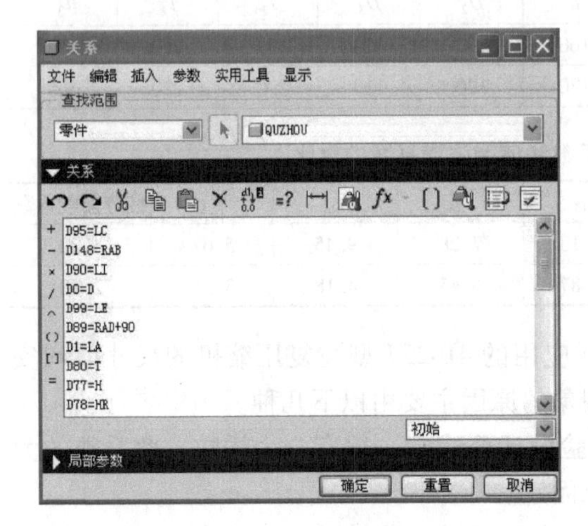

图 1-11 关系对话框

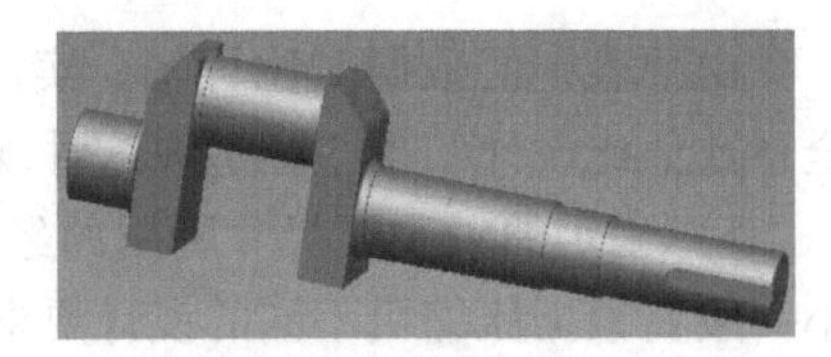

图 1-12 4L-227 型往复压缩机曲轴三维图

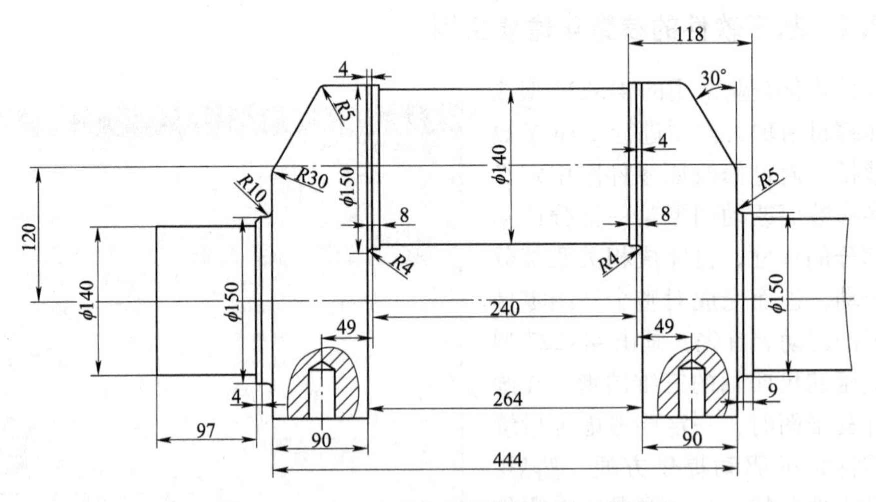

图 1-13 4L-227 型往复压缩机曲轴二维图

1.3　连杆参数化设计

按1.1.2节所给初始设计条件，参数化设计4L-227型往复压缩机的连杆。材料选择40Cr钢，在热-动力计算的基础上，确定连杆主要尺寸。利用VC++6.0开发连杆尺寸的确定以及校验平台。由此计算平台确定的连杆尺寸、应力大小、静强度和疲劳强度如图1-14所示。由校验结果可知，连杆的各尺寸均符合安全要求。此计算平台极大地简化了设计计算，提高了连杆的设计效率，缩短了开发周期、降低了设计成本。

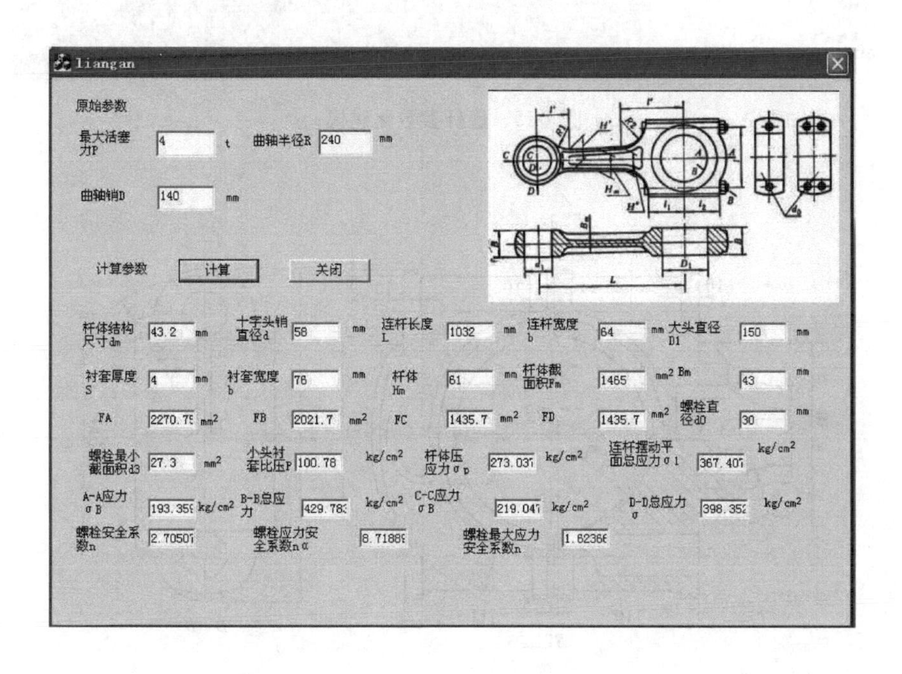

图1-14　连杆主要尺寸和各部分校验结果

根据Creo的二次开发工具Program，建立模型参数和参数关系式。过程同曲轴，根据程序提示，分别给连杆参数赋新值，就可以得到新的三维图，如图1-15所示，导出的二维工程图如图1-16所示。

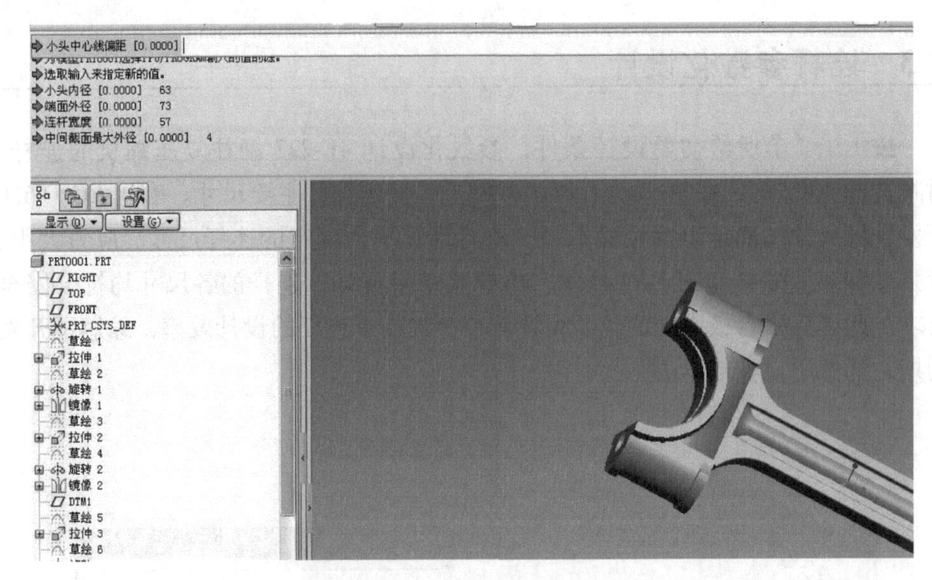

图 1-15　连杆参数化建模

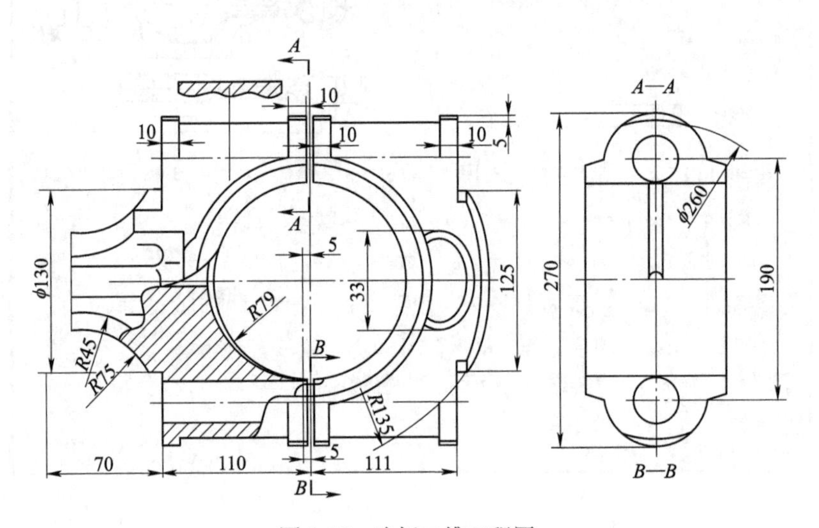

图 1-16　连杆二维工程图

1.4　一级缸体参数化设计

以 4M12-78/34 型氧气压缩机一级缸体的参数为例，利用 VC++6.0 编程工具 MFC 资源模块，采用动态链接库 DLL 的方式参数化设计，并且通过二次开发，可以设计出简单方便的人机交互界面，不仅可以提高 Creo 的使用效率，还可以更清楚地表达设计人员的想法。如图 1-17 所示，单击“下一步”按钮就可以进入压缩机热力计算界面中，使用起来特别的方便。

1.4.1　压缩机计算程序

热-动力计算：单击欢迎界面上的“下一步”按钮，系统进入往复压缩机整体布置界面。在此界面可以输入压缩机的型号，如 4M12-78/34 型氧气压缩机，其总级数为 4，气缸的类型为 M 型（对称平衡型），活塞推力为 120N，排气量为 $78m^3/min$，排气压力为 3.4MPa，压缩气体类型为氧气，气缸材料为铸铁，如图 1-18 所示。资源文件代码通过程序完成。

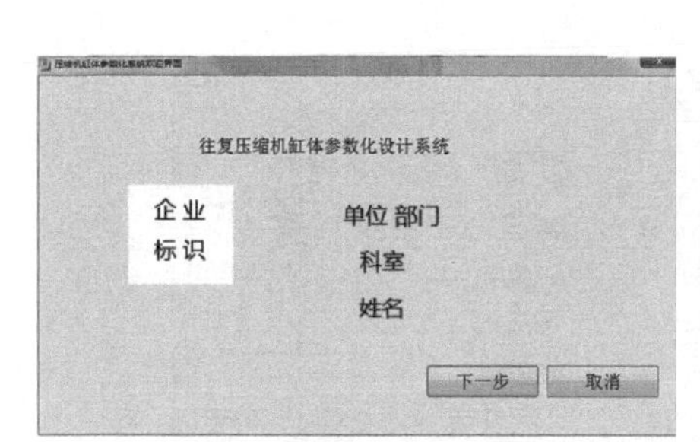

图 1-17　系统欢迎界面

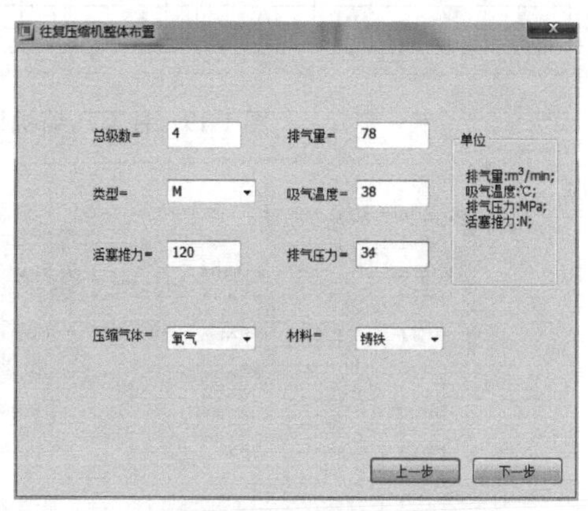

图 1-18　往复压缩机整体布置界面

单击图 1-18 中的“下一步”按钮，系统进入压缩机设计主要参数界面，用户在这个界面需要输入和选择一些参数，如气缸的作用类型有单作用气缸、双作用气缸、极差式气缸等，这里选择单作用气缸；这里是氧气压缩机，压缩气体是氧气，就需要输入氧气的主要物理性质，如相对分子质量、气体常数、比热容等；压缩机运行时影响排气量的因素，如容积系数、压力系数、温度系数、气密系数；根据活塞推力的大小，可以得到一些参数的推荐值，如活塞行程、电动机转数、活塞杆直径、轴功率、活塞平均速度、每列往复部件最大质量。输入的参数都是根据压缩机的要求确定的。不同型号的压缩机，所输入的参数不一样，结果也不相同，输入完参数后结果如图 1-19 所示。

单击“下一步”按钮，系统进入往复压缩机热力计算结果界面，如图 1-20 所示。将压缩机热力学计算公式通过 VC++编程，输入已知的数据，可以得到热力计算的结果，并为后续压缩机动力计算提供基础。

再次单击“下一步”按钮，系统进入往复压缩机热力复运算界面，初步的热力计算并不能作为热力运算的最终结果，必须修正公称压力、压力比、行程容

压缩机设计主要参数

活塞式压缩机主要结构参数表

活塞推力 P(吨)	行程 S(毫米)	推荐转数 n(转/分)	推荐转数下的活塞平均速度 Cm(米/秒)	活塞杆直径 d(毫米)		每列往复部件重大质量 ms(千克)	轴功率 N(千瓦)
1	80	980	2.16	25		19	17
	100	980	3.27			15	21
2	100	980	3.27	30	35	31	42
	140	730	3.40			40	43
3.5	140	730	3.40	40	45	70	76
	180	600	3.60			81	80
5.5	180	600	3.60	50	55	127	126
	220	500	3.67			149	128
8	240	500	4.00	60	65	198	203
12	280	428	4.00	70	80	350	305
16	320	375	4.00	80	90	528	406
22	360	375	4.50	90	100	645	630
32	400	333	4.44	110	120	1070	900
45	450	300	4.50	130	—	1670	1290

单作用气缸 双作用气缸 级差式气缸

分子量= 3.2 容积系数= 0.69
压力系数= 0.98 温度系数= 0.97
气密系数= 0.98 临界压力= 49.71
临界温度= -188.8 气体常数= 26.5
比热Cp= 0.218 比热Cd= 0.156
绝热指数= 1.40 相对余隙= 0.10
转数= 428 活塞杆直径= 70
行程= 280 轴功率= 305

单位 压力:MPa; 温度:℃; 气体常数: kg·K; 行程:mm; 转速:rad/min; 活塞杆直径: mm; 轴功率:kW;

上一步 下一步 取消

图 1-19 往复压缩机设计主要参数界面

往复压缩机热力计算结果

第一级结果 排气温度= 47 干气系数= 1 抽气系数= 1 气缸行程容积= 56.67 气缸直径= 823.61
第二级结果 排气温度= 48 干气系数= 0.94 抽气系数= 1 气缸行程容积= 30.09 压力比= 2.95
第三级结果 排气温度= 45 干气系数= 0.92 抽气系数= 1 气缸行程容积= 14.62 排气系数= 0.65
第四级结果 排气温度= 48 干气系数= 0.934 抽气系数= 0.884 气缸行程容积= 5.73 最大轴功率= 350

单位 排气温度:℃; 行程容积:m^3/min; 气缸直径:mm; 轴功率: kW;

上一步 下一步 取消

图 1-20 往复压缩机热力计算结果界面

积等参数和气缸直径圆整。因为一级的吸气温度往往比较低，所以把一级的压力比提高些；余隙容积调整和局部行程调整将导致末级压力比增加，从而引起末级气缸温度过高，所以一般开始压力比较大，末级压力比较小，压缩机各级压力比为 2~4，修改后的值如图 1-21 所示。

往复压缩机热力复计算

修改后一级结果 公称压力= 3.125 压力比= 3.03 行程容积= 59.34
修改后二级结果 公称压力= 10 压力比= 3.2 行程容积= 28.64
修改后三级结果 公称压力= 30 压力比= 3 行程容积= 15.03
修改后四级结果 公称压力= 78 压力比= 2.6 行程容积= 5.70

气缸直径圆整= 830

单位 压力:MPa; 行程容积: m^3/min;

上一步 下一步 取消

图 1-21 往复压缩机热力复计算界面

修正各级公称压力之后，单击“下一步”按钮，进入往复压缩机动力计算界面，如图 1-22 所示。压缩机中作用力的分析是计算压缩机各零部件强度与刚度的根据，也是判别这些力对压缩机装置影响的基础。其中，连杆、活塞和十字头的质量相加不能超过 350kg，活塞面积根据气缸直径计算，连杆摆角用于计算侧向力和连杆力。

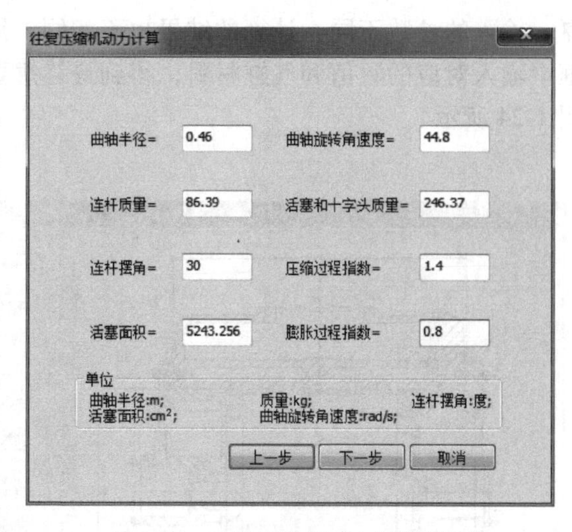

图 1-22　往复压缩机动力计算界面

单击“下一步”按钮，系统进入往复压缩机动力计算结果界面，在该界面可根据压缩机的实际情况来确定最大往复惯性力、压缩和膨胀过程的气体力。通过允许的旋转角速度的波动范围，计算出所需要的飞轮距是动力计算的任务之一，具体结果如图 1-23 所示。这部分的参数主要为后续的强度校核做准备，单击“完成”按钮，结束热-动力计算设计。

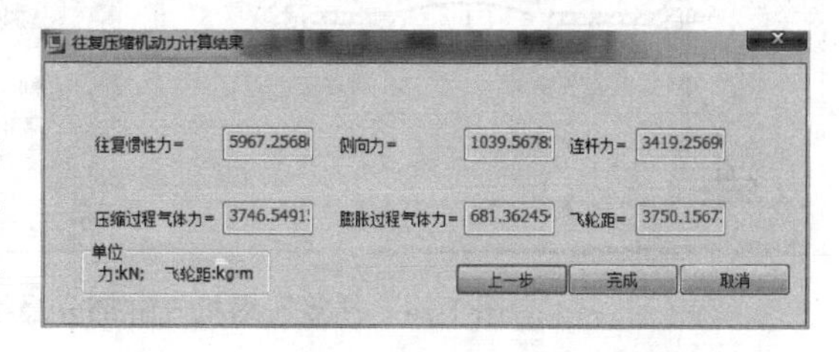

图 1-23　往复压缩机动力计算结果界面

一级缸体参数化设计的主要缺点是没有足够的精度和应用范围小，最后应用有限元分析软件 ANSYS Workbench 对其进行有限元分析，计算结果误差小、接近真实情况。

1.4.2　气缸部分参数化设计模块

单击菜单上的“往复压缩机气缸部分参数化设计”，可以直接进入气缸部分的参数化设计模块。根据热-动力学的计算，可以得知每级的压缩机初始条件不同，计算结果也不一样。在这个模块中 4M12-78/34 型氧气压缩机共设计了四级气缸参数化模块。

当系统进入往复压缩机气缸部分参数化设计界面时，可以通过键控按钮切换每级的设计参数和设计结果。在该界面中，用户可以选择每级气缸的材料。之前热力学计算得到的压力比、公称压力、进气温度、气缸直径、工作腔长度、气缸内壁厚和进/排气口面积，在这里作为设计变量。单击“计算”按钮，就可以得到气缸轴向壁厚、水腔径向壁厚、连接法兰壁厚、材料许用应力和筋厚。输入的参数不同，计算的结果也不相同，用户也可以根据实际情况在编辑框中输入对应的数值和气缸材料，得到最终想要的结果。最终设计结果界面如图 1-24 所示。

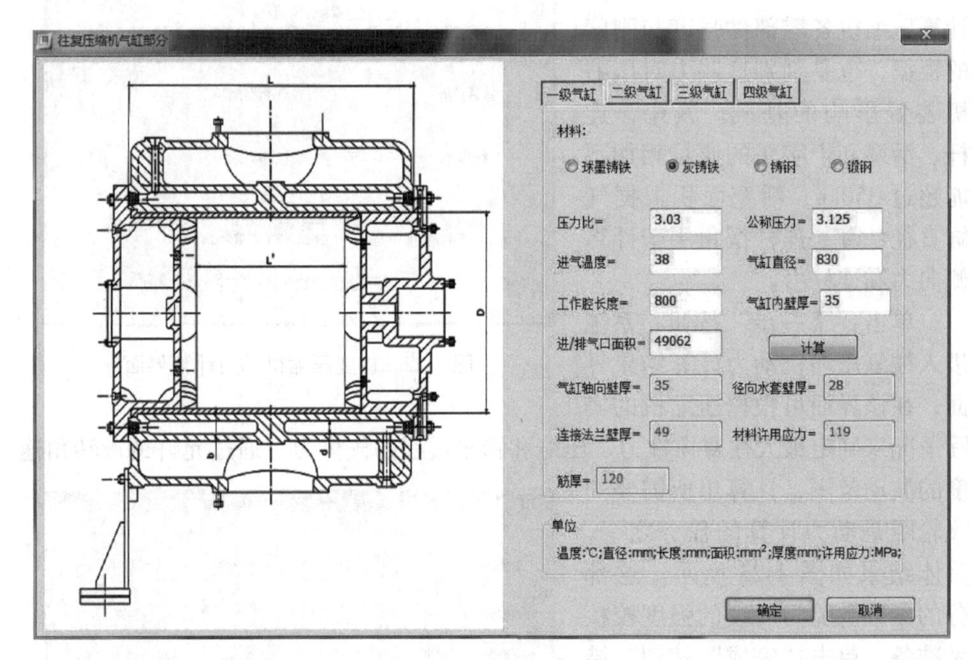

图 1-24　往复压缩机气缸部分最终设计结果界面

1.4.3　气缸套参数化设计模块

气缸套的主要尺寸由气缸决定，气缸和气缸套是过盈配合，过盈量一般按（0.0001~0.0002）D 控制，间隙值按（0.00005 ~0.0001）D 控制，其中 D 为气缸内径。因为气缸套的过盈量与气缸有直接关系，所以确定气缸套尺寸前应确定气缸的型号，主要包括设计参数和输入参数，设计参数主要确定气缸的参数，输入参数主要包括气缸套长度、外径和内径等尺寸。其中，气缸套的厚度是根据制造上的可行性，以及为保证装配时的刚度所必需的镗削量来确定的，可以通过改变气缸套的内径来达到与气缸统一化的目的，最终输入结果如图 1-25 所示。对于一些无法建立相关联的尺寸，如气缸套的气阀孔和凸肩等设计尺寸，可以直接输入想要的参数，最终输入结果如图 1-26 所示。

1.4.4　盖板参数化设计模块

单击“压缩机盖板参数化设计”，系统进入盖板参数化设计模块中，输入不

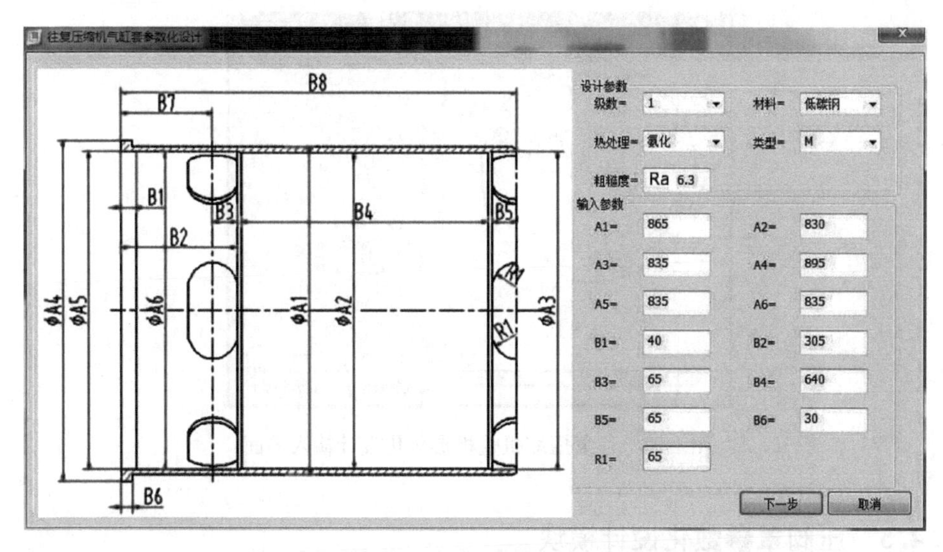

图 1-25　往复压缩机气缸套参数化设计输入结果

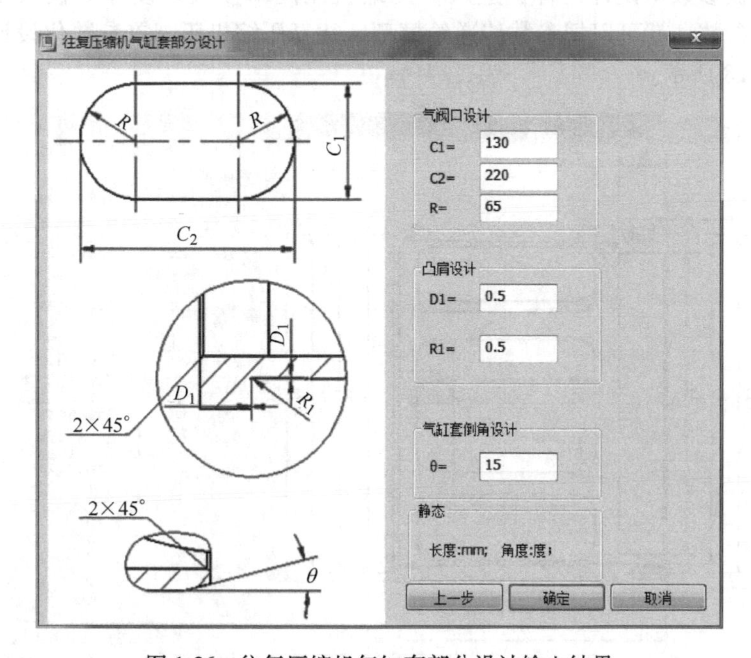

图 1-26　往复压缩机气缸套部分设计输入结果

同的参数就会得到不同的模型，这里不再详细讲述。

往复压缩机盖板参数化设计输入界面如图 1-27 所示。

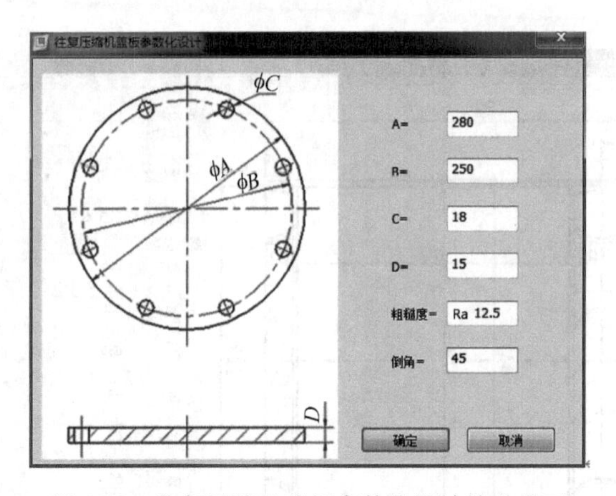

图 1-27　往复压缩机盖板参数化设计输入界面

1.4.5　压阀罩参数化设计模块

与盖板参数化设计一样，进入“压缩机压阀罩参数化设计”模块中，通过输入设计参数，就可以把参数传递给模型。往复压缩机压阀罩参数化设计输入界面如图 1-28 所示。

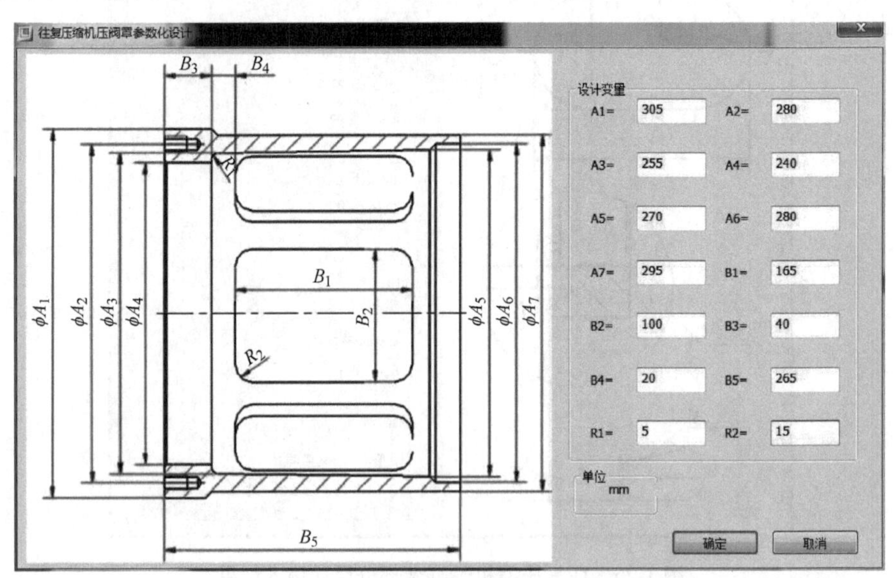

图 1-28　往复压缩机压阀罩参数化设计输入界面

1.4.6　输出二维零件图

将通过 Creo 参数化设计得到的三维模型图导入 AutoCAD 中进行修改或标

注。首先，在 Creo 中打开参数化设计的模型，在菜单栏单击“新建”，在弹出的对话框中选择“绘图”，在如图 1-29 所示的新建绘图对话框中选择用户需要的模板；然后通过“布局”命令，将零件三视图导入模板中；最后输出格式为“DWG”或者“DXF”的副本就可以导入 AutoCAD 中，4M12-78/34 型氧气压缩机一级气缸的装配图如图 1-30 所示。

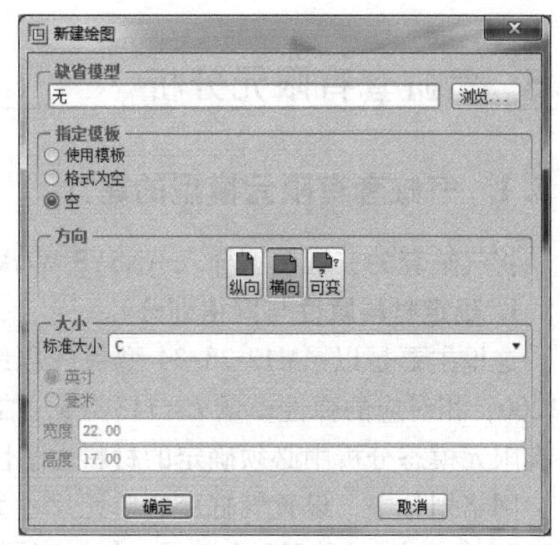

图 1-29　新建绘图对话框

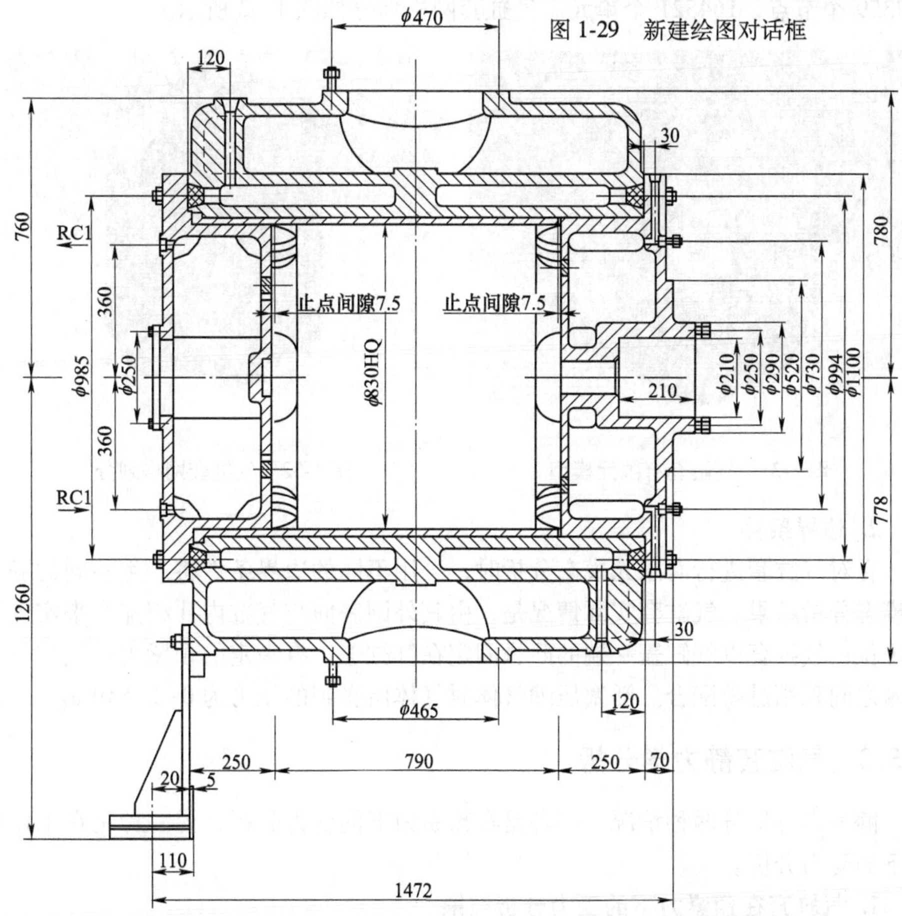

图 1-30　4M12-78/34 型氧气压缩机一级气缸的装配图

1.5 气缸套有限元分析

1.5.1 气缸套有限元模型的建立

将气缸套的三维模型导入 ANSYS Workbench 中，结果如图 1-31 所示。

1. 确定材料属性与网格划分

这里主要是以 4M12-78/34 型氧气压缩机气缸套为模型，气缸套的材料为 HT200，相对应的弹性模量 $E=113\text{GPa}$，泊松比 $\mu=0.25$ ，密度 $\rho=7.2\text{g/cm}^3$，这是有限元模态分析中必须确定的材料力学性质。

网格划分中，设置气缸套的单元尺寸为 0.01mm，选择自动划分，一共产生 287359 个节点，164521 个单元。气缸套网格划分如图 1-32 所示。

图 1-31 气缸套有限元模型

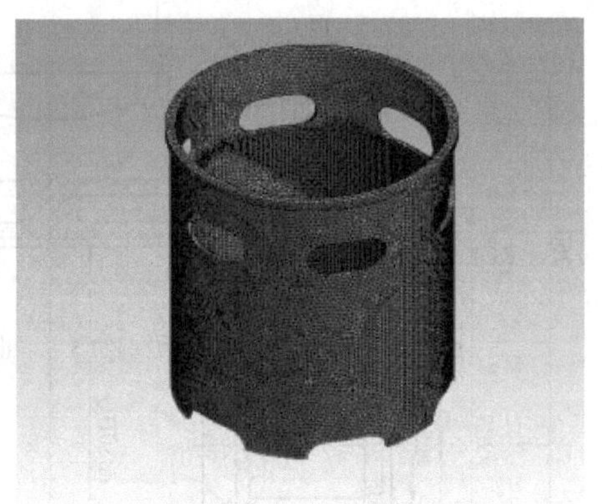

图 1-32 气缸套网格划分

2. 边界条件

在对气缸套进行有限元模态分析时，采用不同的边界条件将产生不同的静力和模态分析结果。气缸套实际情况是，由其外圆表面与气缸内孔相配合来实现径向定位；气缸套以气缸盖一端的凸缘固定在气缸上，有一定的预紧力；气缸与气缸套之间采用过盈配合。活塞压缩气体时气体所受到的压力为 0~2.5MPa。

1.5.2 气缸套静力学分析

静力学分析分两种情况：一种是在预紧力下的受力分析；另一种是在工作状态下的受力分析。

1. 气缸套在预紧力下的受力分析结果

计算结果如图 1-33~图 1-35 所示。从图中可以看出排气口内侧应力最大，达到 0.137MPa，这主要是受缸盖预紧力的作用。气缸套下端几乎没有什么变化，这是因为气缸套下端只受凸肩支承作用。气缸套在轴向上只受缸盖的预紧力，而气缸套是过盈配合装入气缸中，所以外表面的应力应变都很小。气缸套的最大变形量为 6.87×10^{-4}mm，几乎没有什么变形。

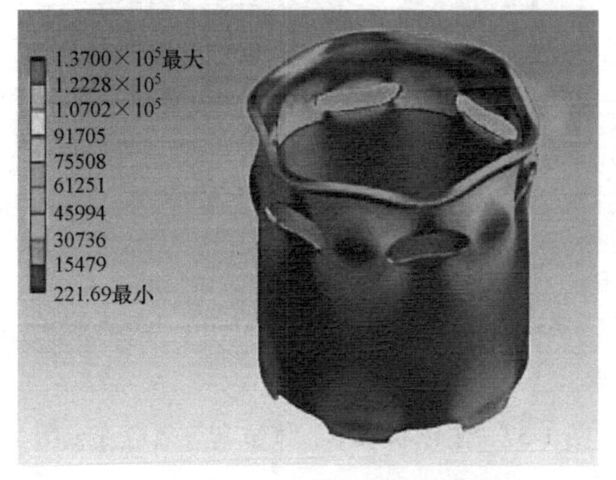

图 1-33　预紧力下，气缸套等效应力云图

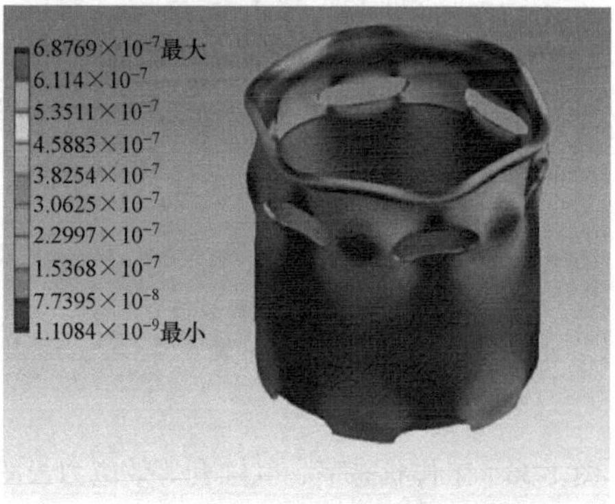

图 1-34　预紧力下，气缸套等效应变云图

2. 气缸套在工作状态下的受力分析结果

当压缩机开始工作时，活塞开始往复运动压缩气体，气体的压力升高，这时气缸套主要受气体压缩时给它的压力。下面主要分析一级气缸套的受力情况。气体压力为 0~2.5MPa，气缸盖对气缸套的预紧力不变。有限元模型的建立、网格划分和边界约束的施加跟上面叙述的一样，这里不再做重复叙述。

图 1-35　预紧力下，气缸套总变形图

分析结果如图 1-36~图 1-38 所示。根据图 1-36 可以看出气缸套内表面的应力最大，应力最大值为 6.86MPa，由于有缸盖对气缸套预紧力的作用，所以应力集中在气缸套中间区域。气缸套的上部应力、应变很小，几乎没什么影响。力的大小及气缸套内、外径的大小也影响着应力、应变的大小。安装气缸套的预紧力主要集中在气缸套的上部，在气缸套径向上，其主要受到活塞压缩气体时的气体压力，而气缸套外侧没什么限制，所以气缸套内表面的应力远远大于外表面的应力。气缸套中间区域所受应力最大，也是最容易出现裂纹的地方，严重时可能发生断裂，导致整个气缸套报废，致使整台压缩机出现故障。如图 1-37 所示，气缸套内表面应变最大，应变最大值为 3.43×10^{-5}，气缸套上部只受缸盖给它的预紧力，所以此处的应变最小。由图

1-38 可知，气缸套最大变形量为 1.3911×10^{-5}mm，几乎可以忽略不计。

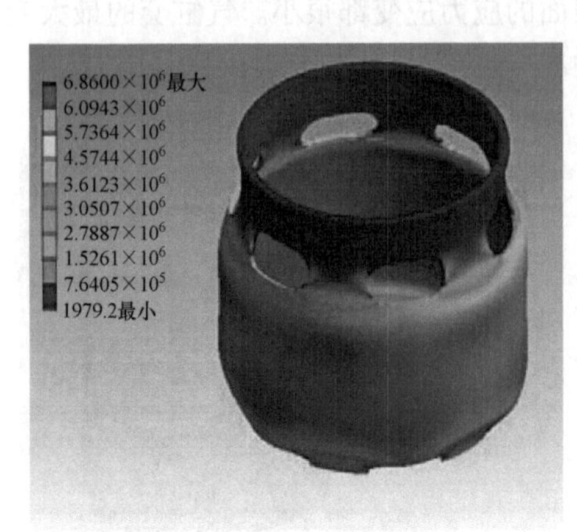

图 1-36　工作状态下，气缸套等效应力云图

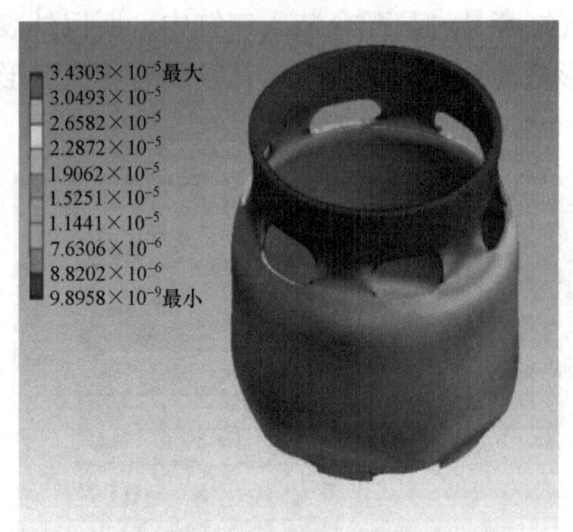

图 1-37　工作状态下，气缸套等效应变云图

1.5.3　气缸套模态分析

利用 ANSYS Workbench 在有预紧力状态下对气缸套进行模态分析。模态分析中的模型建立、定义材料属性和网格划分与静力学分析一样，具体设置可以参考静力学分析步骤。

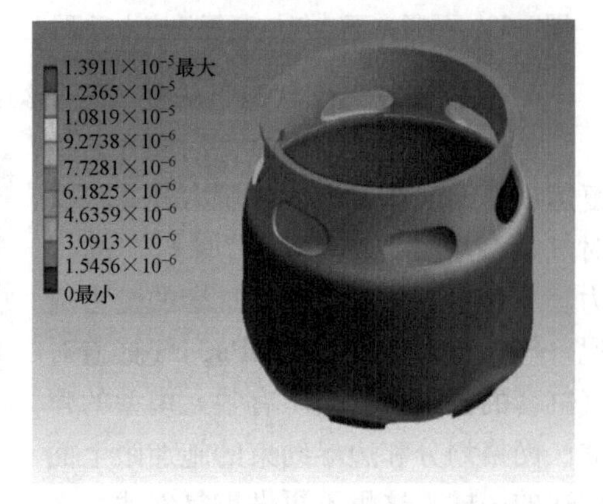

图 1-38　工作状态下，气缸套总变形图

1. 边界条件

气缸套靠其外圆表面与气缸内孔相配合来实现径向定位；气缸套以气缸盖的一端用凸缘固定在气缸上，有一定的预紧力；气缸与气缸套之间采用过盈配合。ANSYS Workbench 常规模式下的模态分析只能加载约束，而不能加载力，因为是进行有预紧力状态下的模态分析，所以在建立分析项目前先建立 Modal 模块，之后导入模型，再把 Static Structural 模块拖拽到 A4（Model）模块上，如图 1-39 所示，这样就可以进行有预紧力的模态分析。

2. 模态分析结果

机构的振动是各阶振型的迭代，故一般对结构进行振动特性分析时只需取前 6~10 阶。这里计算了气缸套前 9 阶的固有频率和振型，固有频率见表 1-3，振型图如图 1-40 所示（只列出第 1 阶、第 5 阶、第 9 阶，其他阶省略）。

根据 ANSYS Workbench 求出气缸套前 9 阶振型。第 1 阶振型为气缸套横向

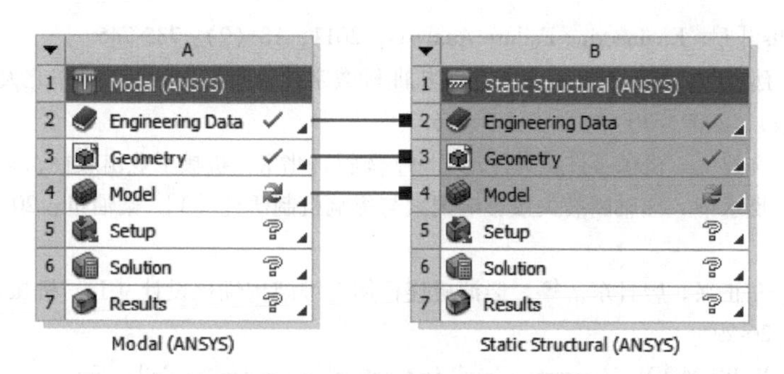

图 1-39　有预紧力的模态分析设置

弯曲振动；第 2 阶振型表示气缸套上下不动，左右弯曲振动；第 3 阶振型表示气缸套上下弯曲振动，左右不动；第 4、5 阶振型表示气缸套扭曲振动；第 6 阶振型表示气缸套横向弯曲振动；第 7 阶振型表示气缸套上下弯曲振动，左右不动；第 8 阶振型表示气缸套上下不动，左右弯曲振动；第 9 阶振型表示气缸套扭曲振动。

表 1-3　气缸套的固有频率

阶数	1	2	3	4	5	6	7	8	9
固有频率/Hz	1116.4	1541.4	1541.5	2371.7	2371.9	2661.3	2846.5	2846.8	3157.6

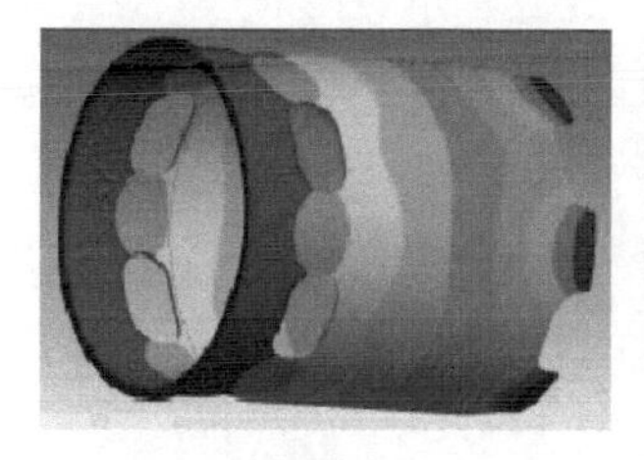

a) 第1阶

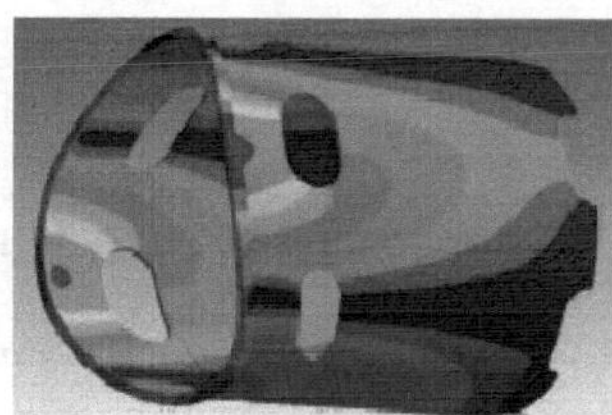

b) 第5阶

c) 第9阶

图 1-40　模态振型图

求出了气缸套的固有频率和振型后，可使系统避开共振，通过振型图和动画显示，可以帮助发现“薄弱环节”，为以后的动力学分析等奠定基础。

参 考 文 献

[1]《活塞式压缩机设计》编写组．活塞式压缩机设计［M］．北京：机械工业出版社，1974.

[2] 郭建民．单体压缩机曲轴断裂失效分析［D］．北京：北京化工大学，2002.

[3] BECERRA J A, JIMENEZ F J, TORRES M, et al. Failure analysis of reciprocating compressor

crankshafts [J]. Engineering Failure Analysis，2011，18 (2)：735-746.

[4] 陈鹏霏，孙志礼，滕云楠. 往复式压缩机曲轴数字化分析与设计 [J]. 东北大学学报（自然科学版），2009，30 (11)：1653-1656.

[5] 吴宗泽，冼建生. 机械零件设计手册 [M]. 2版. 北京：机械工业出版社，2013.

[6] 王晓青，夏水华. 曲轴断裂失效影响因素与影响机制研究 [J]. 柴油机，2011，33 (1)：33-37.

[7] 冯慧华，左正兴，廖日东，等. 柴油机连杆体三维结构优化设计 [J]. 机械设计，2002，36 (4)：26-29.

[8] KONDO K. PIGMOD：parametric and interactive geometric modeller for mechanical design [J]. Computer-Aided Design，1990，22 (10)：633-644.

[9] 吴杰，刘斌，张宏文，等. 基于Pro/Toolkit棘轮参数化建模的实现 [J]. 机械设计与制造，2007 (6)：162-164.

[10] 蔡力钢，马仕明，赵永胜，等. 重载摆角铣头模态分析与实验研究 [J]. 振动与冲击，2011，30 (7)：250-255.

[11] 周鹏，胡欲立，张小军. 基于ANSYS的压气机盘模态分析 [J]. 机械设计与制造，2005 (6)：61-62.

第2章

曲轴轴系优化技术

02

2.1 全平衡高速压缩机曲轴轴系优化技术改造

以企业的高转速全平衡往复压缩机曲轴轴系为研究对象，利用 ANSYS Workbench 软件对曲轴进行扭振分析。通过对 1000r/min 左右的往复压缩机曲轴的静力学分析、模态分析及动力学分析，选择出既操作简便又与真实工况相符的曲轴扭转振动系统研究方法。

2.1.1 曲轴轴系有限元模型的建立

1. 曲轴轴系建模

利用 ANSYS Workbench 三维建模软件对曲轴轴系进行三维模型的参数化建模，轴系主要包括曲轴、电动机轴、转子、飞轮等结构。曲轴结构形状复杂、轴线不连续且形状不对称，因此采用曲轴整体化建模。在有限元分析时，曲轴采用的材料对分析结果有很大影响，而曲轴模型的一些结构特征（如曲轴上油孔、外圆倒角等）对分析结果影响很小，但会增加三维模型的建立难度和有限元分析的计算量，因此在建模时可忽略这些细微的结构特征。飞轮是为曲轴轴系提供转动惯量的部件，在建模时可将其简化为一个具有相同转动惯量的圆盘；联轴器是连接飞轮和电动机轴的部件，在建模时可将其简化为一个具有相同刚度和强度的圆盘；电动机部分进行整体简化，线圈部分和转子由于形状比较复杂，可以简化为光滑的圆柱体；螺栓连接、点焊连接等效为固定连接。本章以企业生产的 6HS-E 型全平衡高速压缩机曲轴轴系为研究对象，其三维模型如图 2-1 所示。

在建立模型的过程中，要注意各零件之间的装配关系，它会影响整个曲轴扭振分析的结果。例如，在边界条件及载荷施加正确的情况下，曲轴的静力学分析结果出现异常：响应值超过正常范围、无法显示分析结果或最大应力出现在不该

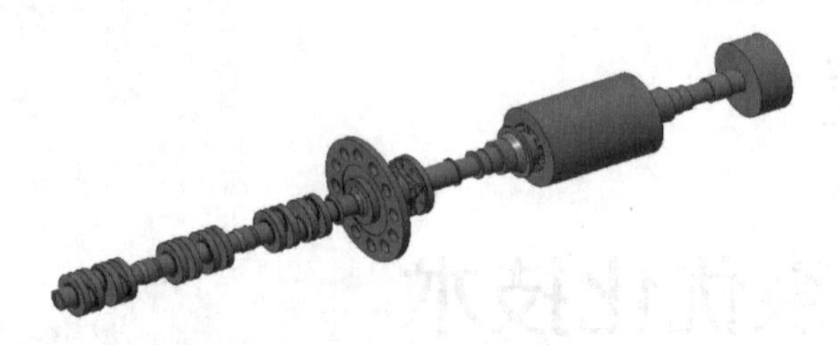

图 2-1　全平衡高速压缩机曲轴轴系三维模型

出现的位置等，应该检查各零部件间是否完全装配。不完全的装配将使零件之间出现很大的位移量，导致分析结果错误。图 2-2 所示为曲轴与飞轮接触表面装配过程中非完全约束时连接处应力图。在建模过程中要注意零件间的装配细节，选择正确的装配约束并保证零件之间完全约束。

a) 非正常应力出现位置图

b) 截面应力云图

图 2-2　非完全约束时连接处应力图

2. 定义材料属性及划分网格

在曲轴静力学分析中，零件材料属性对分析结果有着重要的影响。因为有限元分析中节点应力与各个单元的弹性矩阵有关，而弹性矩阵是由材料的弹性模量 E 和泊松比决定的。轴系中曲轴、飞轮、联轴器和电动机转子的材料参数见表 2-1。

表 2-1　轴系主要部件材料参数

部件名称	材料	密度/(kg/m^3)	弹性模量/GPa	泊松比
曲轴	42CrMo	7850	2101	0.3
飞轮	QT600-3	7300	169	0.286
联轴器	40Cr	7850	210	0.3
电动机转子	45	7850	210	0.3

在 Design Modeler 中将轴系中的所有部件组成一个多体部件（multi-body part），使用六面体网格划分方法进行网格划分，曲轴轴系局部网格划分模型如

图 2-3 所示。

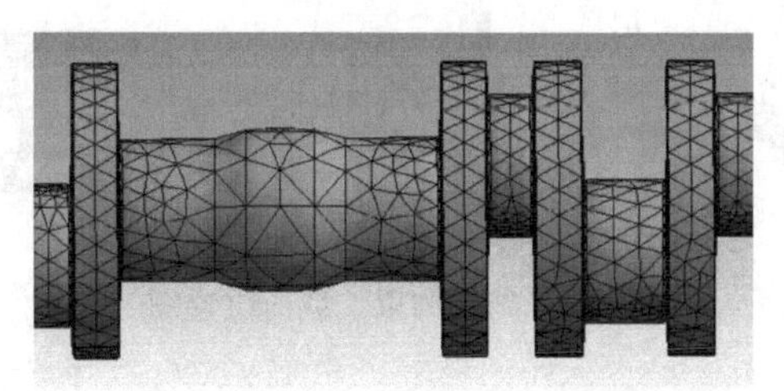

a) 曲轴主轴径及曲柄销网格放大模型

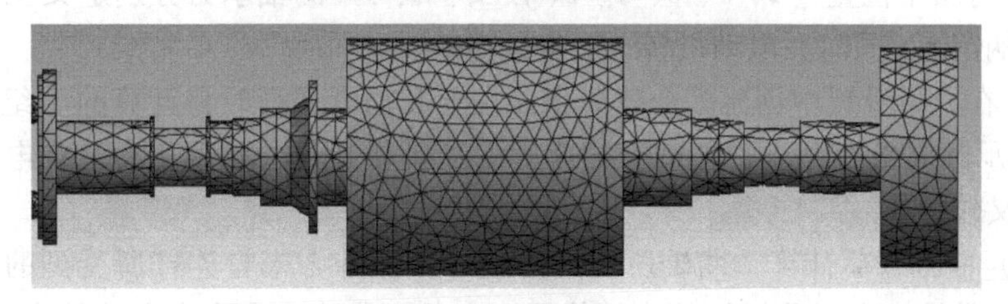

b) 电动机轴网格模型

图 2-3　曲轴轴系局部网格划分模型

2.1.2　曲轴轴系静力学分析

1. 静力学分析边界条件的确立

边界条件反应的是部件与部件之间的连接状态和受力状态，受力状态分为两类：约束和载荷。在结构相同、截面性质相同的前提下，如果载荷不变，而约束情况发生改变，或约束形式相同，载荷总量相同，但作用形式不同，都会产生结构内力在结论上的巨大差异。

（1）部件间接触形式的设定　当静力学分析模型被导入 ANSYS Workbench 中后，可自主选择部件与部件间适当的连接状态。由于曲轴轴系在工作过程中部件与部件间连接紧密，各个接触位置分离和滑动情况不多，为使计算简便、提高效率，可将连接全部设置成互相结合。

（2）曲轴载荷及位移约束的施加　在往复压缩机曲轴的静力学分析中，需要定义的环境变量有三项：惯性（inertial）、约束（supports）和载荷（loads）。在惯性条件下定义重力和转速：方向为 z 轴负方向；曲轴转速为 1000r/min（104.7rad/s）。在约束条件下，由于曲轴在运转过程中只进行绕 x 轴的转动，因此需要在 1、2、3、4、5、6、7、8 处对曲轴径向施加轴承约束，又根据往复压缩机设计结构的特点，为了防止曲轴产生 x 轴方向的移动，还要在 6、7 位置对曲轴和电动机转子施加轴向位移约束，如图 2-4 所示。

曲轴载荷的加载有以下两种情况。

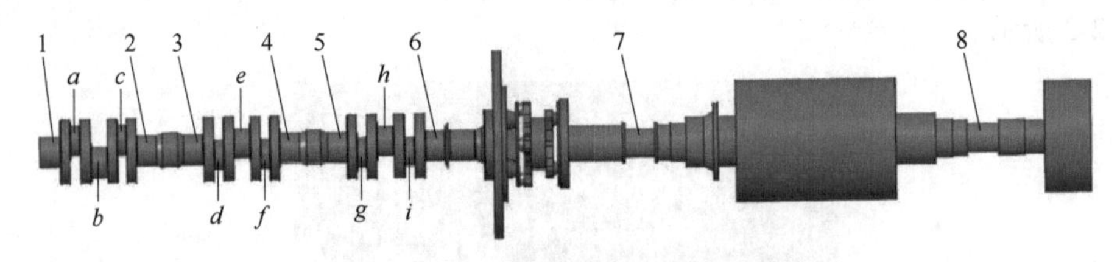

图 2-4　施加约束、载荷位置图

1）将 9 个位置（a、b、c、d、e、f、g、h、i）的轴承力分别定义在 9 个对应的曲柄销上，同时在电动机转子上定义转矩。

2）在分析设置中创建多个载荷步，在定义轴承载荷时将计算的 9 组，每组 72 个轴承圆周受力导入，加载到相应的曲柄销位置处，除此之外，在电动机转子上定义转矩。

（3）曲轴载荷计算　曲轴所受到的主要激振外力来自连杆所受到的力与往复惯性力的综合力对曲柄销的直接作用，在此，将该综合力定义为综合活塞力。其中，连杆所受到的力是由活塞杆传递的活塞力，而活塞力又是由缸内气体力和阻尼组合而成的。通过企业自主研发的热-动力计算程序，可以直接通过输入压缩机主要设计参数来计算出气体压力、往复惯性力及综合活塞力等，同时也可以计算出这些力在曲轴旋转不同角度时所对应的值。

6HS-E 型往复压缩机为 6 列全平衡型 1 级双作用气体压缩机，6 个气缸对称排列在机组两侧，其主要参数见表 2-2。

表 2-2　6HS-E 型往复压缩机主要参数

级号	1 级
列号	1~6 列
气缸作用形式	双作用
缸径	260mm
活塞杆直径	65mm
行程	150mm
连杆中心距	483mm
气缸余隙容积（盖侧）固定值	27.5%
气缸余隙容积（轴侧）固定值	27.5%
气缸余隙容积（轴侧）曲拐相位角	120°
转速	994r/min

（4）曲轴载荷的加载　曲轴载荷的加载方式有两种：一种为以轴承力的形式加载在曲柄销上的单一力，另一种则将曲柄销圆周分为 72 个载荷步（1 步对

应 5°），随旋转角度不同分别加载每个载荷步对应的载荷。

在设计曲轴过程中，需要保证曲轴满足静强度要求，在此基础上做轻微调整，此时静强度分析不必要求过于精确，因此只需将热-动力计算所得到的最大往复惯性力加载到曲柄销上即可。

以第 1 列曲柄销受力计算为例，通过热-动力计算软件所得结果可知综合活塞力 F_L的最大值为旋转 305°时的 129.711kN，力的方向沿连杆方向。加载时需将综合活塞力 F_L 的相对坐标转化成绝对坐标，并分解为两个分力 F_R 和 F_T，在模型上体现为 y 方向和 z 方向的分力，如图 2-5 所示。

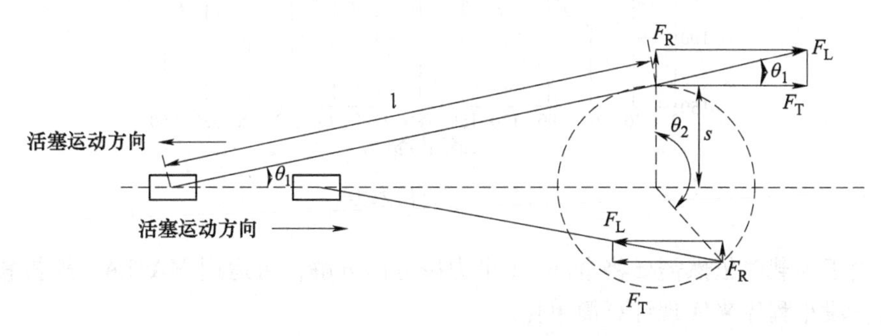

图 2-5 连杆受力示意图

s—1/2 行程 l—杆长 F_L—综合活塞力 F_T—竖直力 F_R—水平力

由于该压缩机为 1 级全平衡型压缩机，因此每一列所受综合活塞力的大小完全一致，但每两列互相之间存在 120°的相位差，相对的每组曲柄销之间受力相差 180°。分别计算各曲柄销的受力，计算结果见表 2-3（对应图 2-4 中的 a~i）。

表 2-3 各列曲柄销的综合活塞力及电动机转子上的转矩

坐标轴	a、c 处的力/N	b 处的力/N	d、f 处的力/N	e 处的力/N	g、i 处的力/N	h 处的力/N	电动机转子转矩/kN · m
x 轴	0	0	0	0	0	0	28823000
y 轴	71090	-142180	-27660	55320	-43430	86860	0
z 轴	-9110	18220	66120	-132240	-57010	114020	0

上述结果中得到的载荷适用于简单的估算，得出大致结果。要想更加接近轴系旋转的真实工况，这样的加载是远远不够的。原因是在轴系的旋转过程中，各个曲柄销上的综合活塞力随旋转角度变化，通常情况下，6 列曲柄销的受力无法同时达到最大值，局部单方向的受力与双方向受力对曲轴的影响效果不同。因此所优化的第二种方式是将热-动力计算所得到的 72 个不同角度的综合活塞力，以载荷步的方式全部加载到曲柄销的圆周上来进行静力学分析。以第 1 列曲柄销为例，热-动力计算所得到的 360°综合活塞力如图 2-6 所示。

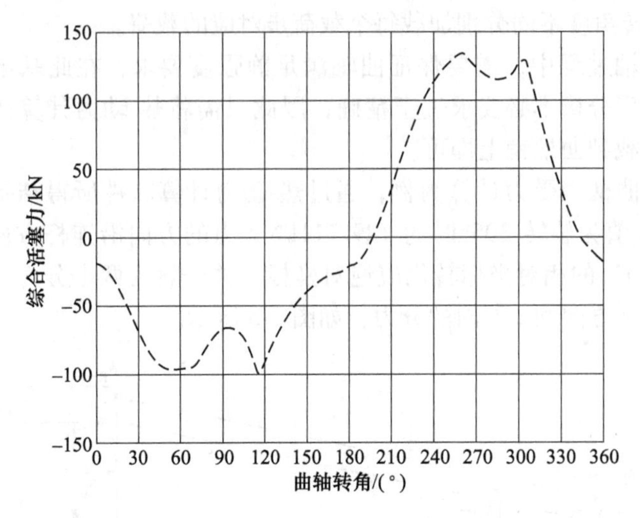

图 2-6　综合活塞力

由于加载时依然需要将全部 72 个力按方向分解，可运用 MATLAB 解析软件编写一段小程序来实现计算简单化。

72 步载荷全部计算完毕后，将数据表导入对应曲轴曲柄销的加载处，由于每两列气缸之间存在 120°的相位差，因此 3、4 和 5、6 列曲轴的曲柄销受力也应当相应延后 24 个载荷步的时间。综上，第 b、e、h 处，即大端曲柄销处的加载结果如图 2-7 ~ 图 2-9 所示，a、c、d、f、g、i 处小端曲柄销处载荷为大端的 1/2，且方向相反。图 2-10 所示为定义边界条件后的曲轴轴系模型。

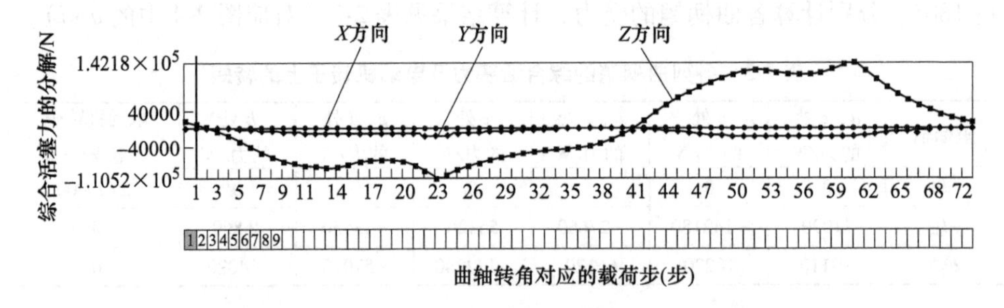

图 2-7　第 1 列第 2 拐曲柄销上施加的 72 步载荷情况

2. 静力学分析结果

通过上述对曲轴模型的建立、材料属性的定义、网格的划分及边界条件的确立和加载，即可利用 ANSYS Workbench 中静力学分析模块对曲轴轴系进行静力学分析，可以得到应力、应变、位移等多种分析结果。通过不同的设定及位置和方向的选择，不仅可以得到整体的变化范围，还可以获得某局部、某曲面，甚至

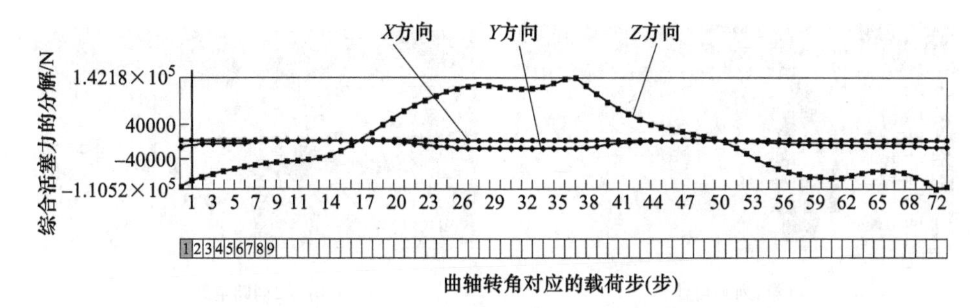

图 2-8　第 2 列第 2 拐曲柄销上施加的 72 步载荷情况

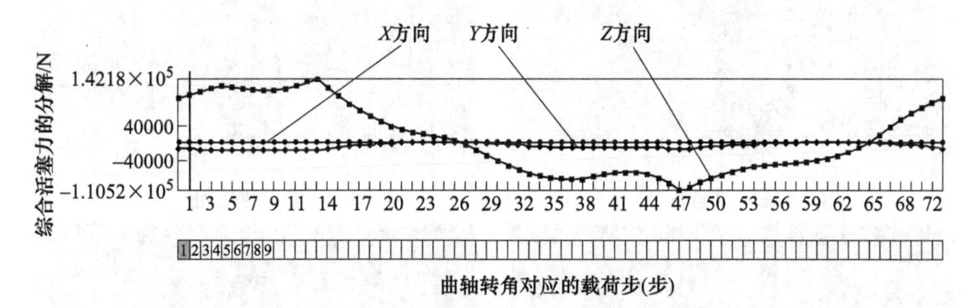

图 2-9　第 3 列第 2 拐曲柄销上施加的 72 步载荷情况

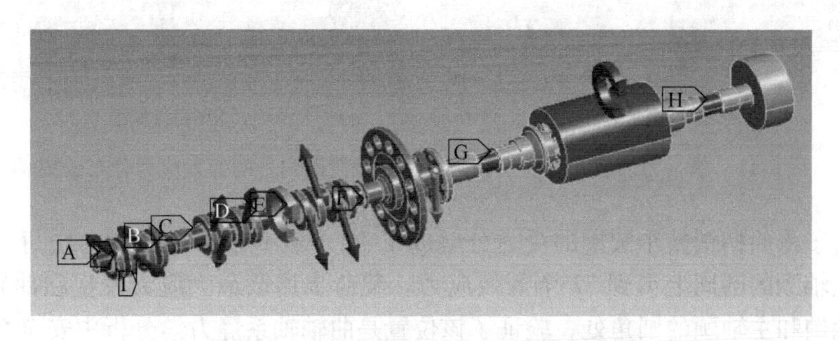

图 2-10　定义边界条件后的曲轴轴系模型

是某点处的应力、应变、位移等。

（1）曲轴等效应力计算结果　按照前述两种加载方式，选取应力较大，容易发生危险的关键位置进行说明和比较。曲轴中最容易出现断裂的位置在每一列曲柄销与主轴颈的过渡圆角上。对于六拐曲轴，则最容易出现在最后一列，即第 6 列曲柄销与主轴颈的过渡圆角上。通过 ANSYS Workbench 计算出的等效应力结论也证实了曲轴在该位置上的等效应力最大。下面分别给出 6 列中危险位置的等效应力结论，每个位置的最大应力及其分布云图如图 2-11 所示。

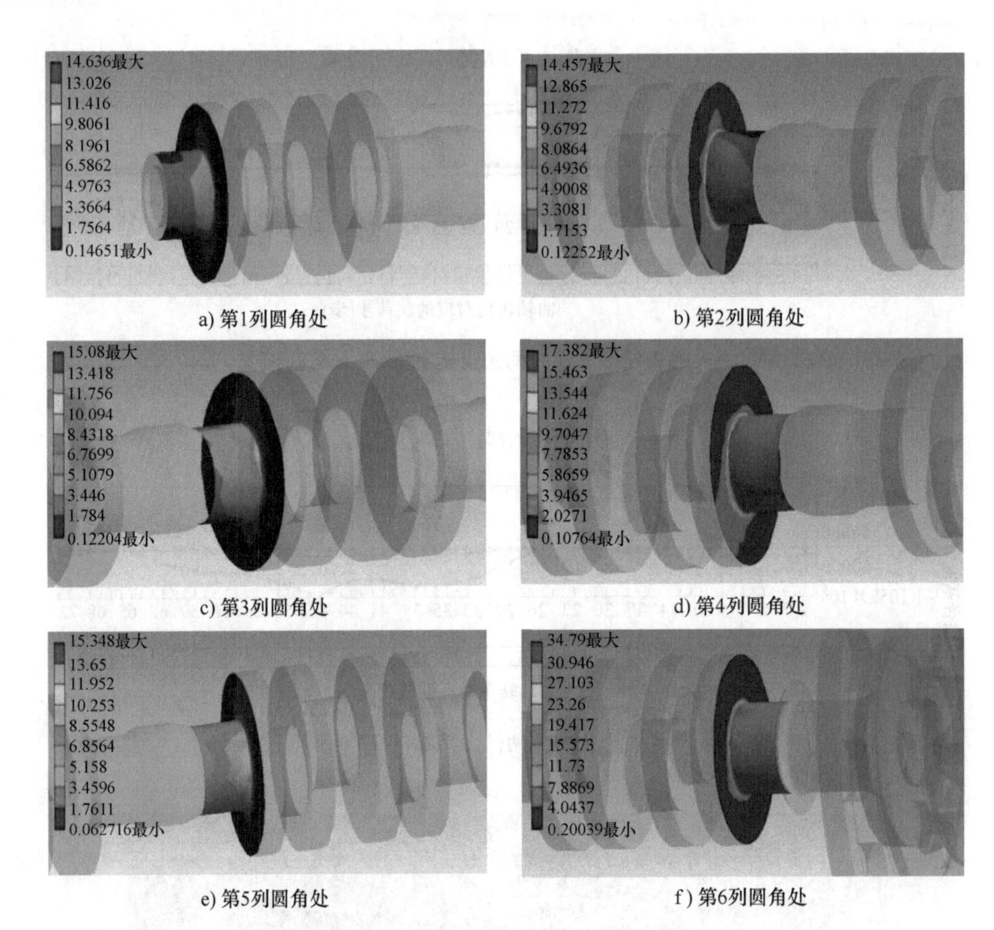

a) 第1列圆角处　b) 第2列圆角处

c) 第3列圆角处　d) 第4列圆角处

e) 第5列圆角处　f) 第6列圆角处

图 2-11　单一力加载 6 列曲柄销与主轴颈过渡圆角处的等效应力分布云图

由于将曲柄销整个圆周的受力分解成了 72 个载荷步，因此就会在每一列对应的主轴颈的圆周上得到 72 个等效应力。载荷步加载最大应力发生在曲轴第 6 列曲柄销和主轴颈的圆角处，验证了该位置是曲轴轴系静力学分析中安全系数最小的位置。但在最大应力的数值上有很大不同，图 2-12 和图 2-13 所示为第 5 列与第 6 列圆角处等效应力及其分布云图。

通过图 2-12 和图 2-13 可读出两种加载方式得到的最大应力值，通过最大载荷加载所得到的应力并不一定为最大值，因此用这种方案进行曲轴的静力学分析所得到的结论也将存在一定的风险。这里选用的曲轴结构较稳定，受力相对平稳，等效应力较小，这两种加载方式仍出现了较大差距，虽然在后续计算中安全系数都可以满足要求，但是对于其他的结构来说，第二种加载方式更能接近实际的工况，精确计算时需采取该方法。

（2）曲轴的强度分析　静强度校核是曲轴强度分析的基础，同时由于曲轴

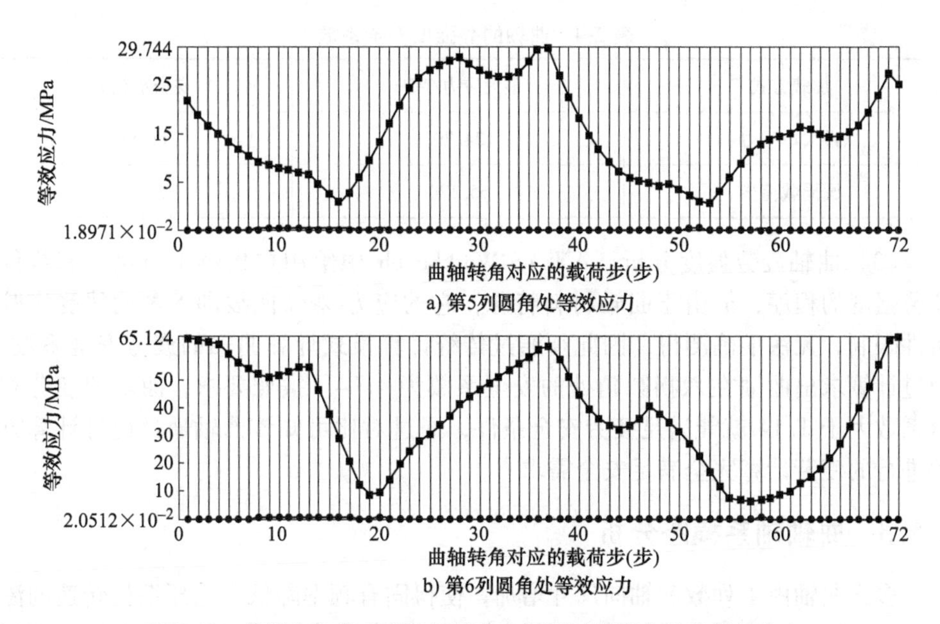

a) 第5列圆角处等效应力

b) 第6列圆角处等效应力

图 2-12　载荷步加载 6 列曲柄销与主轴颈过渡圆角处的等效应力

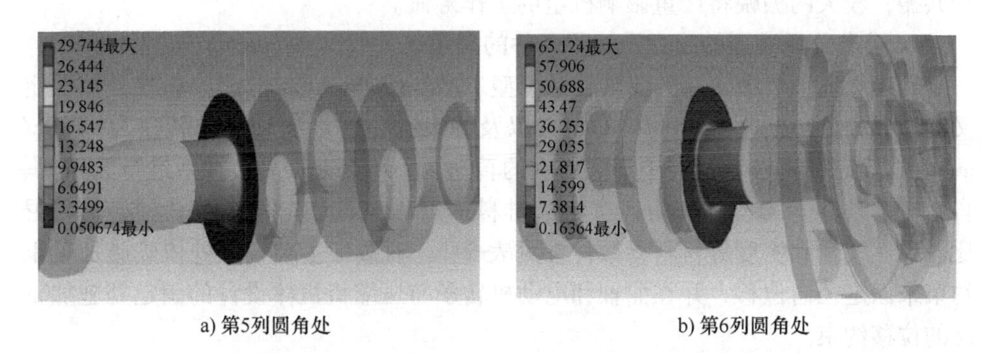

a) 第5列圆角处　　b) 第6列圆角处

图 2-13　载荷步加载 6 列曲柄销与主轴颈过渡圆角处的等效应力分布云图

结构中难免存在应力集中区域，通常还要对曲轴进行疲劳强度分析，以判断曲轴的抗疲劳特性。曲轴材料为 42CrMo，安全系数为

$$n=\frac{S}{\sigma_0}\geqslant[n] \tag{2-1}$$

式中　S——曲轴材料弯曲疲劳强度，其弯曲疲劳强度为 389MPa；

σ_0——上述计算所得最大应力（MPa）；

$[n]$——许用安全系数，取 3~5。

两种加载方式下，曲轴的静强度安全系数见表 2-4。由表 2-4 可知，该曲轴满足静强度要求。

表 2-4　曲轴的静强度安全系数

加载方式	最大应力/MPa	安全系数 n
最大单一力	34.79	11.18
圆周载荷步	65.124	5.97

（3）曲轴疲劳强度分析　ANSYS Workbench 中给用户提供了直接计算构件疲劳强度的程序，但由于曲轴材料特殊，它的应力-寿命曲线即 S-N 曲线受实验条件限制，无法准确测得，因此须通过传统计算模式计算曲轴的疲劳安全系数。通过计算求出曲轴在六拐圆角处的安全系数为 4.04。按照要求，曲轴的疲劳安全系数大于 1.14 就能满足疲劳安全条件，通过对比可知该曲轴通过此种计算方法进行的疲劳计算完全满足安全需求。

2.1.3　曲轴轴系模态分析

多拐曲轴由于列数和轴向尺寸增加，使得固有频率降低，当压缩机转速的激发频率与轴系（电动机轴-曲轴）的固有频率重合或接近时，机组轴系便出现扭转共振，较大的振幅将严重影响机组的工作寿命。

1. 模态分析模型的建立及边界条件的确定

利用 2.1.1 节中建立的曲轴轴系模型。ANSYS Workbench 模态模块处需要定义的边界条件包括转速、材料的定义以及约束的施加。曲轴工作转速为 1000r/min，在模态分析参数设定中定义曲轴的转速为 104.7rad/s。对轴系进行无阻尼、自由振动条件下的模态分析，在定义材料的过程中，首先需要定义材料的阻尼比、弹性模量和密度等材料参数，参见表 2-1。轴系各主轴轴承处依然施加轴承约束来固定径向位移，并在曲轴和电动机转子与压缩机机体设计的固定处施加轴向的位移约束。

2. ANSYS Workbench 中模态分析模块的应用

对于高速系统，在其工作状态下会产生离心力，因此系统的刚度变化会导致其工作状态下的固有频率与静止时相比产生一定的变化。进行曲轴的模态分析时需要考虑离心力和预应力，只需建立模态分析与静力学分析互相结合的分析模型，模型中存在预应力，在静力学分析结束后，在 Analysis Settings 中提取所需的模态阶数（默认是 6）及频率变化的范围即可。在 ANSYS Workbench 中可以显示各个阶次的模态振动形态和固有频率，并且各个阶次的振型具有正则正交性。在工程实际中，通常只分析系统的前 10 阶次的模态振型。曲轴系统的固有频率比激发频率越高越好。对于比较复杂的轴系，结构的固有频率会密集分布在一个频率范围内，很难出现轴系不在共振区域的情况，尽管如此，与低阶次相比，高阶次共振的振动响应较小。曲轴轴系前 10 阶的频率及模态振型见表 2-5，模态振型云图如图 2-14 所示。

表 2-5　曲轴轴系前 10 阶的频率及模态振型

阶次	频率/Hz	模态振型
1	0	刚体位移
2	63. 935	扭转振动
3	83. 214	弯曲振动
4	83. 650	弯曲振动
5	97. 511	扭转振动
6	118. 14	扭转振动
7	146. 79	横向振动
8	147. 10	横向振动
9	204. 97	轴向振动
10	206. 84	轴向振动

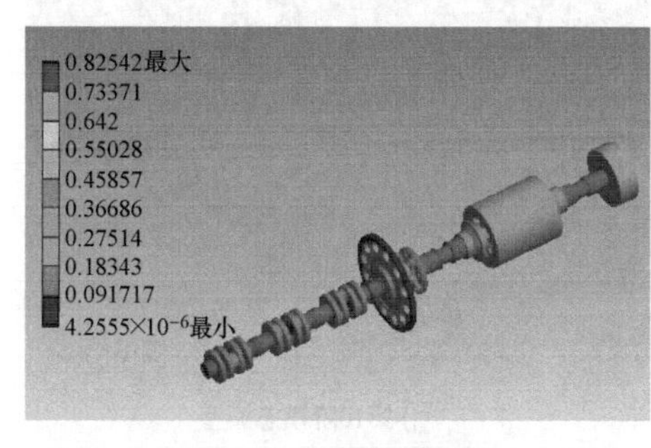

a) 第1阶模态振型

b) 第2阶模态振型

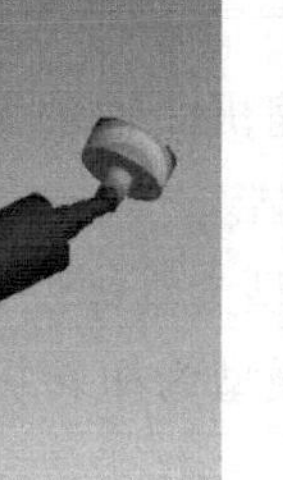

c) 第3阶模态振型

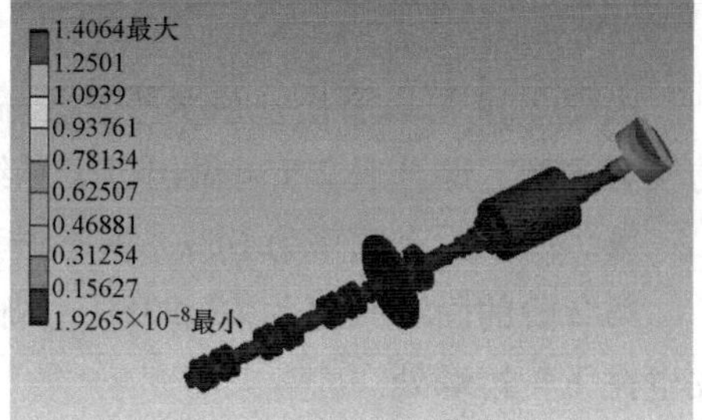

d) 第4阶模态振型

图 2-14　曲轴轴系前 10 阶模态振型云图

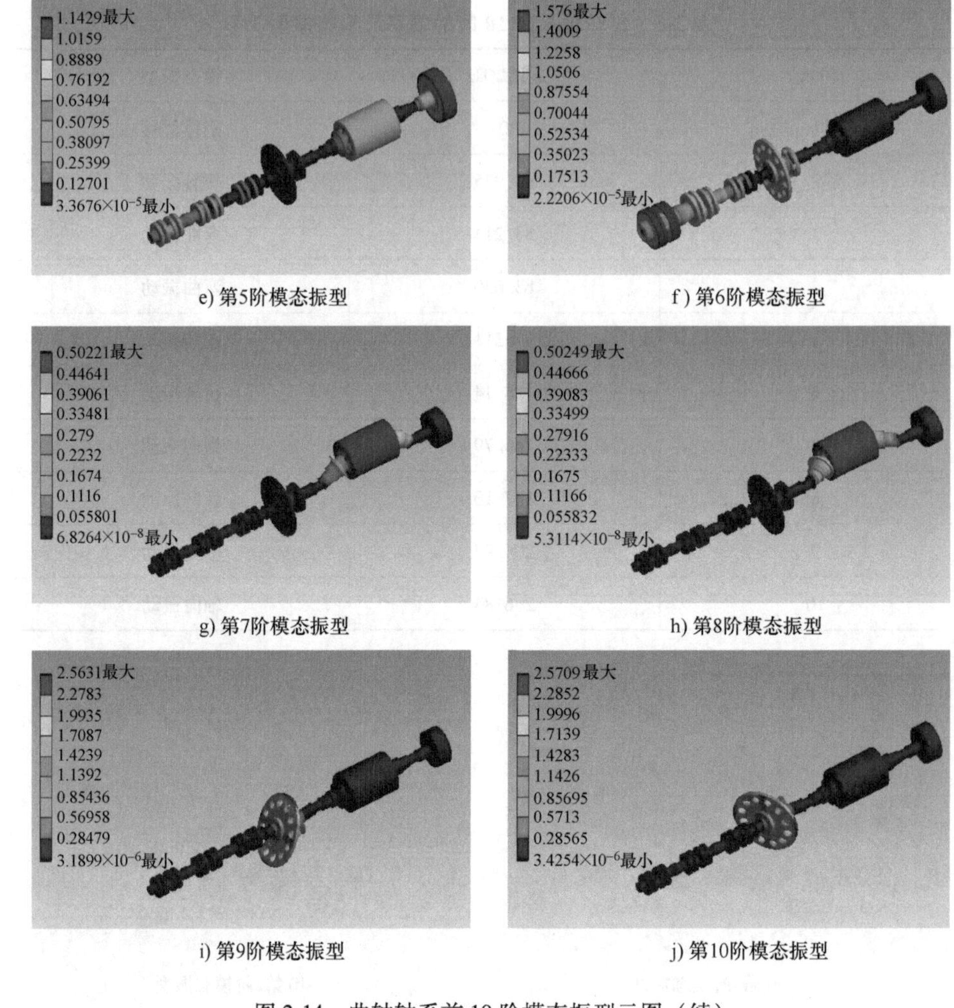

e) 第5阶模态振型　f) 第6阶模态振型

g) 第7阶模态振型　h) 第8阶模态振型

i) 第9阶模态振型　j) 第10阶模态振型

图 2-14　曲轴轴系前 10 阶模态振型云图（续）

由图 2-14 可以看出，该全平衡压缩机曲轴轴系在模态分析中，会产生不同的模态振型，综合表 2-5 可做出以下总结。

第 1 阶的固有频率为 0Hz，模态振型为刚体位移，不产生振动。

第 2 阶的固有频率为 63. 935Hz，振型为扭转振动，最大振幅为 1. 2694mm，发生在飞轮边缘处。

第 3 阶固有频率为 83. 214Hz，振型为弯曲振动，最大振幅为 1. 405mm，发生在电动机轴末端的旋转整流盘处。

第 4 阶固有频率为 83. 650Hz，振型为弯曲振动，最大振幅为 1. 4064mm，发生在电动机轴末端的旋转整流盘处。

第 5 阶固有频率为 97.511Hz，振型为扭转振动，最大振幅为 1.1429mm，发生在电动机轴末端的旋转整流盘处。

第 6 阶固有频率为 118.14Hz，振型为扭转振动，最大振幅为 1.576mm，发生在第 1 列曲柄处。

第 7 阶固有频率为 146.79Hz，振型为横向振动，最大振幅为 0.50221mm，发生在电动机转子处。

第 8 阶固有频率为 147.10Hz，振型为横向振动，最大振幅为 0.50249mm，发生在电动机转子处。

第 9 阶固有频率为 204.97Hz，振型为轴向振动，最大振幅为 2.5631mm，发生在飞轮处。

第 10 阶固有频率为 206.84Hz，振型为轴向振动，最大振幅为 2.5709mm，发生在飞轮处。

综合实际情况，由于曲轴上每一拐的位置都由轴承支承，且机构偏心质量产生的激发载荷远远偏离轴系弯曲固有频率，因此限制了曲轴的弯曲和横向的振动；曲轴在设计过程中有两处轴向定位，不满足横向共振条件，因此曲轴轴向振动也不予考虑；由于电动机驱动的曲轴长度过长、转速过快、负载过大，承受着交变的扭矩，在实际工况下，曲轴因扭转共振引起破坏的情况最多。因此本章后面的分析都将建立在引起曲轴扭转振动的频率附近，即 63.935Hz、97.511Hz、118.14Hz。

3. 轴系额定转速下的共振分析

根据美国石油协会标准 API 618：2007《石油、化工和天然气工业用往复压缩机》的要求：电动机驱动系统的扭转固有频率不应在任何运行转速的 10%以内，也不应该在 10 倍以下（包括 10 倍）的回转系统中运行轴转速任何倍数的 5%之内。对于电动机驱动的压缩机扭转固有频率应避开电源基频的 1 倍和 2 倍数相应的 10%和 5%。对于同步电动机驱动的压缩机，所有旋转零件的扭转刚度和惯量应使压缩机的任何固有激振频率和电动机转子相对于旋转磁场振荡的扭转频率之间至少有 20%的差值。由式（2-2）计算出轴系的基频 0 为 16.67Hz，通过计算可得出运行轴基频 1~10 倍的±5%频率范围，见表 2-6。

$$\omega_0 = \frac{n}{60} \tag{2-2}$$

式中　n——压缩机额定转速（r/min）；

ω_0——轴系的基频（Hz）。

表 2-6　轴系的基频和±5%频率范围

运行轴基频 ω_0/Hz	运行轴基频倍数	±5%频率范围/Hz
16.67	1	15.83~17.50
16.67	2	31.67~35.01
16.67	3	47.51~52.51
16.67	4	63.35~70.01
16.67	5	79.18~87.52
16.67	6	95.02~105.02
16.67	7	110.86~122.52
16.67	8	126.69~140.03
16.67	9	142.53~157.53
16.67	10	158.37~175.04

由表 2-6 可知，曲轴发生 1 阶扭转振动的固有频率 63.935Hz 在运行轴 4 倍基频的±5%，即 63.35~70.01Hz 范围之内。同样，2 阶、3 阶扭转振动的固有频率也相应地在 6 倍、7 倍基频±5%的共振范围内，因此各轴系不同阶次的共振情况需要进行瞬态响应分析。

2.1.4　曲轴轴系谐响应分析

曲轴轴系谐响应分析主要研究在不同倍频的简谐载荷的作用下，轴系的节点应力、振幅等参数的变化规律，基于分析结果判断、验证倍频载荷对轴系 1 阶、2 阶、3 阶扭转振动的影响规律。本节的谐响应分析主要分为两大类：①在定转速作用下，曲轴轴系所承受的不同倍频载荷对轴系瞬态响应的影响规律；②变转速作用下，曲轴轴系所承受的不同倍频载荷对轴系扭转共振的影响规律。

1. 轴系谐响应分析理论方法

为了保证谐响应分析曲线图的准确性和光滑性，本节采用模态叠加法。模态叠加法的原理是以系统无阻尼的模态为空间基底，通过坐标变换，利用系统自由振动的固有振型，使原动力方程转化为 n 个互相不耦合的方程，通过解析或数值的方法进行积分。

通过求解 n 个相互独立的微分方程获得系统的模态位移，再叠加各阶模态求得系统的响应。基于数值方法对每一个方程采取不同的时间步长。利用模态叠加法的谐响应分析步骤如下。

1）预处理：确定有限元分析模型。

2）导入：使 ANSYS Workbench 瞬态响应分析模块与模态分析模块连接，即可直接使用模态分析的模型及材料参数。

3）定义边界条件：利用企业热-动力计算程序获得轴系载荷并添加约束。

4）后处理：利用 ANSYS Workbench 求解并查看谐响应分析结果，输出二维曲线和进一步的应力计算。

此曲轴轴系的谐响应分析模型与静力学分析模型一致。

2. 曲轴轴系约束及谐频载荷的施加

将谐响应分析模块与模态分析模块及静力学分析模块连接，可实现模态分析前提下的谐响应分析。通过此方式，不仅模型的导入、材料的定义、网格的划分无须重复定义，而且边界条件中的约束条件及转速也都与静态分析中定义的一致。

与静力学不同的是，谐响应分析作用在曲轴轴系上的载荷是随时间变化的动态载荷。无论是作用在曲轴曲柄销上还是电动机转子上的载荷都是由两部分组成的，应分别考虑。将压缩机曲轴轴系所施加的随时间变化的外部载荷进行傅里叶变化，得到以下两种载荷。

1）静态载荷，是不能引起轴系扭转共振的载荷分量。

2）简谐载荷，是引起轴系出现扭转共振的简谐载荷。

在程序的结论中可直接获取想要的静态载荷和简谐扭矩。因此曲轴上每一列的谐波载荷分析结果均一致，这里给出压缩机曲轴第 1 列的分析结果，见表 2-7。

表 2-7　第 1 列压缩机曲轴前 16 次谐波载荷分析结果

基频倍数 i	T_i /N · m	φ /(°)
0	−4476.6	0
1	1195.5	332.59
2	4199.5	79.901
3	849.83	140.87
4	411.63	97.010
5	174.71	87.253
6	570.88	264.46
7	219.07	246.74
8	271.97	20.428
9	159.62	13.900

（续）

基频倍数 i	T_i /N · m	φ/(°)
10	126.85	171.49
11	79.810	150.93
12	58.082	268.01
13	57.913	235.39
14	44.841	14.054
15	74.190	353.98
16	32.207	146.92

表2-7中，i 为基频倍数，T_i 为轴系各曲柄销处承受转矩的谐波载荷，φ 为谐波相位角。在利用 ANSYS Workbench 进行谐响应分析时，需要在压缩机轴系每一列曲柄销的施加载荷部分添加扭矩与相位角，在分析某一个扭转阶次时，根据表2-7和表2-8分别确定压缩机曲轴轴系各列曲柄销所需施加的扭矩和相位角。

3. 轴系谐频与稳态载荷的分离

对于压缩机轴系动力学中的谐响应分析来说，轴系的外载荷主要包括电动机转子承受的载荷与曲轴自身所受的外载荷，通过对轴系所施加的时间历程外部载荷进行傅里叶变化得到这些载荷，基于 KOL 热-动力计算程序傅里叶变化的计算结果，各列曲柄销所承受的扭矩为 $T_i(0 \leqslant i \leqslant 16)$，这里，当 $i=0$ 时，T_0 表示静载荷。在进行压缩机轴系的谐响应分析时，对于轴系电动机所施加的驱动载荷可以用曲轴轴系第6列转矩的反向载荷来表示。通过式（2-3）可求得轴系曲柄销处所受切向力的谐波载荷 F_{T_i}。

$$F_{T_i} = \frac{2T_i \times 10^6}{S}(i = 0,1,\cdots,15,16) \tag{2-3}$$

式中　S——轴系活塞的行程（mm）；

T_i——轴系各曲柄销处所承受转矩（N · m）；

F_{T_i}——压缩机各轴系曲柄销处所受切向力的谐波载荷（N）。

在谐响应分析中，稳态载荷的加载方式可利用曲轴轴系静力学分析的方法进行求解，轴系承受的各个阶次的切向力可以用式（2-4）进行简化计算。

$$F'_T = F_T - \frac{T_i}{S} \tag{2-4}$$

式中　F_T——对曲轴轴系所施加的切向力（N）；

F'_T——在额定转速下曲柄承受的切向力（N）。

4. 轴系谐频载荷的确定

在额定转速下，轴系会同时存在不同程度的1阶、2阶、3阶扭转共振，由模态分析中的各轴系扭转共振模态振型可以看出，轴系的第 1 阶扭转振型振幅最大值出现在压缩机轴系的飞轮上；第 2 阶扭转振型振幅最大值出现在压缩机轴系电动机曲轴上；第 3 阶扭转振型振幅最大值出现在压缩机轴系第 1 列曲柄销上。

为了简化分析问题的过程，把能够引起 i 阶扭转振动的 j 次简谐载荷所对应的频率定义为倍频 ω_{ij}，根据表 2-1 和表 2-7，利用式（2-5）~式（2-7）可得到在额定转速下压缩机轴系倍频 ω_{ij}，结果见表 2-8。

$$\omega_0 = \frac{n}{60} \tag{2-5}$$

式中　n——压缩机额定转速（r/min）；

ω_0——轴系基频（Hz）。

$$j = \mathrm{round}(\omega_i - \omega_0) \tag{2-6}$$

式中　ω_i——第 i 阶曲轴轴系发生扭转共振的固有频率（Hz）；

j——各个轴系在基频为 ω_0 下能够激起轴系 i 阶扭转共振的简谐载荷所对应的倍频倍数；

ω_0——轴系基频（Hz）。

因此可以得到曲轴轴系在额定转速下的简谐载荷倍频为

$$\omega_{ij} = j\omega_0 \tag{2-7}$$

式中　ω_{ij}——曲轴轴系的简谐载荷倍频（Hz）。

由式（2-8）可得到各轴系简谐载荷倍频与轴系固有频率比，见表 2-9。

$$r_i = \frac{\omega_{ij}}{\omega_i} \tag{2-8}$$

从表 2-8 分析结果可知，能够激起曲轴轴系 1 阶扭转共振的是 4 倍频，而引起 2 阶扭转共振的是 6 倍频，引起 3 阶扭转共振的是 7 倍频。从表 2-9 各个轴系的 r 值可知，在共振范围 $j \leqslant 10$ 时：r 值均处于 1 ± 0.5 的范围。r 值不同，表明系统的共振强度不同。

表 2-8　额定转速下轴系简谐载荷倍频分析结果

轴系扭转阶次 i	轴系基频 ω_0/Hz	载荷倍频倍数 j	轴系倍频 ω_{ij}/Hz	扭转固有频率 ω/Hz
1	16.66	4	66.64	63.9
2	16.66	6	99.96	97.5
3	16.66	7	116.62	118.1

表 2-9　轴系额定转速下简谐载荷倍频和频率比

轴系扭转阶次 i	轴系倍频 ω_{ij}/Hz	扭转固有频率 ω/Hz	频率比 r
1	66.64	63.9	1.04
2	99.96	97.5	1.02
3	116.62	118.1	0.98

5. 谐响应分析结果

（1）同转速下轴系不同谐次载荷对轴系瞬态响应的影响规律　结合静力学分析，曲轴断裂的危险部位一般在主轴颈与曲柄过渡圆角处和曲柄销与曲柄过渡圆角处，故在压缩机曲轴轴系谐响应分析中，主要考察曲轴主轴颈与曲柄过渡圆角处和曲柄销与曲柄过渡圆角处的位移和应力随外载荷频率的变化规律。

由模态分析可知，在频率范围 0~207Hz 内，有 3 阶扭转振动，其中，第 1 阶扭转振动频率为 63.9Hz，第 2 阶扭转振动频率为 97.5Hz，第 3 阶扭转振动频率为 118.1Hz。这里选取压缩机曲轴轴系上所有 24 个过渡圆角处的圆周作为分析对象，列举在不同谐次载荷作用下响应最大的 4 个测点，并对响应结果进行对比和说明。

根据模态分析结论，第 1 阶的扭转固有频率为 63.9Hz，这里将谐响应分析的扫频范围设置为 60~68Hz，通过表 2-8 的计算可知，该频率是基频的 4 倍，根据表 2-7，在压缩机曲轴轴系的各个曲柄销上施加 4 倍基频所对应的综合扭矩及相位角，经谐响应分析计算可以得到轴系测点应力、振幅随着激振频率变化而变化的曲线，其中响应最大的 4 个位置如图 2-15 所示。

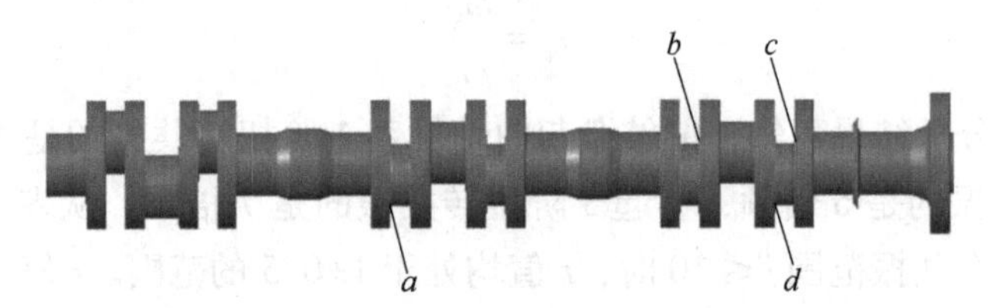

图 2-15　60~68Hz 扫频范围内响应最大的 4 个点

a~d 点的响应结果如图 2-16~图 2-19 所示。

由图 2-16~图 2-19 可知，在激励频率达到 63.9Hz 时，曲轴轴系 a、b、c、d 点的应力和振幅同时达到了最大值，此时激励频率基本与模态分析得到的曲轴第 1 阶扭转频率一致，这表明曲轴轴系在外激励力的作用下发生了扭转共振。a 点的共振应力为 8.8302MPa，共振响应为 16.369mm；b 点的共振应力为 37.206MPa，共振响应为 13.604mm；c 点的共振应力为 22.73MPa，共振响应为 12.492mm；d 点的共振应力为 24.233MPa，共振响应为 11.793mm。

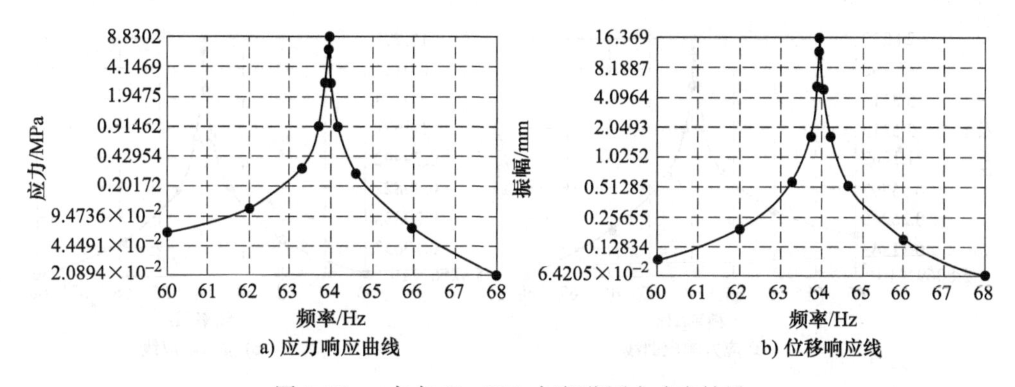

a) 应力响应曲线　　b) 位移响应线

图 2-16　*a* 点在 60~68Hz 扫频范围内响应结果

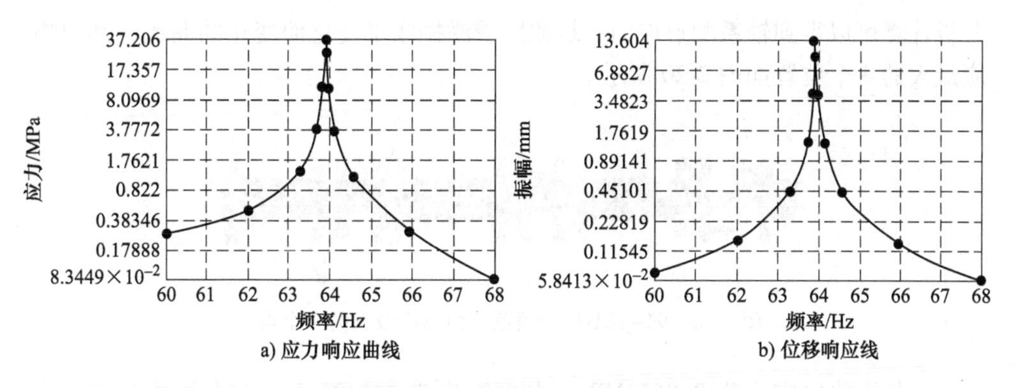

a) 应力响应曲线　　b) 位移响应线

图 2-17　*b* 点在 60~68Hz 扫频范围内响应结果

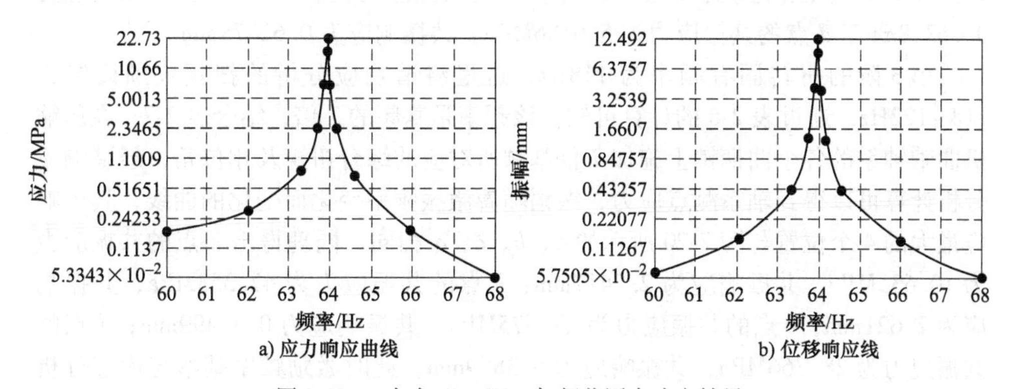

a) 应力响应曲线　　b) 位移响应线

图 2-18　*c* 点在 60~68Hz 扫频范围内响应结果

第 2 阶的扭转固有频率为 97.5Hz，这里将谐响应分析的扫频范围设置为 94~101Hz，通过表 2-8 的计算可知，该频率是基频的 6 倍，根据表 2-7，在压缩机曲轴轴系的各个曲柄销上施加 6 倍基频所对应的综合扭矩及相位角，经谐响应

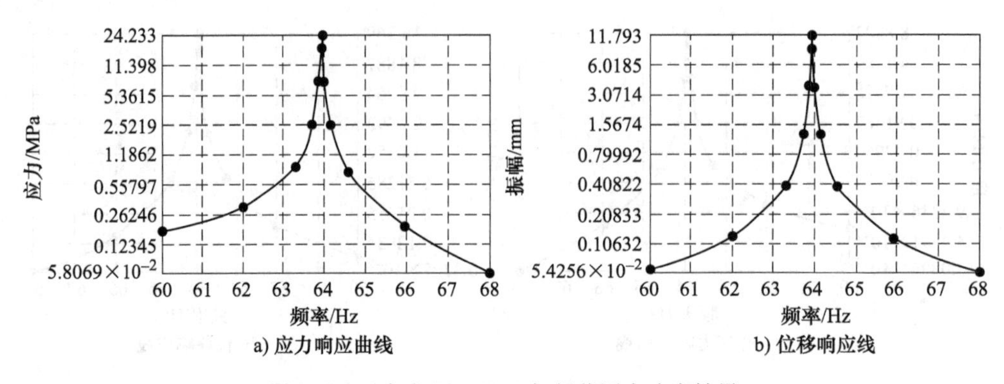

图 2-19 d 点在 60~68Hz 扫频范围内响应结果

分析计算可以得到轴系测点应力、振幅随着激振频率变化而变化的曲线，其中响应最大的 4 个位置如图 2-20 所示。

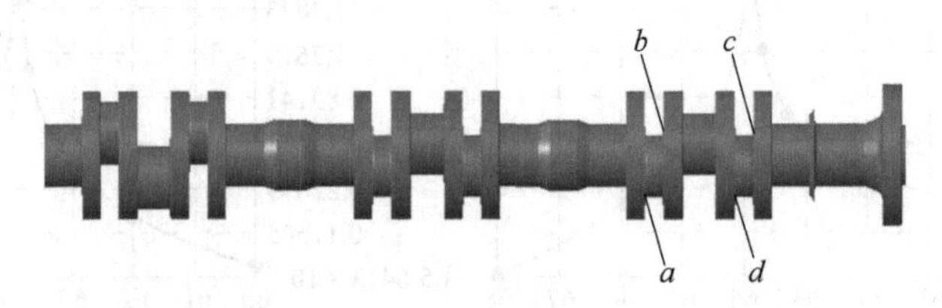

图 2-20 94~101Hz 扫频范围内响应最大的 4 个点

a 点的共振应力为 2. 0627MPa，共振响应为 1. 1171mm；b 点的共振应力为 8. 9875MPa，共振响应为 1. 0595mm；c 点的共振应力为 5. 344MPa，共振响应为 0. 66318mm；d 点的共振应力为 5. 6186MPa，共振响应为 0. 62878mm。

第 3 阶的扭转固有频率为 118Hz，这里将谐响应分析的扫频范围设置为 114~122Hz，通过表 2-8 的计算可知，该频率是基频的 7 倍，结合表 2-7，在压缩机曲轴轴系的各个曲柄销上施加 7 倍基频所对应的综合扭矩及相位角，经谐响应分析计算可以得到轴系测点应力、振幅随着激振频率变化而变化的曲线，其中响应最大的 4 个位置与图 2-20 所示的 a、b、c、d 相同。同理得出 a 点的共振应力为 10. 635MPa，共振响应为 2. 7417mm；b 点的共振应力为 47. 355MPa，共振响应为 2. 621mm；c 点的共振应力为 27. 575MPa，共振响应为 0. 37499mm；d 点的共振应力为 28. 766MPa，共振响应为 6. 3859mm。此时激励频率基本与模态分析得到的曲轴第 3 阶扭转频率一致，这表明曲轴轴系在外激励力的作用下发生了扭转共振。

（2）变转速下轴系不同谐次载荷对轴系瞬态响应的影响规律　通过对压缩机曲轴轴系的谐响应计算分析，可以得到含有压缩机曲轴轴系所有节点的振幅和应力关于外载荷频率变化的数据。由于曲轴结构比较复杂，曲轴断裂等危险部位一般在主轴颈与曲柄过渡圆角处和曲柄销与曲柄过渡圆角处，故在压缩机曲轴轴系谐响应分析中主要考察曲轴主轴颈与曲柄过渡圆角处和曲柄销与曲柄过渡圆角处的位移和应力随外载荷频率的变化规律。

对曲轴所承受的各阶次简谐载荷，在不同转速条件下，分别进行谐响应分析，然后记录不同转速下，倍频载荷的谐响应分析结果，从而可以得到在压缩机轴系的某一转速范围内，各个阶次的分析结果，进而可以得到在不同转速范围内，不同阶次轴系的分析结果，最后可以得到各个阶次的轴系测点应力、振幅随压缩机转速的变化曲线。

根据分析结果，利用式（2-9）得出轴系 4、6、7 倍频载荷所激发的扭转共振时，轴系对应的各阶次扭转共振的转速

$$n_i = 60\frac{\omega_i}{j} \tag{2-9}$$

式中　i——压缩机扭转共振的阶次；

j——简谐载荷的倍频倍数；

n_i——第 i 阶扭转共振的转速（r/min）。

根据表 2-8，计算出各阶次扭转共振转速，第 1 阶扭转共振转速为 958.5 r/min(100.32rad/s),第 2 阶扭转共振转速为 975r/min（102.05rad/s），第 3 阶扭转共振转速为 1012.28r/min（105.95rad/s）。这里需要确定前 3 阶的转速范围，通过计算，第 1 阶的转速范围是 99.3~101.3rad/s，第 2 阶的转速范围是 101.2~103rad/s，第 3 阶的转速范围是 104.5~106.8rad/s，测点位置如图 2-21 所示。

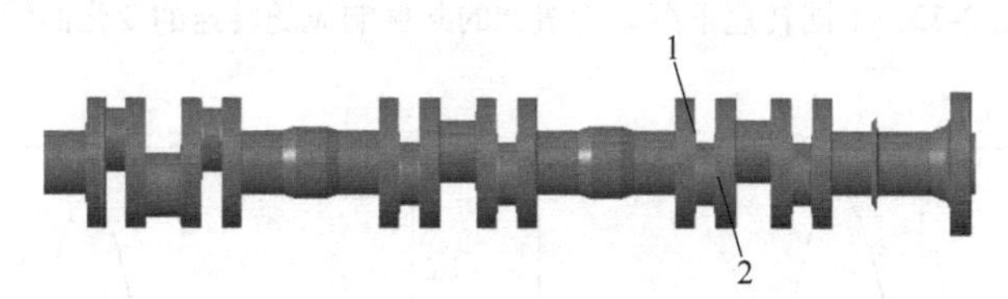

图 2-21　变转速分析的曲轴测点

通过曲轴对轴系的转速进行谐响应分析，可以得到不同转速下不同阶次的共振幅值，通过 MATLAB 进行拟合后，结果如图 2-22~图 2-24 所示。

由此可知，共振响应的幅值不仅与系统受到的激振频率有关，而且与轴系的工作转速有关，当曲轴轴系在共振转速下工作时，曲轴轴系的振动响应最大。

对于影响压缩机曲轴振动的主要参数，如曲轴长度、主轴颈直径、压缩机行程（即曲拐半径的 2 倍）、曲柄销直径等，优化分析后进行调整，见表 2-10，修改后的曲轴零件图如图 2-25 所示。获得高曲轴强度，可以为压缩机转速的提高提供理论的支撑，实现曲轴轴系结构的优化。

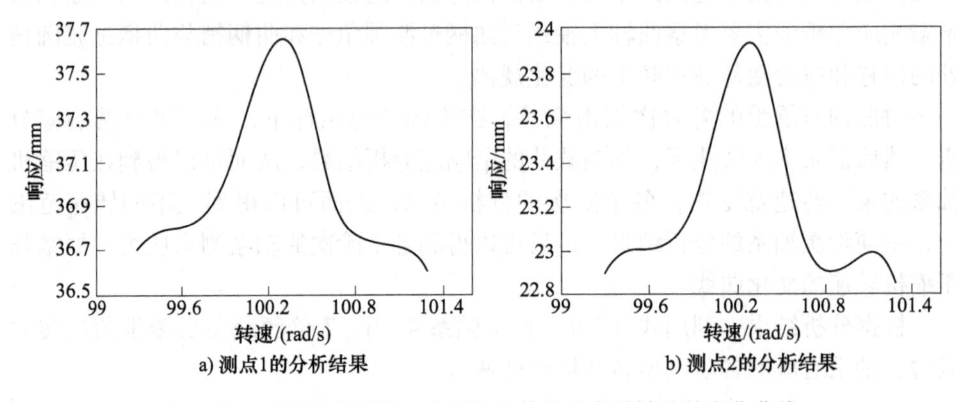

图 2-22　不同转速下第 1 阶扭转的共振响应随转速的变化曲线

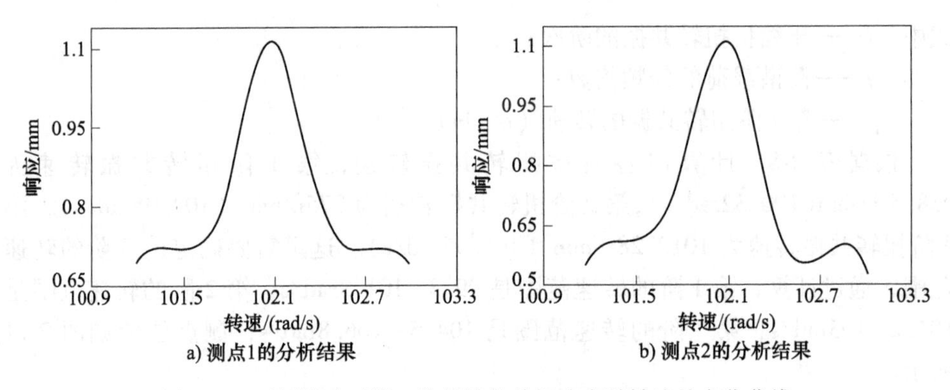

图 2-23　不同转速下第 2 阶扭转的共振响应随转速的变化曲线

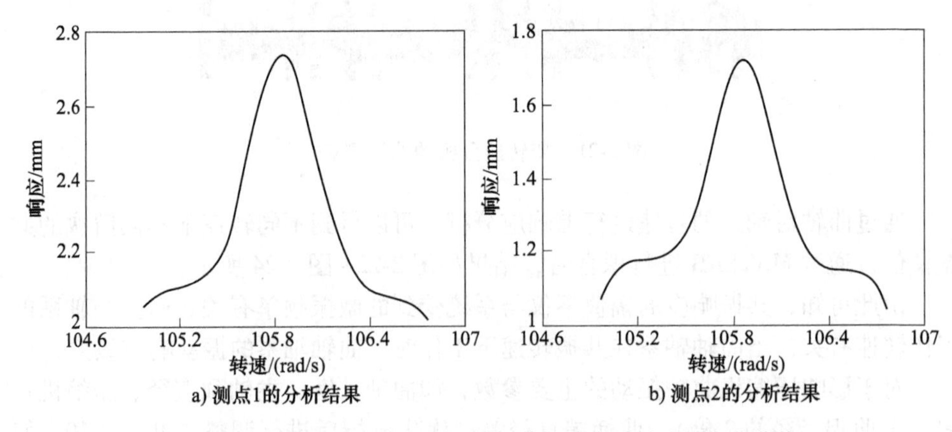

图 2-24　不同转速下第 3 阶扭转的共振响应随转速的变化曲线

表 2-10　压缩机曲轴轴系调整主要参数

名称	原轴系	修改后轴系
主轴颈直径/mm	240	240
压缩机行程/mm	350	280
曲轴长度/mm	4812	3564
曲柄销直径/mm	240	240

图 2-25　修改后的曲轴零件图

2.2　星型压缩机曲轴连杆机构优化技术

以企业生产的星型压缩机的曲轴轴系及连杆机构进行分析研究，在利用 Creo 建立仿真模型的前提下，分别应用 ADAMS 和 ANSYS Workbench 软件进行曲轴连杆机构动力学分析、曲轴轴系的模态分析和瞬态响应分析，得到曲轴轴系及连杆机构的运动学和动力学特性，并获得机组轴系的振动特征和稳态动力响应。

2.2.1　曲轴连杆系多体动力学仿真建模

1. 建立多体动力学模型

在三维建模软件 Creo 中建立压缩机的曲轴轴系及连杆机构实体模型，将输出的 iges 格式文件读入 ADAMS 中。已导入的星型往复压缩机动力学分析模型如图 2-26 所示。

图 2-26　星型往复压缩机动力学分析模型

2. 设置质量和力学特性参数

质量特性参数包括各个零部件的质量、转动惯量等，这些参数可以通过在 Creo 软件内建立装配体时测得，部分参数也可以通过查找资料获得。力学特性参数包括曲轴轴系、主副连杆、活塞等零部件的刚度、阻尼，一般可通过查找相关资料获得。例如，在设置曲轴的特性参数时，选中曲轴后右击，选择“修改”—“定义质量方式”—“几何形状和材料类型”，可设置材料的密度、弹性模量、泊松比，其他零部件也是按照这个方法逐一设置。

3. 设置仿真边界条件

多体动力学的边界条件主要包括曲轴连杆运动约束边界条件和星型压缩机实际工况边界条件。

在曲轴连杆系中，主要约束有曲轴箱体固定副、曲轴与主连杆间的旋转副、主连杆与各个副连杆间的旋转副、主副连杆小头与各个活塞之间的旋转副、主副活塞与缸筒间的移动副、添加在曲轴靠近联轴器端的驱动等，其中压缩机的电动机驱动转速为980r/min，应换算成角速度5880°/s添加在ADAMS的驱动模块中。

星型压缩机实际工况边界条件一般包括两种：曲轴的运动旋转速度和气体压力载荷。其中气体压力载荷是指压缩机气缸内随曲轴旋转角度变化的气体压力。由于星型压缩机采用主副连杆式的特殊结构形式，所以求解各个气缸内变化的气体力的方法与其他结构形式有所不同。

在这里采用反推法求解主气缸和各个副气缸内变化的气体力。由往复压缩机的工作原理可知，活塞做直线往复运动使工作腔内气体容积增大或减小，导致气缸内的气体压力发生变化。研究表明，30A-2型星型压缩机机构中每级活塞的行程差异不是很大。

反推法具体步骤为：①利用ADAMS软件在施加运动约束边界条件后进行曲轴连杆机构的运动学仿真，求出随曲轴旋转角度变化对应的各阶段活塞的位移，起始位置取主连杆与主缸（四级活塞缸）中心线重合位置，曲轴顺时针旋转。②利用式（2-10）和式（2-11）分别计算出膨胀和压缩时对应的位移x_i，结合ADAMS中得出的活塞位移和曲轴转角的对应关系，得到膨胀后活塞位移对应的旋转度数α_2，活塞运动到上止点对应的角度α_1到α_2就为膨胀过程，再结合ADAMS得到的运动学曲线结果，α_2到活塞运动到下止点对应的角度α_3就为吸气过程。同理可得到压缩后活塞位移对应的角度α_4，这样就会直接得出排气过程的角度α_4到α_1。图2-27所示为第四级活塞的速度、位移变化规律，图2-28所示为其他级活塞的速度、位移变化规律，图中横坐标为曲轴旋转角度，纵坐标分别为活塞速度和位移，验证结果与MATLAB编程所求出的运动学结果相吻合。

30A-2型星型往复压缩机为五级压缩，通过热力学可计算出压缩机每级的进气压力p_1和排气压力p_3，每个活塞的行程S可以在ADAMS后处理结果中得出，这样$S_0 = \alpha S$也是已知的。通过下列热力学中的膨胀过程公式和压缩过程公式分别求出活塞位移x_b和x_d，x_b为压缩过程结束时活塞位移，x_d为膨胀过程结束时活塞位移。

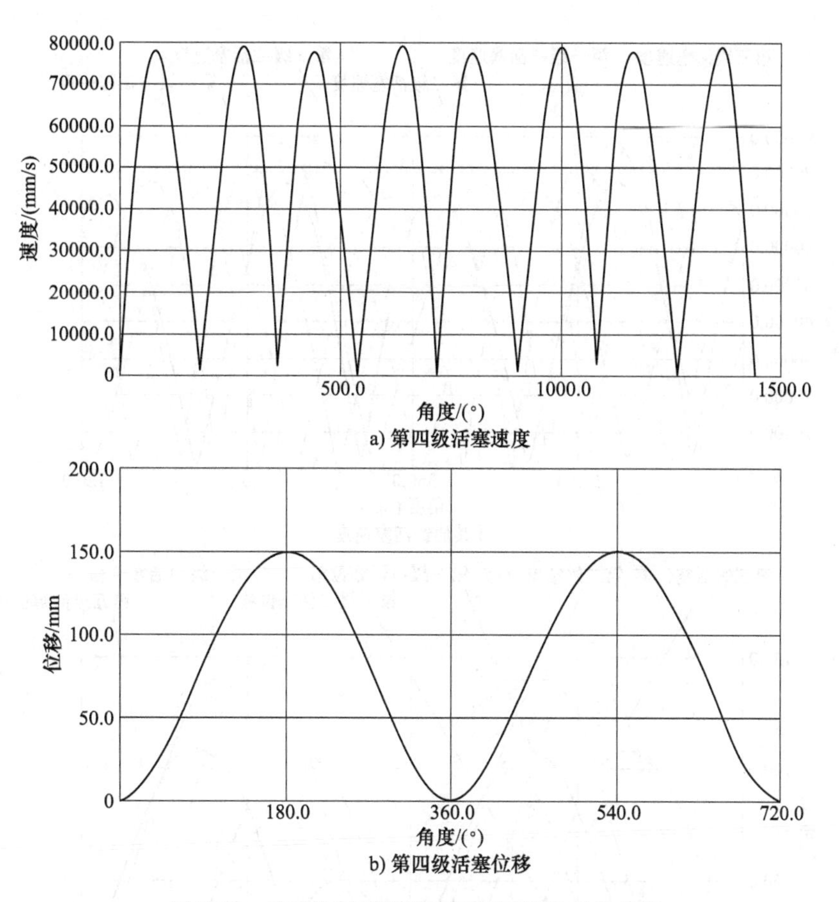

a) 第四级活塞速度

b) 第四级活塞位移

图 2-27　星型往复压缩机第四级活塞运动学曲线

膨胀过程中

$$P_i = \left(\frac{S_0}{x_i + S_0}\right)^m P_3 \tag{2-10}$$

式中　P_i——膨胀时某点的气缸内压力（N）；

P_3——排气时气缸内实际压力（N）；

m——膨胀过程指数。

压缩过程中

$$P_i = \left(\frac{S_0 + S}{x_i + S_0}\right)^n P_1 \tag{2-11}$$

式中　P_i——压缩时某点的气缸内压力（N）；

P_1——压缩时气缸内实际压力（N）；

n——压缩过程指数。

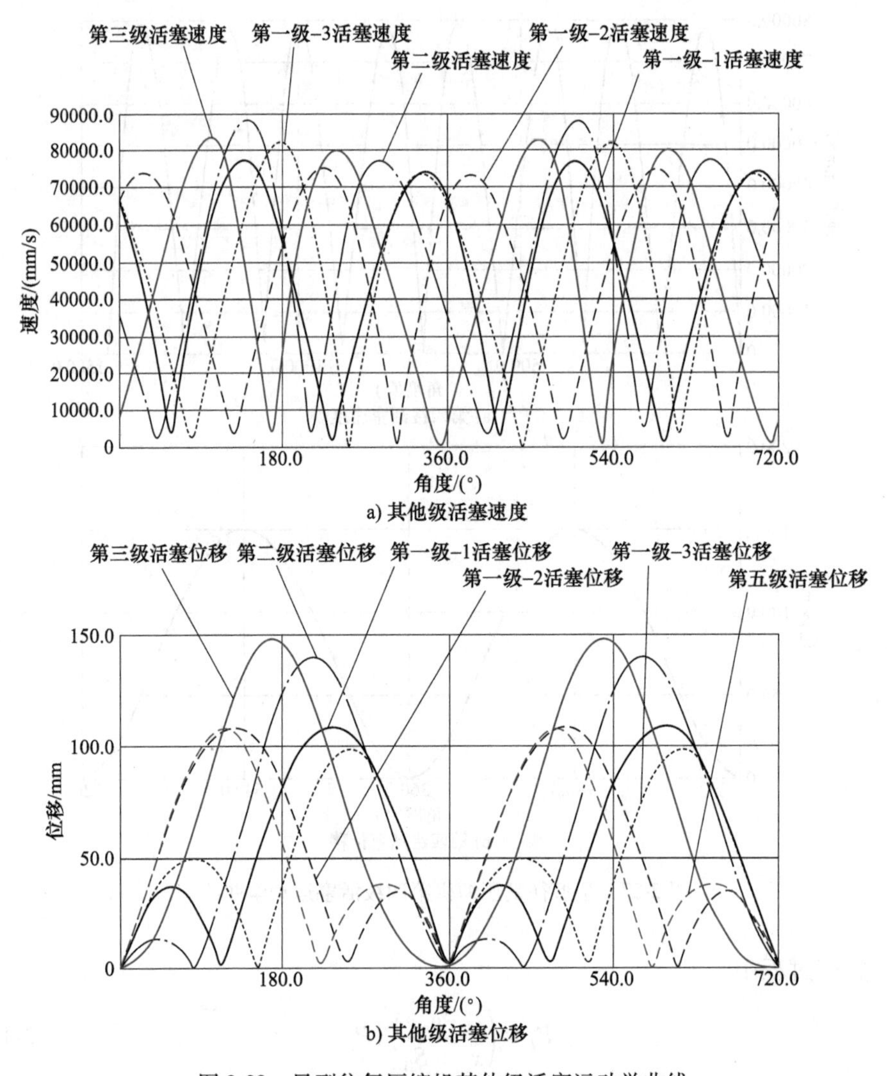

图 2-28　星型往复压缩机其他级活塞运动学曲线

在式（2-10）和式（2-11）中，膨胀过程指数和压缩过程指数分别取 $m=1.05$、$n=1.1$。在五级压缩中，为控制星型压缩机工作时压缩、吸气、排气的温度，前四级压缩比为 3.5，最后一级为 2.67；ADAMS 仿真时间可以为曲轴旋转一周的时间（或倍数），经计算，旋转一周时间取 0.0613s，起始位置是曲轴曲柄与主活塞气缸中心轴线重合时的位置，转速经计算为 102.57rad/s，仿真步数取 144 步（或倍数）；电动机转矩为 1948.78N · m。上述在 ADAMS 仿真中设置的参数可以取成倍的数值，具体视情况而定。

经式（2-10）、式（2-11）的动力计算及 ADAMS 仿真分析可以得到每个活塞的行程、余隙当量行程、吸排气压力、活塞膨胀和压缩对应位移等参数，进而得到压缩机实际工作的四个过程（膨胀、吸气、压缩、排气）与曲轴转角准确的对应关系，见表 2-11。表 2-11 中，S_{1-1}表示一级压缩中第一个气缸。

表 2-11　压缩机实际工作过程与曲轴转角的对应关系

级数	行程/mm	转角/(℃)			
		膨胀	吸气	压缩	排气
S_{1-1}	147	55~83	83~240	240~350	355~55
S_{1-2}	148	0~35	35~180	180~270	270~360
S_{1-3}	144	305~336	336~130	130~245	245~305
S_2	150	250~286	286~80	80~195	195~250
S_3	154	210~245	245~45	45~157	157~210
S_4	150	0~33	33~298	180~298	298~360
S_5	146	115~140	140~286	286~45	45~115

根据压缩比和活塞直径，可求出每级气缸内的进气压力和排气压力。由于气缸内气体压力是非线性变化的，因此可以结合表 2-11 给出的压缩机工作时四个过程的变化规律，利用 ADAMS 中 IF 函数和 STEP 函数来模拟气体的压力变化规律，施加在活塞上的气体力由函数定义。例如，在 S_{1-3} 级中，膨胀位移为 13. 23mm，压缩位移为 42. 19mm，曲轴转角从 130°到 245°，压缩力从 12063N 上升至 42219N，曲轴转角从 245°到 305°，排气力为 42219N，曲轴转角从 305°到 336°，膨胀力从 42219N 下降到 12063N，曲轴转角从 336°到 490°，吸气力为 12063N，以此类推。

2. 2. 2　曲轴连杆系多体动力学仿真分析

通过 ADAMS 软件进行曲轴连杆系多体动力学仿真分析，获得曲轴连杆系机构中运动组件之间的作用力，并同时生成动态载荷文件，为有限元分析提供载荷边界条件。压缩机正常运转工作时，主传动系统中曲轴连杆系运动过程产生的作用力主要有：旋转惯性力和往复惯性力、气体力、摩擦阻力、各机构重力、侧向力及倾覆力矩等。30A-2 型压缩机是星型五级七列单作用封闭式高压空气压缩机，排气压力可达到 40MPa，采用的单拐曲轴是主传动系统中最主要的受力元件。正常运转时所产生的气体力和往复惯性力合成的活塞力沿着各连杆传递至曲轴的曲柄销处，作用在曲柄销上的力可以分解为垂直于曲轴和沿曲轴方向的两个分力，即曲柄销所承受的切向力和法向力。利用 ADAMS 软件进行动力学分析时，在曲轴连杆机构多体动力学模型中，各运动构件的受力情况都可采用测量各连接约束副获得。在主副式连杆机构中，作用在曲柄销上的切向力和法向力可以通过测量主连杆和曲轴的旋转副约束直接获得。为添加方便可将切向力和法向力合成后分解为旋转副上的 x、y 轴方向力，分析转角的范围取曲轴旋转一周（360°）。

利用上述建立好的曲轴连杆系多体动力学仿真模型，添加压缩机的工作边界条件和各约束连接，进行动力学仿真，获得系统的动力学特性，表 2-12 为动力学仿真分析结果。为便于下一步的计算和观察，可利用 ADAMS 后处理功能将分析结果数据由曲线形式输出成图表形式，在这里我们只列出部分转角（0°~90°）与 x、y 轴方向载荷的对应关系。

表 2-12　压缩机曲轴转角与 x、y 轴方向载荷的关系

模型_0503		
转角/(°)	x 轴方向载荷/N	y 轴方向载荷/N
0.0	-27224.7138	40355.2592
3.6009	-25424.7637	43237.081
7.2018	-24279.9154	49844.913
10.8027	-47724.4309	69170.8855
14.4036	-31624.4943	46139.9601
18.0046	-30644.6005	53310.6411
21.6055	-31860.6874	-7138.9785
25.2064	-30855.5761	66344.8453
28.8073	-38528.2156	22639.4823
32.4082	-30650.0339	58272.345
36.0091	-29300.8986	58590.1933
39.61	-27814.9107	59210.1101
43.2109	-25727.135	59583.819
46.8119	-22838.0258	60357.1836
50.4128	-17494.2341	64941.0135
54.0137	-18134.3693	64521.5897
57.6146	-15954.3012	67146.1786
61.2155	-13322.5936	75694.2438
64.8164	-10201.038	92414.2422
68.4173	-8892.0107	95493.3402
72.0182	-6713.4983	1.0724×10^5
75.6192	-4243.4478	1.1675×10^5
79.2201	-2813.4269	1.292×10^5
82.821	-481.6862	1.3828×10^5
86.4219	2094.1448	1.4672×10^5
90.0228	4965.9717	1.5586×10^5

通过曲轴连杆系机构的多体动力学分析，可以比较准确地得到曲轴轴系在 30A-2 型星型压缩机整个实际工作循环内的动态载荷值，可为下一步的曲轴轴系瞬态响应分析提供更加准确的载荷边界条件。

2.2.3　曲轴轴系的模态分析

1. 曲轴轴系有限元模型的建立

采用 Creo 三维建模软件建立曲轴轴系的仿真模型。建模时可对星型压缩机轴系动力学影响较小的部位进行简化，如小圆角、油孔和平衡孔等部位可以忽略。图 2-29 所示为星型往复压缩机曲轴轴系实体模型。利用 ANSYS 软件数据接口，将曲轴轴系的三维实体仿真模型导入 ANSYS Workbench 中，并进行长度、质量、温度等单位设置。

在模态分析前，需在工程数据管理模块定义零件的材料属性，包括材料的密度、弹性模量和泊松比。30A-2 型星型压缩机属于舰艇船用压缩机，对机组零件的强度、耐磨性和可靠性等要求较高，其曲轴采用的是优质高强度合金钢，经过精密锻造加工，并进行动平衡检验，具有很强的抗扭和抗弯特性。在 ANSYS Workbench 中，采用自动划分法中的四面体网格划分方法对轴系进行网格划分，并在关键区域（连接过渡处）进行局部细化，经过有限元网格划分的模型如图 2-30 所示。曲轴是在驱动电动机的带动下绕 x 轴方向旋转运动，需要在曲轴的主轴颈处施加径向轴承约束，同时为防止曲轴轴系发生轴向窜动，还需要对电动机转子和轴系最右端施加轴向位移约束。通过上述几何建模、网格划分和约束定义后，模态分析无须再添加载荷约束。最后，进行模型求解和结果后处理，得到曲轴轴系前 10 阶的固有频率和相应的模态振型。

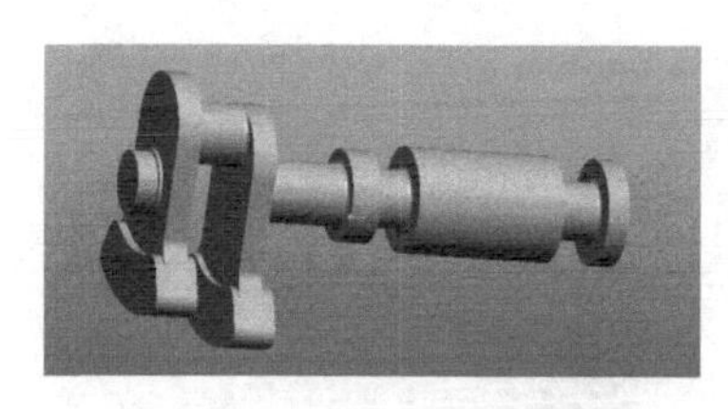

图 2-29　星型往复压缩机曲轴轴系实体模型

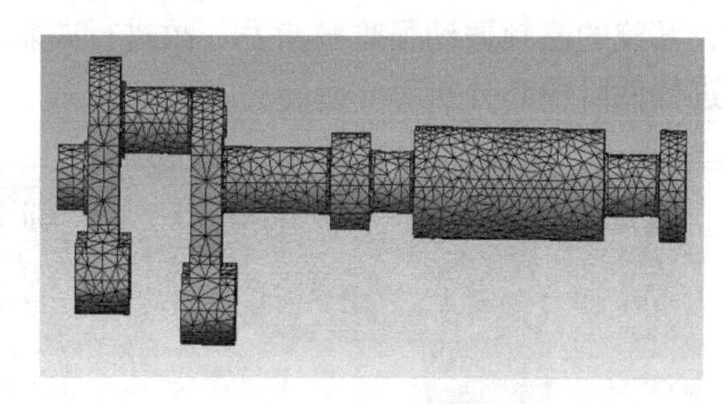

图 2-30　星型往复压缩机曲轴轴系有限元模型

2. 曲轴轴系模态分析计算结果

外部激励的高频成分很微弱，对系统的振动影响较小，因此这里只研究曲轴轴系前 10 阶的固有频率和相应的模态振型。表 2-13 列出了曲轴轴系前 10 阶固有频率及模态振型，图 2-31 所示为曲轴轴系前 10 阶的模态振型云图。

表 2-13　曲轴轴系前 10 阶固有频率及模态振型

阶次	频率/Hz	模态振型
1	223.04	刚体位移
2	506.64	纵向弯曲振动
3	521.53	扭转振动
4	854.63	横向弯曲振动
5	921.52	扭转振动
6	1058.1	纵向弯曲振动
7	1389.7	组合振动
8	1540.2	扭转振动
9	2615.3	纵向弯曲振动
10	2885.7	纵向弯曲振动

由表 2-13 模态分析计算结果可知，单拐曲轴固有频率跨度较大，其中最小的 1 阶模态频率是 223.04Hz，高于星型压缩机的实际工作频率，发生共振现象的概率低，但相邻阶数的模态固有频率相差较小时，由于压缩机轴系振动系统不唯一以及振动具有传递性，所以很容易发生耦合振动。从图 2-31 所示的模态振型云图中可以看出轴系结构每阶的振动响应情况和易产生破坏的部位。在机械振动理论中，一般节点位置就是在受迫振动响应中振幅较大的位置，振型反映了曲轴轴系在以固有频率做简谐运动时系统的形态。图 2-31 中，第 1 阶振型为刚体位移，并没有明显的振动发生；第 2、6、9、10 阶的振型为轴系的纵向弯曲振动；第 3、5、7、8 阶的振型表现为轴系整体的扭转振动，其中第 7 阶为组合振动；第 4 阶的振型为轴系的横向弯曲振动。在实际的工程分析中，低阶振动响应比高阶振动响应对轴系整个系统的影响大，轴系所受外部激励的高频成分很微弱，系统的高频振动很难被激发，故进行曲轴轴系的振动特性分析计算时，通常只进行低阶模态分析。

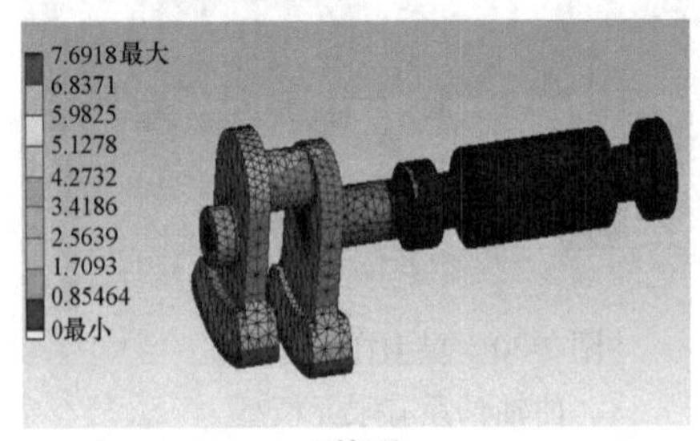

a) 第1阶

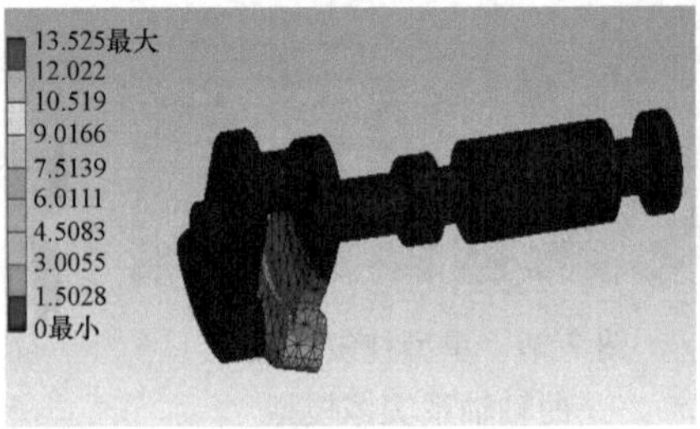

b) 第2阶

图 2-31　曲轴轴系前 10 阶的模态振型云图

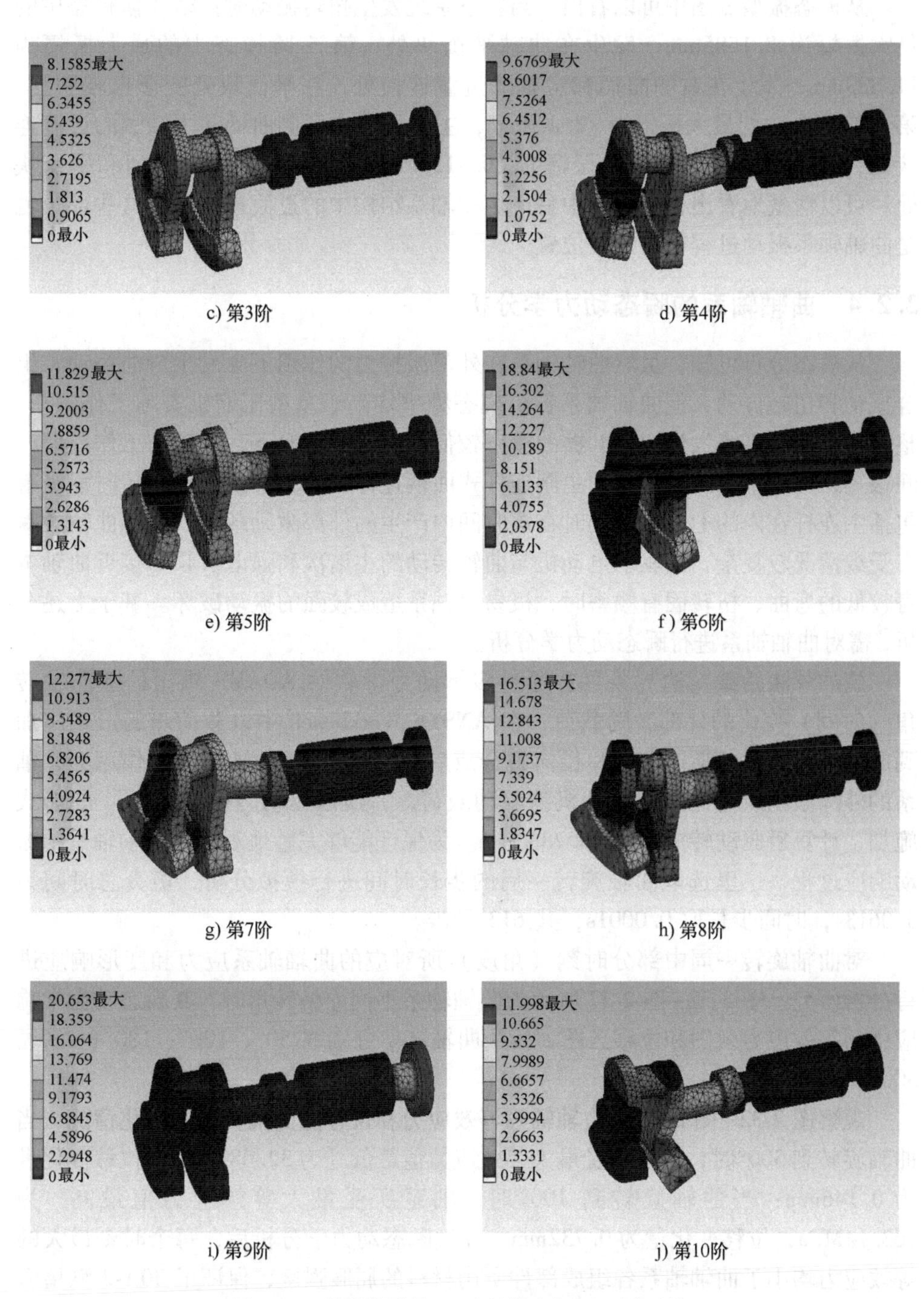

c) 第3阶　d) 第4阶

e) 第5阶　f) 第6阶

g) 第7阶　h) 第8阶

i) 第9阶　j) 第10阶

图 2-31　曲轴轴系前 10 阶的模态振型云图（续）

从模态振型云图中可以看出，当轴系系统发生扭转振动时：第 3 阶模态中的最大振幅为 8.1585mm，发生在曲轴平衡块处；第 5 阶模态中的最大振幅为 11.829mm，发生在右侧曲柄和主轴颈过渡连接处，在平衡块处变形也较明显；第 7 阶模态中的最大振幅为 12.277mm，主要发生在两侧曲柄和主轴颈的过渡连接处；第 8 阶模态中的最大振幅为 16.513mm，主要发生在右侧曲柄和平衡块处。可以清楚地看出，应力集中易产生在轴系结构中的过渡连接处，这些部位也是曲轴轴系振动过程中的危险位置。

2.2.4 曲轴轴系的瞬态动力学分析

从模态分析可知，虽然曲轴轴系在外部激振力的作用下会发生弯曲振动、组合振动和扭转振动，但曲轴轴系各阶模态频率均高于星型压缩机实际工作频率，整个轴系传动系统发生扭转共振的概率较低。在实际工况下，曲轴的工作周期时间很短，由于采用的是特殊的主副连杆式曲柄连杆机构，单拐曲轴旋转时承受着包括主连杆在内的七个连杆同时在短时间内产生的外部激励载荷，因此曲轴的瞬态受载情况较复杂，当驱动电动机与曲轴转动的主谐次和强谐次频率接近曲轴本身较低的弯曲、扭转固有频率时，极易对轴系造成较强的振动破坏。基于上述分析，需对曲轴轴系进行瞬态动力学分析。

施加外激励载荷边界条件：通过多体动力学软件 ADAMS 求出的随曲轴转角（时间）变化的外部激励载荷，在 ANSYS Workbench 中以载荷步的形式施加到曲轴上，其中包括切向力和径向力合成后并分解为 x、y 轴方向的作用力，轴系的外部激励载荷还包括电动机的驱动载荷，一般以驱动力矩（转矩）的形式施加，计算后驱动转矩取 1948.78N · m。为保证能够完整地观察到曲轴轴系的振动响应过程，这里选取曲轴旋转一周的步长时间进行模拟分析，仿真总时间为 0.0613s，时间步长取 0.0001s，共 613 子步。

对曲轴旋转一周中部分时刻（角度）所对应的曲轴轴系应力和变形响应进行分析研究。图 2-32~图 2-37 所示为曲轴轴系不同曲轴转角时，其瞬态动力学响应中的等效应力云图和位移云图，其中曲轴转角分别取 50°、100°、180°、250°、300°和 340°。

观察图 2-32~图 2-37 中曲轴轴系等效应力和位移随曲轴转角的变化情况，当曲轴旋转到 300°时，轴系所受最大等效应力值最低，为 32.681MPa，位移变化量为 0.146mm；当曲轴旋转到 100°时，轴系所受最大等效应力值最高，为 163.14MPa，位移变化量为 0.732mm。经过瞬态动力学分析后，每个时刻最大的等效应力均小于曲轴轴系各组成部件所用材料的屈服强度，保证了 30A-2 型星型往复压缩机曲轴轴系的设计合理性。由于曲轴受力是周期性变化的，可以看出轴系在压缩机实际运转时的应力响应和位移量是不规则、无规律的，最大等效应

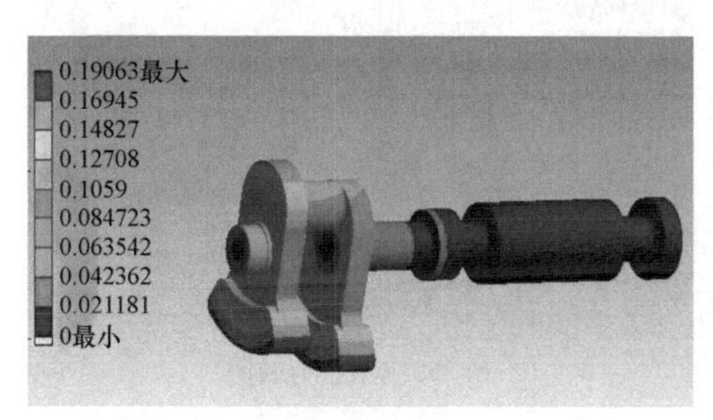

a) 50°位移云图

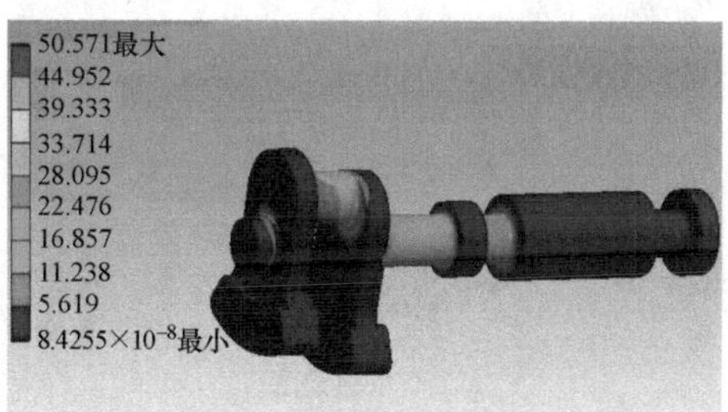

b) 50°等效应力云图

图 2-32　曲轴转动 50°的响应振型

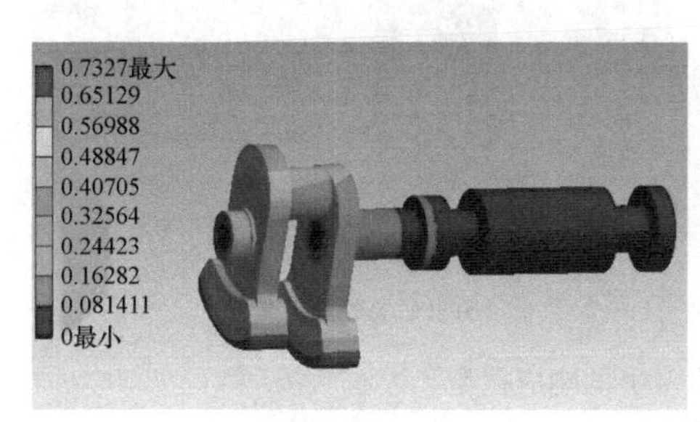

a) 100°位移云图

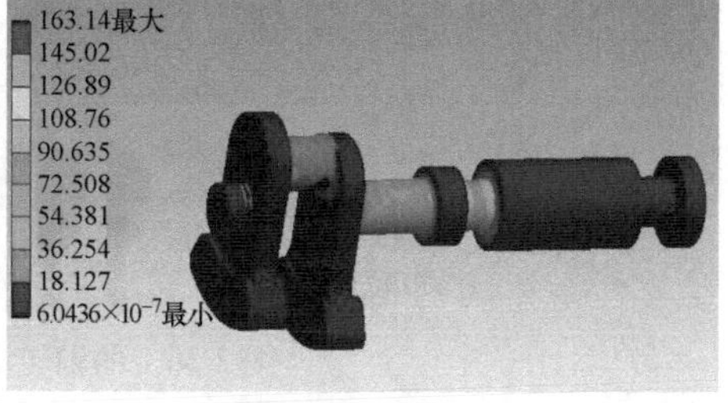

b) 100°等效应力云图

图 2-33　曲轴转动 100°的响应振型

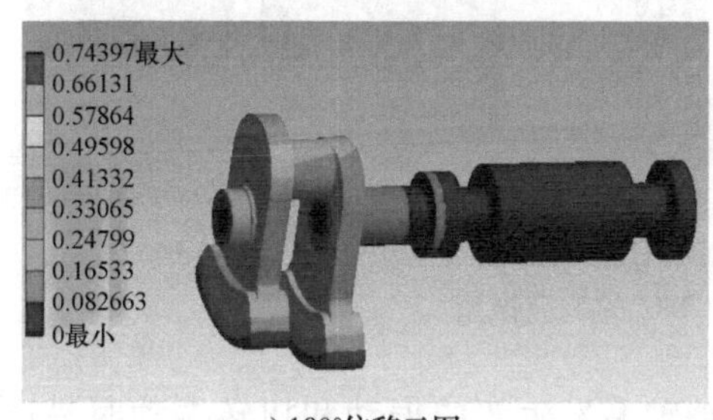

a) 180°位移云图

b) 180°等效应力云图

图 2-34　曲轴转动 180°的响应振型

力主要集中在靠近联轴器侧曲柄与主轴颈的过渡处、曲柄销与曲柄的过渡连接处以及联轴器与主轴颈连接处；最大位移集中在平衡块底部和靠近联轴器侧曲

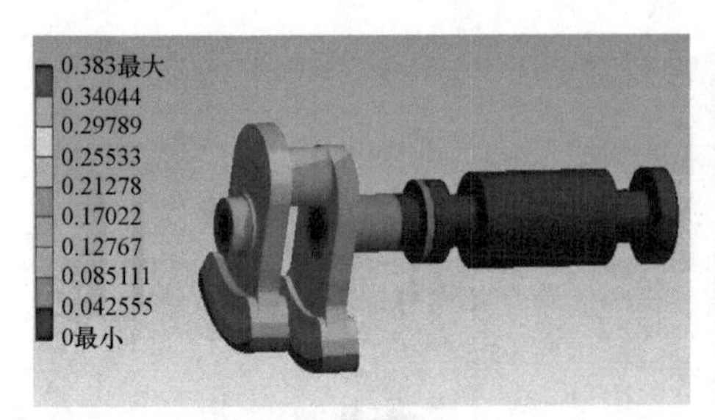

a) 250°位移云图

b) 250°等效应力云图

图 2-35　曲轴转动 250°的响应振型

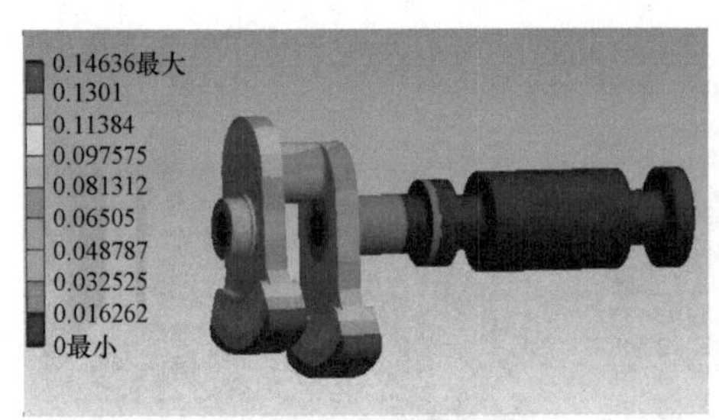

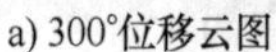

a) 300°位移云图

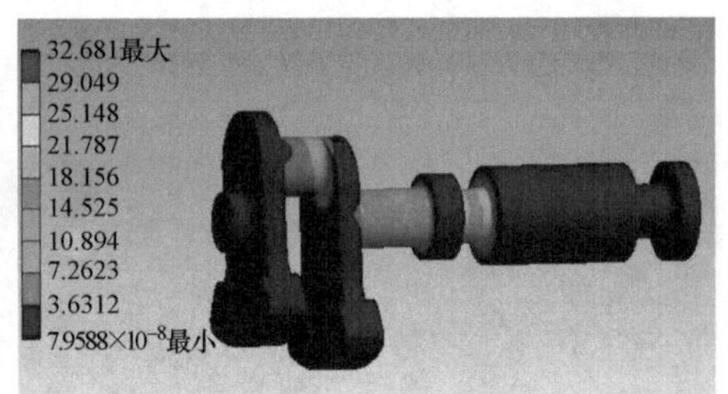

b) 300°等效应力云图

图 2-36　曲轴转动 300°的响应振型

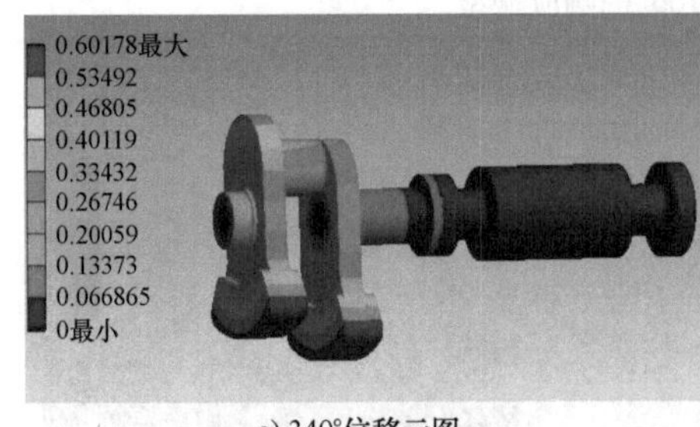

a) 340°位移云图

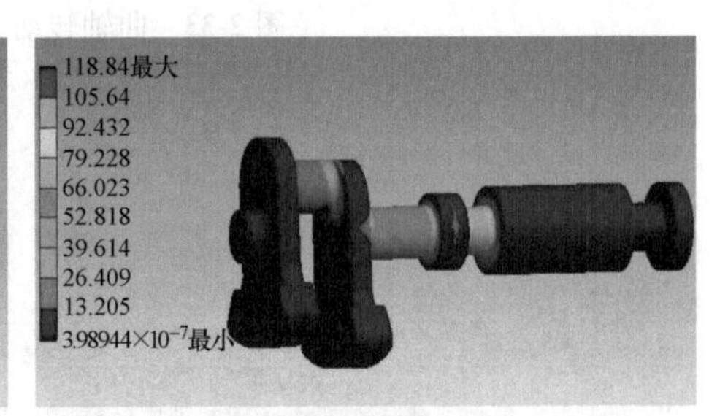

b) 340°等效应力云图

图 2-37　曲轴转动 340°的响应振型

柄与主轴颈的过渡处。上述位置都是曲轴轴系发生弯曲振动和扭转振动时易产生应力集中处。该结果与模态分析结果相符合。当曲轴高速运转时，在这种变应力反复作用下，轴系容易产生疲劳破坏，需在曲轴轴系设计阶段采用合理的方法来改善应力集中现象，如适当的过渡圆角、消除加工刀痕等方法。

2.2.5　星型压缩机曲轴连杆机构设计方案优化

围绕 30A-2 型星型往复压缩机整个曲轴连杆系统运动学和动力特性等问题，采用多体系统动力学和有限元分析方法对曲轴轴系及连杆机构的设计进行分析研究。通过分析得到最佳的布置方案，为星型压缩机主传动系统的设计提供参考。

基于对普通的四星型压缩机的设计进行理论和仿真分析，提出 6 种压缩机主副连杆式曲柄连杆机构的布置方案，通过分析结果对比不同方案中的机构受力状况以及轴系的应力和变形情况，目的是研究主副连杆式曲柄连杆机构布置方式对星型压缩机轴系的影响，为压缩机的主传动系统结构设计优化提供思路。

1. 基本结构及方案

30A-2 型舰船用压缩机属于角度式星型主副连杆式高压空气压缩机，在设计上特别注意了惯性力的平衡和各级气缸的排列角度，其优点是气缸导热、冷却效果好，各列往复质量近乎相等，惯性力完全平衡。

根据 30A-2 型星型压缩机的结构特点，提出一种四星型压缩机曲轴连杆的布置方式。图 2-38 所示为四星型主传动系统机构运动简图，其中包括一个主连杆和三个副连杆，其他与 30A-2 型结构布置相似。

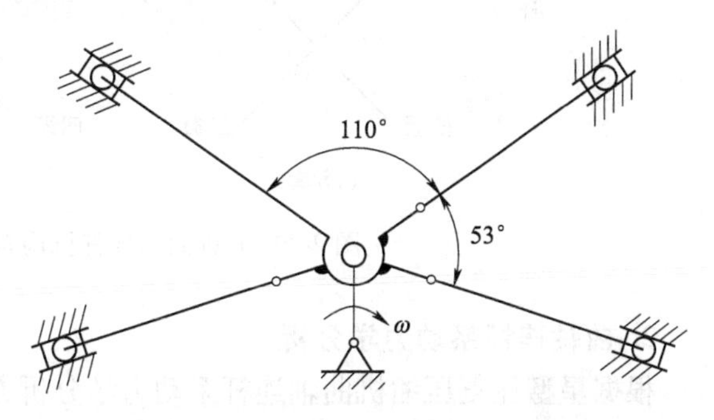

图 2-38　四星型主传动系统机构运动简图

如图 2-38 所示，四星型压缩机在运动时，由一个主连杆带动其他副连杆一起运动，实现各级活塞的往复运动，其结构特点是：星型、四列、四级、单作用、封闭式。为了便于分析研究，使关节角 γ_f 与气缸夹角 γ 相等，当 $\gamma_f=\gamma$ 时，可以保证主副气缸有相近的活塞行程和相同的压缩比。在曲轴旋转过程中符合星型压缩机的力学特点：一阶与二阶惯性力完全平衡。

根据图 2-38 及研究目的，提出 6 种压缩机主副连杆式曲轴连杆机构的布置方案，如图 2-39 所示，采取不同压缩级数的排列顺序，以及不同的曲轴旋转方向。其中压缩机主要的技术参数：进气压力 0.1MPa、排气压力 25.6MPa、压缩机入口空气温度 40℃、压缩气体为空气。本节针对以下 6 种不同的布置方式，首先对机构进行动力学特性分析，重点关注曲轴受力情况，然后根据曲柄销所受切向力和法向力的波动程度，以及对曲轴轴系进行振动响应分析的结果，找出最优的布置方案供星型压缩机设计参考。

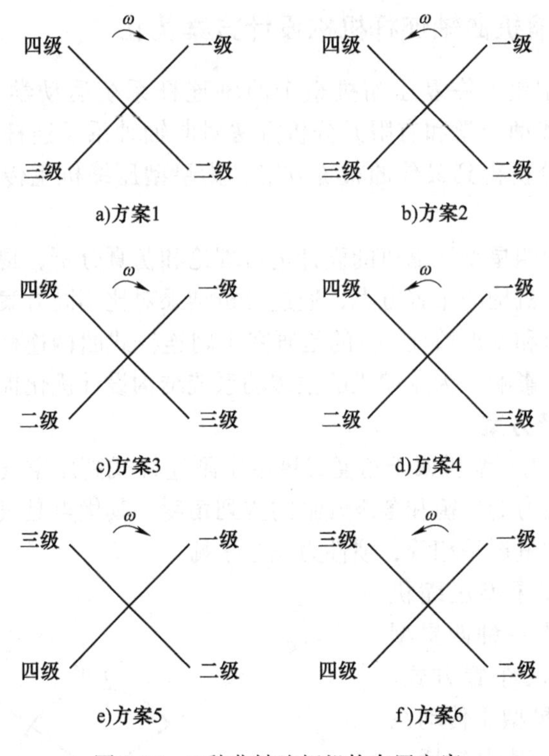

图 2-39　6 种曲轴连杆机构布置方案

2. 曲轴连杆系动力学分析

根据星型往复压缩机曲轴连杆系动力学分析方法，分别对上述 6 种曲轴连杆机构布置方案进行曲轴连杆系动力学分析。采用多体动力学分析软件 ADAMS 进行仿真分析，得到作用在曲轴轴系上的相关动态载荷参数，具体步骤包括：建立多体动力学模型、定义零件材料属性、定义运动副、添加驱动、施加载荷、仿真计算与结果后处理，根据仿真计算结果得到四星型压缩机曲轴所受的切向力 T 和法向力 R。在传统往复压缩机力学理论分析中，切向力在动力学计算中是必要的，而法向力仅在曲轴的研究中有用，故根据整个计算的目的，求出曲柄销上切向力 T 的变化，如图 2-40 所示。根据规定：在动力学计算中，活塞力使连杆受到拉伸为正值，受到压缩为负值；同时又规定切向力所构成的力矩与曲轴旋转方向相反时，即构成阻力矩时切向力为正值，反之为负值。

如图 2-40 所示，6 种布置方案的切向力随曲轴转角变化规律基本相同，通过仔细观察发现，方案 4 中曲柄销所受切向力的波动程度相比其他几种方案要平稳一些，说明力的范围跨度小。在往复压缩机实际正常运转中，当电动机驱动力矩与阻力矩不相等时，会使压缩机发生加速和减速情况。当切向力的波动很大时，

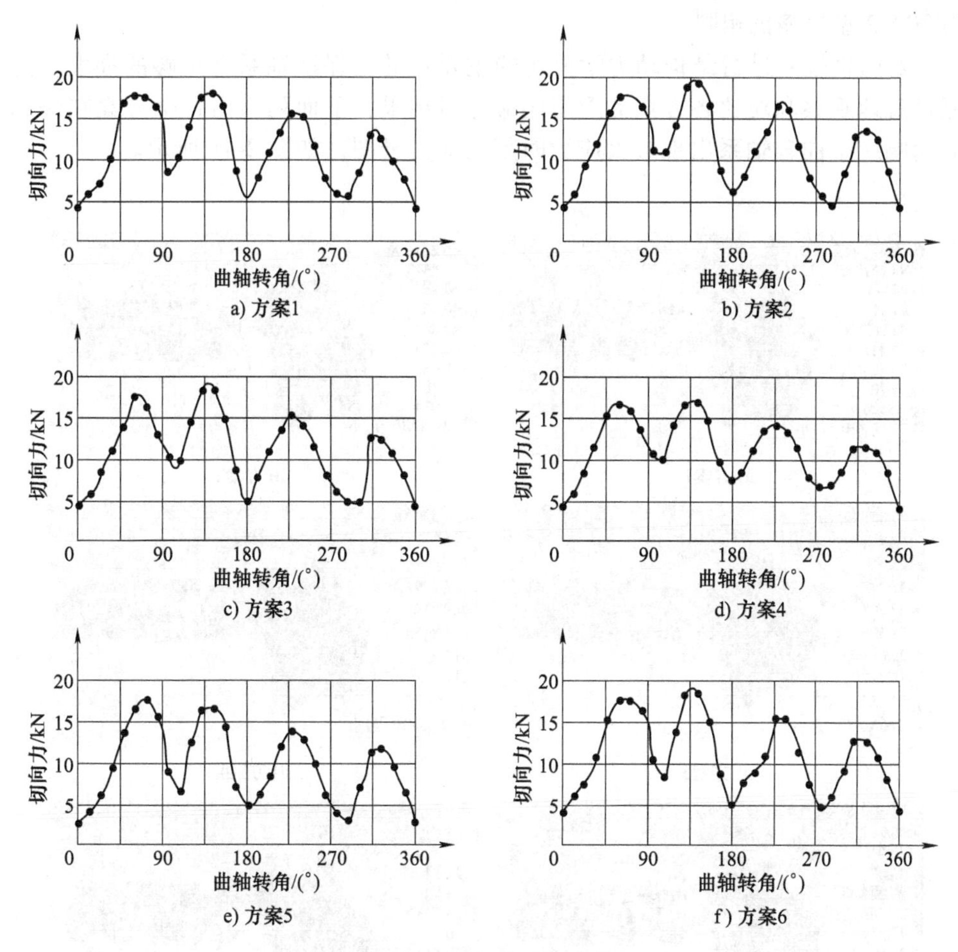

图 2-40　切向力 T 的变化

会造成切向速度和角速度过大的波动，有时还会在曲轴轴系易发生应力集中处引起附加动载荷，直接影响压缩机的平稳性和可靠性。因此从动力学分析结果上看，方案 4 最优。

3. 曲轴轴系瞬态响应分析

利用 ADAMS 多体动力学仿真得到的动态载荷数据作为载荷边界条件，对 6 种布置方案分别进行曲轴轴系的瞬态响应分析，分析后得到曲轴 一个工作循环的各个瞬时在轴系各个部位以及同一部位的应力和变形情况，可观察和对比每种方案曲轴轴系的振动响应。与第 2. 2. 4 节类似，瞬态响应分析具体过程包括：定义材料数据、建立仿真几何模型、划分网格、定义约束连接、载荷边界条件的施加、求解和后处理。为方便进行有限元分析，要将动力学分析后得到的切向力和法向力合并再分解成 x、y 轴的分力加载到曲柄销上，其他力和力矩的加载方式与 30A-2 型压缩机相同。

对曲轴轴系进行结构动力学分析的主要目的是保证轴系有足够的强度。为更直观地观察和对比各方案的瞬态响应分析结果，下面列举出每个方案在瞬态振动响应中曲轴轴系出现最大应力时刻的应力云图，如图 2-41 所示。

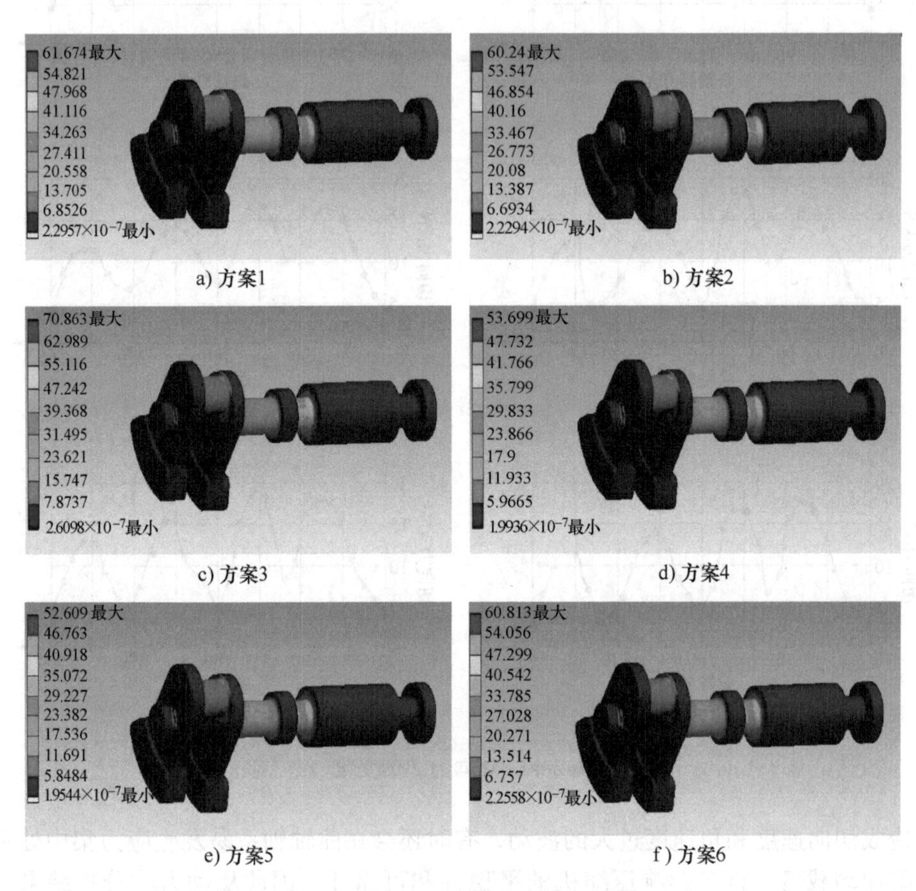

a) 方案1　b) 方案2　c) 方案3　d) 方案4　e) 方案5　f) 方案6

图 2-41　各布置方案最大应力云图

在图 2-41 中，方案 4 和方案 5 中的瞬时最大应力比其他方案小，分别是 53. 669MPa 和 52. 609MPa。瞬态响应分析是分析结构在任意随时间变化载荷作用下响应的技术，可得到结构在某一瞬时的应力、应变响应。在曲轴轴系振动分析中，想检验整个轴系结构在设计上是否合理，其中最重要的是验证曲轴是否有足够抗疲劳的强度，即在压缩机正常运转时，轴系所受极限应力是否小于材料的许用应力。

动力学分析和瞬态响应分析，主要是从压缩机轴系所受切向力的稳定性和应力的大小来判断其是否为最佳布置方案。改善切向力的稳定性和减少应力集中现象，还可以通过以下几种方法。

（1）安装飞轮　对于一般多列压缩机，多拐曲轴中各列的切向力叠加组成整个压缩机机组的总切向力。总切向力与曲轴的曲柄半径相乘得到机组的总阻力矩，切向力的变化导致总阻力矩不断变化。按照往复压缩机的等速运转的原则，理论上，阻力矩的平均值应等于驱动力矩。为了使压缩机不产生较大的转速波动及平衡不均匀的阻力矩产生的附加能量，在压缩机合适的位置上加装飞轮，利用飞轮具有较大的转动惯量来储存和补足轴系所需能量，来改善压缩机旋转速度的波动。

（2）控制旋转不均匀度　电动机驱动压缩机主要是靠传动带和弹性联轴器两种传动方式。在压缩机设计中，为使驱动力矩与切向阻力矩尽可能保持均匀，通常要控制压缩机的旋转不均匀度。当电动机采用弹性联轴器驱动压缩机时，旋转不均匀度应小于或等于 0. 0125；电动机经传动带驱动压缩机时，旋转不均匀度应在 0. 025~0. 0333 之间。

（3）轴系结构设计优化　从应力云图上看，压缩机轴系在变应力条件作用下，通常在轴的截面尺寸发生突变处产生应力集中，如为防止轴上零件发生轴向窜动所加工的定位轴肩的根部、进出润滑油孔口处等，这些部位极易出现疲劳裂纹，并导致压缩机轴系的疲劳破坏。为了提高轴的疲劳强度，可以采用合理的过渡圆角或过渡椭圆角减少应力集中；曲轴上的油孔、油槽应尽量布置在合理的位置；在过渡处加工一轴肩，相当于变为两次过渡，可缓和应力集中；在不影响压缩机惯性力平衡的同时，可适当对曲轴进行结构减重设计，如从应力分布均匀和减少曲柄质量上考虑，改良曲轴的形状结构；必要时也可对截面突变部位进行滚压处理，消除残余应力，改善压缩机曲轴工作表层耐磨性的同时也可提高其强度和硬度。

参考文献

[1] 高广娣．典型机械机构 ADAMS 仿真应用［M］. 北京：电子工业出版社，2013.

[2] 景国玺，张小良，王斌，等．某星形活塞发动机主连杆多轴疲劳强度分析［J］. 内燃机工程，2017，38（1）：102-108.

[3] 许增金，王世杰，李媛．往复压缩机轴系扭振有限元分析［J］. 机械强度，2011，33（1）：137-142.

[4] 张子英，张光炯，张保成，等．柴油机主副连杆有限元分析方法［J］. 应用科技，2010，37（11）：5-9.

[5] ÖSTMAN F, TOIVONEN H T. Active torsional vibration control of reciprocating engines [J]. Control Engineering Practice, 2008, 16 (1): 78-88.
[6] 陈广慧. 大型往复式压缩机曲轴动力学特性分析 [D]. 沈阳: 沈阳工业大学, 2016.
[7] 詹科, 余宾宴, 余小玲, 等. 大型活塞压缩机曲轴扭振分析（二）: 瞬态应力分析 [J]. 压缩机技术, 2013 (4): 21-23.
[8] 史斐. 船用星型压缩机曲柄连杆机构布置方案的优化分析 [J]. 流体机械, 2014, 42 (8): 36-40.

第3章 中体部件模态响应分析及结构优化设计

3.1 中体部件的静力学分析

以2M50往复压缩机中体部件为对象，该压缩机的主要设计参数见表3-1，结构如图3-1所示。

表3-1 2M50往复压缩机主要设计参数

形式	完全平衡型	行程	130mm
压缩介质	CH_4、N_2等	连杆质量	14.71kg
主机质量	13050kg	十字头质量	52.17kg
额定转速	1400r/min	活塞质量	55.88kg

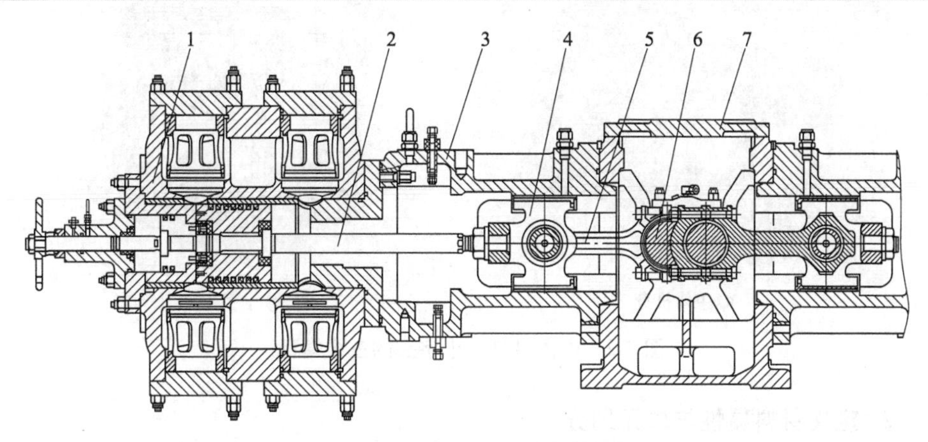

图3-1 2M50往复压缩机结构

1—气缸 2—活塞杆 3—中体机身 4—十字头 5—连杆 6—曲轴 7—曲轴箱

利用有限元软件对该型号压缩机的中体部件受载情况进行静力学分析，得出中体部件在极限状态下的应力、应变分布。考虑中体部件所受交变载荷的影响，对两个方向施加极限载荷，模拟实际工况下中体部件的受压和受拉情况。结合两次静力学分析结果，使用疲劳分析得出其安全系数。将分析结果与资料所得的安全系数和计算得出的许用应力做对比，判断中体部件是否满足强度要求。

3.1.1 中体部件有限元模型的建立

1. 中体部件三维模型的建立

以如图 3-1 所示的 2M50 往复压缩机为研究对象，对中体部件使用有限元分析来探究其在试车过程中产生的振动与破损问题，根据分析结果来对中体机身及内部十字头进行结构优化，并验证优化结构的有效性。利用专业三维建模软件对中体部件的三维模型进行参数化建模，待模型完成后通过软件之间的信息交互将模型导入有限元分析软件中。

中体部件主要包括中体机身和内部的十字头部件。考虑到在压缩机实际运转时，中体机身与十字头部件主要受力情况不同，不用考虑两者的装配关系，建模时可以将两者分开建模。

由于在压缩机实际运行状态下，十字头销、压盖等零件的变形和振动对压缩机的影响并不大，所以在实际建模过程中可以略去这些微小零件以减小建模难度和有限元分析时的计算量。十字头滑履与十字头体通过螺纹连接，装配完成后会给螺栓孔内注入螺纹密封胶加以固定，所以在建模时不必考虑螺栓的松动而设置运动副，只要保证其完全约束即可。装配后中体机身及十字头的三维模型如图 3-2 所示。

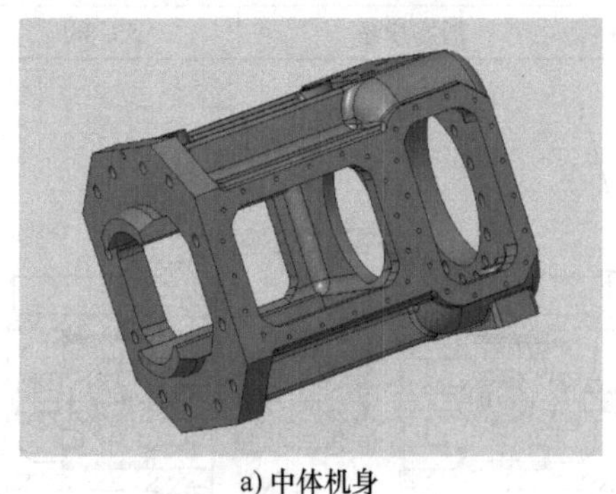

a) 中体机身　　b) 十字头

图 3-2　中体机身与十字头的三维模型

2. 定义材料属性与单元划分

中体机身由于体型较大且在运行过程中内部温度有显著变化，所以选择牌号为 QT450-10 的铸铁。该牌号铸铁为铁素体型的球墨铸铁，具有较高的韧性、塑性、切削性能以及一定的抗温度急变性。对于十字头部件，由于其在压缩机运行过程中一直做高速的往复运动，需要具有更高强度和韧性的铸造材料，故选择牌号为 ZG310-570 的铸钢。与铸铁相比，铸钢的硬度较低，塑性和韧性较高，更适合用于如联轴器、大齿轮和十字头等重负荷零部件。两者的材料属性见表 3-2。

表 3-2　中体部件材料属性表

材料名称	密度/(kg/m^3)	抗拉强度/MPa	屈服强度/MPa	弹性模量/MPa	泊松比
QT450-10	7100	700	310	1.69×10^5	0.275
ZG310-570	7800	570	310	2.02×10^5	0.3

在软件中插入几何学模块定义材料属性和导入三维模型后，便可以选择继续插入静力学分析模块来对模型进行静力学分析。在单元划分时需要合理选择单元的尺寸，对模型的重要区域进行细化，对非重点区域采用尺寸较大的单元，这样既不会影响计算结果的精度，也不会使计算时间过长。此外，单元划分还需注意以下几点：在单元划分前对模型进行几何结构简化（simplify geometry）和拓扑结构简化（simplify topology），以避免模型一些细小结构的存在导致单元划分失败；保证各单元是以顶点相连接，而不是在内点相连接；单元形状的构成平面应尽可能选择凸多边形，因为有限元计算的精度受划分单元的最长边边长和最短边边长之比的控制，该比值越大，计算精度就越差（凹多边形的最长边与最短边之比要比凸多边形大得多，所以应尽可能选择凸多边形作为单元形状的构成平面，如四面体单元、六面体单元等）。

由于压缩机工作时，十字头部件会一直保持高速往复运动，所以划分网格的大小设置为 5mm，而中体机身的体积较大，所受气体力较小，所以划分网格的大小设置为 10mm。网格划分结束后的十字头部件模型有 239356 个节点和 136309 个单元，中体机身模型有 280839 个节点和 164217 个单元，结果如图 3-3 所示。

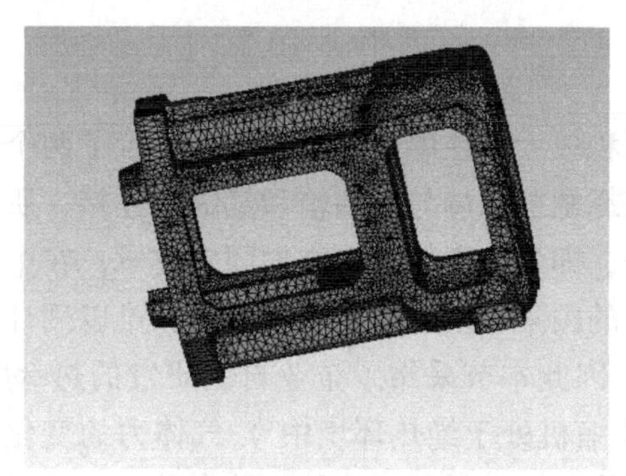

a) 中体机身

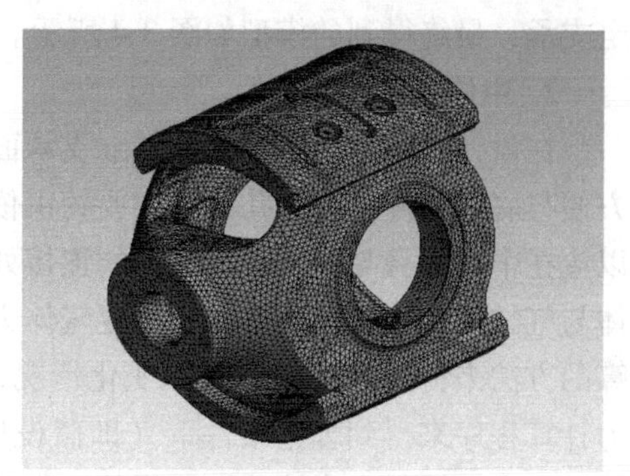

b) 十字头

图 3-3　中体部件网格划分

3.1.2 边界条件的确定

1. 十字头

分析十字头的边界条件，即分析十字头在压缩机运转时的受力和约束情况。在压缩机实际工作时，十字头在水平方向上所受约束主要来自通过螺纹连接的活塞杆，在水平方向上的合力与往复惯性力大小相等、方向相反。因为在压缩机运转的一个周期内，往复惯性力的大小、方向呈周期性变化，所以在有限元分析过程中可以用往复惯性力来表示十字头的水平受力情况。由于该次静力学分析是为了观察十字头在极限情况下的应力分布情况和变形情况，所以对十字头施加的力为往复惯性力最大值的 1.1 倍，根据往复惯性力的计算公式和压缩机的主要设计参数可得该力大小约为 220kN，此时压缩机处于空载状态。

由中体动力部件的运动学分析可知，十字头水平方向所受的驱动力主要来自受连杆推动的十字头销，驱动力的作用平面为十字头的十字头销安装孔所对应的圆柱面。为更好地表现该力的作用方式，应选择轴承载荷，该载荷的特点是其径向分量是根据投影面积来分布压力载荷，而轴向分量则是沿着圆周均匀分布的。需要注意的是，由于十字头的两个十字头销安装孔所对应的表面受到的力是来自同一个十字头销，所以在施加轴承载荷时一定要保证这两个柱面都要选中。此外，由于十字头和活塞杆依靠螺纹连接，所以应在十字头的活塞杆安装孔对应圆柱面施加固定支承，最终得到的模型如图 3-4 所示。

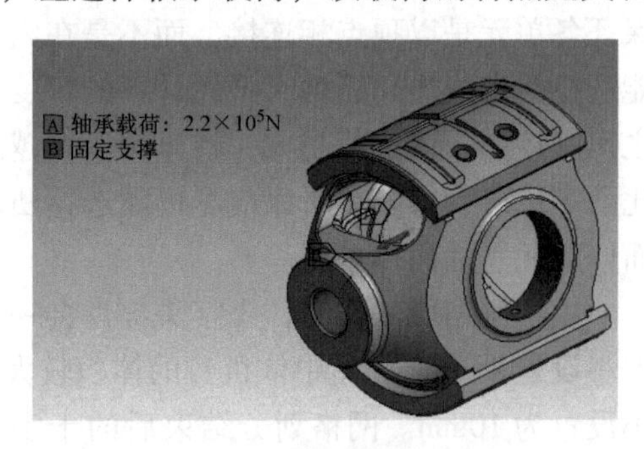

图 3-4　十字头约束设置后的模型

2. 中体机身

在设计之初由于曲轴箱和气缸支承面积较大，在中体机身底部仅设置了两个方便与底撬相接的螺栓孔，其主要约束依靠螺栓螺母与曲轴箱和气缸相连接，所以应在中体机身与曲轴箱、底撬的连接处，即各个螺栓孔内施加固定支承；在中体与气缸连接处施加气体力。决定气体力的因素很多且彼此相互影响，难以用计算的方法来得到气体力的实际变化情况，因此本节采用了企业自主研发的热-动力计算程序来得到理论条件下（即假设压缩机处于绝热环境中）气体力的变化情况。在计算程序中输入压缩指数、膨胀指数和进排气压力等设计参数后，可以得到气体力的变化。

由计算结果可知，最大气体力约为 102kN，为验证极限情况下的中体机身变形情况，对其施加力的大小同样取最大值的 1.1 倍，其最终模型如图 3-5 所示。

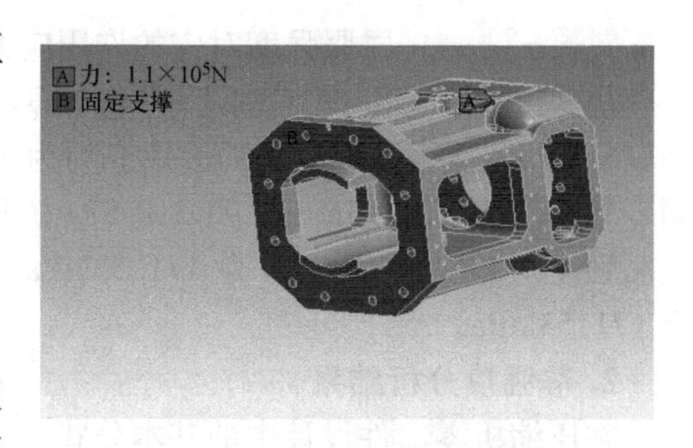

图 3-5　中体机身最终模型

3.1.3　静力学分析结果

1. 许用应力的计算

在机械设计或者工程结构设计中，为判断零件受载后的工作应力是否超过零件所允许的最大应力值，需要预先确定一个衡量的标准，这个标准就是许用应力。只要保证零件中的工作应力不超过许用应力，这个零件的结构和所用材料就能满足机器运转过程中所需的强度要求。

由表 3-2 可知，铸铁 QT450-10 的抗拉强度为 700MPa，屈服强度为 310MPa；铸钢 ZG310-570 的抗拉强度为 570MPa，屈服强度为 310MPa。抗拉强度对应的安全系数和屈服强度对应的安全系数见表 3-3。

表 3-3　铸件安全系数表

安全系数	最大许用值	最小许用值
抗拉强度安全系数 j_m	2.3	1.5
屈服强度安全系数 j_p	1.5	1.3

由表 3-3 可知，QT450-10 和 ZG310-570 的抗拉强度对应安全系数的许用范围为 1.5~2.3；屈服强度对应安全系数的许用范围为 1.3~1.5。为保守起见，本次设计取抗拉强度最大安全系数 2.3，屈服强度最大安全系数 1.5。此外，由于材料的强度会随着温度的升高而降低，材料的许用应力就需要适当减小。2M50 往复压缩机的中体设计温度为 200℃，考虑到温度对零件强度的影响，特此引入温度系数 K_{Tm} 和 K_{Tp}，在 100℃<T<500℃时，温度系数为

$$K_{Tm} = K_{Tp} = 1 - 1.7 \times 10^{-3}(T - 100) \tag{3-1}$$

式中　K_{Tm}——抗拉强度对应的温度系数；

K_{Tp}——屈服强度对应的温度系数。

由式（3-1）可得，QT450-10 和 ZG310-570 抗拉强度和屈服强度对应的温度系数均为 0.83。QT450-10 和 ZG310-570 材料的抗拉强度和屈服强度所对应的许用应力为

$$[\sigma]_m = \frac{\sigma_m}{j_m} K_{Tm} \tag{3-2}$$

$$[\sigma]_p = \frac{\sigma_p}{j_p} K_{Tp} \tag{3-3}$$

式中　$[\sigma]_m$——抗拉强度对应的许用应力（MPa）；

$[\sigma]_p$——屈服强度对应的许用应力（MPa）。

由式（3-2）和式（3-3）可得，QT450-10 抗拉强度对应的许用应力为 252.61MPa，屈服强度对应的许用应力为 171.53MPa，则中体机身的许用应力取两者较小值为 171.53MPa；ZG310-570 抗拉强度对应的许用应力为 205.69MPa，屈服强度对应的许用应力为 171.53MPa，则十字头的许用应力取两者较小值为 171.53MPa。

2. 静强度分析结果

在压缩机零部件设计中的基本公式，一般只适用于等截面的情况。当零件有台阶、沟槽、孔或缺口时，由于截面的急剧变化导致这些部位的近旁会产生局部的高应力，通常应力峰值远大于由基本公式算得的应力值，该现象被称为应力集中。2M50 压缩机的十字头和中体机身结构都较为复杂，所以需要通过静强度分析来得到两者在极限状态下的应力分布情况，并与其所用材料的许用应力进行比较，来检验该结构下是否会因为强度问题导致十字头和中体机身的破损。

由于十字头和中体机身所受的力都为周期性的交变力，先分析受拉状态下的受力情况后，复制原有的静力学分析模块，再修改十字头销孔的受力方向后完成其受压状态下的受力分析。在计算结果中选择总变形和等效应力后，得到如图 3-6 和图 3-7 所示的静强度分析结果。

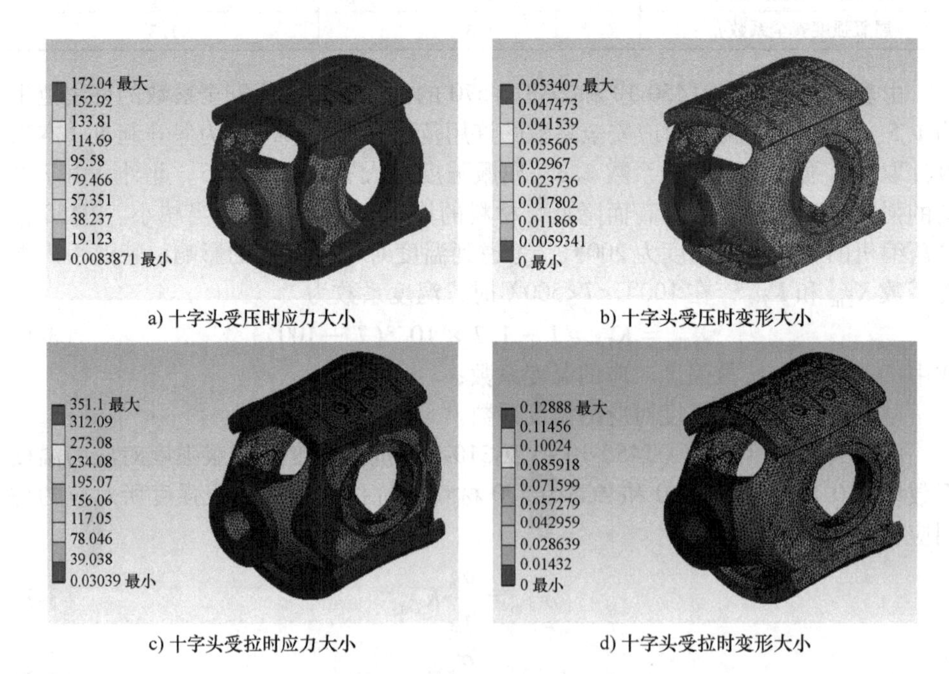

a) 十字头受压时应力大小　　b) 十字头受压时变形大小

c) 十字头受拉时应力大小　　d) 十字头受拉时变形大小

图 3-6　十字头静强度分析结果

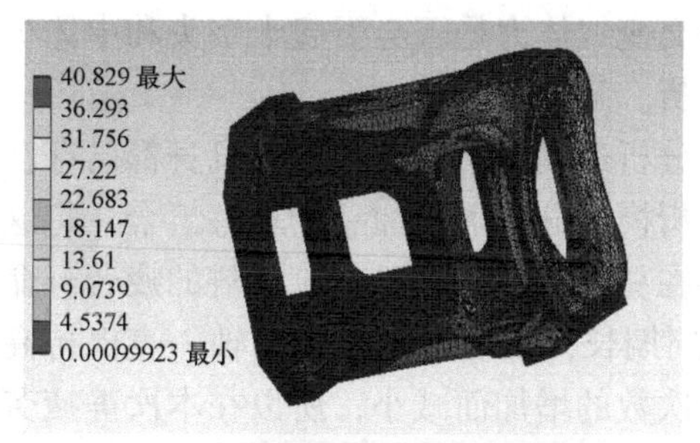

a) 中体机身受压时应力大小

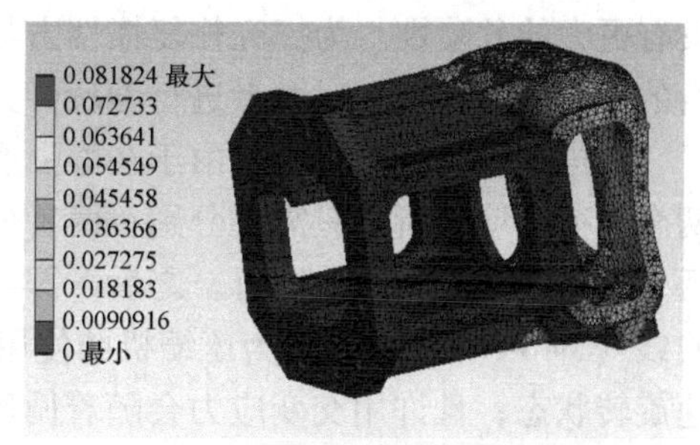

b) 中体机身受压时变形大小

c) 中体机身受拉时应力大小

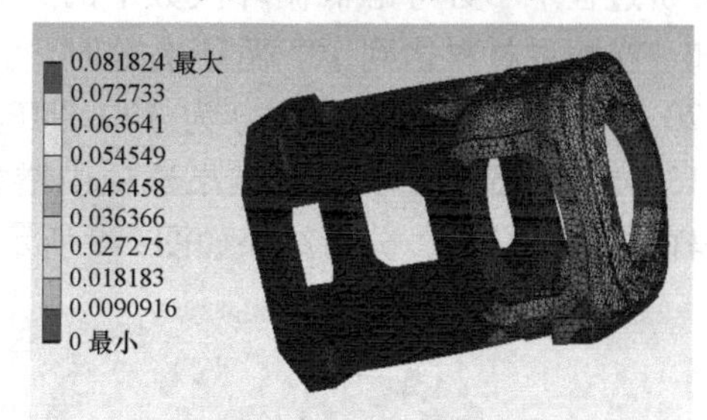

d) 中体机身受拉时变形大小

图 3-7　中体机身静强度分析结果

由图 3-6 a、b 可知，在受压状态下十字头的最大应力值为 172. 04MPa，发生位置在十字头的活塞杆安装孔内的倒角处；变形的最大位移为 0. 053mm，发生位置在十字头销孔内部。由图 3-6 c 、d 可知，在受拉状态下十字头的最大应力值为 351. 1MPa，发生位置在十字头销孔与注油孔相接处；变形的最大位移为 0. 129mm，发生位置在十字头尾端。由图 3-7 可知，在受压与受拉状态下中体机身的最大应力值均为 40. 829MPa，变形的最大位移均为 0. 082mm。应力集中部位与最大位移发生位置都处于中体机身与气缸连接的螺栓安装孔处。从分析结果可知，中体机身在极限状态下的工作应力远小于许用应力，且变形发生的最大位移量基本可以忽略不计，所以基本可以排除因材料强度不足导致中体机身破坏失效的可能性。十字头在受拉状态下的最大工作应力远大于计算所得的许用应力，所以存在破坏失效的可能性，需要对其结构进行优化设计。

3. 静疲劳分析结果

静强度分析的目的是验证在一次最大载荷作用下产生的应力破坏，当工作应力大于许用应力时往往会导致零件产生明显的塑性变形。但是在零件长时间受到交变载荷时，其寿命和安全系数都会随着时间的增加而减小，并且产生的交变应力在远小于许用应力的情况下也可能导致零件发生疲劳破坏。与静力破坏不同的是，疲劳破坏同脆性破坏一样难以事先觉察，发生疲劳破坏时零件一般没有外在宏观的显著塑性变形迹象，哪怕是塑性良好的金属也是如此，这就导致疲劳破坏具有更大的危险性。为探究往复惯性力与交变气体力是否会引起十字头和中体机身的疲劳破坏，需要对两者进行静疲劳分析。

在进行静疲劳分析时，由于在静强度分析过程中十字头和中体机身都已存在两个载荷环境，所以只需要分别在两者分析模型分支下增加一个求解组合，将这两个基本案例添加进去即可。之后，需要在材料属性里设置对应材料的疲劳寿命曲线（即 *S-N* 曲线）。因为压缩机的使用周期长，驱动电动机和曲轴一直保持高速旋转状态，且许用交变应力会随着循环次数的增加而减小，所以在本次静疲劳分析过程中不必考虑低循环次数下的疲劳。通过查阅《机械工程材料手册》得知，在两种材料达到 10^6 循环次数时，其许用应力基本保持稳定，此时 ZG310-570 材料的交变许用应力为 120. 8MPa，QT450-10 材料的交变许用应力为 113. 4MPa。最后，在分析结果选项中增加安全系数便可完成对十字头和中体机身的静疲劳分析，分析结果如图 3-8 所示。

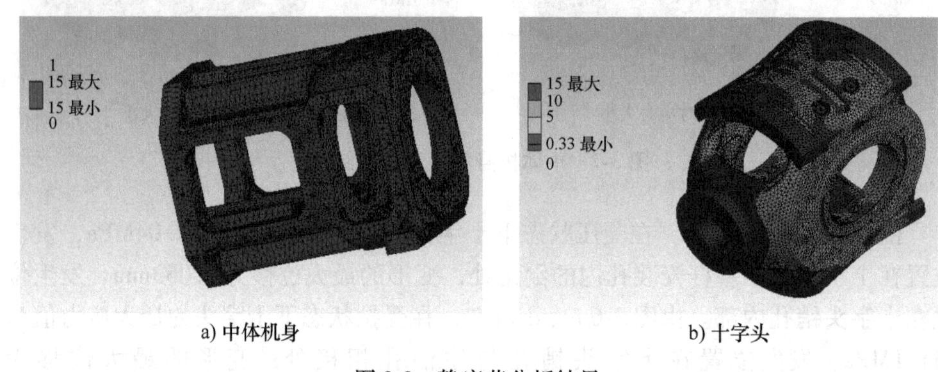

a) 中体机身　　b) 十字头

图 3-8　静疲劳分析结果

由分析结果可知，在受往复交变力的状态下，中体机身整体结构的安全系数都比较大，其值基本保持在 15 左右；十字头安全系数最小值为 0. 33，是在十字头销孔与注油口相接处；其余结构的安全系数基本保持在 5 及以上。十字头销孔与注油口相接处的安全系数过小，表明在往复交变力的作用下此处易发生疲劳破坏，所以应对此处结构提出优化方案。

3. 2　中体部件模态分析及动响应分析

通过模态分析及动响应分析，可以找到十字头和中体机身振动幅值较大的部位，进一步了解在往复交变力的作用下两者应力、形变与压缩机曲轴转角和电动机运转频率的关系，为后续的振动控制和结构优化方案提供方向。

3.2.1 中体部件的模态分析

1. 模态条件设置及分析结果

在假设刚度矩阵和质量矩阵都是常量，所求物体材料为线弹性材料，不考虑阻尼和外部激励的情况下，在软件中利用 Modal 模块进行模态分析求解。由于求解过程使用的是小挠度理论，所以无法包含非线性特性。此外，由于需要计算刚度系数，所以需要在材料设置中增加密度、泊松比以及弹性模量等参数。

采用约束模态分析求出中体机身和十字头在实际情况下的各阶固有频率大小及对应的模态振型。由受力分析和静力学分析可知，中体机身所受的主要约束来自其与曲轴箱、气缸和底撬连接的螺栓螺母，十字头所受的主要约束来自与其螺纹连接的活塞杆。在材料参数与约束设置完成后，理论上可以得到物体所有阶次的模态分析结果，并按照固有频率数值从小到大排列。但是在实际工程中各阶模态对中体机身与十字头振动的影响是有差别的，因为高频振动载荷的能量较弱且难以达到与其发生共振的相应频率，所以在实际分析时只需要求解前 10 阶次或前 20 阶次的模态。

2. 中体机身的模态分析结果

在 Modal 模块的分析设置中对中体两端螺栓孔施加圆柱支承后，将最大模态分析阶次设置为 10 次，得到的分析结果见表 3-4。

表 3-4 中体机身前 10 阶固有频率

阶次	1	2	3	4	5	6	7	8	9	10
固有频率/Hz	716.07	1137.6	1252.7	1342.7	1496.6	1503.5	1661	1758.9	1898.6	1962

由表 3-4 可知，2M50 往复压缩机中体机身前 10 阶的固有频率为 716.07～1962Hz。根据 2M50 往复压缩机设计参数可知，电动机转速为 1400r/min，转化可得该型号压缩机的激振频率约为 23.3Hz。根据往复压缩机设计标准可知，压缩机的激振频率应避免出现在任意阶次固有频率的±10%范围内，由表 3-4 可知，即便是 1 阶固有频率值的±10%范围内的最小值也高达 644.46Hz，远远超过电动机所给的激振频率，所以不会发生共振现象。

由图 3-9 可以看出 2M50 往复压缩机中体机身模态分析的第 1、2 阶模态振型：在中体机身的第 1 阶模态分析中，可以得到其固有频率为 716.07Hz，结合求解方案信息以及模型振动情况演示动画可以看出，中体机身是在 y 轴方向发生弯曲振动，最大形变为 2.5781mm，位于中体机身刮油环安装结合面；在中体机身的第 2 阶模态分析中，可以得到其固有频率为 1137.6Hz，在此频率下其会发生绕 x 轴的扭转振动，中体机身的最大形变为 3.2914mm，发生在盖板安装面。

在中体机身的第 3 阶模态分析中，可以得到其固有频率为 1252.7Hz，在此

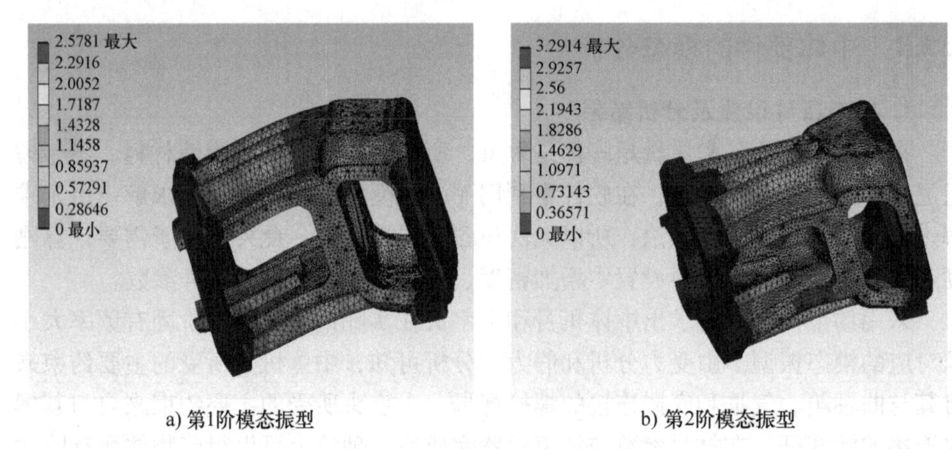

a) 第1阶模态振型　　b) 第2阶模态振型

图 3-9　中体机身的模态振型

频率下会发生较为复杂的混合振动，中体机身的最大形变为 3.3776mm，发生在上下端面的中间筋条处；在中体机身的第 4 阶模态分析中，可以得到其固有频率为 1342.7Hz，在此频率下会在 z 轴方向上发生弯曲振动，中体机身的最大形变为 3.0864mm，发生在中体机身盖板安装面。

在中体机身的第 5、6 阶模态分析中，中体机身的固有频率分别为 1496.6Hz 和 1503.5Hz。在这两种状况下中体机身都发生了较为复杂的混合振动，振动时的最大形变分别为 5.0431mm 和 5.1712mm，发生位置都处于盖板安装面处。

在中体机身的第 7 阶模态分析中，可以得到其固有频率为 1661Hz，在此频率下除了会在 z 轴方向上发生弯曲振动，还会发生绕 x 轴的扭转振动，中体机身的最大形变为 4.0088mm，发生在上下端面外侧的两个筋条处；在中体机身的第 8 阶模态分析中，可以得到其固有频率为 1758.9Hz，在此频率下会在 y 轴方向上发生弯曲振动，中体机身的最大形变为 4.7927mm，发生在上下端面的中间筋条处。

在中体机身的第 9 阶模态分析中，可以得到其固有频率为 1898.6Hz。在此频率下会在 x 轴方向上发生横向振动，中体机身的最大形变为 7.1395mm，发生在盖板安装面；在中体机身的第 10 阶模态分析中，可以得到其固有频率为 1962Hz，在此频率下会在 y 轴方向上发生弯曲振动，中体机身的最大形变为 7.5722mm，发生在盖板安装面。

通过对 2M50 往复压缩机中体机身前 10 阶的模态分析可以看出，在各阶次的固有频率下中体机身所发生的振动是不同的，各振动产生的振型也没有较为明显的变化规律，但可以看出中体机身刮油环安装处结合面以及盖板安装面发生振动的次数较多且振动类型多为弯曲振动。随着固有频率的增大，各阶振动的最大形变也随之增大，而高频次下的大形变振动易造成零部件的破坏以及约束失效，所以提高零部件的固有频率，避免共振的产生是非常有必要的。

3. 十字头的模态分析结果

在 Modal 模块的分析设置中对十字头活塞安装孔施加圆柱支承后，将最大模态分析阶次设置为 10 次，得到的分析结果见表 3-5 和图 3-10（此处只给了第 1、2 阶模态振型图，第 3~10 阶模态振型图省略）。

表 3-5　十字头前 10 阶固有频率

阶次	1	2	3	4	5	6	7	8	9	10
固有频率值/Hz	519.91	618.17	871.71	1342.2	1712.4	1852.5	2294.4	2391.8	2948.1	3173.8

2M50 往复压缩机的前 10 阶固有频率在 519.91~3173.8Hz 范围，可以清晰地看出十字头整体上的固有频率以及各阶频率的差值明显大于中体机身，这说明该型号压缩机十字头材料和结构所确定的刚性系数以及自身质量都能满足往复压缩机设计标准，能够避免共振的产生。

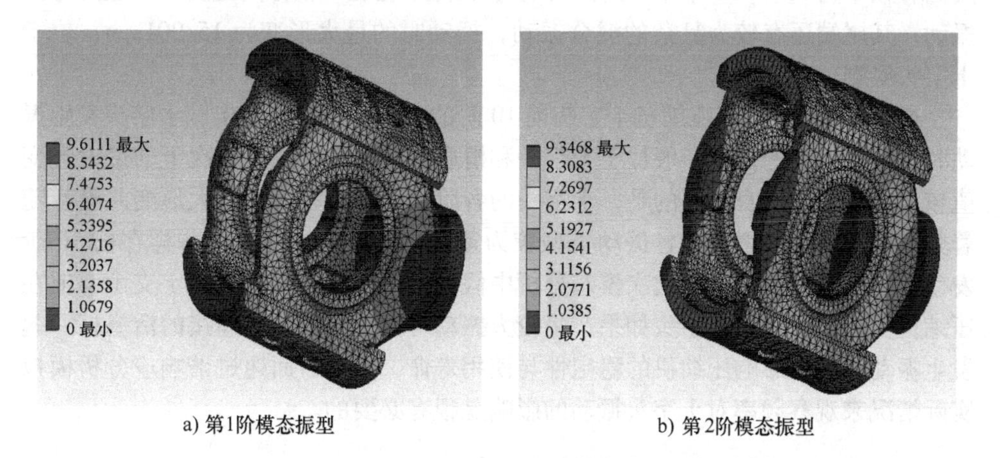

a) 第1阶模态振型　　b) 第2阶模态振型

图 3-10　十字头的模态振型

由图 3-10 可以看出十字头模态分析的第 1、2 阶模态振型：在十字头的第 1 阶模态分析中，可以得到其固有频率为 519.91Hz，在此频率下会在 y 轴方向上发生弯曲振动，最大形变为 9.6111mm，位于上下滑履的尾端（假设活塞孔所在端面为前端）；在十字头的第 2 阶模态分析中，可以得到其固有频率为 618.17Hz，在此频率下会在 z 轴方向上发生弯曲振动，十字头的最大形变为 9.3468mm，位于十字头尾端。

第 3、4 阶模态振型：十字头的固有频率分别为 871.71Hz 和 1342.2Hz，在这两种频率下十字头都发生了绕 x 轴的扭转振动，振动时发生的最大形变分别为 7.9548mm 和 12.486mm，发生位置都处于上下滑履的尾端。

第5、6阶模态振型：在第5阶模态分析中，可以得到其固有频率为1712.4Hz，在此频率下会在 x 轴方向上发生横向振动，十字头的最大形变为7.7085mm，主要发生在十字头尾端；在十字头的第6阶模态分析中，可以得到其固有频率为1852.5Hz，在此频率下会发生较为复杂的混合振动，十字头的最大形变为20.523mm，位于十字头尾端。

第7、8阶模态振型：在第7阶模态分析中，可以得到其固有频率为2294.4Hz，在此频率下会在 z 轴方向上发生弯曲振动，十字头的最大形变为14.153mm，主要发生在十字头尾端；在十字头的第8阶模态分析中，可以得到其固有频率为2391.8Hz，在此频率下会在 y 轴方向上发生弯曲振动，十字头的最大形变为13.793mm，位于十字头和上下滑履的前端。

第9、10阶模态振型：在第9阶模态分析中，可以得到其固有频率为2948.1Hz，在此频率下会发生较为复杂的混合振动，十字头的最大形变为26.432mm，主要发生在十字头尾端；在十字头的第10阶模态分析中，可以得到其固有频率为3173.8Hz，在此频率下十字头除了会在 y 轴方向上发生明显的弯曲振动，其尾端还有较为复杂的混合振动，振动时的最大形变为15.901mm，位于十字头尾端。

通过对2M50往复压缩机十字头前10阶的模态分析可以看出，十字头发生振动时其形变最大的位置一般位于十字头和滑履的尾端，且在高频次下的最大形变值较大。与中体机身不同的是，十字头的各阶次固有频率下的最大形变并没有随着频率值的增大而增大，且振动类型较为复杂，并不像中体机身一样在前10阶发生了多次同样的振动。此次模态分析中假设了活塞杆安装孔为固定支承，但在压缩机实际运行中，十字头如果产生较大振动可能会导致与之连接的活塞杆一起发生振动，从而影响压缩机的稳定性与使用寿命，所以后面通过谐响应分析模拟实际情况来观察频率对十字头振动的影响是很有必要的。

3.2.2 中体部件的谐响应分析

由模态分析结果可知，中体机身和十字头发生共振的概率很低。为探究在简谐外载荷作用下实际运转情况、中体部件的简谐力幅值对振幅的影响以及发生共振时振动幅值的变化，应对中体部件做谐响应分析。根据运动学分析和静力学分析可知，当物体受简谐载荷运动时，其简谐载荷的大小可以通过二项式定理展开为无穷级数的形式，理论上该展开式有无数项，且每一项的频率不同，而随着阶次的增长，每一项载荷在频率增大时幅值减小。由于中体机身所受气体力的大小难以达到其各阶载荷的幅值，所以本节在探究振动规律时主要以中体十字头为对象，对于中体机身只做一些必要分析来验证规律并观察其振动情况。

1. 边界条件与位移约束的施加

由于使用模态分析法的谐响应分析结果是在模态分析结果的基础上产生的，所以可以将模态分析模块的材料属性、有限元模型以及单元划分方式直接复制到谐响应模块中。需要注意的是，由于施加在十字头上的轴承载荷在谐响应分析模块中无法实现恰当的加载效果，所以将十字头施加的载荷更改为力载荷，作用位置处于十字头销安装孔的两个圆柱面，其他约束设置保持与模态分析时的一致即可。

2. 十字头的谐响应分析结果

中体十字头所受到的往复惯性力 I 为

$$I = m_Z r\omega^2\cos\theta + \lambda m_Z r\omega^2\cos2\theta \tag{3-4}$$

式中　m_Z——往复直线运动部分的总质量（kg）；

r——曲轴的旋转半径（mm）；

ω——曲轴的旋转角速度（rad/s）；

λ——曲轴旋转半径与连杆的长度比。

由式（3-4）可知，往复惯性力 I 的大小随曲轴转角的变化而周期性地交变着，且始终作用于中体滑道的轴线方向。为研究往复惯性力的极值，可将式（3-4）看作两部分的惯性力之和，并将式（3-4）两边对曲轴转角 θ 进行求导得

$$I = I_1 + I_2 \tag{3-5}$$

式中　I_1——1 阶往复惯性力，变化的周期等于曲柄旋转一周的时间（N）；

I_2——2 阶往复惯性力，变化的周期等于曲柄旋转半周的时间（N）。

$$\frac{dI}{d\theta} = m_Z r\omega^2\sin\theta(1 + 4\lambda\cos\theta) \tag{3-6}$$

由式（3-6）可知，一阶往复惯性力的最大值和最小值分别在曲轴转角 θ 为 0°和 180°时，二阶往复惯性力的最大值和最小值分别在曲线转角 θ 为 90°和 270°时，且其极值均为一阶往复惯性力极值的 λ 倍。

由式（3-4）和式（3-5）可得，2M50 往复压缩机十字头所受的第 1、2 阶往复惯性力的幅值分别为 174. 59kN 和 27. 93kN。将施加力载荷大小分别设置为 1、2 阶往复惯性力的幅值，将第 1 次谐响应的扫频范围设置为 500～3500Hz，包含模态分析结果的前 10 阶固有频率值，解区间调整为 150，得到十字头的谐响应分析结果如图 3-11 所示。

由图 3-11 可知，在激发频率不变的情况下，受第 1、2 阶往复惯性力的十字头都在激发频率约为 1700Hz 时发生最大振动，振幅分别为 4. 1mm 和 0. 66mm，此频率接近模态分析第 5 阶的固有频率值。由此可知当激发频率达到十字头的固有频率时，共振会导致十字头振动时的振幅激增。在激发频率保持不变的情况下，十字头发生振动时的振幅会因施加载荷的减小而减小，这也解释了在物体受

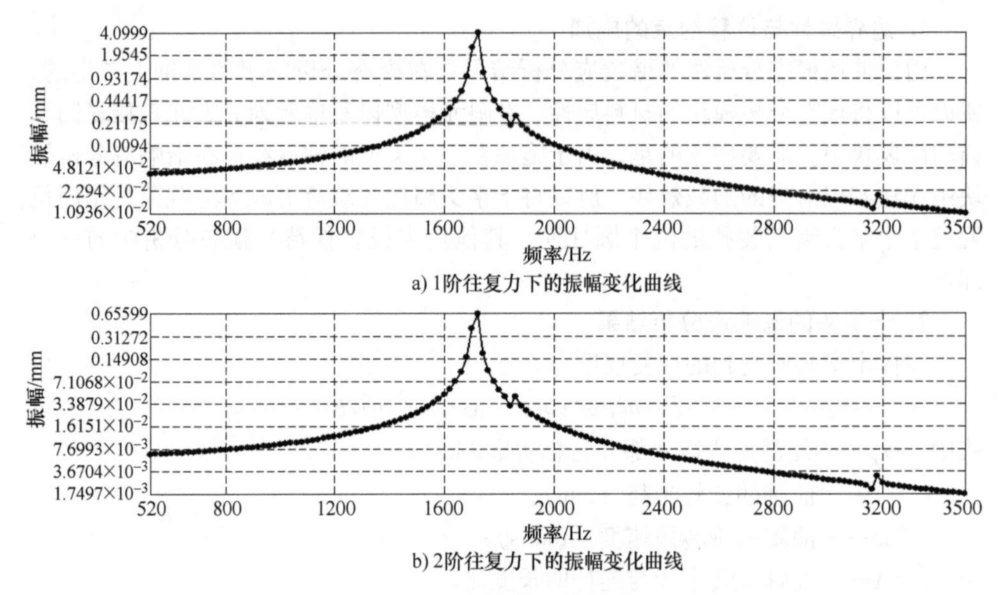

a) 1阶往复力下的振幅变化曲线

b) 2阶往复力下的振幅变化曲线

图 3-11 不同载荷下振幅对比

迫振动时难以发生高阶振动的原因，即随着阶数的增长，激发高阶振动的能量不足以克服结构阻尼来使物体发生具有明显振幅的振动。但是从图 3-11 中无法看出当激发频率接近其他各阶次固有频率时共振对十字头振幅的影响，推测可能是由于在其他阶次发生共振时的振幅变化过小，难以在图中清晰表现出共振导致振幅激增的现象。所以为保证结论的准确性，还选取了包含十字头第 1、2 阶固有频率范围作为扫频区间，得到十字头的谐响应分析结果如图 3-12 所示。

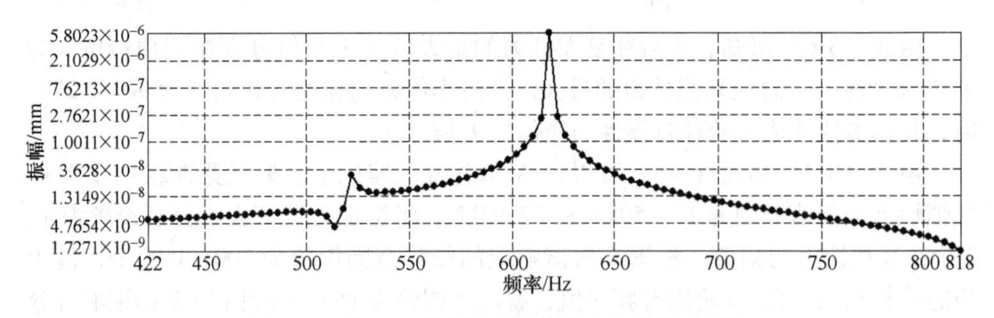

图 3-12 第 1、2 阶固有频率值的十字头振动情况

由图 3-12 可知，当激发频率接近十字头的第 1、2 阶固有频率时，其振幅都有激增的过程，但共振时的最大振幅都无限趋近于零。此结果与推测结论相符，所以可以保证共振会导致振幅激增，使十字头发生剧烈振动这一结论是准确的。因为在压缩机实际工作时，激发频率一般无法达到十字头的固有频率，所以为观

察十字头在工作频率下的振动情况，并考虑到在之后研发过程中可能会选用转速更大的电动机，本节还将现激发频率的五倍频范围（0~100Hz）作为扫频区域。为确保结果的精确，将解区间大小设置为 200，对十字头做谐响应分析，结果如图 3-13 所示。

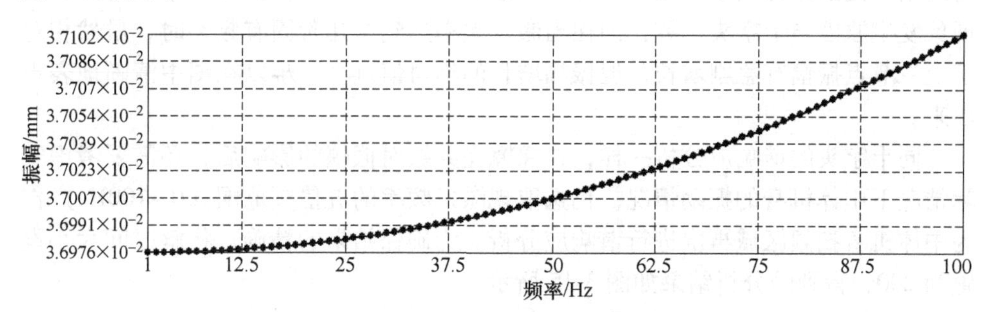

图 3-13　0~100Hz 范围内十字头的振动情况

由图 3-13 可知，在 0~100Hz 范围内，十字头的振幅随着频率的增大而增大，且不会产生共振，振幅最大值为 0.037mm，由此可见现激发频率所引起的振动基本可以忽略不计。

3. 中体机身的谐响应分析结果

在对原方案中体机身施加边界条件与载荷时，采用自主研发的热-动力计算程序可得到理论条件下气体力的变化情况，该气体力的变化可以近似看作一个幅值为 102kN 左右的简谐载荷。根据十字头的谐响应分析结果可知，在激发频率保持不变时，振幅会随着载荷的增大而增大，所以为保证中体机身谐响应分析结果有效，在分析过程中，将气体力的幅值设置为 110kN。在条件设置完成后，将第一次谐响应的扫频区域设置为 500~2000Hz，同样包含模态分析的前 10 阶固有频率值，解区间调整为 150，得到的分析结果如图 3-14 所示。

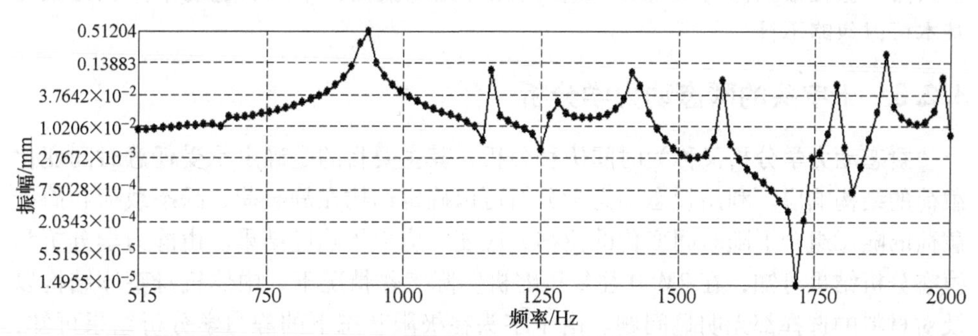

图 3-14　前 10 阶固有频率范围内中体机身的振动情况

从图 3-14 中可以看出，在气体力幅值不变的情况下，当激发频率接近固有频率时会导致中体机身的振幅发生急剧变化，即共振也会导致中体机身振幅激增，诱使其发生剧烈振动。针对在激发频率达到前几阶固有频率时，该振幅图未有明显激增的现象，在本次分析过后也选取了包含中体机身第1、2阶固有频率值的频率范围作为扫频区域来探究发生这种现象的原因，根据分析结果得知，该现象发生原因与十字头一致，即在当激发频率达到这几阶固有频率时，虽然相对于上一节点振幅有急剧增长，但振幅增长的绝对值过小，难以在图中清晰地表现出来。

同十字头的谐响应分析一样，在探究完共振对振幅的影响后，还需要考虑实际情况下中体机身的振动情况。仍选取现激发频率的五倍频范围（0~100Hz）作为中体机身扫频区域再次进行谐响应分析。为确保结果的精确，将解区间大小设置为200，得到的分析结果如图3-15所示。

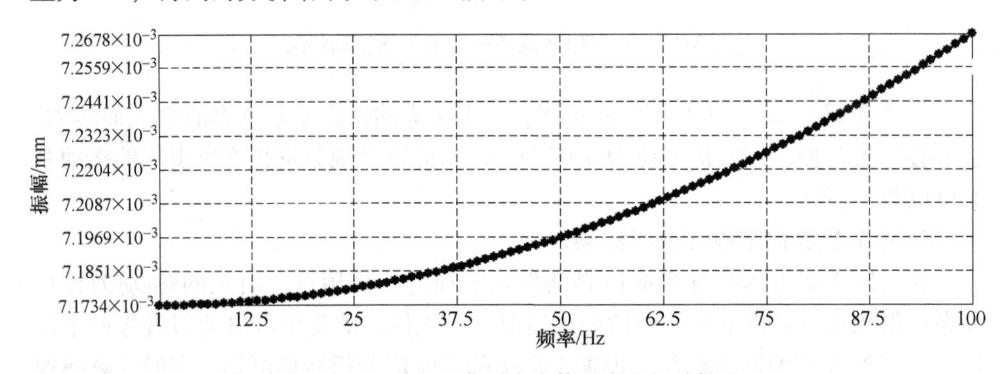

图3-15　0~100Hz范围内中体机身的振动情况

由图3-15可知，在0~100Hz范围内中体机身谐响应分析结果和十字头在同频率范围内的振幅变化规律基本相同，振幅会随着频率的增大而增大，且不会产生共振，振幅最大值为0.0073mm，由此可见现激发频率所引起的中体机身振动基本可以忽略不计。

3.2.3　十字头的瞬态动力学分析

瞬态动力学分析又称为时间历程分析，其主要目的是确定承受任意时间变化载荷的结构响应。利用瞬态动力学分析可以确定结构在静载荷、瞬态载荷和简谐载荷的随意组合下随时间变化的位移、应变、应力等响应结果。由静力学分析和模态分析结果可知，在2M50往复压缩机实际工作情况下，中体机身整体结构以及对材料的选择都无明显问题。由十字头在极限状态下的静力学分析结果可知，十字头销安装孔的圆柱面在注油孔附近的应力值较大，安全系数过小，在压缩机长时间运行时可能会发生疲劳破坏。为探究实际状态下十字头销安装孔圆柱面的应力、形变以及疲劳情况，本节对十字头进行瞬态动力学分析。

1. 施加载荷的计算

瞬态动力分析包含静力学分析、刚体动力学分析的内容，分析时需要考虑与十字头的各种连接、载荷以及约束支承等，而其中非常重要的一个概念是时间步长。时间步长是从一个时间点到另一个时间点的时间增量，它决定了求解的精度，因此其数值需要仔细选取，起码能小到足够获得动力响应频率。在瞬态动力学分析模块中，程序可以使用自动时间步长算法来决定最优的 Δt 值。在本次分析过程中，为表现十字头所受往复惯性力与电动机转速之间的关系，以曲轴每旋转 5°所用的时间为一步长，共计 72 步。根据压缩机设计参数以及对压缩机作用力的分析，可得在一个周期内（即曲轴旋转一周所用时间内）施加载荷随时间的变化情况，结果见表 3-6。

表 3-6　各曲轴转角下的载荷大小

曲轴转角/(°)	惯性力/kN	曲轴转角/(°)	惯性力/kN	曲轴转角/(°)	惯性力/kN
0	198.74	120	-99.37	240	-99.37
5	197.67	125	-107.64	245	-90.03
10	194.48	130	-114.89	250	-79.59
15	189.23	135	-121.15	255	-68.08
20	181.99	140	-126.48	260	-55.51
25	172.89	145	-130.97	265	-41.93
30	162.08	150	-134.67	270	-27.41
35	149.72	155	-137.65	275	-12.06
40	136.00	160	-139.99	280	3.99
45	121.15	165	-141.75	285	20.60
50	105.37	170	-142.96	290	37.59
55	88.89	175	-143.68	295	54.79
60	71.96	180	-143.91	300	71.96
65	54.79	185	-143.69	305	88.89
70	37.60	190	-142.96	310	105.367
75	20.60	195	-141.75	315	121.15
80	3.991	200	-139.99	320	136.00
85	-12.06	205	-137.65	325	149.72
90	-27.41	210	-134.67	330	162.08
95	-41.93	215	-130.97	335	172.89
100	-55.51	220	-126.48	340	181.99
105	-68.08	225	-121.15	345	189.23
110	-79.60	230	-114.89	350	194.48
115	-90.03	235	-107.64	355	197.67

从表 3-6 中可以看出，计算所得惯性力最大值为 198. 74kN，与企业自主研发的热-力计算程序所得结果基本相符，所以此次计算结果可代替压缩机工作时十字头的实际受力情况。与谐响应分析一样，在瞬态动力学分析中也不支持轴承载荷的施加，此次施加载荷可以假设为直接作用在两个圆柱面的简单力载荷。

2. 十字头的瞬态动力学分析结果

对十字头完成载荷的施加后，还需对其他边界条件进行设置（具体设置参照十字头静强度分析）。所有条件设置完成后，在求解方案中选择应力、变形以及安全系数，得到分析结果如图 3-16 和图 3-17 所示。

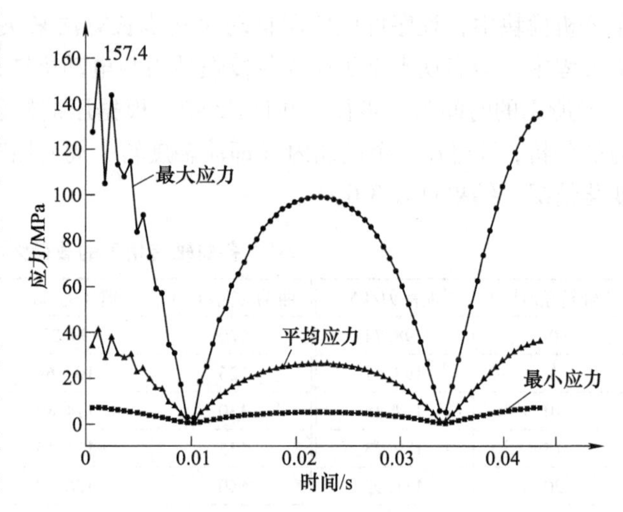

图 3-16 瞬态动力学下的静强度分析结果

由图 3-16 可知，在压缩机的实际工况下，十字头销安装孔的圆柱面所受最大应力明显小于极限状态所受应力，且应力大小变化规律与载荷变化规律基本保持一致，即应力随载荷的增大而增大，随载荷的减小而减小。在曲轴转角为 5°时，圆柱面所受应力达到周期内最大值，此时圆柱面所受最大应力为 157. 4MPa，处于十字头销安装孔的圆柱面与注油孔相接处附近；在曲轴转角为 80°和 280°时，圆柱面所受应力及发生的形变为周期内的最小值，此时圆柱面所受最大应力为 0. 22MPa，处于十字头销安装孔的圆柱面与注油孔相接处附近。

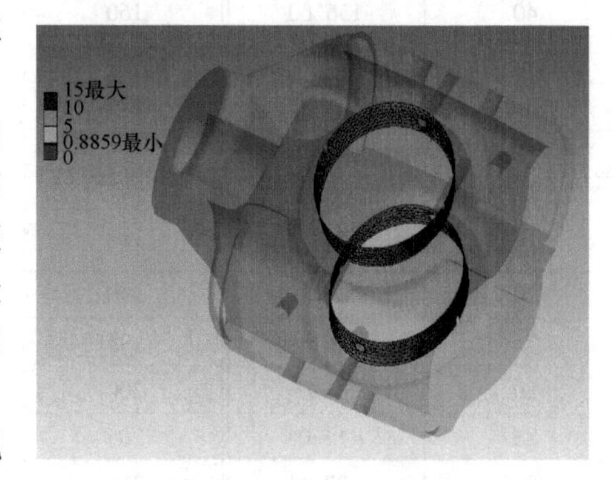

图 3-17 瞬态动力学下的疲劳分析结果

在分析完圆柱面的应力、应变情况后，观察图 3-17 可知，在周期力循环 10^6 次后，十字头销安装孔圆柱面安全系数的最小值为 0. 8859，位于十字头销安装孔的圆柱面与注油孔相接处附近。该值相较于极限状态下的静疲劳分析结果有明显的增大，但仍然小于许用安全系数。

综上可得，在 2M50 往复压缩机实际运行过程中，在十字头销安装孔的圆柱面与注油孔相接处附近易有破坏产生，需要对该处结构进行优化设计。

3.3　中体部件的结构优化设计

由静力学分析结果可知，在压缩机极限工作状态下原方案十字头内部产生的最大应力超过了计算出的许用应力值，并且其关键部位的安全系数远小于许用安全系数，所以需要对该方案十字头进行结构优化。由材料力学可知，物体内部产生的应力大小与施加在物体上的载荷大小有关，在其他条件保持不变的情况下，一般施加在物体上的载荷越小，其内部产生的应力越小。决定十字头所受往复力大小的只有其自身质量与电动机的转速，所以可以通过优化结构来减小十字头自重，从而减小其内部应力。此外，还可以通过增大圆角和壁厚来改善十字头部分结构的应力集中情况。针对十字头销安装孔圆柱面与注油孔相接处附近产生的破坏，根据企业应对十字头破损问题处理方案并结合相关资料可知，十字头破坏的产生可能是由于注油孔减小了其受反复载荷处的壁厚，所以可以通过改变注油孔位置来优化此处结构。

由模态分析和动响应分析结果可知，原方案该型号压缩机的激发频率远小于中体机身和内部十字头的固有频率，所以不会产生共振，而在激发频率的五倍频范围内，中体机身和十字头振动产生的振幅基本可以忽略不计。由此可知，在2M50 往复压缩机实际运转情况下，中体部件的振动与其自身结构无关。而由前文分析过程中对中体机身的约束设置条件可知，该型号中体机身只通过螺栓螺母与曲轴箱、气缸以及底撬相连接，所以可判断该型号中体部件的振动是由于气缸或曲轴箱的振动所带动的，可以在中体机身底部增加支承来减小其振动。

3.3.1　十字头的结构优化设计

1. 十字头的减重设计

十字头的材料通常是铸钢，其耐磨性差，所以一般需要在承压面（即滑履与机身滑道接触平面）另铸一层巴氏合金，当巴氏合金磨损后可重新浇铸一层。当采用分体组合式的十字头时，滑履用螺钉与十字头体牢固连接，其优点是可以通过两结合平面之间增加垫片的办法调整十字头中心的高度以及与中体机身滑道之间的间隙，并且在滑履表面的巴氏合金磨损后不需要马上重新浇铸，可通过增加垫片继续使用，直至合金层接近磨完时再浇铸合金；当采用整体式的十字头时，其承压面往往与十字头体一同浇铸，该类型十字头相较于分体式更为轻便，并且可省去部分装配步骤，但由于无法像分体式那样通过垫片来调整磨损后的十字头中心高度，重新浇铸合金层时需要拆装整个十字头，所以此方案一般只用于中小型压缩机。

原方案十字头总质量为 52. 17kg，上下滑履的最大距离为 285mm，2M50 压缩机属于小型压缩机，所以可通过改变铸造方式的方法来减小十字头的质量。由静力学分析可知，十字头整体的刚性较好，部分区域内部产生的应力较小，所以可适当减小这部分区域的壁厚来进一步减小十字头的总质量，而对于应力较大部位则采用筋结构来保证十字头的强度和刚度。完成减重设计后，对该方案十字头进行三维建模，如图 3-18 所示。通过建模软件的质量分析，得到此方案十字头的总质量为 41.73kg。

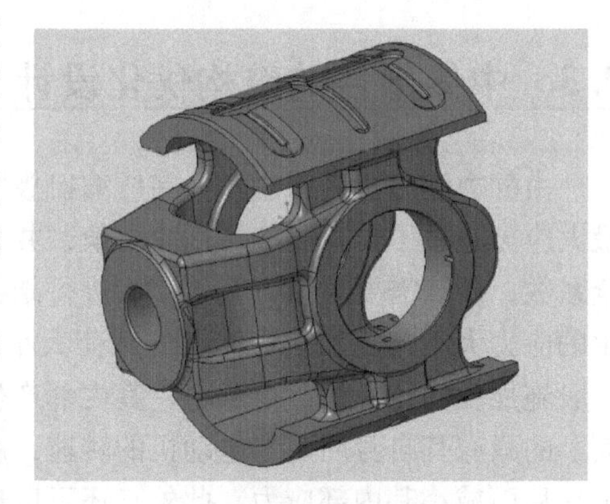

图 3-18　十字头减重方案模型

2. 减重方案的静力学分析

在完成十字头的减重设计和优化方案的建模后，对该方案十字头进行静力学分析。通过计算可得该方案十字头所受最大载荷为 198.74kN，同样取最大值的 1.1 倍观察十字头极限状态下的应力分布情况，其余条件保持不变，得到的分析结果如图 3-19 所示。

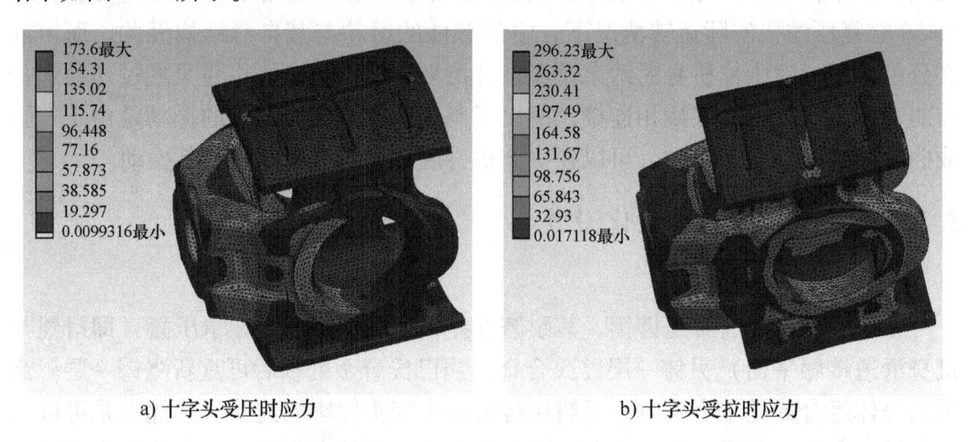

a) 十字头受压时应力　　b) 十字头受拉时应力

图 3-19　减重方案的静强度分析

图 3-19a 所示为十字头受压时的应力分布情况，在此极限状态下十字头所受应力最大值为 173.6MPa，位于活塞杆安装孔的倒角处；图 3-19b 所示为十字头受拉时的应力分布情况，在此极限状态下十字头所受应力最大值为 296.23MPa，位于十字头销安装孔与注油孔相接处。将该方案十字头分析结果与原方案静强度分析结果对比可以看出，此方案十字头的应力集中情况有了明显的改善，但是相较于许用应力，在受拉状态下十字头销安装孔与注油孔相接处附近的应力大小仍

不合格，并且滑履与上下端面连接处所受应力也超过了许用应力。此外通过联系铸造厂得知，该方案十字头的铸造工艺复杂，且由于其侧面有筋的存在，导致有金属局部积聚和厚度的突变，在铸造时容易产生缩孔、缩松和裂纹等缺陷，所以应尽量保证十字头各部位壁厚均匀。

3. 十字头优化方案的确定

由十字头的减重设计方案静力学分析结果可知，通过减小十字头质量来减小其所受载荷能在一定程度上改善应力集中情况，但是十字头销安装孔与注油孔相接处附近、滑履与上下端面连接处所受应力仍不合格。通过适当增大十字头侧壁壁厚并增大滑履与上下端面连接处的圆角来减小应力，同时改变滑履端面的油槽结构，将注油孔向活塞杆安装孔所处平面偏移30mm，最终得到的结果模型如图 3-20 所示。

图 3-20　十字头结构优化方案模型

4. 优化十字头的静力学分析

在完成十字头的优化设计和优化方案的建模后，利用建模软件测量出该方案十字头的质量为 46. 31kg，之后对该方案十字头进行静强度分析。通过计算可得该方案十字头所受最大载荷为 196. 53kN，同样取最大值的 1. 1 倍观察十字头极限状态下的应力分布情况，其余条件保持不变，得到的分析结果如图 3-21 所示。

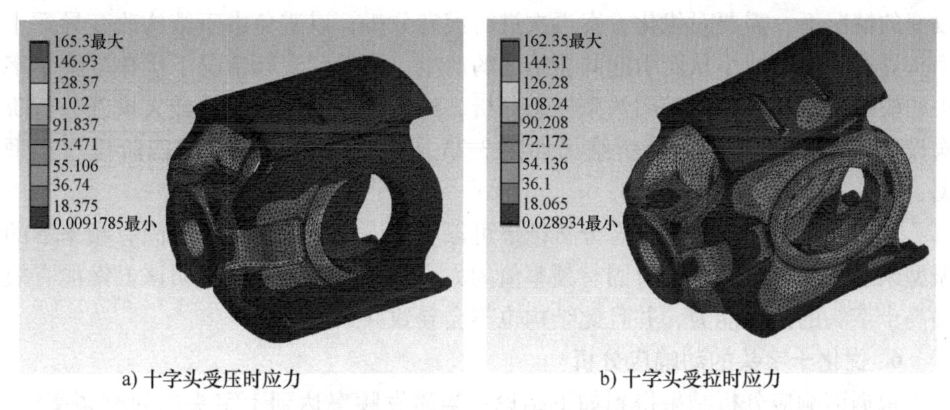

a) 十字头受压时应力　　b) 十字头受拉时应力

图 3-21　优化后十字头的静强度分析

图 3-21a 所示为十字头受压时的应力分布情况，在此极限状态下十字头所受

应力最大值为 165. 3MPa，位于活塞杆安装孔倒角处；图 3-21b 所示为十字头受拉时的应力分布情况，在此极限状态下十字头所受应力最大值为 162. 35MPa，位于原方案的注油孔处。由分析结果可知，在增大壁厚和圆角后，十字头的应力集中情况得到改善，应力分布较为均匀，且极限状态下十字头的应力最大值没有超过计算得出的许用应力值，所以该方案十字头的强度满足要求。

在完成静强度分析后，在求解方案中增加疲劳工具以计算优化方案十字头在循环 10^6 次后的安全系数，十字头的材料属性设置及对应的疲劳寿命曲线设置保持不变，得到的分析结果如图 3-22 所示。

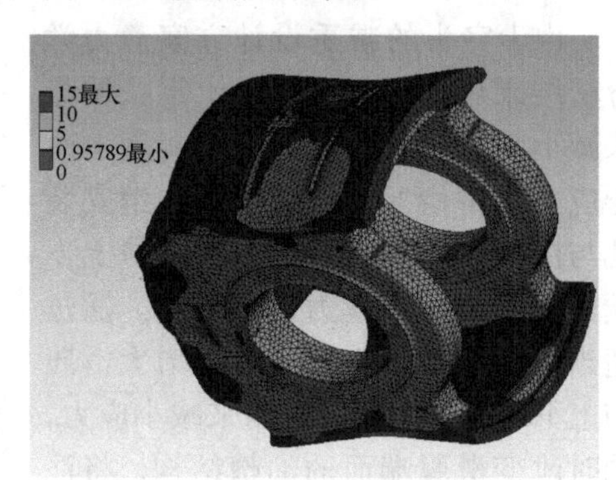

图 3-22　优化后十字头的静疲劳分析

由图 3-22 可知，在增大十字头侧壁壁厚以及偏移注油孔位置后，十字头销安装孔圆柱面的安全系数有了明显的增长，原方案注油孔与十字头销安装孔圆柱面相接处附近的安全系数由 0. 33 增加到 0. 96，远远超过了许用安全系数。

综上所述，在理论上该优化方案十字头能满足 2M50 往复压缩机的强度要求，并且在长时间运行后也不会产生疲劳破坏。

5. 优化十字头的模态分析

由原方案十字头的模态分析结果可知，压缩机实际工况下激发频率远远小于十字头前 10 阶的固有频率，不会导致共振现象的发生。但是在十字头结构发生改变的情况下，需要对优化方案再次进行模态分析，以避免由于结构改变导致十字头固有频率的减小从而引起共振情况的产生。为得到实际情况下优化方案十字头的模态分析结果，仍采用约束模态分析，约束设置同原方案，最大模态分析阶次设置为 10 次，得到的分析结果如图 3-23 所示（只列出其中的四阶模态振型图，其他省略）。

从十字头优化方案的模态分析结果可以看出，与原方案相比各固有频率下的振型未发生变化，但是各阶固有频率值的大小都有所提升，这说明该方案能有效提高十字头的抗振能力，并且此结构也不会导致共振现象的产生。

6. 优化十字头的动响应分析

根据谐响应分析结果得到如下结论：当激发频率达到十字头的固有频率时，共振会导致十字头振动时的振幅激增。在激发频率保持不变的情况下，十字头发生振动时的振幅会因施加载荷的减小而减小。通过对优化十字头的模态分析可知，优化后的十字头不会由实际激发频率引起共振，所以在对优化十字头的谐响

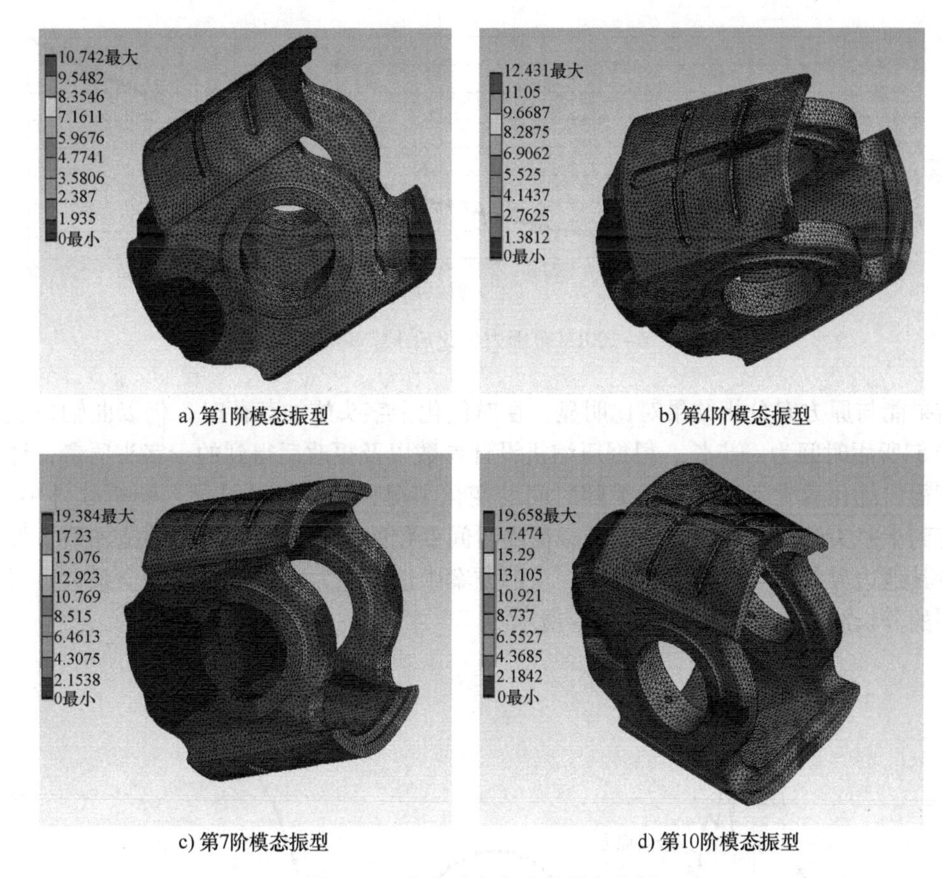

a) 第1阶模态振型　　b) 第4阶模态振型

c) 第7阶模态振型　　d) 第10阶模态振型

图 3-23　优化后十字头的模态分析

应分析中，不必再考虑当激振频率达到固有频率时的振动情况以及高阶往复惯性力对振动的影响，只需要观察在施加载荷为一阶往复惯性力幅值的前提下，将现激发频率的五倍频范围（0~100Hz）作为扫频区域时十字头的振动情况。为保证分析结果的精确以及探究在此频率范围内十字头的振动变化规律，将解区间大小设置为 200，对优化后的十字头做谐响应分析，结果如图 3-24 所示。

由图 3-24 可知，在 0~100Hz 范围内优化后的十字头与原方案十字头的振动情况相似，其振幅随着频率的增大而增大且不会发生共振，而在 25Hz 的激发频率下，十字头的振幅仅为 0.026mm，基本可以忽略不计。将此结果与原方案在 0~100Hz 频率区间得到的谐响应分析结果进行对比可以看出，优化后十字头的振幅有所减小。

完成对优化方案的谐响应分析后，还需要对优化后的十字头再次进行瞬态动力学分析，来得到实际工况下优化后的十字头在一个周期内的应力情况与十字头销安装孔圆柱面的安全系数，确保其在运行过程中不会发生破坏。为使本次分析

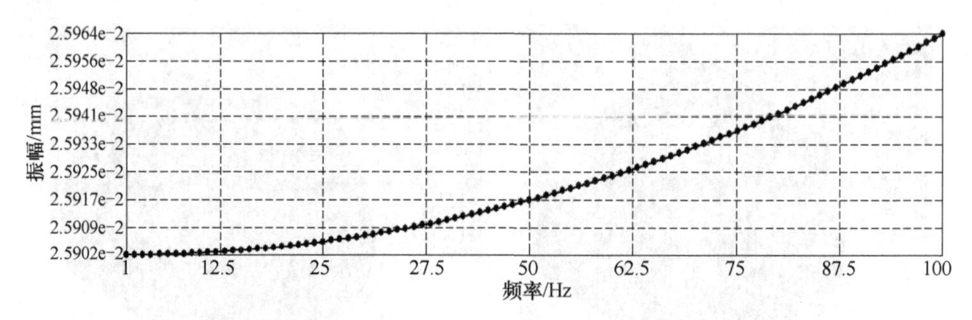

图 3-24　0～100Hz 范围内优化后十字头的振动情况

结果能与原方案分析结果对比明显，在对优化十字头施加载荷时，仍以曲轴每旋转 5°所用时间为一步长。根据压缩机设计参数以及更改后得到的十字头质量，计算得出优化后十字头所受载荷随时间的变化情况，将计算结果导入分析软件中，得到十字头销安装孔圆柱面所受载荷随时间变化的关系。完成载荷的施加后，保持其他边界条件与原方案相同，在求解方案中选择应力、变形以及安全系数，得到的分析结果如图 3-25 和图 3-26 所示。

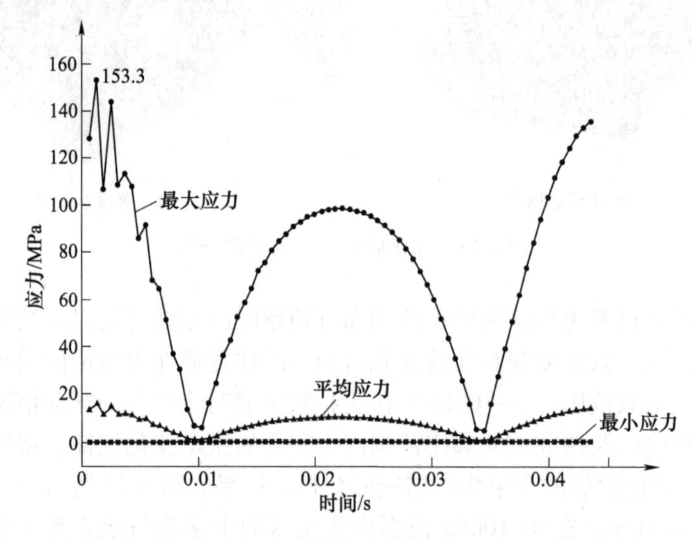

图 3-25　优化后十字头瞬态动力学下的静强度分析结果

由图 3-25 可知，在压缩机的实际工况下，优化后的十字头销安装孔圆柱面所受最大应力依旧小于极限状态所受应力，且应力大小变化规律与原方案基本相同，在曲轴转角为 0°时，圆柱面所受应力达到周期内最大值，为 153. 3MPa，处于十字头销安装孔的圆柱面与注油孔相接处附近；在曲轴转角为 80°和 280°时，圆柱面所受应力为周期内的最小值，约为 10MPa，也处于十字头销安装孔的圆柱面与注油孔相接处附近。

在分析完圆柱面的应力、应变情况后，观察图 3-26 可知，在周期载荷循环 10^6 次后，十字头销安装孔圆柱面的安全系数的最小值为 1.52，位于原方案十字头销安装孔的圆柱面与注油孔相接处附近。相较于原方案该数值有了明显的提升并且超过了许用安全系数。综上所述，该优化方案十字头能满足 2M50 往复压缩机的强度要求，并且在长时间运行后也不会产生疲劳破坏。

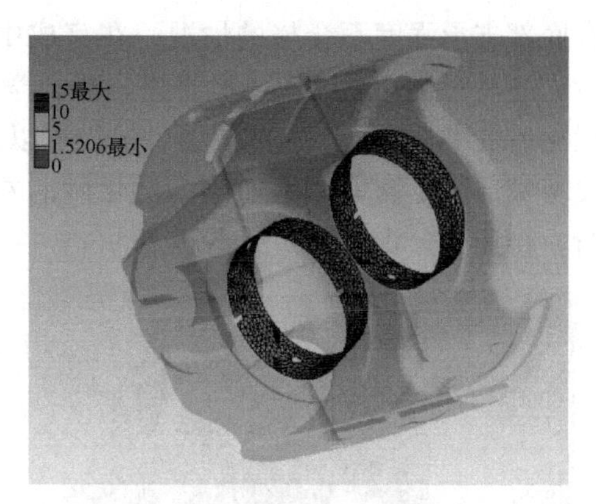

图 3-26　优化后十字头瞬态动力学下的疲劳分析结果

3.3.2　中体机身的结构优化设计

1. 中体机身优化方案的确定

在中体机身的原方案中，其底部预留了两个直径为 25mm、深度为 83mm 的螺纹孔用来和底撬相接，螺纹孔间距为 400mm。由前述分析可知，中体机身的振动是曲轴箱和气缸振动所引起的，根据《活塞式压缩机设计》可知，该类型振动可通过增加底部支承来减小，但是从原方案的三维模型图可以看出，为保证底部紧固螺钉的安装深度，在中体机身隔室的加工过程中增加了两个直径为 70mm、距底部端面 120mm 的圆柱体。这种结构既增加了中体机身的加工难度也影响了美观，如果还按照此方案在底部增加螺孔可能还会影响中体机身与气缸装配过程中螺栓螺母的安装，所以为合理增加中体机身底部螺孔数量来减小振动，需要对底部支承结构进行优化。对优化后的中体机身进行三维建模，如图 3-27 所示。

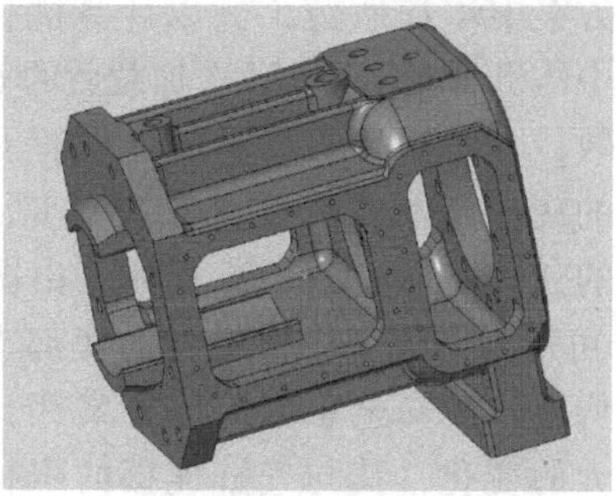

图 3-27　中体机身结构优化方案模型

本次优化去除了原方案中体机身隔室内的圆柱体结构，并且为撬装方便将优化后支承底部与中体机身轴线的距离设置为 432mm，与机身底部到其轴线的距离相同，底部螺纹孔数量增加到 4 个。

2. 优化中体机身的静力学分析

根据原方案中体机身的静力学分析结果可知，尽管中体机身整体所受应力较小，但其底部支承的应力与其他部位相比还是较大的。所以为避免优化后中体机身底部支承强度不合格的情况，在完成中体机身的优化设计和优化方案的建模后，还需对优化后的中体机身进行静力学分析，观察其应力及形变的分布情况。优化后的中体机身，其边界条件的设置以及载荷的施加基本与原方案相同，只需要将底部固定支承的施加改为优化后的 4 个螺孔，完成设置后先进行静强度分析，得到的分析结果如图 3-28 所示。

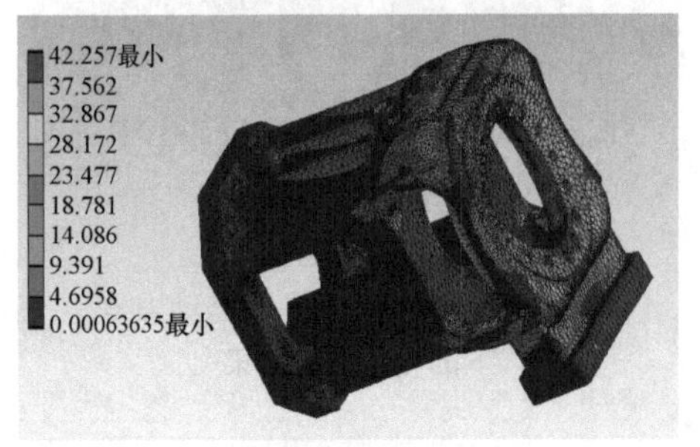

a) 中体机身受压时应力大小

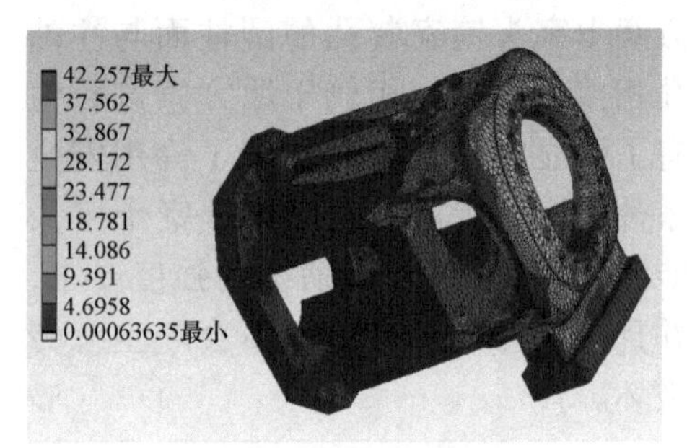

b) 中体机身受拉时应力大小

图 3-28　优化后中体机身的静强度分析

由图 3-28 可知，在受压与受拉状态下，中体机身的最大应力都为 42. 257MPa，应力集中部位都处于中体机身与气缸连接的螺栓安装孔处。从分析结果可知，中体机身在极限状态下的工作应力远小于许用应力，所以可以判定中体机身的优化方案能满足强度要求。

在完成静强度分析后，还需在求解方案中增加疲劳工具以计算优化方案中体机身在循环 10^6 次加载后的安全系数，中体机身的材料属性设置及对应的疲劳寿命曲线设置保持不变，得到的分析结果如图 3-29 所示。由图 3-29 可知，在改变中体机身的底部支承结构后，其安全系数与原方案相比有较大的变化，其与气缸连接的螺栓安装孔处的安全系数明显减小。从图 3-29 中可以看出安全系数最小值为 2. 68，仍远大于许用安全系数，在理论上螺栓孔附近并不会发生疲劳破坏，所以不必进行实际工况下的瞬态分析。

图 3-29　优化后中体机身的静疲劳分析

3. 优化中体机身的模态分析

由原方案中体机身的模态分析结果可知，压缩机实际工况下激发频率远小于中体机身前 10 阶的固有频率，不会导致共振现象的发生。但是在中体机身结构发生改变的情况下，需要对优化方案再次进行模态分析，以避免由结构改变导致中体机身固有频率的减小而引起的共振。为得到实际情况下优化方案中体机身的模态分析结果，仍采用约束模态分析。与对优化方案的静力学分析一样，除去底部固定支承，最大模态分析阶次设置为 10 次，得到的分析结果如图 3-30 所示（只给出第 1 阶、第 5 阶、第 10 阶模态振型，其他模态振型省略）。

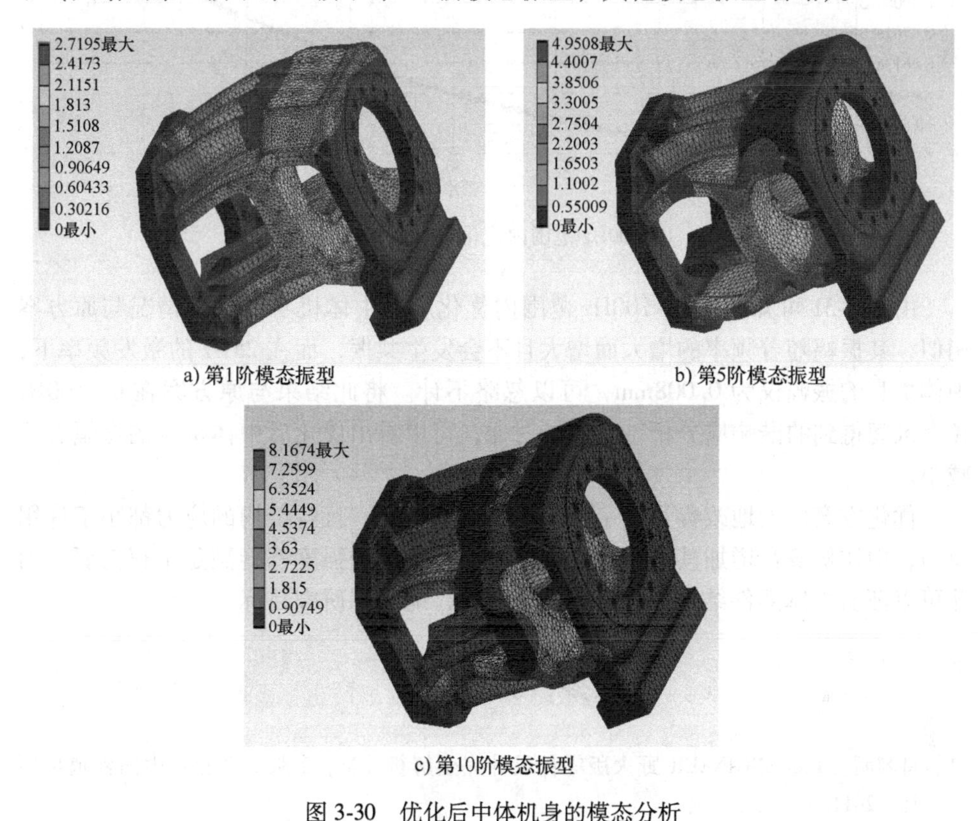

a) 第1阶模态振型　b) 第5阶模态振型

c) 第10阶模态振型

图 3-30　优化后中体机身的模态分析

从中体机身优化方案的模态分析结果可以看出，与原方案相比，各固有频率下的振型未发生变化，但是各阶固有频率值的大小都有所提升，这说明该方案能有效提高中体机身的抗振能力，并且此结构也不会导致共振现象的产生。

4. 优化中体机身的动响应分析

通过对中体机身优化方案的静力学分析可知，在 2M50 往复压缩机实际工作情况下，中体机身整体所受应力及各结构的安全系数都能满足强度要求，从分析结果可以看出中体机身刚性极好，很难发生变形和破坏。影响施加在中体机身的气体力大小的因素有很多，其变化规律也难以像往复惯性力一样清晰直观，所以中体机身的动响应分析仍保持与原方案相同，只做一些必要的谐响应分析，即考虑实际情况，以现激发频率的 5 倍频范围（0~100Hz）作为中体机身扫频区域来观察其振动情况，分析结果如图 3-31 所示。

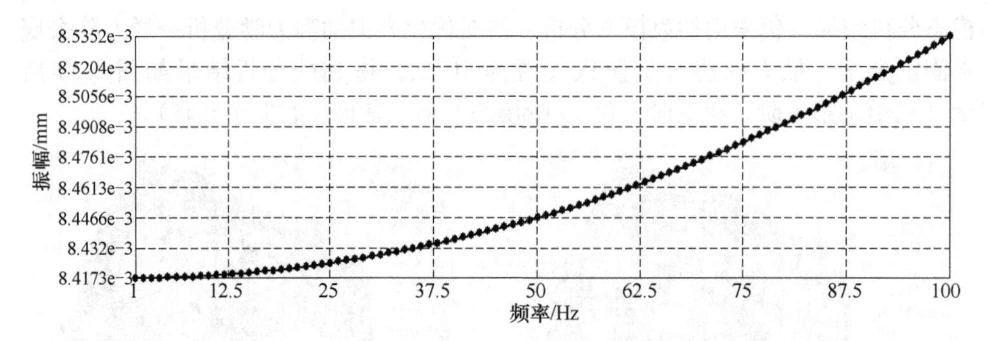

图 3-31　0~100Hz 范围内优化后中体机身的振动情况

由图 3-31 可知，在 0~100Hz 范围内优化后的中体机身的振动情况与原方案相似，其振幅随着频率的增大而增大且不会发生共振，而在 25Hz 的激发频率下，中体机身的振幅仅为 0.008mm，可以忽略不计。将此结果与原方案在 0~100Hz 频率区间得到的谐响应分析结果进行对比，可以看出优化后中体机身的振幅有所减小。

优化方案极大地改善了十字头的应力集中情况，且各结构的应力都小于许用应力；中体机身在增加其抗振能力的前提下，各结构强度都能满足工程需要。因此可以证明中体部件结构优化方案的有效性，能达到研究目标。

参 考 文 献

[1] 肖黎明. Pro/ENGINEER 野火版零件设计完全解析 [M]. 2 版. 北京：中国铁道出版社，2011.
[2] 郁永章. 容积式压缩机技术手册 [M]. 北京：机械工业出版社，2000.
[3] 伍阳. 往复式压缩机运行可靠性研究 [D]. 北京：中国石油大学，2017.
[4] 陈吉光. 往复压缩机十字头故障原因研究 [J]. 中国设备工程，2021 (14)：39-40.
[5] 金正. 基于 SolidWorks 的往复式压缩机优化及其有限元分析 [J]. 内燃机与配件，2021 (11)：59-60.

第 4 章 管道气流脉动分析及优化改造

04

4.1 管道元件参数对气流脉动抑制的影响研究

气流脉动的控制主要从气流脉动响应和气流脉动激发源两方面进行。本章就孔板及缓冲罐的结构参数对气流脉动的抑制效果进行研究。

4.1.1 孔板结构参数对气流脉动的抑制

1. 模型的建立及模拟参数设置

以管道中安装孔板为研究对象，建立三维分析模型，使用 Fluent 软件模拟部分管道气体的脉动，监测管道不同位置的压力脉动状态，分析监测数据，研究不同孔径比对管道内气流脉动抑制效果的影响。

（1）建模　针对某厂循环氢气压缩机的末级排气管道，首先采用 Creo 软件通过旋转拉伸等方法进行三维实体建模。压缩机进气压力为 0. 3MPa、排气压力为 0. 81MPa、管径为 60mm、壁厚为 6mm、转速为 420r/min。该模型模拟一段压缩机排气管道的等截面管，然后在距离容器入口端 150mm 位置安装不同孔径比的孔板，建立孔径比分别为 0. 2、0. 3、0. 4、0. 5、0. 6、0. 7 和 1 的七组分析模型，同组孔板的厚度相同，均为 4. 5mm，孔板材料均与压缩机管道相同。建立的三维模型如图 4-1 所示，安装孔板后管道的二维平面模型如图 4-2 所示。

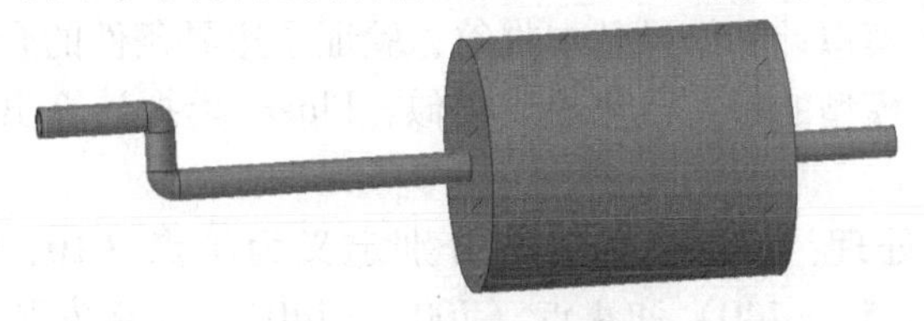

图 4-1　管道三维模型

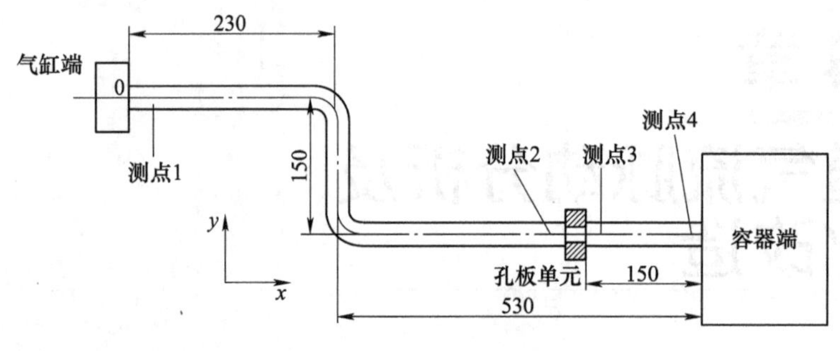

图 4-2　管道二维平面模型

利用 Workbench-mesh 单元对模型进行网格划分，基于模型的复杂程度，选择网格计算规模相对小的六面体网格，其网格精度较高且计算收敛速度快。各模型划分后的网格类似，仅展示孔径比为 0.5 的网格图，其有限元模型如图 4-3 所示。

（2）参数设置

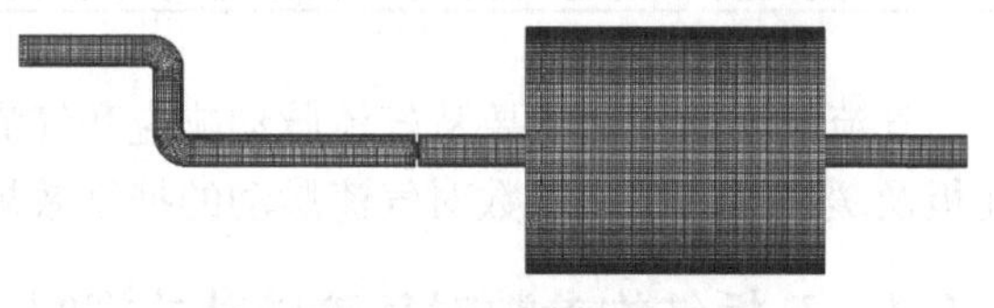

图 4-3　有限元模型

1）计算域设置：工作温度为 40℃，管内介质为氢气，入口流量为 $16\mathrm{m}^3/\mathrm{min}$，动力黏度为 9.178μPa·s，且往复压缩机管道内气流状态为湍流。为了尽量符合工程实际，在选择流体的模型时，选择默认的且对高雷诺数适应良好的标准 k-epsilon 湍流计算模型，其计算收敛性和计算精度可满足此计算模型的要求，采用二阶迎风 SIMPLE 算法求解。

2）边界条件设置：压缩机管网系统的气流脉动是因管内流体的波动产生的，为模拟压缩机气体可压缩的情况，入口边界条件设置为往复压缩机排气口的质量流量，即可压缩气体的质量流量入口（mass-flow-inlet），需要借助 Fluent 的表达式功能来实现，将实际的入口质量流量拟合成呈周期性变化的曲线，其函数表达式为 $M = 0.267/\cos(14\pi t)$，单位为 kg/s。由于出口末端放空，设出口压力数值约为一个大气压，取恒定值 0.1MPa。压缩机管道的材料为 304L，粗糙度较大，所以设管道壁面边界条件为无滑移壁面边界条件。设置完各项参数后，初始化并计算，收敛迭代次数设为 100 次，监测残差设为 10^{-3}，默认松弛因子，对模型进行运算处理。本次模拟计算结果基本收敛，验证了边界条件的合理性与网格划分的精确性。各计算模型的残差监测曲线相似，Fluent 模拟计算出的残差监测曲线如图 4-4 所示。

3）模拟结果处理：将测点的坐标分别定义为 1 点（10，0）、2 点（565，−140）、3 点（590.5，−140）和 4 点（700，−140），孔板安装在测点 2 和 3 之间，1 点为压缩机出口，4 点为靠近容器入口端的位置。用美国石油学会标准

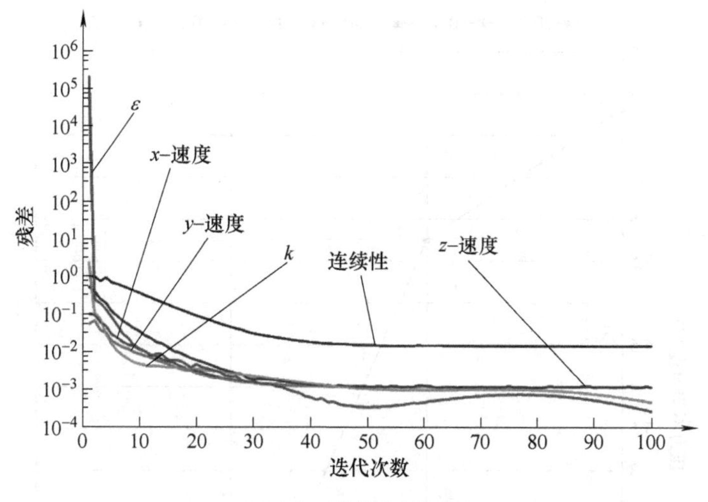

图 4-4　残差监测曲线

API 618：2007 中的公式计算出 1 点的最大压力不均匀度许用值为 7%，其余各测点最大压力不均匀度许用值为 5. 34%；稳定流的最大压力降为 1. 051%。提取不同孔径比的 7 组模型的结果，不同孔板模型下各取样点压力不均匀度及最大压力降见表 4-1。

表 4-1　各测点压力不均匀度及最大压力降

孔径比	压力不均匀度(%)				最大压力降(%)
	测点 1	测点 2	测点 3	测点 4	
0. 2	7. 32	5. 75	0. 39	0. 05	2. 58
0. 3	2. 59	1. 55	0. 19	0. 05	0. 57
0. 4	1. 36	0. 49	0. 15	0. 05	0. 14
0. 5	1. 15	0. 31	0. 13	0. 05	0. 08
0. 6	1. 07	0. 22	0. 13	0. 05	0. 02
0. 7	1. 05	0. 15	0. 13	0. 05	0. 01
1	9. 7	0. 2	0. 2	0. 2	0

为更加直观地看出孔径比对压力不均匀度的影响趋势，对表 4-1 中的数据进行绘图处理，如图 4-5 所示。

2. 仿真结果与分析

针对本节所采用的模型和边界条件，结合表 4-1 和图 4-5 可以看出，压缩机管道内的气体介质在流经孔板时，管道内的压力脉动值变化较为显著。对比分析图 4-5 中的 6 条曲线（即不同孔径比的工况模型），可以得出在管道合适的位置

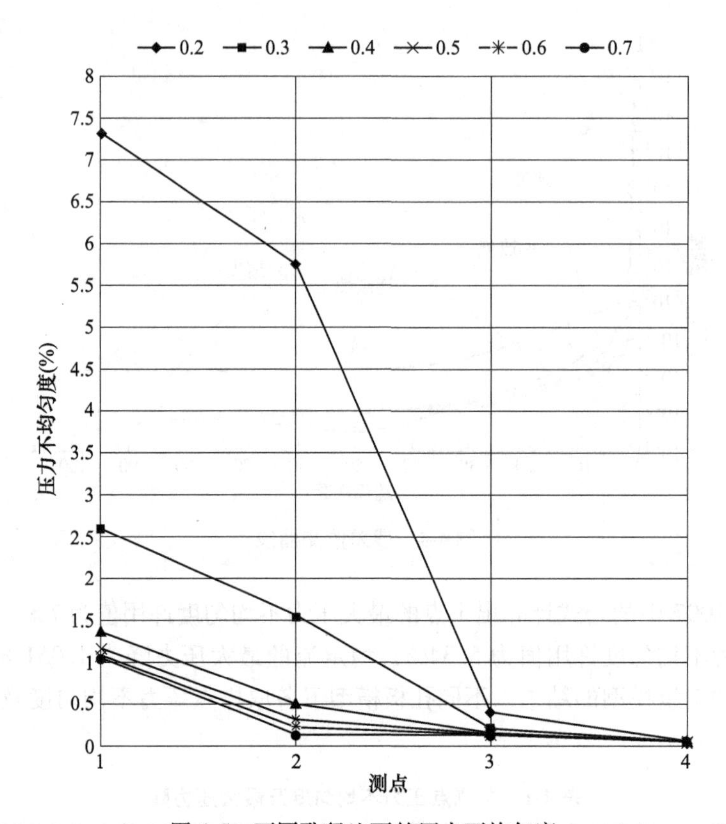

图 4-5　不同孔径比下的压力不均匀度

增添孔板对管道内气流脉动的影响规律。

安装合适孔径比的孔板后，管道内孔板后的气流脉动峰值整体都小于孔板前的值，加装孔板的管道整体压力不均匀度均有所降低。与无孔板情况下的管道相比，对管道内脉动气流抑制效果最佳的孔板厚度为 4. 5mm，孔径比为 0. 3，管道前后压力脉动降低了 1. 36%。孔径比为 0. 3、0. 4、0. 5 的孔板对管道的气流脉动抑制效果较好，孔径比为 0. 6 时抑制效果略差，孔径比为 0. 7 的孔板作用效果与孔径比为 1 时相比无显著差异。孔径比为 0. 2 的孔板对气流脉动抑制也有效果，但是孔板前后的压力降为 2. 58%，超出了 API 618：2007 规定的允许值 1. 53%，不可使用。

综合分析：受压缩机工作压力和安装成本等因素的影响，在管道内部适当位置添加孔板，可对孔板前后管道内的气流脉动起到良好的抑制效果。在一定范围内，孔径比越小，管道内的压力不均匀度越低，对气流脉动的抑制作用越明显。需注意，孔板阻力产生的压力降应处于压力脉动抑制装置压力降的允许值范围内，孔径比越小，孔板前后压差越大，需要考虑安装的孔板强度。

4.1.2　缓冲罐对气流脉动的抑制效果

缓冲罐是一种抑制气流脉动的容积元件，进气缓冲罐限制气缸上游入射压力波进入进气管道，排气缓冲罐限制返回的反射波进入气缸，同时限制压力波进入排气管道。脉动气流流经缓冲罐后，气体脉动波动较平稳，能减小因气流冲击带来的压力损失，显著减小缓冲罐前后压力脉动的幅值，是一种十分简单有效的抑制压力脉动的措施。因其安装使用条件受现场设备布置条件的限制，通常被设置在压缩机气缸附近。

本节主要研究空腔型和滤波型两种结构缓冲罐对管道内气流脉动的影响，建立不同容积的缓冲罐数值分析模型，对比出口气体压力脉动的抑制程度，及对管道压力脉动的抑制效果。

1. 计算模型的建立

基于声学理论中的阻抗转移方法来模拟缓冲罐的滤波效果，给定缓冲罐入口端的边界条件后进行扫频分析。左侧设置双作用压缩机压力边界，加载谐波载荷 $P_{\mathrm{t}}=50\sin\left(2\pi ft+\dfrac{\pi}{2}\right)$，从 10~500Hz 进行扫频分析，扫频步长为 10Hz，右侧末端节点 6 给定无反射声学边界条件，模拟后续的无限长管道。建立与缓冲罐接管直径相等的等截面直管模型；建立空腔型缓冲罐的数值分析模型，设定缓冲罐入口管道长 1000mm，接管直径 DN = 250mm，罐体长 1800mm，缓冲罐出口端管道长 1000mm，缓冲罐筒体直径 DN 分别设为 600mm、800mm、1200mm。等截面直管与空腔型缓冲罐模型如图 4-6 所示。

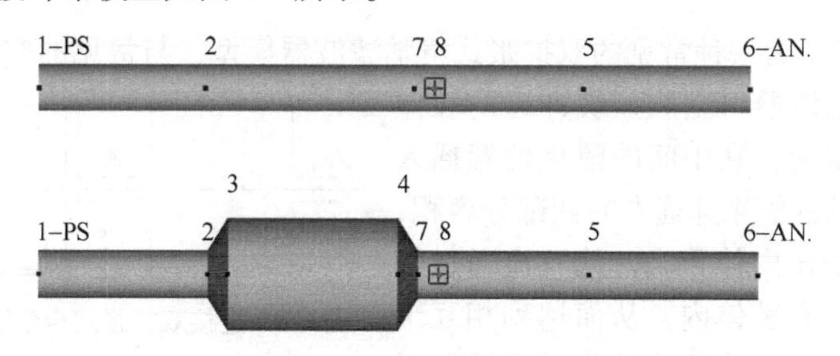

图 4-6　等截面直管与空腔型缓冲罐模型

2. 结果分析

对比不同容积的缓冲罐模型滤波后的气流压力振幅，监测缓冲罐出口对接法兰（节点 8）处的压力振幅大小，扫频分析结果如图 4-7 所示。

由图 4-7 可得出以下结论：空腔型缓冲罐在低频范围内的滤波效果较差，在高频范围的滤波效果较好，且缓冲罐容积越大，滤波的频率范围就越宽；空腔型缓冲罐可抑制一定频率范围内的波动，部分频率范围的压力振幅高于输入端的压

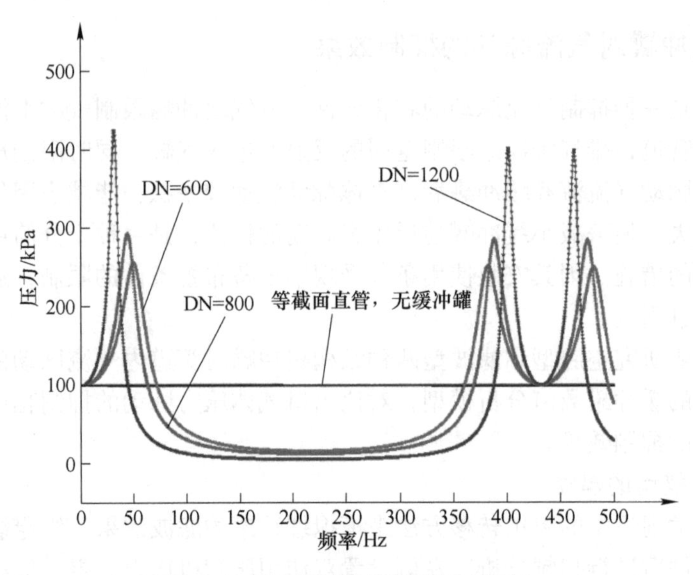

图 4-7 缓冲罐滤波后气流压力振幅

力振幅；在低频滤波中甚至会产生波动放大的效应；低频的往复压缩机缓冲罐有一定大的容积要求，增大缓冲罐容积，可降低罐出口的压力不均匀度，滤波效果越好，残余的压力振幅就越小；因此在解决管道高频振动的问题上，可以采用增大缓冲罐容积的方法从声源处减小激励的能量。

4.1.3 不同内部结构下缓冲罐对气流脉动的影响

图 4-8 所示为一种常见的双扩张式声学滤波器模型，与常见的空腔型缓冲罐不同，这种滤波器将空腔型缓冲罐的腔体阻隔成两个单元，在中间的隔板位置插入一段等直径的圆管来连通左右两部分容积，左右两侧容积比内伸管大，使气流通过管内孔流入两侧空腔体内，从而达到相互干涉气流的目的。为验证此种声学滤波器对管道气流脉动的影响，与空腔型缓冲罐做对比研究，探究其气流脉动抑制效果。

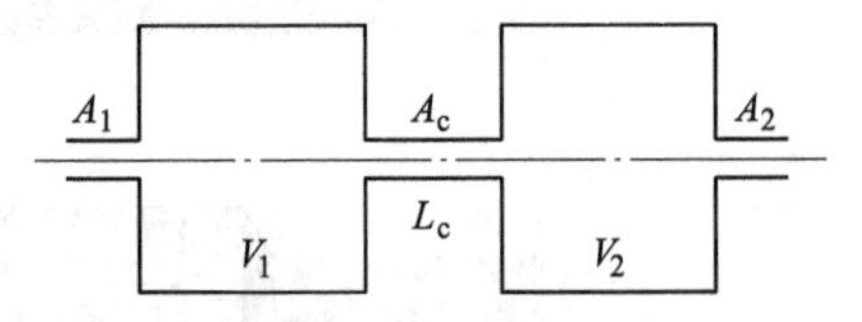

图 4-8 连接双扩张式声学滤波器模型

缓冲罐内部容积被隔板分开，两个空间通过等截面直管连接，缓冲罐左右两侧容积比内伸管大，故双扩张式声学滤波器等效为“容-管-容”结构，此处的截止频率为

$$f_{\mathrm{H}}=\frac{c}{2\pi}\sqrt{\frac{A_{\mathrm{c}}}{L_{\mathrm{c}}'}\left(\frac{1}{V_1}+\frac{1}{V_2}\right)+\frac{A_{\mathrm{c}}^2}{V_1V_2}} \tag{4-1}$$

式中 A_{c}——内伸管截面积（mm^2）；

V_1——左侧缓冲罐容积（mm^3）；

V_2——右侧缓冲罐容积（mm^3）；

L'_c——有效直管长度（mm），$L'_c = L_c + 0.6d_1$，L_c为内伸管长度（mm）；

c——流体的声速（mm/s）。

此种结构的缓冲容器原理近似于亥姆霍兹共鸣器，其低通滤波示意图如图4-9所示。频率高于截止频率的气流脉动在通过缓冲罐后会急剧衰减，实现对脉动气流的抑制。

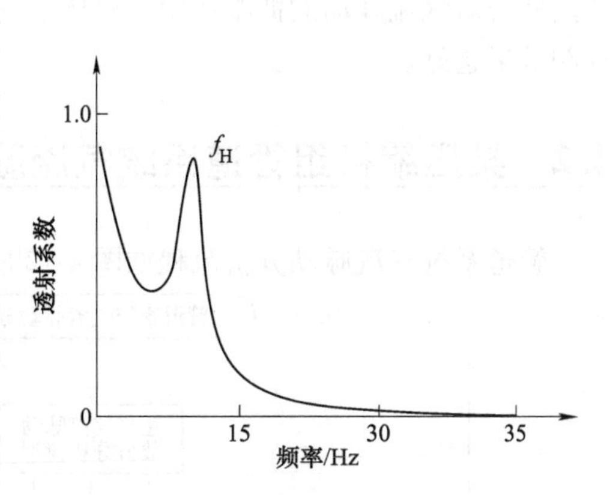

图 4-9　亥姆霍兹共鸣器低通滤波示意图

建立滤波型缓冲罐（空腔型缓冲罐与亥姆霍兹共鸣器组合而成）模型，如图 4-10 所示。

内伸管直径分别为 100mm、150mm、200mm 的滤波型缓冲罐，与无缓冲罐、空腔型缓冲罐滤波后气流压力振幅如图 4-11 所示。由图 4-11 可

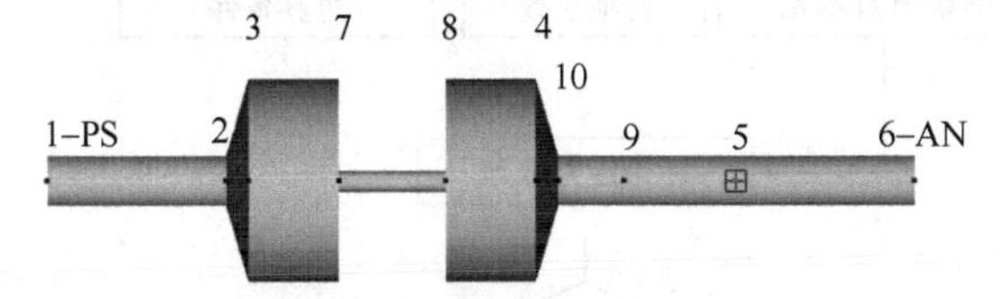

图 4-10　滤波型缓冲罐模型

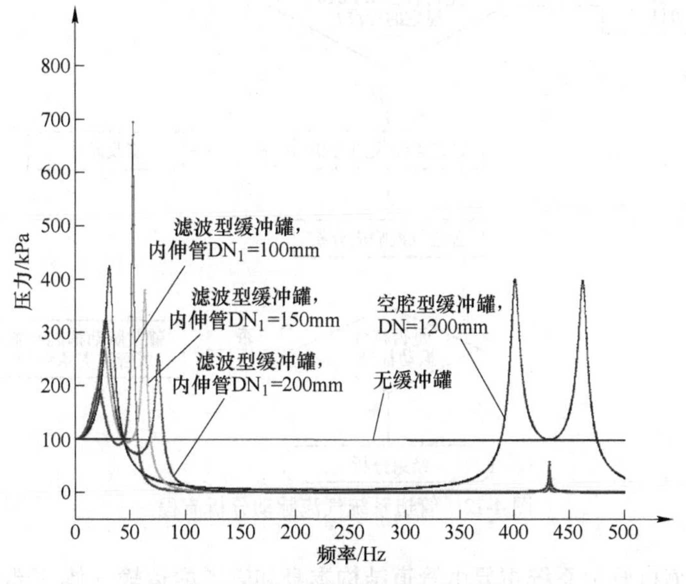

图 4-11　不同缓冲罐滤波后气流压力振幅

知，空腔型缓冲罐滤波频率范围有限，抑制气流脉动效果较差。滤波型缓冲罐的滤波范围更广，大部分情况下对气流脉动的抑制效果更佳。除特殊频率（45~80Hz）外，均可有效地抑制罐后管道出口的振幅。研究了同等长度、不同直径的内伸管对气流脉动的抑制作用，对比发现内伸管的直管径越小，对气流脉动的抑制效果越好。

4.2 某压缩机组管道系统气流脉动分析与结构优化

管道系统气流脉动分析流程如图 4-12 所示。

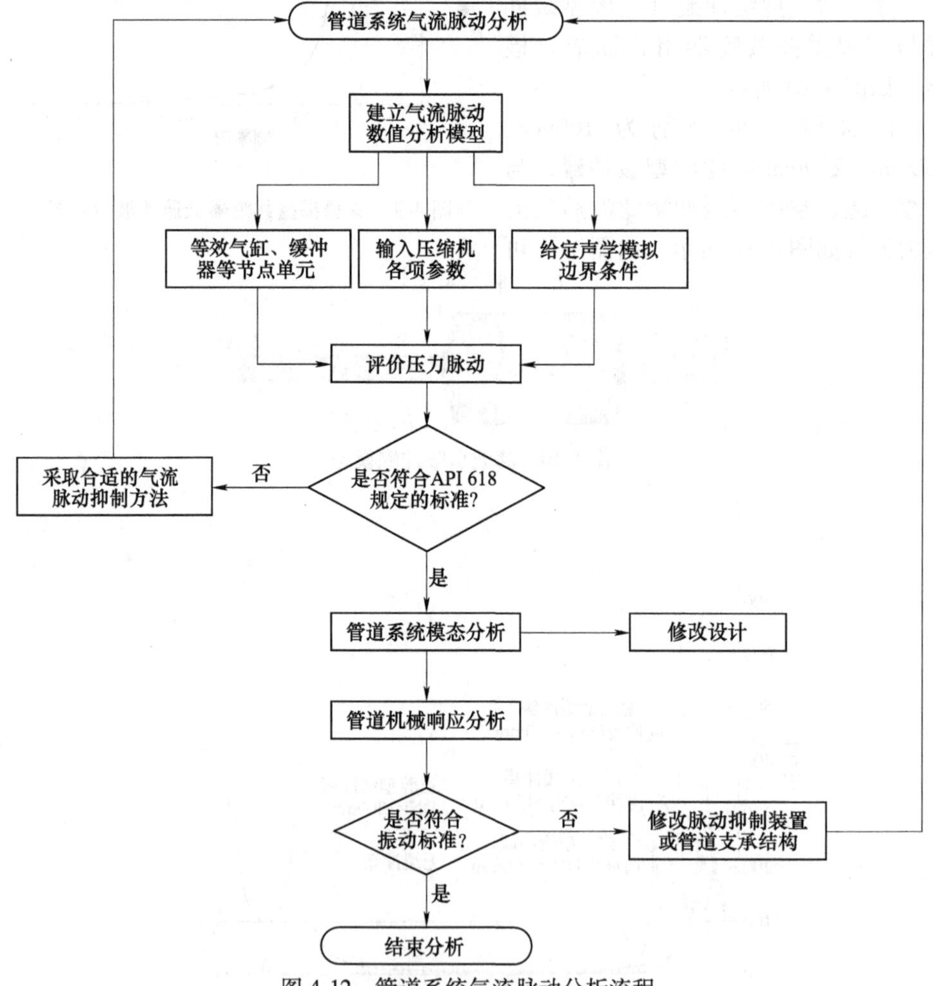

图 4-12 管道系统气流脉动分析流程

往复压缩机管道系统主要由管道结构本身和管道内运输气体两部分构成，压缩机工作时进排气管道通常会出现因气流脉动较大引发管道振动的情况。针对某企业大型迷宫式往复压缩机组（结构及工况参数见表 4-2）进行气流脉动分析，综合考虑管道系统的气流脉动特性及结构动力特性，并对管道系统超标部位进行结构优化。

压缩机组管道工艺流程：原料气体经一级进气缓冲罐（D-811）进入双缸双作用压缩机，从气缸排气口流出后进入左、右一级排气缓冲罐（D-812），然后经一级冷却器（E-61）冷却换热汇往排气总管，去往下游装置。

表 4-2　往复压缩机结构及工况参数

设计参数	1 级
容积流量/(m^3/min)	137.25
进气压力 P_1/MPa	0.545
进气温度 T_1/℃	12
排气压力 P_2/MPa	1.745
排气温度 T_2/℃	128
活塞直径/mm	515
活塞杆径/mm	100
气缸作用形式	双作用
压缩机额定转速/(r/min)	420
曲柄半径/mm	150
连杆中心距/mm	900
相对余隙(%)	18.16
机组轴功率/kW	2047.8
级压比	3.28

此台循环氢气压缩机组仅规定了一个额定的操作工况，可根据 AGA-8 状态方程计算出往复压缩机管道内部分气体组分，见表 4-3。

表 4-3　往复压缩机气体介质组分

气体名称	分子式	摩尔质量/(g/mol)	摩尔分数(%)
氯化氢	HCl	36.461	0.67
氢气	H_2	2.016	98.7
二氯甲硅烷	SiH_2Cl_2	101.007	0.22
三氯甲硅烷	$SiHCl_3$	135.452	0.38
氯化硅	$SiCl_4$	169.898	0.03

4.2.1 管道系统气流脉动计算模型

1. 气流脉动软件

利用卡尔加里 NOVA 公司开发的基于平面波理论的声学模拟程序 Bentley，通过在频域内采用转移矩阵的方法，计算对线性系统的动态压力，即脉动小于5%的静态压力。该程序中假设管道内脉动是稳定的，可计算流体在稳态脉动条件下的动态响应，通过组合边界条件，模拟带有分支和回路的管道系统，利用预设的传递矩阵单元建立管道系统的一维数值分析模型，并将分析结果与 API 618：2007 标准对比，可动态地显示声学响应模态。计算范围包括压力脉动、气流脉动频率、容积流量、阻抗和声学激振力等，可根据模拟结果对管道结构参数进行设计与改进。

2. 脉动分析模型

（1）声学模拟　管道系统的声学模拟实际是基于平面波动方程，依据脉动压力和脉动速度的传递矩阵，建立管道系统的气流脉动数值分析模型。忽略矩阵中的高阶微量，用压力的波动函数表示速度的波动函数，使非稳态流动的微分方程线性化。由于电动机转速波动会造成气流的压力波动，设置额定转数±10r/min的误差来消除如压力、介质成分等的改变所带来的影响，设置计算步长为 10r，获得压力脉动值。三通处压力损失设为 0，使计算结果更加偏于保守。声学分析的边界条件包括开放端、封闭端、压力源、速度源和往复压缩机等，声学无反射端可用来模拟无限长的管道。设置声学封闭端的脉动质量为 0，压缩机的边界条件为脉动质量流量，声学无反射端的脉动压力为 0。

（2）气道建模与容积等效　使用 Creo 软件按实际外形尺寸建立 1：1 的脉动系统激发源，即压缩机气缸的三维模型，并对气缸结构进行简化。气缸作为声学脉动的激发源，其声学容积对于气流脉动的分析至关重要，图4-13所示为简化后缸体的气道三维模型。

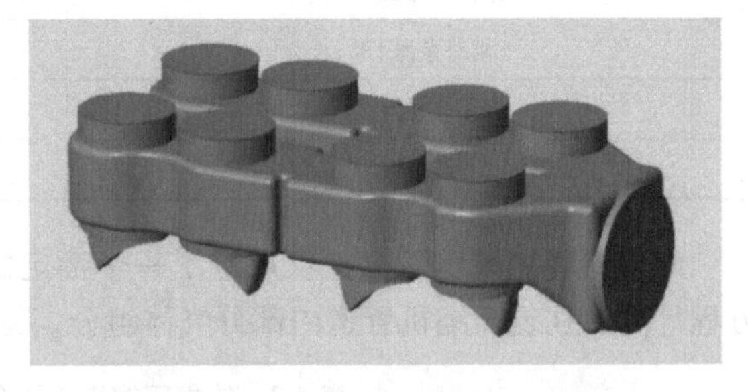

图 4-13　简化后缸体的气道三维模型

借助 ANSYS Workbench 中 SM 模块的 Volume 功能对所建立气缸模型的气道进行抽取，将不规则的腔体部分等效为具有一定长度与直径的圆柱形气柱，并按照图 4-14 所示方案进行划分，为建立管道系统的气流脉动分析模型做准备。

（3）管道系统的声学模型　每个往复压缩机可分为 $n+1$ 个独立的脉动系统，n 代表压缩级数。活塞在气缸中做往复运动产生脉动的气流，当气缸气阀打开时，脉动的气流传到管道内，压缩机进气时，该气流通过开启的进气阀传到进气系统。为了保证有效压缩，不能同时开启进气阀和排气阀，脉动气流不会通过气缸进入进、排气两个系统。在建立气流脉动声学模型时，需要以气缸作为脉动系统的分界点独立分析，以保证每个系统互相不会干涉。

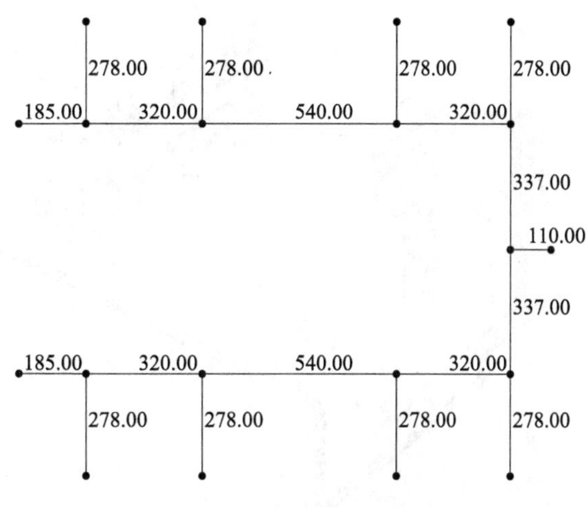

图 4-14　等效模型示意图

结合压缩机实际运行情况，将整个压缩机组管道分为两部分进行脉动分析。一级进气管道系统：气体经进气管道和一级进气缓冲罐进入一级气缸。一级排气管道系统：气体经一级气缸和双一级排气缓冲罐，进入一级冷却器汇入排气总管。

根据压缩机管道布置图，以节点及单元的形式创建脉动分析模型，且不考虑法兰与常开阀门对气流脉动的影响，均视为等截面直管道，建立的进气管道与排气管道声学模型如图 4-15 和图 4-16 所示。

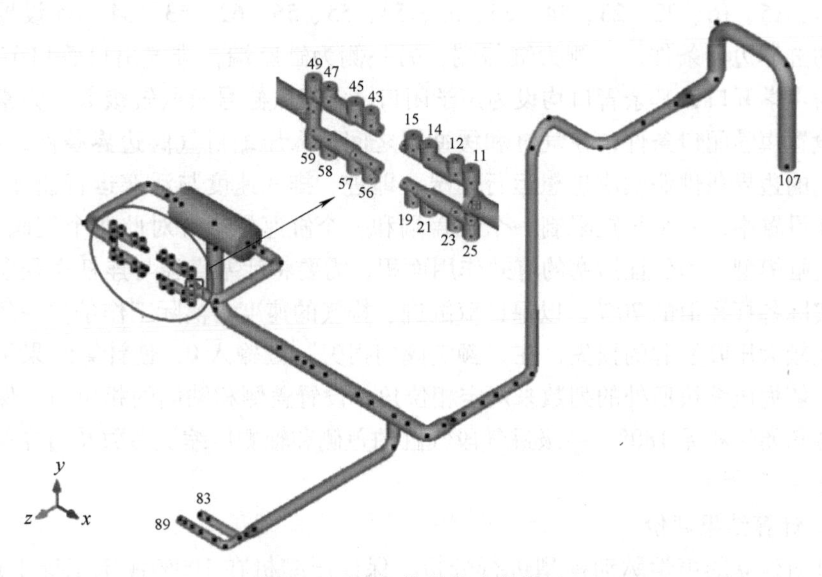

图 4-15　进气管道的声学模型

（4）声学模型边界条件　建立脉动分析模型，管壁粗糙度默认为 0. 046mm，将该进气管道系统划分成 30 个单元、107 个节点，将排气管道系统划分为 50 个

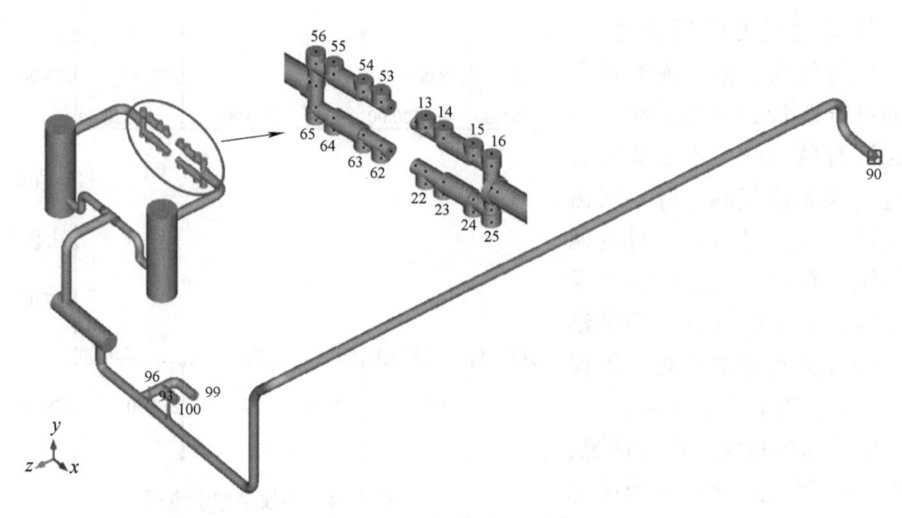

图 4-16　排气管道声学模型

单元、106 个节点。按照管道工作情况定义边界条件，进气端设节点 11、12、14、15、19、21、23、25、43、45、47、49、56、57、58、59 为压缩机的缸体边界条件，一侧为缸盖端，另一侧为缸座端，进气入口管口节点 107 边界条件定义为声学开口，其余管口（如容器两侧封闭端）均设为声学闭口；排气端将节点 13、14、15、16、22、23、24、25、53、54、55、56、62、63、64、65 设置为压缩机的缸体边界条件，一侧为缸盖端，另一侧为缸座端，排气出口管口节点 90 定义为声学开口，其余管口均设为声学闭口。定义气缸号及气缸级数；为常闭的阀门设置声学闭口条件；在气缸和缓冲罐之间插入压缩机气阀边界条件，将进、排气侧的边界条件假设成理想运行工况，即进、排气速度与活塞运行速度相同。在程序设置中，一个气缸限制一个缸盖端和一个缸座端。针对此四个气阀的进、排气气缸模型，为保证活塞的有效作用面积，需要将活塞直径与连杆直径参数设置为实际各杆径值的 70%，以保证双缸进、排气的速度与实际工作条件一致。为了避免较大压降引起的损失，在“额定阀门损失”处输入 0，使计算结果更偏于保守；依据压缩机所处的列数来规定相位角，设置盖侧和轴侧的相位角，保证两侧相位角始终相差 180°。一级进气段气缸的盖侧和轴侧压缩机参数及边界条件设置如图 4-17 所示。

3. 计算结果评价

针对建立的声学脉动模型进行分析，保证压缩机在 100% 额定工况下运行，根据边界条件调整脉动和气体流动方向，保证各转移矩阵相互连接，得到该段管道系统整体压力脉动云图，如图 4-18 和图 4-19 所示。以不同颜色表示此段管道的压力脉动与 API 618：2007 规定的最大许用值的比值。

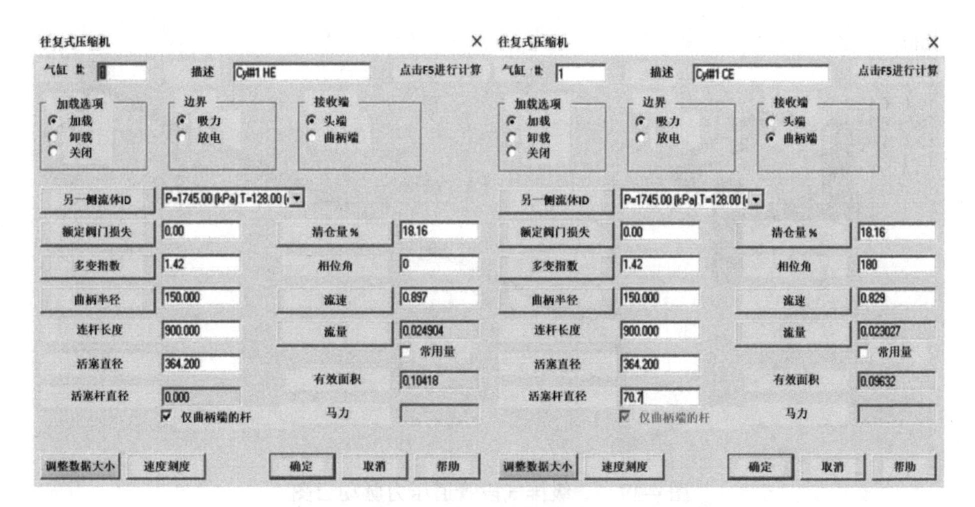

图 4-17　盖侧与轴侧压缩机参数及边界条件设置

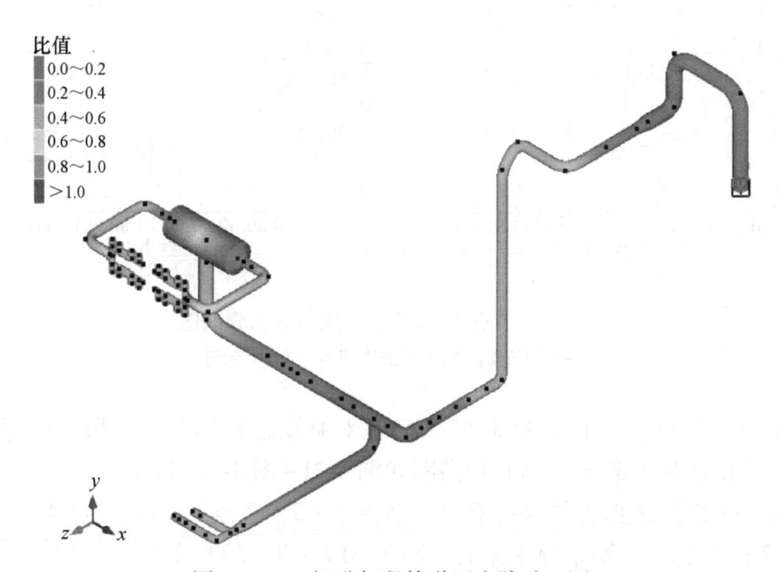

图 4-18　一级进气段管道压力脉动云图

图 4-20 所示为气流振幅较大节点的脉动频谱图，可以直观地看出气流脉动超标的程度。

综合分析，一级进气管道的气流振幅控制在标准规定的范围内，一级排气管道的振幅严重超标。一级排气管道节点 45 处峰值频率为 68. 33Hz，最大压力脉动峰值为 57. 727kPa，达到 API 618：2007 允许极限的 240%；节点 5 处的峰值频率为 68. 33Hz，最大压力脉动峰值为 37. 284kPa，是 API 618：2007 标准允许极限的 1. 57 倍。超标部位发生在一级气缸排气口至左、右一级排气缓冲罐位

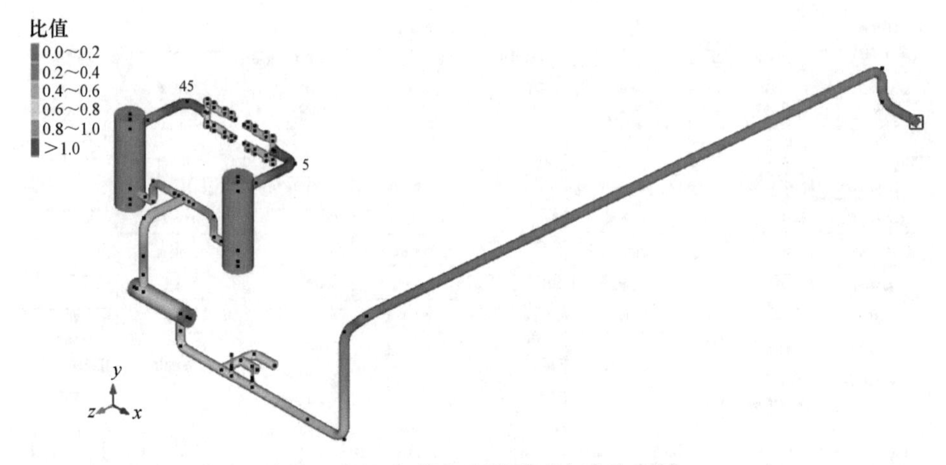

图 4-19　一级排气段管道压力脉动云图

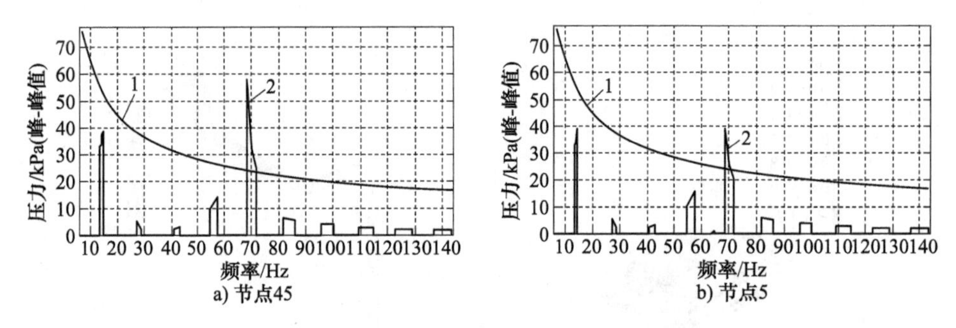

图 4-20　节点 45 与节点 5 压力脉动频谱图

1—API 618：2007 标准许用值　2—实际值

置（对应脉动分析模型节点 45 和节点 5）。对脉动超标部分的激振力进行校核评判，超标部位的最大激振力单元频谱图如图 4-21～图 4-24 所示。

从管道系统的激振力结果可看出，节点 3—5、节点 5—7、节点 41—45 与节点 45—47 位置的脉动不平衡激振力均高于 API 618：2007 的最大许用声学激振力标准，激振力均严重超标。

4.2.2　管道系统模态分析

管道系统的固有频率和振型仅取决于系统的质量和刚度矩阵等物理参数，模态是结构系统的固有振动特性，线性系统的自由振动被解耦成 N 个正交的单自由度振动系统，对应系统的 N 阶模态。进行管道模态分析，可获得管道系统的固有频率和相应振型，依此可提出有力措施避免管道在实际工作状态发生管道共振。

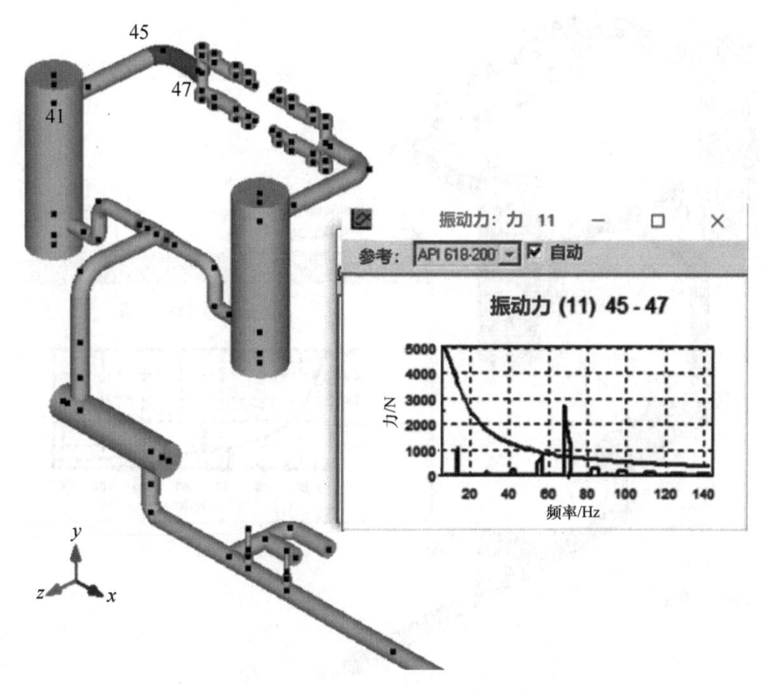

图 4-21　节点 45—47 脉动不平衡力

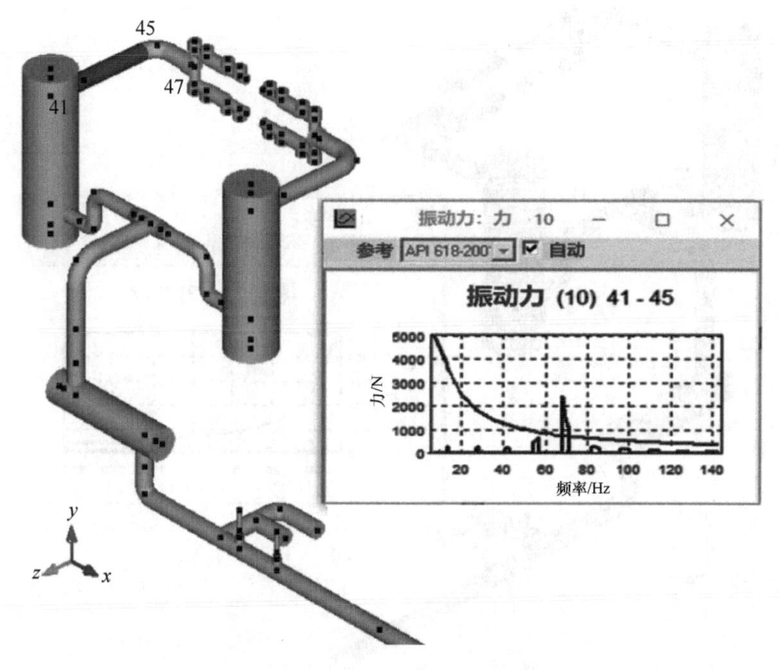

图 4-22　节点 41—45 脉动不平衡力

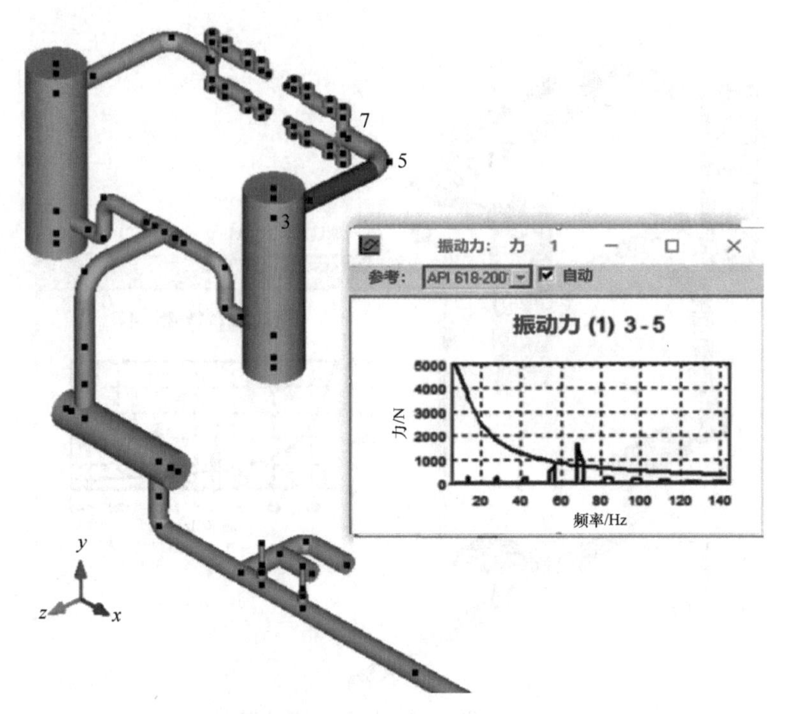

图 4-23　节点 3—5 脉动不平衡力

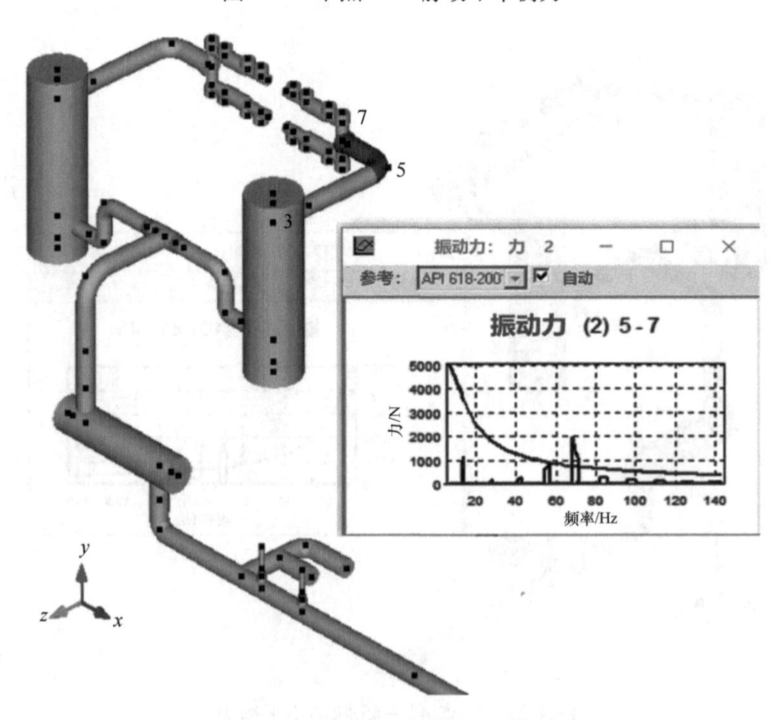

图 4-24　节点 5—7 脉动不平衡力

复杂管道系统的固有频率分布相对密集，很难使管道系统完全避开所有机械共振区域。在未存在较大激振力的情况下，高阶共振的振幅较小，仅需考虑低阶次管道系统固有频率与压缩机的激发频率发生共振的可能性。因管道振动较小，可忽略阻尼对管道振动的影响，故管道系统的无阻尼自由振动方程为

$$\boldsymbol{M}\ddot{\boldsymbol{x}}+\boldsymbol{K}\boldsymbol{x}=0 \tag{4-2}$$

式中　$\boldsymbol{M}$——管道的质量矩阵；

$\boldsymbol{K}$——管道的刚度矩阵；

$\ddot{\boldsymbol{x}}$——系统振动的加速度向量；

$\boldsymbol{x}$——n 个自由度的位移向量。

将节点的简谐振动形式 $x=\phi\sin(\omega t+\theta)$ 代入式（4-2），可得管道振动的特征方程为

$$(\boldsymbol{K}-\omega^2\boldsymbol{M})\boldsymbol{\phi}=0 \tag{4-3}$$

式中　ω——系统的固有振动频率（Hz）；

$\boldsymbol{\phi}$——振动幅值向量。

根据压缩机厂家提供的管道图样及工艺气体流程图，应用管道应力分析软件 CAESAR II 建立三维管道系统的有限元分析模型，并与气流脉动分析模型对应，设置相应的管道支架保证气体管道拥有足够的支承和刚度。基于有限元理论将所分析的管道系统力学模型按一定方式离散化，划分为若干个单元，每个单元由两个节点组成，然后对每个单元进行输入，依次输入各单元的基本参数（操作温度、管道材料、许用应力、保温厚度、泊松比、介质密度等），输入管件结构参数（各管件的形状、壁厚、外径和长度等尺寸），简化为程序所要求的数学模型，并模拟工程上的边界条件（编辑各个元件的约束条件和管道系统端点类型等），管道振动分析模型如图 4-25 所示。

往复压缩机管道系统的激振频率是由压缩机本身决定的，计算可知，此双作用压缩机的主激发频率 f 为 14Hz，对于一般管道系统，压缩机共振区间范围为 $0.8f\sim1.2f$，即在 11.2～16.8Hz 频率范围内易发生管道系统的结构共振。为进一步分析发生气流脉动时管道的振动特性，对管道系统气流脉动超标的频率范围内的模态振型进行分析。设置操作工况（OPE），给定模态分析条件，即设置截止频率为 80Hz，设置摩擦力刚度因子为 50，对管道系统进行模态计算，各阶次管道固有频率见表 4-4。

表 4-4　各阶次管道固有频率

阶次	固有频率/Hz	角速度/(rad/s)	周期/s
1	19.020	119.505	0.053
2	21.530	135.279	0.046

（续）

阶次	固有频率/Hz	角速度/(rad/s)	周期/s
3	22.991	144.456	0.043
4	24.289	152.612	0.041
5	29.183	183.360	0.034
6	30.787	193.443	0.032
7	33.006	207.381	0.030
8	34.108	214.307	0.029
9	34.664	217.797	0.029
10	36.543	229.608	0.027
11	38.003	238.777	0.026
12	39.703	249.460	0.025
13	41.072	258.064	0.024
14	43.085	270.709	0.023
15	43.631	274.144	0.023
16	48.367	303.902	0.021
17	48.509	304.790	0.021
18	48.641	305.623	0.021
19	52.426	329.405	0.019
20	55.984	351.758	0.018
21	59.537	374.084	0.017
22	62.661	393.711	0.016
23	63.272	397.552	0.016
24	63.355	398.074	0.016
25	65.874	413.901	0.015
26	66.834	419.928	0.015
27	68.229	428.693	0.015
28	70.163	440.846	0.014
29	70.923	445.624	0.014
30	73.985	464.859	0.014
31	78.027	490.259	0.013

由表4-4可知，此压缩机管道系统1阶和2阶固有频率均避开了低阶的共振区间范围，故不会发生低阶管道共振现象，前两阶次振型如图4-26和图4-27所示。处于脉动激振力较大的高阶次振动是第25~30阶次。图4-28和图4-29所示

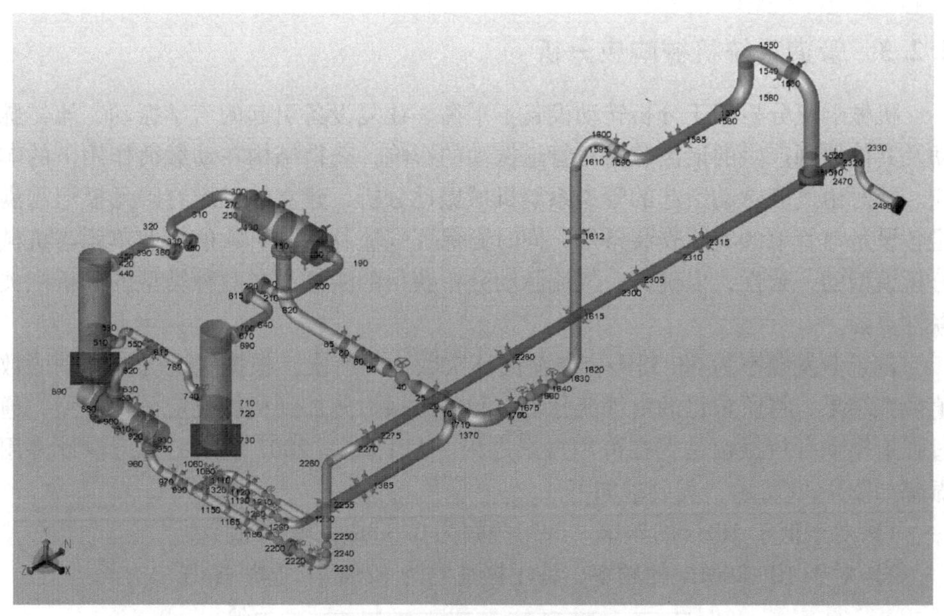

图 4-25　管道振动分析模型

为第 25 阶和第 30 阶振型，第 26~29 阶振型图省略。通过各阶次的模态振型可直观地了解管道振动情况比较严重的位置。

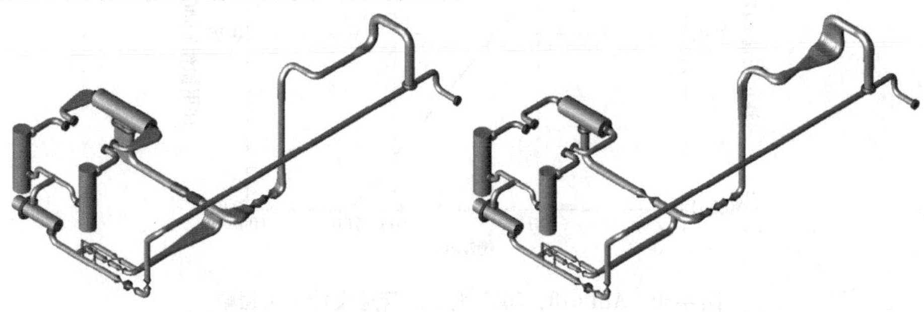

图 4-26　管道固有频率 1 阶振型　　　　图 4-27　管道固有频率 2 阶振型

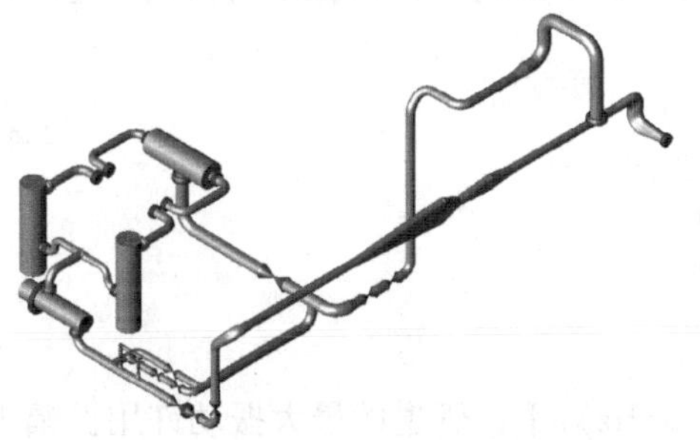

图 4-28　管道固有频率 25 阶振型

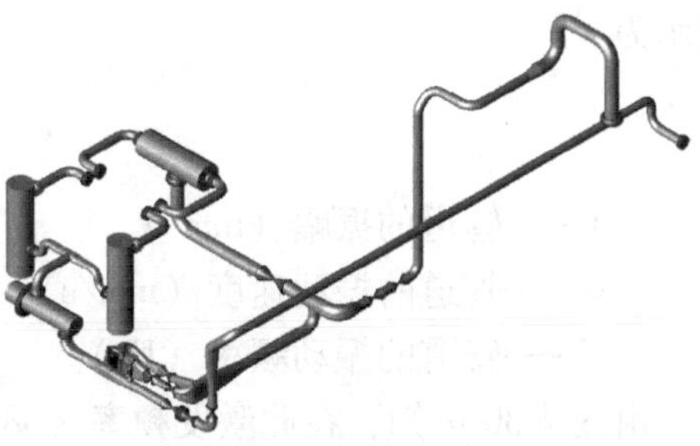

图 4-29　管道固有频率 30 阶振型

4.2.3 管道系统机械响应分析

机械响应分析用于分析转动设备不平衡、往复设备引起的声学振动、流体脉动及其他原因产生的谐波载荷对管道振动的影响，获得结构在动载荷作用下的响应。针对由气流脉动引起的管道系统机械振动分析，建立的三维有限元模型需满足各设备与管道的实际安装条件，同时要保证气流脉动分析数值模型单元与机械分析模型的一致性，以确保由气流脉动分析获得的激振力在两种类型的分析中关联性更强。

设置激发频率为 68.33Hz，载荷循环次数为 10^6 次，根据管道气流脉动的数值模拟结果，将所求得的由气流脉动引起的激振力施加到机械响应分析模型，通过强迫振动分析振幅是否在许用振幅之内。API 618：2007 规定的管道设计许用振幅如图 4-30 所示，其要求如下。

1）对于低于 10Hz 的频率，许用振幅为 0.5mm（峰-峰值）。

2）对于 10~200Hz 的频率，许用振速约为 32mm/s（峰-峰值）。

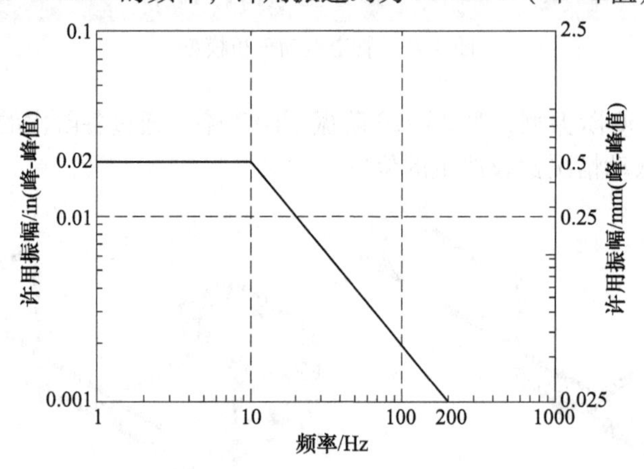

图 4-30　API 618：2007 规定的管道设计许用振幅

根据图 4-30 所示，当振动频率处于 10~200Hz 时，简谐振动的振幅和速度可表示为

$$A = \frac{v}{2\pi f} \tag{4-4}$$

式中　A——管道的振幅（mm）；

v——管道的振动速度（mm/s）；

f——管道的振动频率（Hz）。

由图 4-30 可知，在此激发频率（68.33Hz）下，管道的最大振动许用振幅为 74.57μm，根据管道系统的机械响应分析求解得到管道不同节点位置的响应最大

振幅，见表 4-5 和图 4-31。

表 4-5　管道不同节点位置的响应最大振幅

节点	位置	振幅/μm		
		x 向	y 向	z 向
450	一级气缸排气口至二级排气缓冲罐入口	36	1	109
370	一级气缸排气口至二级排气缓冲罐入口	30	22	83

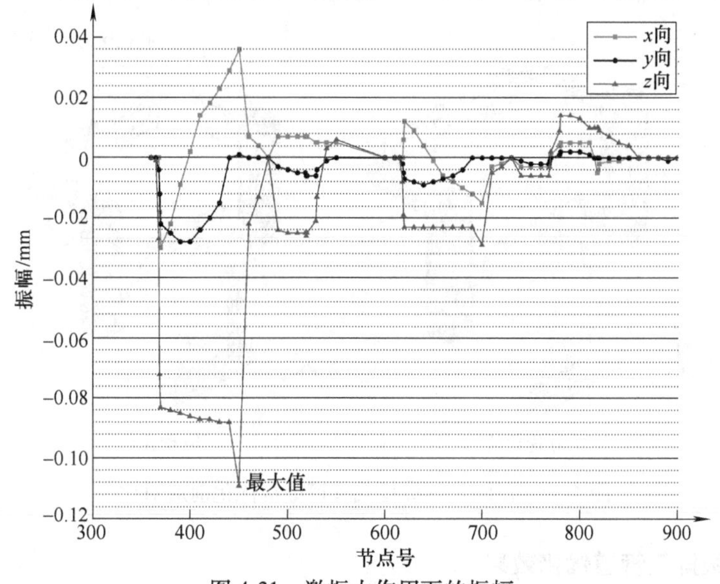

图 4-31　激振力作用下的振幅

结合表 4-5 和图 4-31 可以看出，此压缩机排气管道系统中一级气缸排气口管道至一级排气缓冲罐直管中部的振幅均不满足美国石油学会标准 API 618：2007《石油、化工和天然气工业设施用往复压缩机》中不连续频率的管道设计振动的要求。此处的最大振幅许用振幅为 74. 57μm，其中节点 450 处的 z 方向振幅为 109μm，超标幅度最大；其次是节点 370 处管道的 z 方向，振幅为 83μm。各部位最大振幅方向与激振力方向相同，综合气流脉动分析与管道机械响应分析结果可判定，此段管道振动不达标主要是由气流脉动产生较大的激振力引起的，需要对此段管道进行相应的结构优化，降低此台往复压缩机组一级排气管道运行过程中的振动风险。

4. 2. 4　管道系统优化

1. 管道系统气流脉动优化措施

综合气流脉动与机械振动的分析结果可看出，该压缩机系统原一级排气管道的振幅远超出 API 618：2007 标准的许用值，振幅超标位置激振力也不符合要求且机械响应分析的振动位移超标，所以需将振幅严格控制在标准范围内，进而控制原管道结构因气流脉动过大而引起的较大振动，需要对该压缩机管道系统进行结构优化，来控制气流脉动水平。结合该管道系统的工程实际状况，在不改变缓冲罐结构及容积的基础上，选择在压缩机出口至一级排气缓冲罐之间加装孔径比为 0.45 的孔板，并对此种结构的管道进行建模，分析计算结果是否满足气流脉动设计要求。压缩机一级排气管道结构优化前后对比如图 4-32 所示。

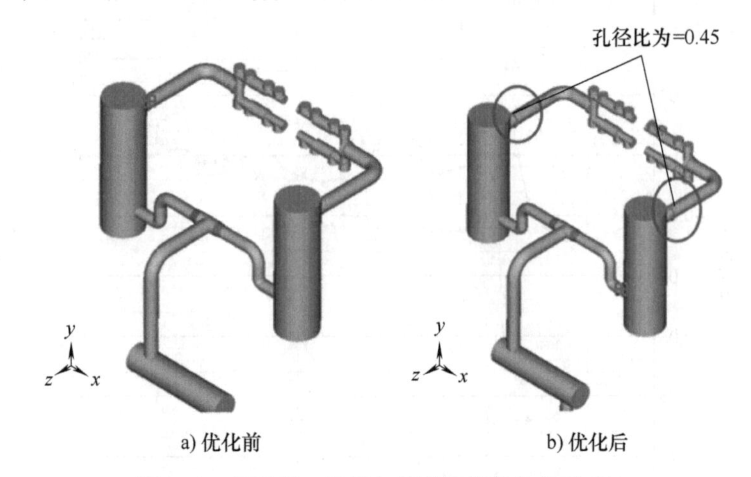

a) 优化前　　b) 优化后

图 4-32　压缩机一级排气管道结构优化前后对比

2. 一级排气管道优化效果

对原管道系统结构进行优化之后，重新在程序中计算，得到加装孔板后的气流压力脉动云图，如图 4-33 所示。

由图 4-33 可知，在缓冲罐进口安装孔板后，有效抑制了一级排气管道内的气流振幅，此管道声学模型在各阶激发频率下的各节点脉动峰-峰值均降至 API 618：2007 标准允许的范围之内；节点 5 处的最大压力脉动峰-峰值降为标准许用值的 52%，如图 4-34 所示。

经优化后的管道系统中的脉动不平衡力明显下降，降低到 API 618：2007 标准的许用范围内，部分不平衡激振力如图 4-35 所示。

对气流脉动优化后的管道系统做机械响应分析，输入相应的激振力，得到管道不同节点位置的响应最大振幅，如图 4-36 所示。

综上所述，在对一级排气管道系统进行相关气流脉动优化之后，气流压力脉动得到较大抑制，优化后整体符合规范的技术要求；加装孔板后额定工况下的孔板压损为 3.58kPa，小于允许脉动抑制装置的压降 20.26kPa，通过设置孔径比为 0.45 的孔板可有效抑制排气管道内的压力脉动不均匀度，同时保证其压降在允

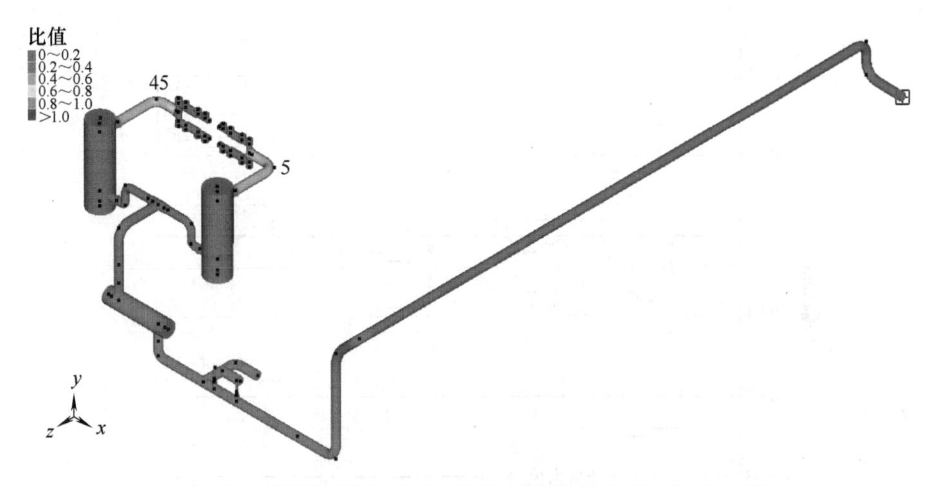

图 4-33　管道系统优化后一级排气管线气流压力脉动云图

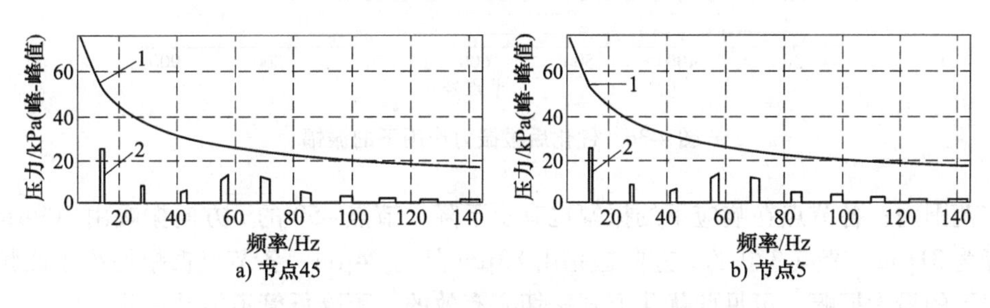

图 4-34　优化后节点 45 与节点 5 压力脉动频谱图

1—API 618：2007 标准许用值　2—实际值

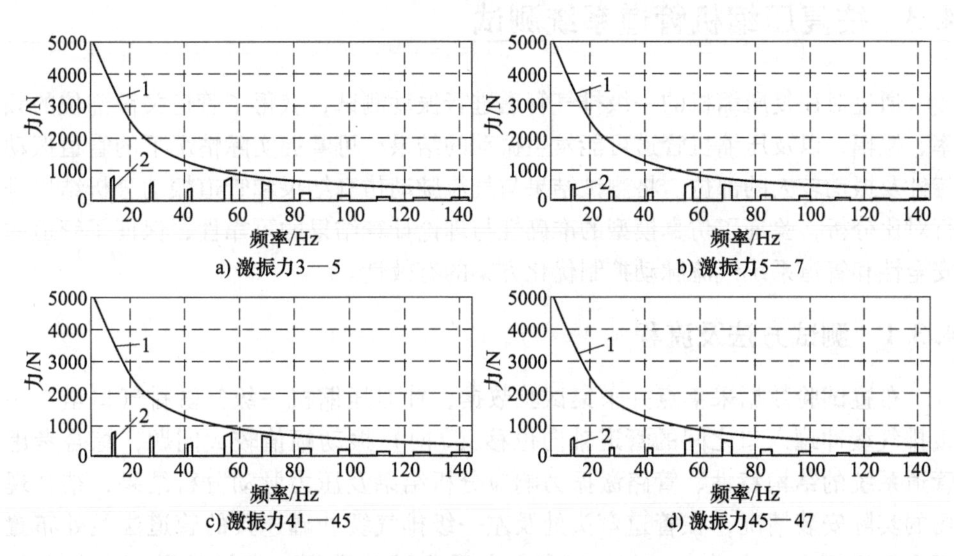

图 4-35　优化后部分节点脉动不平衡力

1—API 618：2007 标准许用值　2—实际值

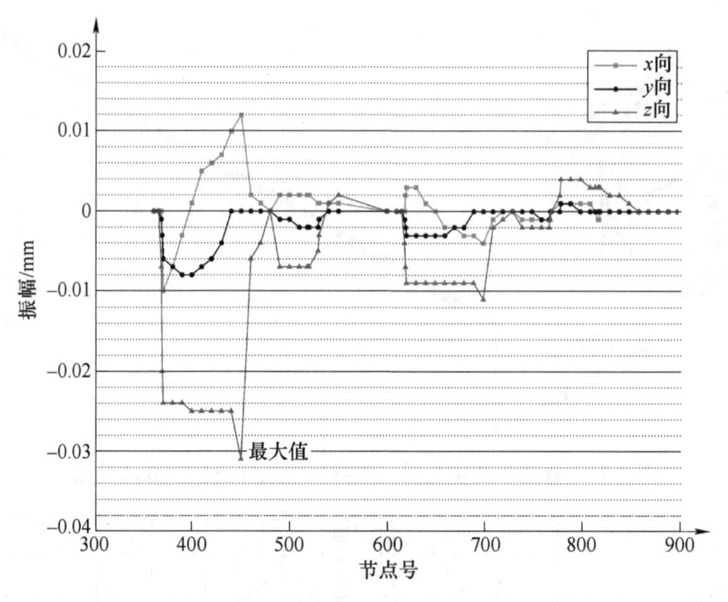

图 4-36 优化后激振力作用下的振幅

许范围内；各节点在响应下的振幅也有所下降，节点 450 的 z 方向振幅由 109μm 降为 31μm，节点 370 的 z 方向振幅由 83μm 降为 24μm，各节点振幅均小于此频率下的最大振幅，可见此优化方式是切实有效的，可降低管道振动风险。

4.3 往复压缩机管道系统测试

通过对往复压缩机的一级排气管道进行振动测试，获得了管道关键部位的频率、振幅，以及压缩机管道可能发生振动的结果，可掌握实际情况下的管道振动特性及振动较大的部位。将测试结果与气流脉动仿真结果和管道振动分析结果进行对比分析，验证了仿真模型的准确性与理论计算结果的可靠性，保证了管道的安全性和管道系统气流脉动抑制优化方案的有效性。

4.3.1 测试方法及流程

布置试验数据采集点并采集试验数据，针对压缩机一级气缸排气口至左一级排气缓冲罐入口之间的管道轴向位移（z 向）振动幅值较大问题，综合考虑管道系统的结构特性、管路激振力响应分析结果及压力脉动分析结果，结合现场的实际安装情况，在管道弯头处及左一级排气缓冲罐连接的管道法兰处布置两个取样测点，沿着 x、y、z 三个方向采集试验数据。现场管道测点位置如图 4-37 所示。

图 4-37　管道测点位置图

4.3.2　测试装置

1）振动分析仪：VA-12 型手持式振动分析仪，可测量加速度的频率范围为 1Hz~20kHz，可测量速度的频率范围为 1Hz~3kHz，可测量位移的频率范围为 1Hz~20kHz。

2）振动传感器：PV-57I 型振动传感器为附带磁力座（VP-53S）的压电式加速度传感器，内置放大器，通过恒定电流驱动（CCLD）。

4.3.3　测试方案

1. 测试内容

采用单点测量的方法，即在实际的压缩机电动机运动激发作用下，测量管道结构振动数据，掌握整个压缩机管道振动最大点的振动状态。将传感器通过磁力座吸附在被测管道两个测点的三个方向上，从三个方向对测点进行测试，测试其振动频率和振动位移，三个测试方向为：水平方向（x 向）、垂直方向（y 向）和轴向方向（z 向）。选择这两处测点主要是因为此处管道的节点位置附近激振力最大，且有明显的动力响应。合理的测点布置可有效地保证测得的管道振动位移及频率结果的精确性。

测试前需要保证压缩机稳定运行 30min，然后采集试验数据，设置测试时长为 15s，测试频率范围为 1Hz~1kHz。为保证实验的准确性，在经历过水压实验及氮气试车运行后，保证操作环境及气密性良好的基础上，将压缩机按照实际 100%工况运行，最大限度保证现场管道系统的气体边界条件，保证试验工况接近现场实际工况。

2. 测试工况

为最大限度地保证实验的精准性，在室温额定工况下进行，压缩机介质由上游管道输入压缩机一级进气管道，压缩机组测试工况参数见表 4-6。

表 4-6　测试工况参数（100%工况）

进气侧管内压力/MPa	0.445
排气侧管内压力/MPa	1.75
进气侧管内温度/℃	12
排气侧管内温度/℃	129
压缩机转速/(r/min)	420

4.3.4　压缩机管道测试结果与分析

1. 数据

测量得到优化前的管道系统各测点振动峰值频率及各方向振幅，将该结果与仿真结果对比，各测点对比数据见表 4-7 和表 4-8。

表 4-7　测点 1 频率及振幅的数据对比

测点 1	频率/Hz				振幅/μm								
左一级排气缓冲罐入口法兰	脉动力	脉动频率	测试频率	误差	x 向			y 向			z 向		
					测试值	计算值	误差	测试值	计算值	误差	测试值	计算值	误差
	轴向	68.33	68.59	0.38%	41	36	12.2%	1.2	1	16.7%	118	109	7.63%

表 4-8　测点 2 频率及振幅的数据对比

测点 2	频率/Hz				振幅/μm								
一级排气管道弯头	脉动力	脉动频率	测试频率	误差	x 向			y 向			z 向		
					测试值	计算值	误差	测试值	计算值	误差	测试值	计算值	误差
	轴向	68.33	68.69	0.52%	35	30	14.3%	25	22	12%	88	83	5.68%

2. 结果与分析

由测得的数据可知，测点 1 处的结果最大，其振动测试的峰值频率与仿真计算的气流脉动峰值频率误差相对较小，为 0.38%；测点 1 各方向测试的振幅与仿真计算值相差较小，误差范围为 7.63%～16.7%，且最大位移出现在一级气缸排气出口至左一级排气缓冲罐入口之间管道的轴向（z 向）上。测点 2 测试得到的振幅与计算值误差范围为 5.68%～14.3%，均与模拟计算结果相符，已超出

API 618:2007 的许用值。

测量得到的振幅均大于模拟计算结果，主要因为在模拟气流脉动引发的管道响应振动过程中，仅考虑了主要振源气流脉动对管道系统的振动影响，未考虑电动机旋转不均匀与压缩机机身附件的振动所引起的较小的管道系统振动；其次忽略了地震等杂波信号对管道振动的影响。

综上所述，仿真计算结果较为准确且在工程允许的误差范围内，结合现场测试数据，验证了仿真模型与理论计算结果的准确性，保证了管道系统气流脉动抑制优化方案的有效性。

参考文献

[1] REIS M N E，HANRIOT S. Incompressible pulsating flow for low reynolds numbers in orifice plates [J]. Flow Measurement and Instrumentation，2017，54：146-157.

[2] NOVAK K. Influence of shell volume on pressure pulsations in a hermetic reciprocating compressor [C]//22nd International Compressor Engineering Conference at Purdue. Purdue：[S. n.]，2014.

[3] NOVAK K，SAULS J. Comparing FEM transfer matrix simulated compressor plenum pressure pulsations to measured pressure pulsations and to CFD results [C]//International Compressor Engineering Conference. West Lafayette：[S. n.]，2012.

[4] WALLACE F J. Pulsation damping systems for large reciprocating compressors and free-piston gas generators [J]. Proceedings of the Institution of Mechanical Engineers，1960，174 (1)：885-915.

[5] 陈建全，韩省亮，崔铭洋，等. 新型管路液流脉动衰减器的数值与试验研究 [J]. 流体机械，2014，42 (1)：1-5；29.

[6] 杜功焕，朱哲民，龚秀珍. 声学基础 [M]. 3 版. 南京：南京大学出版社，2012.

[7] JIA X H，LIU B X，FENG J M，et al. Attenuation of gas pulsation in the valve chamber of a reciprocating compressor using the helmholtz resonator [J]. Journal of Vibration and Acoustics：Transactions of the ASME，2014，136 (5)：148-155.

第5章 监控及故障检测系统

05

为实现往复压缩机监控系统的功能，将监控功能分成监测和控制两大部分。监测功能指在系统中监测温度、压力、气体流量、电动回转阀的开度及电动机转速，保障系统安全运行；控制功能指的是远程控制电动回转阀的开度、电动机转速及开关量的逻辑控制等。在监测到的运行中的压缩机的参数出现问题或者直接报警时，通过调节电动回转阀的开度或改变电动机转速，控制气体流量大小，使参数恢复正常值。

往复压缩机监控系统结构如图 5-1 所示，最顶层为监控管理层，可以远程对压缩机的运行状态进行控制和对运行变量进行观测；中间层为采集控制层，由可编程逻辑控制器（PLC）负责采集数据、执行上位机给出的控制指令；最底层为设备检测执行层，按照 PLC 的指令执行操作，并将现场产生的数据传输给 PLC。

在系统运行过程中，监控系统以监控计算机为上位机，运用 WinCC V7.3 绘制人机界面，使用 MPI 通信方式与 PLC 进行通信，可将指令输送给远离现场的计算机，实现对监控系统的远程控制。控制层主站 PLC 负责采集、处理及上传来自现场的数据，并实现对电动回转阀门和变频器转速的控制。控制柜位于压缩机站附近，将现场产生的数据实时上传至上位个人计算机。上位个人计算机远离现场，对压缩机站实现远程监控。各类检测仪表与传感器、执行器、变频器等的主要任务是进行过程参数的实时检测和对设备的逻辑控制。

基于 2D-90 往复压缩机组建监控系统，依托控制系统结构并针对原有系统的缺点，结合压缩机的性能要求，设计出一套以 PLC 为核心的压缩机监控系统。2D-90 往复压缩机监控系统如图 5-2 所示。该监控系统以个人计算机作为上位机，PLC 作为下位机，能实时监控站内设备的数据、运行状况，可以进行远程控制；实时动态地显示站内温度、压力、流量等参数，并体现出参数的曲线变化；在管路上安装电动回转阀，实现气量的连续调节；发生故障时及时报警，提高了压缩机监控系统运行的可靠性；运用丹佛斯变频器控制电动机转速，实现了节能调速的目的，节省了能源，延长了使用寿命，提升了效率。

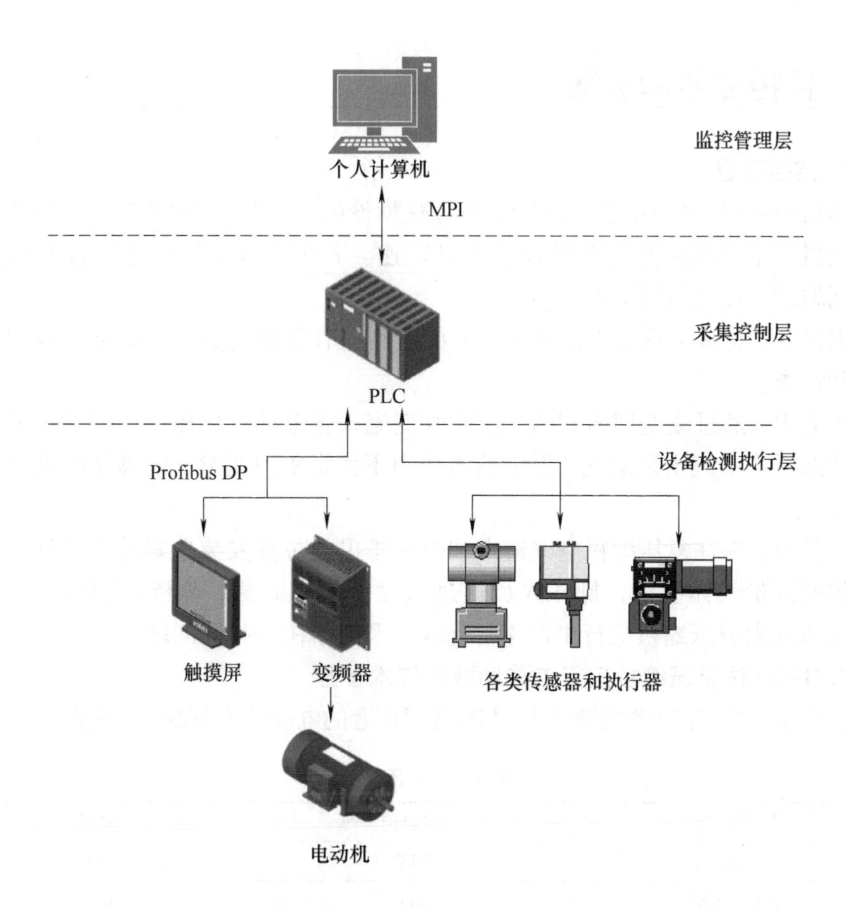

图 5-1　往复压缩机监控系统结构

图 5-2　2D-90 往复压缩机监控系统

5.1 监控变量和参数

1. 监控变量

本监控系统要完成实时状态监控与故障诊断，需要监测的参数有温度、压力、流量、电动回转阀的开度及电动机转速。其中，电动机转速通过变频器控制，回转阀开度控制压力和流量。

温度 T：在整个系统中需要操作人员监测的有管道内的气体温度、冷却系统温度和油温。

压力 P：通过改变回转阀的开度来改变流入管道的气体压力，反映压缩机的工作状态。当系统出现漏气、漏油或者压力不稳定等问题时，能够及时处理，避免危险。

流量 Q：在往复压缩机空气进入和空气排出的位置安装选好的流量计，通过数模转换测量气体流量，操作人员通过监测流量来监测、分析压缩机的工作情况，快速地发现压缩机运行中产生的问题，及时解决、排除问题。

2. 2D-90 往复压缩机运行工艺参数和技术参数

设备运行的工艺参数见表 5-1，与压缩机配套的电动机的主要技术参数见表 5-2。

表 5-1 工艺参数

监测变量	报警值	停机值
进气口温度	35℃	40℃
排气口温度	90℃	100℃
排气口压力	0. 15MPa	0. 2MPa
排气流量	2. 5m^3/min	3m^3/min
压缩机冷却水温度	30℃	35℃
润滑系统冷却器温度	30℃	35℃
润滑系统油压	0. 3MPa	0. 35MPa

表 5-2 电动机的主要技术参数

参数名称	技术参数	参数名称	技术参数
型号	YXn225M-8P	效率	91%
形式	高效率三相异步电动机	噪声	70dB
额定功率	30kW	转速	735r/min
额定电压	380V	电动机质量	292kg
额定电流	47. 1A	防爆等级	非防爆
频率	50Hz	—	—

5.2　硬件系统

1. 硬件系统组成

往复压缩机监控系统硬件选型包括上位机、PLC、传感器与执行器及变频器等。硬件选型结束后，进行硬件之间的连接、控制柜的安装及电气设计。硬件系统结构如图 5-3 所示，从顶层至底层依次为上位机（工作站）、S7-300PLC、触摸屏、变频器及各类传感器和执行器。操作人员通过上位机的监控系统发出指令，传送至 PLC，经过 PLC 和底层各类控制器及现场仪表的数据交换，实现对整个往复压缩机站的远程监控。

2. 硬件系统的抗干扰设计

在所有的干扰信号中，对控制系统干扰最大的是电磁干扰，它包括以下几种类型。

1）空间辐射干扰，如电网、雷电等。这种空间辐射干扰可以影响 PLC 内部控制电路，产生感应电动势，或者干扰系统的通信线路。

2）电源的干扰。在复杂的工业环境中，大电流大功率的设备起停、电网短路等突发情况不可避免，这会对电网产生脉冲干扰，瞬间的大脉冲可能会损坏 PLC 等设备。

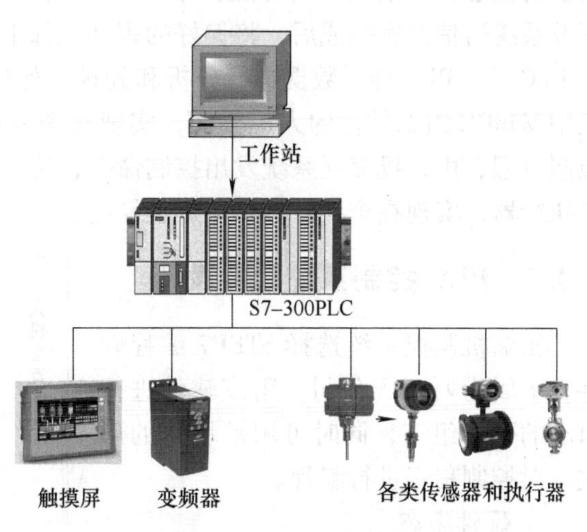

图 5-3　硬件系统结构

3）大功率设备的动力线与信号线之间可能发生线间干扰。

4）由于地线的接法不当或者位置选择不对，会产生地线干扰，影响系统工作。

所以，想要解决监控系统的干扰问题，主要可以通过找到合理的布线和空间位置，具体办法如下。

1）排除电源的抗干扰措施。在控制柜设计时，应将强电和弱电进行分离，高压部分和低压部分之间采用隔离装置。连接各级别电压的导线之间要分开接到各自的端子排上，减小相互作用的干扰。

2）选择合适的线型。合理的布置线路可以有效降低线路中的电磁干扰。在设备现场进行线路布置时，信号线选用屏蔽线，降低电磁干扰，通信线采用 RS-485 线，属于差分式导线，两条导线相互缠绕，平均分配通信时产生的干扰信号，对其有很强的抑制作用。

3）接地抗干扰。接地抗干扰主要分为两部分，一部分是PLC接地，另一部分是其他用电设备接地。其中，PLC的接地应与其他的用设备接地区别开，这样做可以有效防止PLC电源的互相干扰。其他用电设备接地应将数字接地与模拟接地分开，交流与直流进行分开。

5.3 监控系统软件设计

往复压缩机监控系统软件系统结构如图5-4所示。PLC编程是实现控制系统功能的核心，在系统开发阶段利用STEP7编程软件，对PLC硬件组态、程序编写及系统通信开发完成后，将偏好的程序全部下载至PLC。现场过程数据采集进入PLC后，PLC会对数据进行分析和处理，然后通过MPI通信方式传输给上位机中WinCC组态软件的人机界面，实现在个人计算机上远程监测。对于系统的控制过程，由人机交互系统发出控制命令，传送给PLC，再由PLC传送给现场各类执行器，实现在个人计算机上远程控制。

5.3.1 PLC控制系统软件设计

压缩机监控系统选择STEP7编程软件，下属为西门子公司，用该软件进行PLC的硬件组态，同时可用模块化的形式，对控制程序进行编程。

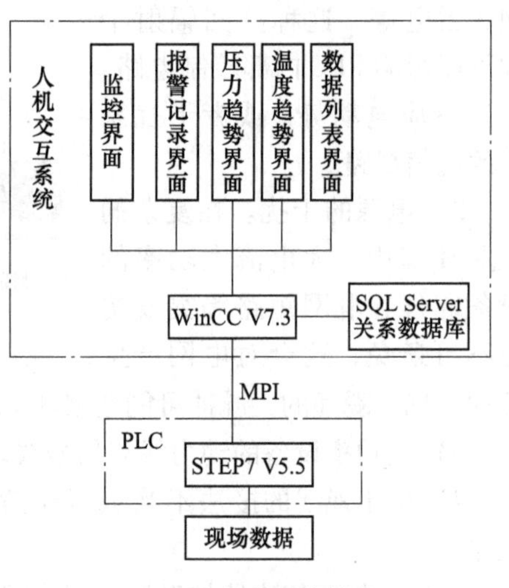

图5-4 软件系统结构

1. 硬件组态

在编写PLC监控程序之前，需要在软件中组态可编程控制器的硬件，在STEP7中设置与实际安装的PLC模块完全相同的硬件信息，建立S7-300PLC的主站系统。新建一个程序项目，插入SIMATIC 300工作站。在工作站下组态项目的程序硬件，组态的硬件包括机架、电源、CPU、信号模块、通信模块、变频器、DP从站、DP主站等。

（1）DP主站的组态 在STEP7中组态硬件时，应该遵循以下的规则。

1）1号槽只可以插入电源模块。

2）2号槽只可以插入CPU模块，不能为空。

3）3号槽只可以插入接口模块，在需要扩展机架时使用，如果没有扩展机架，则不需要组态接口模块，留空即可。

4）4 号槽以下插入信号模块、通信模块和其他模块等。

DP 主站硬件组态图如图 5-5 所示。

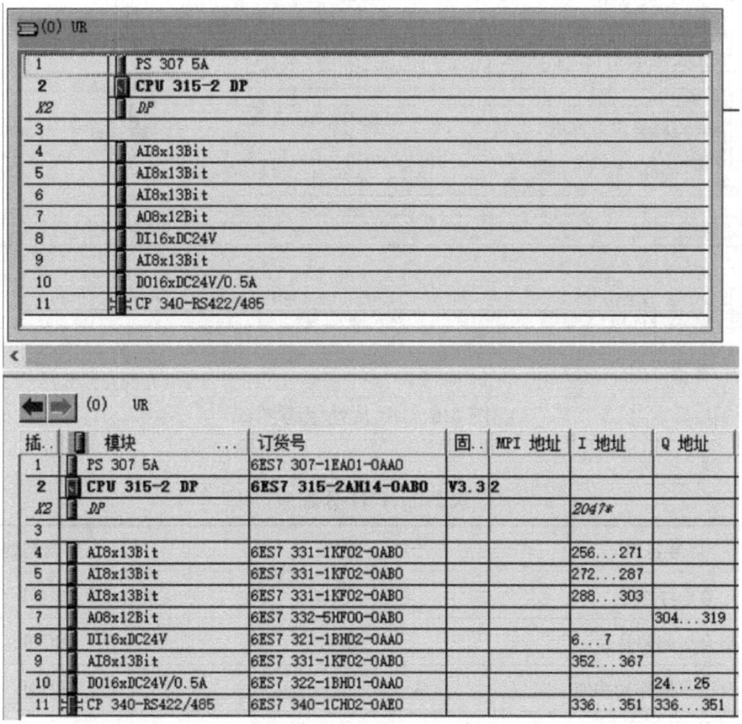

(0) UR

1	PS 307 5A
2	CPU 315-2 DP
X2	DP
3	
4	AI8x13Bit
5	AI8x13Bit
6	AI8x13Bit
7	AO8x12Bit
8	DI16xDC24V
9	AI8x13Bit
10	DO16xDC24V/0.5A
11	CP 340-RS422/485

(0) UR

插..	模块 ...	订货号	固..	MPI 地址	I 地址	Q 地址
1	PS 307 5A	6ES7 307-1EA01-0AA0				
2	CPU 315-2 DP	6ES7 315-2AH14-0AB0	V3.3	2		
X2	DP				2047*	
3						
4	AI8x13Bit	6ES7 331-1KF02-0AB0			256...271	
5	AI8x13Bit	6ES7 331-1KF02-0AB0			272...287	
6	AI8x13Bit	6ES7 331-1KF02-0AB0			288...303	
7	AO8x12Bit	6ES7 332-5HF00-0AB0				304...319
8	DI16xDC24V	6ES7 321-1BH02-0AA0			6...7	
9	AI8x13Bit	6ES7 331-1KF02-0AB0			352...367	
10	DO16xDC24V/0.5A	6ES7 322-1BH01-0AA0				24...25
11	CP 340-RS422/485	6ES7 340-1CH02-0AE0			336...351	336...351

图 5-5　DP 主站硬件组态图

（2）DP 从站的组态　在 DP 从站上加载变频器，完成 PLC 与变频器通信组态。首先安装 FC302 型变频器的 GSD 文件，安装成功后，在硬件列表中找到 Danfoss，顺序为：PROFIBUS DP→Additional Field Devices→Drives→Danfoss，把变频器图标 FC100/200/300 拖到 PROFIBUS 总线，然后设置变频器从站地址为 7，传输率为 1.5Mbit/s。设置变频器 PPO 类型，本节选择 PPO Type 4 Module consistent PCD，将 PPO 类型拖拽到变频器框内。DP 从站组态图如图 5-6 所示。

2. I/O 及地址分配

根据统计的监控变量类型及数量，列出 I/O 分配表，见表 5-3。在系统工作过程中，PLC 数字量输入模块接收外部设备传送的数字量信号，主要是设备的起停信号及状态；数字量输出模块向外部设备发送数字量控制指令，控制设备的起停。本监控系统一共需要监控 35 点模拟量，包括 29 点模拟量输入和 6 点模拟量输出。模拟量输出主要是控制阀的开度，改变气体流量，清单见表 5-4。模拟量输入用来监测压缩机的工作情况，包括温度、压力、流量、电动控制阀的开度及旋钮电位计，清单见表 5-5。

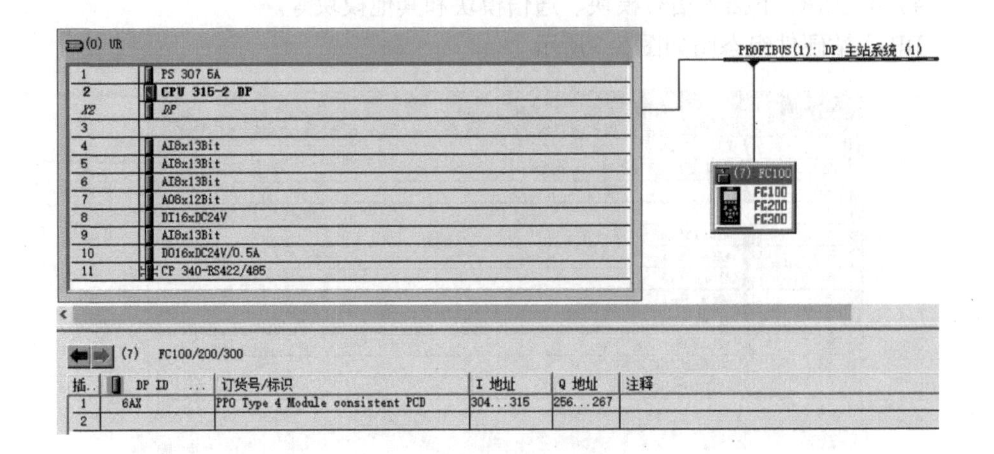

图 5-6 DP 从站组态图

表 5-3 I/O 分配表

信号名称	地址	数据类型
总起停按钮	I6. 0	BOOL
组合机起停按钮	I6. 1	BOOL
组合机本地起动按钮	I6. 5	BOOL
组合机远程起动按钮	I6. 7	BOOL
液压泵起停按钮	I7. 6	BOOL
总起动状态	M8. 0	BOOL
组合机起动状态	M8. 1	BOOL
组合机本地起动状态	M8. 5	BOOL
组合机远程起动状态	M8. 7	BOOL
液压泵起动状态	M9. 0	BOOL
总起动	Q24. 0	BOOL
总停止	Q24. 1	BOOL
液压泵起动	Q24. 2	BOOL
液压泵停止	Q24. 3	BOOL
组合机起动	Q24. 4	BOOL
组合机停止	Q24. 5	BOOL

表 5-4　模拟量输出清单表

测量位置参数	名称	测量范围	PLC 地址	标定后地址
填料密封气缸进气回转阀	KP4	0°~90°	PQW304	MD110
迷宫密封气缸进气回转阀	KP5	0°~90°	PQW306	MD114
填料密封气缸排气回转阀	KP6	0°~90°	PQW308	MD118
迷宫密封气缸排气回转阀	KP7	0°~90°	PQW310	MD122
冷却进水管回转阀	KP8	0°~90°	PQW312	MD126
冷却回水管回转阀	KP9	0°~90°	PQW314	MD130

表 5-5　模拟量输入清单表

测量位置参数	名称	测量范围	PLC 地址	标定后地址
填料密封气缸进气温度	C1	0~100℃	PIW256	MD10
填料密封气缸排气温度	C2	0~100℃	PIW258	MD14
冷却水进水温度	C3	0~100℃	PIW260	MD18
冷却水出水温度	C4	0~100℃	PIW262	MD22
冷却器出口温度	C5	0~100℃	PIW264	MD26
经冷却器前油温	C6	0~100℃	PIW266	MD30
经冷却器后油温	C7	0~100℃	PIW268	MD34
迷宫密封气缸进气管温度	C8	0~100℃	PIW270	MD38
迷宫密封气缸排气管温度	C9	0~100℃	PIW272	MD42
活塞管气缸排气压力	D1	0~0.15MPa	PIW274	MD46
轴头泵出口油压	D2	0~0.35MPa	PIW276	MD50
辅助液压泵出口油压	D3	0~0.35MPa	PIW278	MD54
经冷却器后油压	D4	0~0.35MPa	PIW280	MD58
迷宫密封气缸排气压力	D5	0~0.15MPa	PIW282	MD62
进气管流量	F1	0~2.5m^3/min	PIW284	MD66
排气管流量	F2	0~2.5m^3/min	PIW286	MD70
填料密封气缸进气回转阀	KP4	0°~90°	PIW288	MD74
迷宫密封气缸进气回转阀	KP5	0°~90°	PIW290	MD78
填料密封气缸排气回转阀	KP6	0°~90°	PIW292	MD82
迷宫密封气缸排气回转阀	KP7	0°~90°	PIW294	MD86
冷却进水管回转阀	KP8	0°~90°	PIW296	MD90
冷却回水管回转阀	KP9	0°~90°	PIW298	MD94
油池温度	C10	0°~100℃	PIW302	MD98

（续）

测量位置参数	名称	测量范围	PLC 地址	标定后地址
填料密封气缸进气旋钮	RP4	0°~90°	PIW356	MD188
迷宫密封气缸进气旋钮	RP5	0°~90°	PIW358	MD192
填料密封气缸排气旋钮	RP6	0°~90°	PIW352	MD180
迷宫密封气缸排气旋钮	RP7	0°~90°	PIW354	MD184
冷却进水管旋钮	RP8	0°~90°	PIW360	MD196
冷却回水管旋钮	RP9	0°~90°	PIW362	MD200

3. 系统控制方案

（1）CPU 中的程序块　S7-300PLC 采用模块化编程设计，操作系统主要是以“块”的形式实现，它集成在 CPU 中，包含用户程序和系统程序。用户程序主要包括组织块（OB）、功能块（FB）、功能（FC）以及数据块（DB）。系统程序主要包括系统功能（SFC）、系统功能块（SFB）及系统数据块（SDB）。

组织块（OB）：用户程序的实现模式是通过 OB，OB 的种类由 CPU 决定，它可以直接被操作系统调用。OB 具有不同的优先级，优先级用于表明一个 OB 是否可以被另外一个 OB 中断，级别高的能够中断级别低的，循环执行主程序 OB1 的优先级为 1，因此 OB1 通常总是可以被其他 OB 中断。

功能（FC）和功能块（FB）：用户可以自行编制 FC 与 FB，可以被其他 OB、FC、FB 调用。FC 与 FB 的区别是：FC 没有存储功能，当 FC 执行完成，存储在局域数据堆栈的临时变量也就消失了；FB 有存储功能，传送到 FB 的临时变量会被保存在数据堆栈中，参数和静态变量被保存在 DB 中，所以每一个 FB 都有一个与之对应的 DB。

系统功能（SFC）和系统功能块（SFB）：SFC 和 SFB 是编程软件自身集成的块，可以直接使用，提供部分系统的功能调用。SFB、SFC 与 FB、FC 类似，SFC 没有存储能力，SFB 有存储功能，SFC 和 SFB 的功能跟所选 CPU 的型号有关。

背景 DB 和共享 DB：背景 DB 与 FB 相呼应，使用 FB 时，要指出它的背景 DB。共享 DB 不需要考虑特定的程序块，全局都可以共享。

各个逻辑块之间的调用关系如图 5-7 所示。

用户程序块调用结构图如图 5-8 所示。

说明：每次 PLC 从 STOP 状态到 RUN 状态后，就调用一次 OB100，实现系统初始化。OB1 实现系统的循环控制，在 OB1 中调用模拟量采集 FB1、模拟量输出 FB2、数字量输入 FB3、数字量输出 FB4、变频器程序 FB5、本地/远程控制 FC1、报警功能 FC2。在模拟量采集 FB1 中调用 FC105，在模拟量输出 FB2 中调

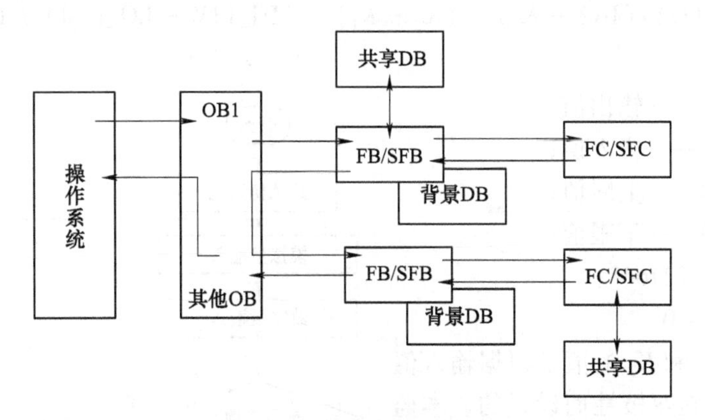

图 5-7　逻辑块的调用关系

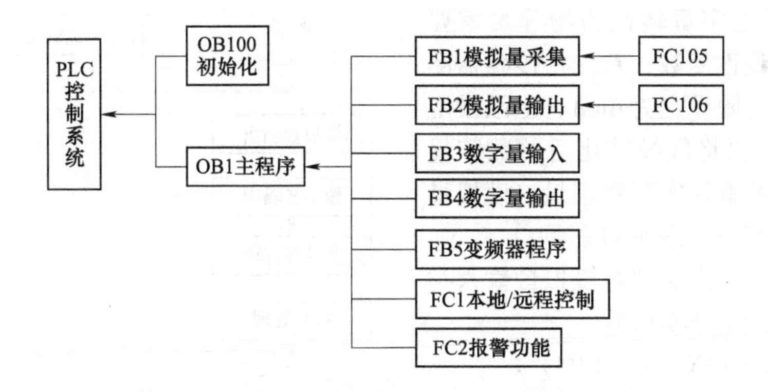

图 5-8　用户程序块调用结构图

用 FC106。

（2）PLC 程序设计

1）在主程序里调用各功能和功能块，在 CPU 启动后，OB1 就被循环执行。它的功能包括：完成模拟量信号的输入和输出并进行数据处理、实现操作模式的切换、数字量的信号采集、发出数字量控制指令、与变频器交换数据和实现系统的报警功能，其设计流程图如图 5-9 所示。

2）模拟量采集 FB 的主要功能为实时监测温度变送器测得的压缩机管道不同位置的气体温度、油温和水温，压力变送器测得的压缩机工作流程的气压和润滑流程的油压，流量计测得的压缩机运行时进气和排气的流量以及电磁阀的开度，同时监测电动机柜旋钮所控制的阀的开度。

现场采集到的模拟信号均为 4~20mA，进行模数转换输入得到的是 0~27648 的数字量，该数字量不具备物理量的单位，需要将该数字量进一步转化为想要得到的模拟量，这一过程叫作“规范化”。转换公式为

$$out = (FLOAT(IN) - K_1) \div (K_2 - K_1) \times (HI\_LIM - LO\_LIM) + LO\_LIM \tag{5-1}$$

式中 out——输出值；
FLOAT(IN)——输入值；
HI_LIM——上限值；
LO_LIM——下限值；
$K_2 = 27648$；
$K_1 = 0$。

常数 K_1 和 K_2 的值是根据输入值是单极性还是双极性而设置的。本监控系统中均为单极性，即 $K_1 = 0$，$K_2 = 27648$。将数字量转换为物理量需要建立一个线性函数，首先将传感器测量范围的下限设定为 4mA，上限设定为 20mA，再将数模转化后的数字量除以 27648 就是实际物理量。模拟量输入转换函数如图 5-10 所示。

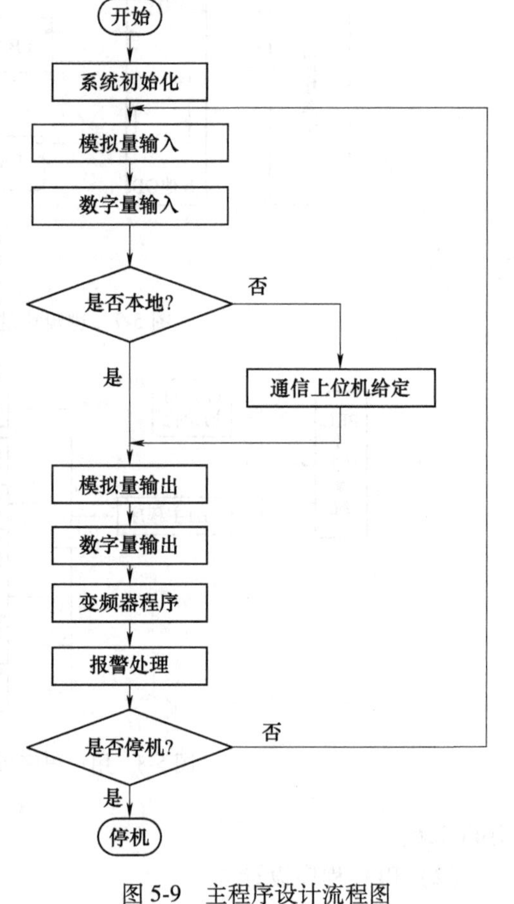

图 5-9 主程序设计流程图

模拟量输出原理与模拟量输入类似，转化的数学模型为

$$out = (IN - LO\_LIM) \div (HI\_LIM - LO\_LIM) \times (K_2 - 1) + K_1 \tag{5-2}$$

式中 out——输出值；
IN——输入值；
HI_LIM——上限值；
LO_LIM——下限值；
$K_2 = 27648$；
$K_1 = 0$。

模拟量采集处理模块接口如图 5-11 所示。

3）对于变频器的编程需要用到 S7-300PLC 中已集成的系统模块，读取变频器数据需要用到 SFC14 模块，写入变频器数据需要用到 SFC15 模块，需要编写变频器程序（程序略）。

数据通过 DB4 进行交换，DB4 地址设置如图 5-12 所示。

4）监控系统需要对模拟量设定报警值，当数据超出设定值时，将触发报警子程序。报警流程图如图 5-13 所示。

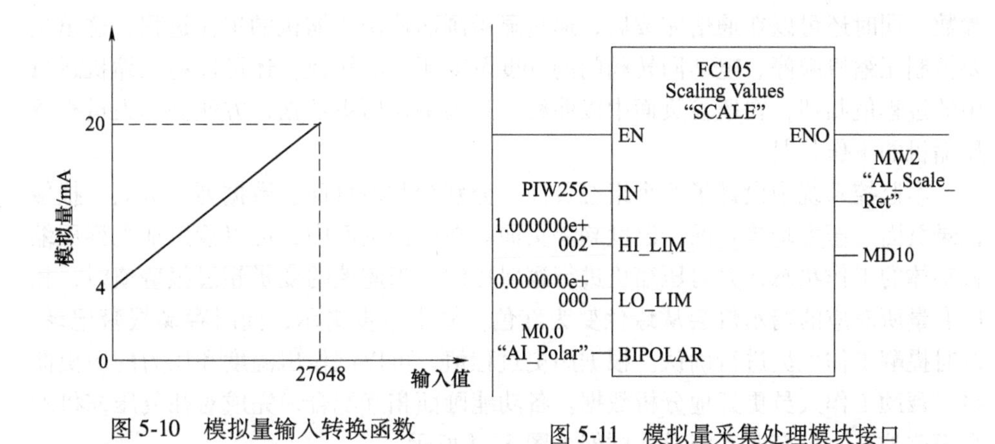

图 5-10　模拟量输入转换函数　　图 5-11　模拟量采集处理模块接口

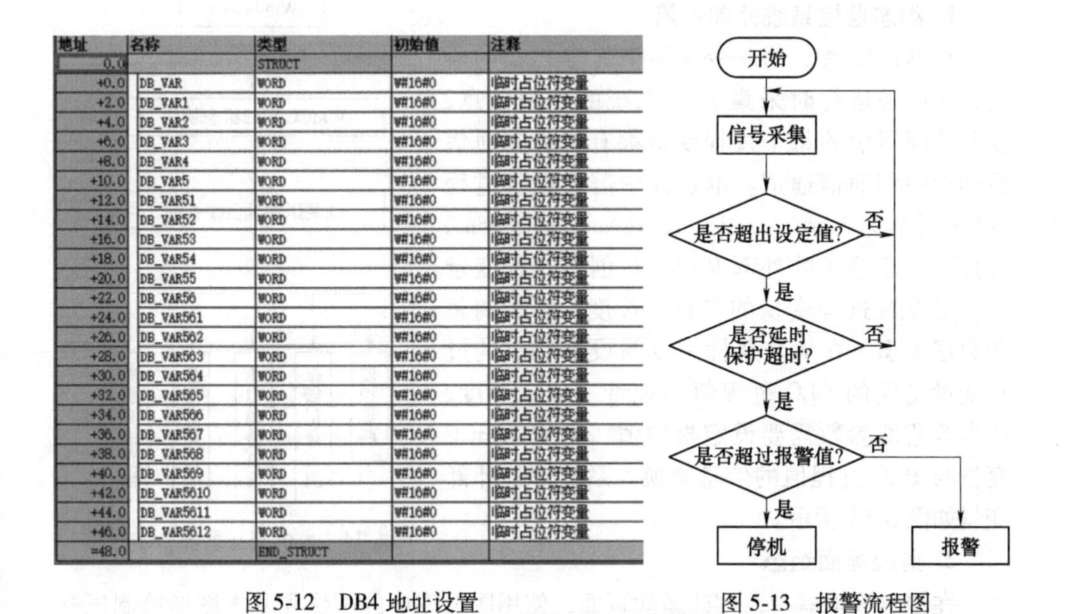

地址	名称	类型	初始值	注释
0.0		STRUCT		
+0.0	DB_VAR	WORD	W#16#0	临时占位符变量
+2.0	DB_VAR1	WORD	W#16#0	临时占位符变量
+4.0	DB_VAR2	WORD	W#16#0	临时占位符变量
+6.0	DB_VAR3	WORD	W#16#0	临时占位符变量
+8.0	DB_VAR4	WORD	W#16#0	临时占位符变量
+10.0	DB_VAR5	WORD	W#16#0	临时占位符变量
+12.0	DB_VAR51	WORD	W#16#0	临时占位符变量
+14.0	DB_VAR52	WORD	W#16#0	临时占位符变量
+16.0	DB_VAR53	WORD	W#16#0	临时占位符变量
+18.0	DB_VAR54	WORD	W#16#0	临时占位符变量
+20.0	DB_VAR55	WORD	W#16#0	临时占位符变量
+22.0	DB_VAR56	WORD	W#16#0	临时占位符变量
+24.0	DB_VAR561	WORD	W#16#0	临时占位符变量
+26.0	DB_VAR562	WORD	W#16#0	临时占位符变量
+28.0	DB_VAR563	WORD	W#16#0	临时占位符变量
+30.0	DB_VAR564	WORD	W#16#0	临时占位符变量
+32.0	DB_VAR565	WORD	W#16#0	临时占位符变量
+34.0	DB_VAR566	WORD	W#16#0	临时占位符变量
+36.0	DB_VAR567	WORD	W#16#0	临时占位符变量
+38.0	DB_VAR568	WORD	W#16#0	临时占位符变量
+40.0	DB_VAR569	WORD	W#16#0	临时占位符变量
+42.0	DB_VAR5610	WORD	W#16#0	临时占位符变量
+44.0	DB_VAR5611	WORD	W#16#0	临时占位符变量
+46.0	DB_VAR5612	WORD	W#16#0	临时占位符变量
=48.0		END_STRUCT		

图 5-12　DB4 地址设置　　图 5-13　报警流程图

5.3.2　WinCC 组态软件设计

监测系统的硬件已经选用了 S7-300PLC，由于西门子公司的 PLC 有自己独有的通信协议，为了让组态软件能够和 PLC 更好地兼容，在这里选用同样是西门子公司推出的 WinCC 组态软件。上位机组态软件应用 WinCC V7.3 在联想工控机 Windows 7（旗舰版）系统环境下进行开发。WinCC 与 PLC 进行通信连接后，当压缩机开始工作时，可以通过上位机对工作过程进行观察，若压缩机的工作状态发生改变，上位机所显示的画面也会实时更新，准确地显示压缩机工作中的各项参数。同时还可以在通信完成后，通过显示画面控制压缩机的工作过程，这里主要控制压缩机起停、电动回转阀门的开度及变频器的转速；还可以将压缩机运行中的过程值归档，在监控页面中以曲线、列表呈现历史数据，方便操作人员查看压缩机的工作状况。

本监控系统中设计了5个组态页面，分别为监控页面、数据列表页面、报警记录页面、压力趋势页面、温度趋势页面。在监控页面中，可以清楚地观察压缩机整体的工作状态，并对压缩机进行逻辑控制。当监控的变量超过报警值时，相应变量所对应的指示灯会从绿色变为红色，做出报警提示，同时存储报警记录，及时提醒工作人员进行确认。根据历史过程值，可以制作出温度和压力的历史曲线，帮助工作人员更好地分析数据。各功能画面相互配合，完成对往复压缩机的全面监控。人机交互系统总体框架如图5-14所示。

1. 组态监控系统外部变量

在WinCC中，过程变量用于其与PLC的通信，在设备运行时采集PLC系统的数据信息，变量管理器中的每个过程变量都有特有的通信驱动程序和通信通道。本设计中需要创建过程变量的连接为NewConnection-1，在NewConnection-1连接下创建系统的外部变量。在创建过程变量时，要设置过程变量的名称、长度、格式调整和数据类型，在地址属性中要与设置完成的过程变量访问的PLC过程值的地址一致，温度、压力等监测参数需要设定报警值，完成WinCC变量与PLC过程值的信息交换。系统部分外部变量如图5-15所示。

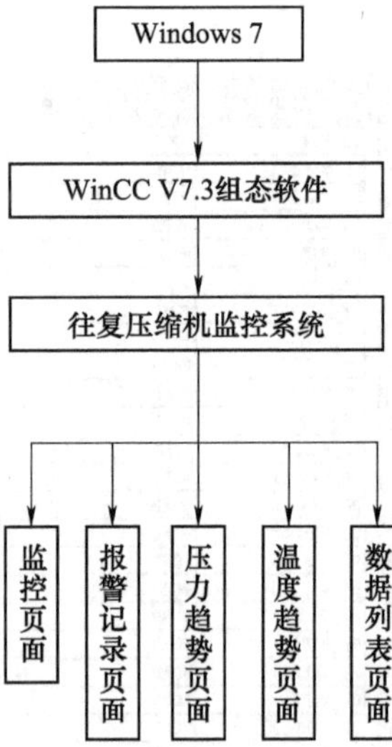

Windows 7
WinCC V7.3组态软件
往复压缩机监控系统
监控页面
报警记录页面
压力趋势页面
温度趋势页面
数据列表页面

图5-14　人机交互系统总体框架

2. 监控画面组态

在图形编辑器中，创建新的页面，使用图形库中的图像和基本图形绘制压缩机工艺流程监控页面，并将页面中的图形对象与变量连接，等同于页面中的对象与现场设备相连，数据同步，即可在上位机页面中监控现场设备的运行状态。

（1）监控页面　在监控页面能够全面、直观地观测往复压缩机系统的工作流程，监控页面如图5-16所示。为了能够更加清晰地在个人计算机的屏幕上反映出压缩机工作时的状态，监控页面中包含了往复压缩机的填料密封气缸和迷宫密封气缸，通过压缩机实体编辑管道、仪表和电动阀，模拟出设备运行时压缩机内的气体流动回路、润滑油的润滑回路以及冷却系统的流程。标记气体在设备中的进气口和出气口，并且在仪表的位置设置指示灯。若压缩机无故障和安全隐患，指示灯显示绿色；若仪表所测的数据超过压缩机运行的安全范围，指示灯显

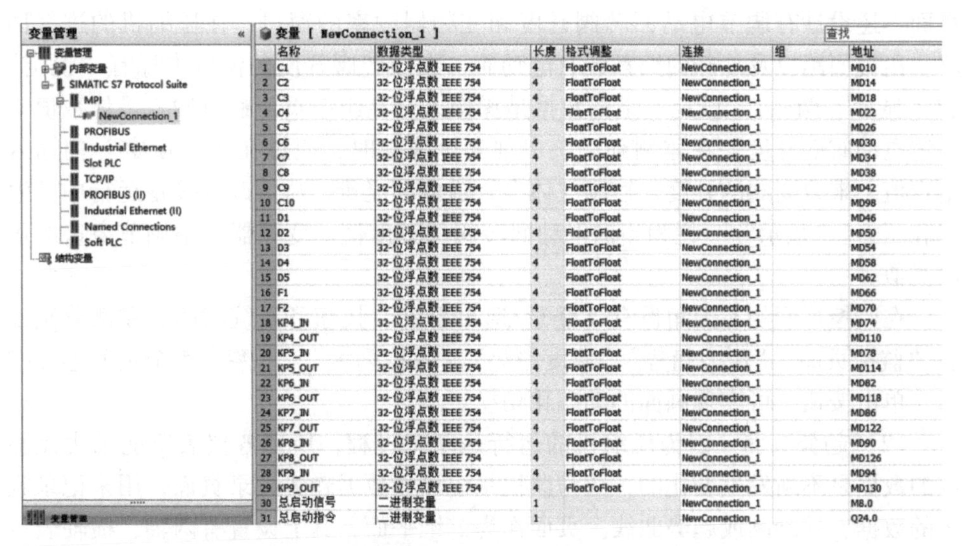

	名称	数据类型	长度	格式调整	连接	组	地址
1	C1	32-位浮点数 IEEE 754	4	FloatToFloat	NewConnection_1		MD10
2	C2	32-位浮点数 IEEE 754	4	FloatToFloat	NewConnection_1		MD14
3	C3	32-位浮点数 IEEE 754	4	FloatToFloat	NewConnection_1		MD18
4	C4	32-位浮点数 IEEE 754	4	FloatToFloat	NewConnection_1		MD22
5	C5	32-位浮点数 IEEE 754	4	FloatToFloat	NewConnection_1		MD26
6	C6	32-位浮点数 IEEE 754	4	FloatToFloat	NewConnection_1		MD30
7	C7	32-位浮点数 IEEE 754	4	FloatToFloat	NewConnection_1		MD34
8	C8	32-位浮点数 IEEE 754	4	FloatToFloat	NewConnection_1		MD38
9	C9	32-位浮点数 IEEE 754	4	FloatToFloat	NewConnection_1		MD42
10	C10	32-位浮点数 IEEE 754	4	FloatToFloat	NewConnection_1		MD98
11	D1	32-位浮点数 IEEE 754	4	FloatToFloat	NewConnection_1		MD46
12	D2	32-位浮点数 IEEE 754	4	FloatToFloat	NewConnection_1		MD50
13	D3	32-位浮点数 IEEE 754	4	FloatToFloat	NewConnection_1		MD54
14	D4	32-位浮点数 IEEE 754	4	FloatToFloat	NewConnection_1		MD58
15	D5	32-位浮点数 IEEE 754	4	FloatToFloat	NewConnection_1		MD62
16	F1	32-位浮点数 IEEE 754	4	FloatToFloat	NewConnection_1		MD66
17	F2	32-位浮点数 IEEE 754	4	FloatToFloat	NewConnection_1		MD70
18	KP4_IN	32-位浮点数 IEEE 754	4	FloatToFloat	NewConnection_1		MD74
19	KP4_OUT	32-位浮点数 IEEE 754	4	FloatToFloat	NewConnection_1		MD110
20	KP5_IN	32-位浮点数 IEEE 754	4	FloatToFloat	NewConnection_1		MD78
21	KP5_OUT	32-位浮点数 IEEE 754	4	FloatToFloat	NewConnection_1		MD114
22	KP6_IN	32-位浮点数 IEEE 754	4	FloatToFloat	NewConnection_1		MD82
23	KP6_OUT	32-位浮点数 IEEE 754	4	FloatToFloat	NewConnection_1		MD118
24	KP7_IN	32-位浮点数 IEEE 754	4	FloatToFloat	NewConnection_1		MD86
25	KP7_OUT	32-位浮点数 IEEE 754	4	FloatToFloat	NewConnection_1		MD122
26	KP8_IN	32-位浮点数 IEEE 754	4	FloatToFloat	NewConnection_1		MD90
27	KP8_OUT	32-位浮点数 IEEE 754	4	FloatToFloat	NewConnection_1		MD126
28	KP9_IN	32-位浮点数 IEEE 754	4	FloatToFloat	NewConnection_1		MD94
29	KP9_OUT	32-位浮点数 IEEE 754	4	FloatToFloat	NewConnection_1		MD130
30	总启动信号	二进制变量	1		NewConnection_1		M8.0
31	总启动指令	二进制变量	1		NewConnection_1		Q24.0

图 5-15　系统部分外部变量

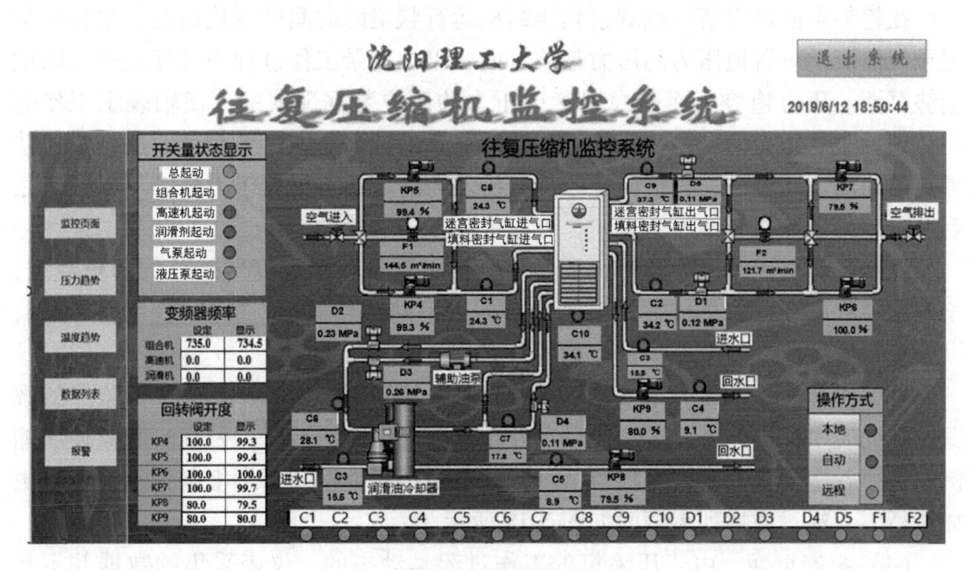

图 5-16　监控页面

示红色。因此，操作人员就可以通过该页面监测到系统出现故障，并及时采取措施，解决问题。同时，在每一个指示灯下都设有输出域，显示仪表监测到的数值，让操作人员直接在页面上读取每个仪表的数值。

监控页面中设计有逻辑控制功能，可显示操作人员对压缩机的操作方式，包括本地、自动、远程，同时也设有显示开关量状态的窗口，以此显示设备的起动情况，实现对压缩机总起停、液压泵起停、操作模式切换等数字量的控制。监控页面中还设计有调节电动回转阀开度和变频器频率的窗口，在压缩机的进气回路、出气回路以及冷却回路都装有电动阀，在回转阀开度的窗口中标有“设定”和“显示”两栏，“设定”下的数据是操作人员在组态页面通过输入具体数值来给定电动阀的开度，在监测到系统出现安全隐患时，通过在该“设定”内输入给定值，来改变阀的开度，控制气体在管道内的流量，从而改变设备运行中的温度和压力。“显示”一栏为当前电动回转阀的开度值。变频器频率调节窗口的用法类似。

在监控页面的右上角设有“登录/退出系统”按钮和系统时间。左侧分别设有“监控页面”“压力趋势”“温度趋势”“数据列表”“报警”5个页面连接按钮，单击按钮，可实现画面的动态化切换。

（2）趋势页面　因为压缩机的运行是动态过程，所以各仪表所能采集监测到的数据是不断发生变化的，故为监控系统设立数据趋势记录页面，用来记录收集的数据，并绘制成趋势曲线。页面作为二维平面，其上设置有两轴，横轴表示时间，纵轴表示需要监测的运行数据。

在趋势页面可以清晰地观察到压缩机运行状况随时间的变化情况，主要包括记录气体流动对管道压力的压力趋势页面，以及记录工作过程中温度变化的温度趋势页面。压力趋势页面是根据管道压力的历史数据形成的，横轴表示工作时间，纵轴表示压力值，每一个压力传感器采集的数据对应一个颜色，这样集成使得页面简洁，还可以通过横向比较，分析压力的变化。根据压力趋势可以预测之后短时间内压缩机系统压力走向，可以提前预防故障的发生。

温度趋势页面与压力趋势页面类似，通过收集各个温度传感器的历史数据，绘制出参数曲线，每个传感器采集的数据以不同颜色显示。横轴表示工作时间，纵轴表示温度值。温度趋势页面如图5-17所示。

（3）数据列表页面　设置一个数据列表，可以集中显示所有需要监控的数据，在列表中标记好各仪表的代号，并在数据旁设置指示灯，做到实时监控压缩机的工作状态，检测是否有报警信息，动态地观测数据并提供报警指示，数据更加清晰、直观。数据列表页面如图5-18所示。

（4）报警页面　由于压缩机的工作过程是动态的，仪表采集的数据并不是固定不变的，有时监测到的数据甚至会超过压缩机的正常工作范围，这时监测系统就会发生报警。虽然在监控页面、数据列表页面都会产生报警显示，但为了更加深入、清晰地了解报警信息，就设计了报警页面。

在报警页面的消息列表里添加“日期”“时间”“错误点”等主要消息块，会明确标记出报警发生的具体时间，以及报警的持续时间，并且还会记录诊断信息。在报警页面中，收集的报警信息会按发生时间的前后顺序进行编号，方便操作人员在页面中查找。

图 5-17　温度趋势页面

数据列表与监控

序号	仪表号	说 明	实时值	
			数值	单位
1	C1	填料密封气缸进气管温度	24.3	℃
2	C2	填料密封气缸排气管温度	34.2	℃
3	C8	迷宫密封气缸进气管温度	24.3	℃
4	C9	迷宫密封气缸排气管温度	37.3	℃
5	C10	油池温度	34.1	℃
6	C6	经冷却器前油温	28.1	℃
7	C7	经冷却器后油温	17.8	℃
8	C3	冷却水进水温度	15.5	℃
9	C5	冷却器出口温度	8.9	℃
10	C4	冷却水出水温度	9.1	℃
11	D5	迷宫密封气缸排气压力	0.11	MPa
12	D1	填料密封气缸排气压力	0.12	MPa
13	D2	轴头泵出口油压	0.23	MPa
14	D3	辅助油泵出口油压	0.26	MPa
15	D4	经冷却器后油压	0.11	MPa
16	F1	进气管流量	144.5	m³/min
17	F2	排气管流量	121.7	m³/min

序号	仪表号	说 明	实时值	
			数值	单位
18	KP4	填料密封气缸进气管回转阀	99.3	%
19	KP5	迷宫密封气缸进气管回转阀	99.4	%
20	KP6	填料密封气缸排气管回转阀	100.0	%
21	KP7	迷宫密封气缸排气管回转阀	99.7	%
22	KP8	冷却进水管回转阀	79.5	%
23	KP9	冷却回水管回转阀	80.0	%

图 5-18　数据列表页面

在组态报警信息时，操作人员可根据自己的喜好设置报警列表中的颜色，一般将报警信号到来的颜色设置成红色，报警信号离开的颜色设置成绿色，报警确认后的颜色设置为蓝色，方便在报警页面清晰地观测数据状态，使得监控工作的进行更加直接、简便。在监控系统执行的过程当中，如果参数超过设定值时系统会作出报警指示，并自动归档，储存报警所发生时刻、离开时刻、确认时刻及报警的具体信息，方便操作人员及时有效地处理事故，预防安全事故发生。报警页面如图 5-19 所示。

WinCC AlarmControl

	日期	时间	错误点	编号
1	25/06/19	10:11:15 上午	冷却水出口温度C4	3
2	25/06/19	10:11:22 上午	冷却水出口温度C4	3
3	25/06/19	10:11:27 上午	冷却水出口温度C4	3
4	25/06/19	10:11:31 上午	填料密封气缸排气压力D5	2
5	25/06/19	10:11:36 上午	填料密封气缸排气压力D5	2
6	25/06/19	10:11:41 上午	填料密封气缸排气压力D5	2
7				
8				
9				
10				
11				
12				
13				
14				
15				
16				
17				
18				
19				
20				
21				
22				

图 5-19　报警页面

变量归档用于将项目进行中的过程数据进行处理和保存，可以表格或者趋势的形式进行显示，也可将归档数据进行打印。变量归档首先将系统运行时的数据存储在运行数据库中，然后再存储到归档数据库中。

在“变量记录”中创建过程值归档，本例中命名为“压缩机监控系统”，在此归档中输入系统所需监控的过程变量，如图 5-20 所示。

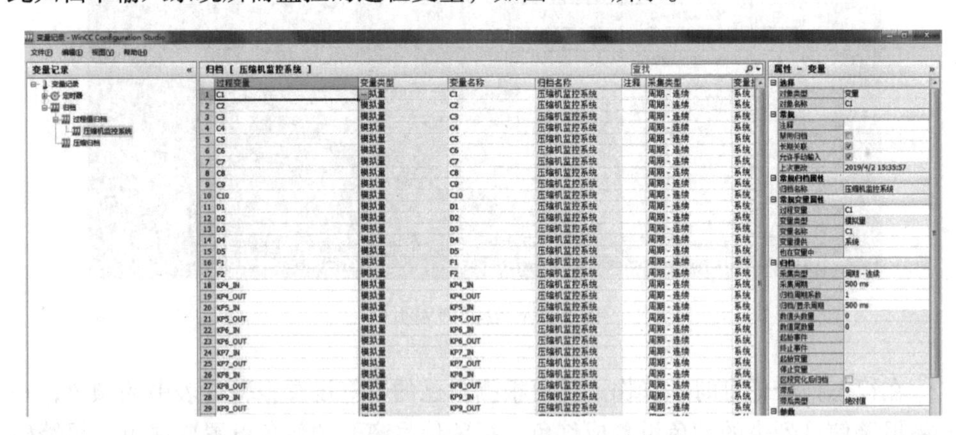

图 5-20　过程值归档

要查看历史数据需要用到 WinCC OnlinetableControl 控件，利用这个控件可以查看固定时间段的历史数据列表，在控件中单击“选择数据连接”，在“数据源”中选择“1-归档变量”，再选择对应的变量名称，如图 5-21 所示；单击“选择时间范围”，可以设定想查看的历史数据时间段，如图 5-22 所示。设置完成后，表格中就会显示此时间段内该过程变量的历史数据，还可以对该历史数据表进行打印，以纸质版形式输出，如图 5-23 所示。

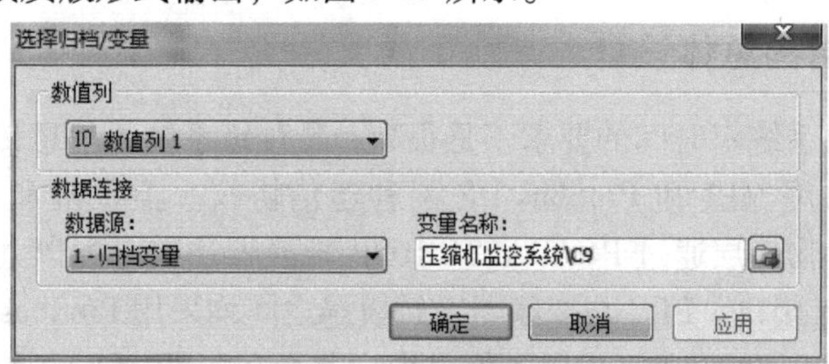

图 5-21　连接变量

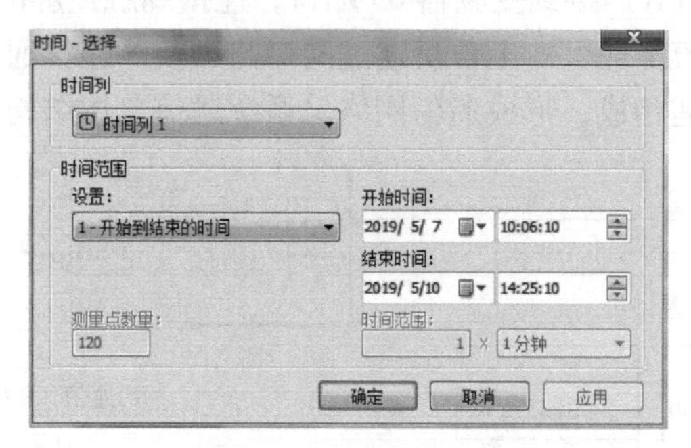

图 5-22　设置时间

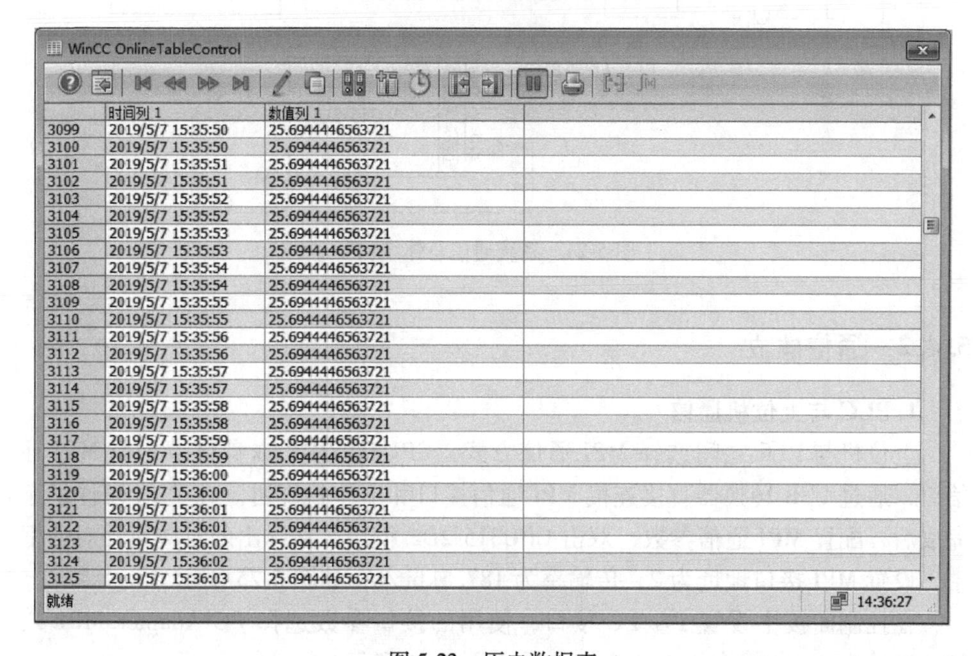

	时间列 1	数值列 1
3099	2019/5/7 15:35:50	25.6944446563721
3100	2019/5/7 15:35:50	25.6944446563721
3101	2019/5/7 15:35:51	25.6944446563721
3102	2019/5/7 15:35:51	25.6944446563721
3103	2019/5/7 15:35:52	25.6944446563721
3104	2019/5/7 15:35:52	25.6944446563721
3105	2019/5/7 15:35:53	25.6944446563721
3106	2019/5/7 15:35:53	25.6944446563721
3107	2019/5/7 15:35:54	25.6944446563721
3108	2019/5/7 15:35:54	25.6944446563721
3109	2019/5/7 15:35:55	25.6944446563721
3110	2019/5/7 15:35:55	25.6944446563721
3111	2019/5/7 15:35:56	25.6944446563721
3112	2019/5/7 15:35:56	25.6944446563721
3113	2019/5/7 15:35:57	25.6944446563721
3114	2019/5/7 15:35:57	25.6944446563721
3115	2019/5/7 15:35:58	25.6944446563721
3116	2019/5/7 15:35:58	25.6944446563721
3117	2019/5/7 15:35:59	25.6944446563721
3118	2019/5/7 15:35:59	25.6944446563721
3119	2019/5/7 15:36:00	25.6944446563721
3120	2019/5/7 15:36:00	25.6944446563721
3121	2019/5/7 15:36:01	25.6944446563721
3122	2019/5/7 15:36:01	25.6944446563721
3123	2019/5/7 15:36:02	25.6944446563721
3124	2019/5/7 15:36:02	25.6944446563721
3125	2019/5/7 15:36:03	25.6944446563721

图 5-23　历史数据表

5.4 监控系统通信设计

5.4.1 通信结构总体设计

由于本监控系统对时间的要求不是很高，是秒级系统，信息传输量不大，考虑到经济性，采用 MPI 和 Profibus-DP 两种通信协议。上位机和 PLC 之间采用 MPI 通信方式，物理层通过 PCADAPTERUSB 转换器连接，配以九针插头连接到 CPU 的 MPI 通信接口。PLC 与变频器、触摸屏之间均采用 Profibus-DP 通信协议，物理层使用 DP 通信线连接，DP 通信电缆中红色的一根（B）接到变频器的 62 端口，绿色的一根（A）接到变频器 63 端口，连接到触摸屏的 DP 通信线通过九针插头直接接入触摸屏即可。上位机通过网口与触摸屏连接通信，可绘制触摸屏界面，上下位机相辅相成，形成通信网络。系统通信总体结构如图 5-24 所示。

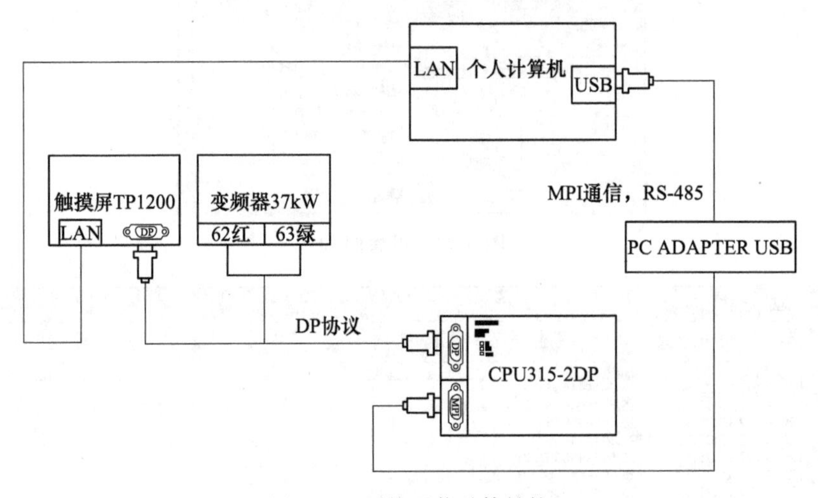

图 5-24 系统通信总体结构

5.4.2 通信建立

1. PLC 与上位机通信

上位机与 PLC 之间选择 MPI 通信方式，CPU315-2DP 本身自带一个 MPI 通信口，通过 USB 转换器直接连接 MPI 通信接口和上位机即可。在 PLC 硬件组态完成后，配置 MPI 通信参数，双击 CPU315-2DP 模块，在弹出的对应属性对话框中，设置 MPI 接口地址为 2，传输率为 187. 5kbit/s，如图 5-25 所示。

在控制面板中设置 PG/PC 接口，使用的接口参数选择 PC Adapter. MPI. 1，默认地址为 0，传输率为 187. 5kbit/s，如图 5-26 所示。

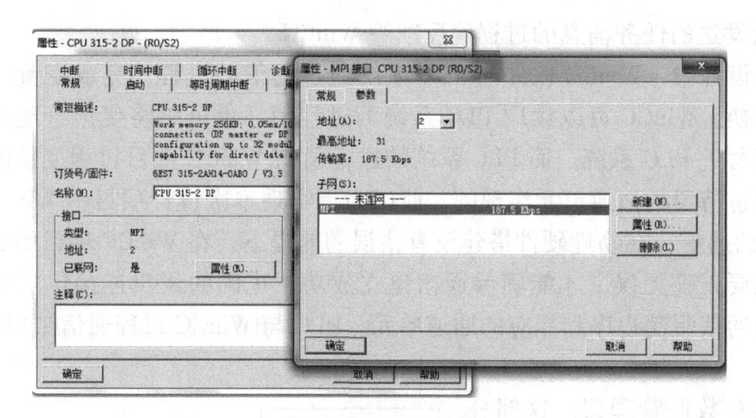

图 5-25　MPI 接口设置

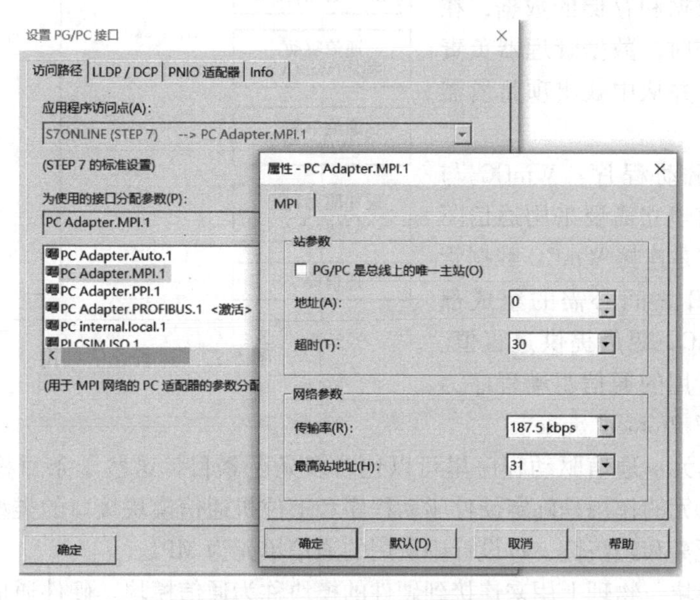

图 5-26　PG/PC 接口设置

软件编程完毕后，下载到 PLC 模块，观察下载后 CPU 的状态指示灯，若有故障指示，应及时检查 PLC 硬件组态和实际物理模块是否对应，通过软件诊断功能和离线在线功能比对，找出错误；若无故障指示，则表示 PLC 与上位机通信成功。

2. PLC 与 WinCC 通信

在 WinCC 软件中，通过变量管理器来集中管理设计中所使用的变量，在使用 WinCC 软件的过程中，操作人员所创建项目中的程序都是以变量作为形式，以通信驱动程序作为媒介，向所控制的系统发送任务信息，系统再将其回复

WinCC 所发送的任务消息的过程值反馈给 WinCC。

在本设计中，WinCC 软件与 PLC 系统通过通信的过程，完成变量与过程值的数据交换。WinCC 可以读取 PLC 系统的过程值，也可以将变量管理器中的过程变量值写进 PLC 系统，而 PLC 系统的过程值与 WinCC 项目过程变量间的数据传送是通过特定的通道单元实现的。所以为了实现本次设计项目中 WinCC 与 S7-300 之间的通信，在物理硬件搭建没有错误的前提下，在 WinCC 项目中建立的逻辑连接也要正确无误，才能确保通信建立成功。正确的逻辑连接包括在 WinCC 中添加的通信驱动程序和相应的通道单元。PLC 与 WinCC 过程通信结构如图5-27 所示。

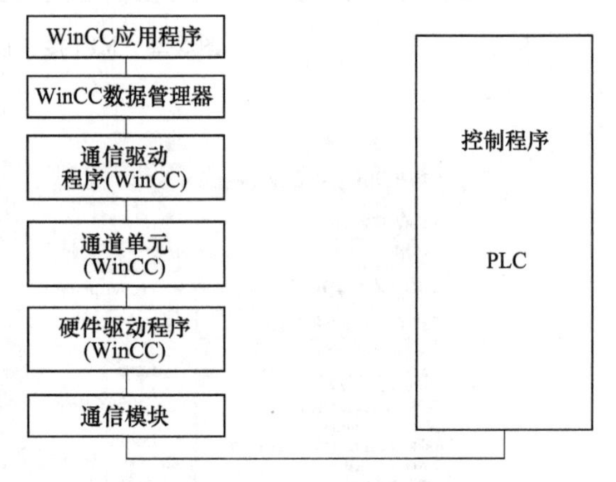

图 5-27　过程通信结构

WinCC 数据管理器：这部分是用户无法查看的，用于处理项目产生的数据和存储的数据，在 WinCC 工作时，数据管理器负责管理变量，并从中找出项目所需的变量值。

通信驱动程序：WinCC 与 PLC 的通信建立需要采用通信驱动程序，它是连接 WinCC 数据管理器和 PLC 之间必需的组成部分，为 WinCC 变量提供过程值。本设计中所用的通信驱动程序为 SIMATIC S7 Protocol Suite。

通道单元：通信驱动程序里可以包含多条子条目，这些子条目称为通道单元。通道单元的作用是确定硬件驱动程序和上位机通信模块接口的类型。考虑到实际传输距离和经济性，本设计中所用的通信单元为 MPI。

通信模块：物理上用来连接到硬件的模块称为通信模块。硬件通信驱动程序通过通信模块向 PLC 发送信息，PLC 响应后，再由通信模块将回复信息的过程值送回到 WinCC 硬件通信驱动程序。本设计中，WinCC 和 PLC 在硬件通信上是通过 PCADAPTER USB 编程电缆。

过程通信在软件中的截图如图 5-28 所示。

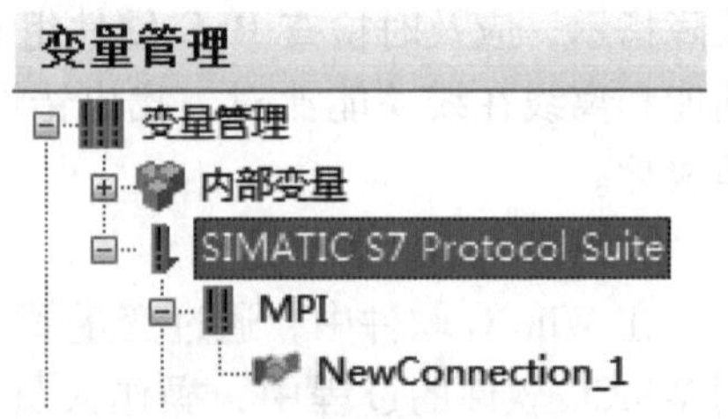

图 5-28　过程通信在软件中的截图

建立 WinCC 与 S7-300 的通信步骤如下：

1）添加通信驱动程序。本设计中使用的是 S7-300 系列 PLC，所以通信中使用的通信驱动程序为 SIMATIC S7 Protocol Suite。

2）WinCC 的过程变量选择通道单元。SIMATIC S7 Protocol Suite 包含针对 MPI 网络的通道单元、Profibus 网络的通道单元和 Industrial Ethernet 网络的通道单元。在本设计中，PLC 是通过 MPI 接口与上位机相连接，所以选用的通道单元为针对 MPI 网络的通道单元。

3）建立逻辑连接 NewConnection-1。根据 WinCC 所连接的 PLC 硬件组态参数设置逻辑连接的参数，如 CPU 的机架号和插槽号等参数，站地址与 PLC 的 MPI 地址相同即可，段 ID 默认为 0，机架号和插槽号与 PLC 硬件组态中一致。连接参数设置如图 5-29 所示。

4）设置通道单元的系统参数。逻辑设备的名称要与 PC/PG 接口中选择的一致，本监控系统中逻辑设备名称为 PC Adapter. MPI. 1，如图 5-30 所示。通信完成后，要重新启动 WinCC 软件才能使通信有效。

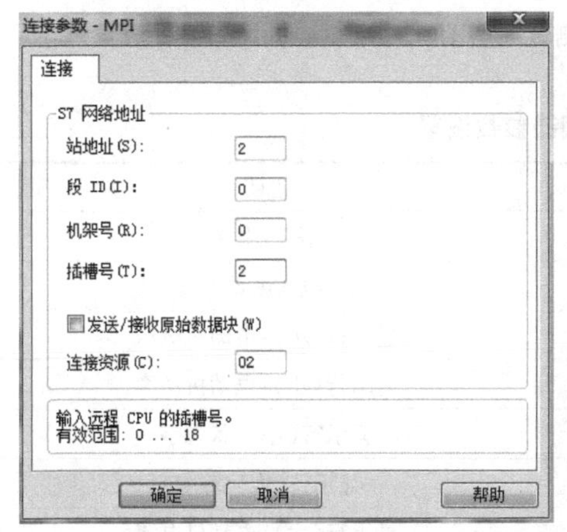

图 5-29　连接参数设置

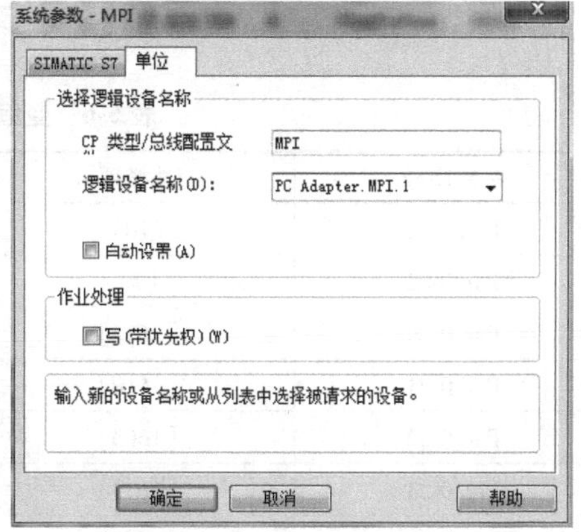

图 5-30　逻辑设备名称设置

PLC 与 WinCC 软件中建立一个逻辑连接后，可以检查逻辑连接的状态，确定做好的连接是否准确无误。在检查过程中，要激活 WinCC，并且 S7-300 也要处于运行状态，才能调出逻辑连接状态的列表。在检测列表框中，如果有绿色的“√”，则表示通信已经成功建立，该逻辑连接正常；如果没有，则表示该逻辑连接存在问题，需要操作人员检查通信的物理连接、硬件组态参数等是否存在错误，并对所发现的错误加以排除，保证 WinCC 项目中的逻辑连接正常。测试通信图如图 5-31 所示。

3. PLC 与变频器通信

首先通过变频器的 BOP 面板设置参数，变频器参数设置见表 5-6。参数设置完毕，将变频器重启后，设置的参数即可更新到变频器中。

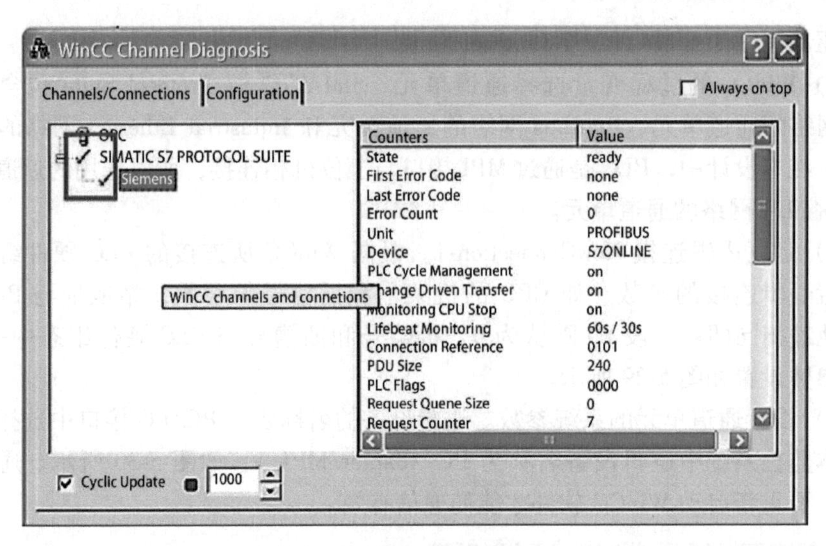

图 5-31 测试通信图

表 5-6 变频器参数设置

参数序号	选择项	说明
Par. 0-01	[10]	语言:中文
Par. 0-02	[1]	电动机速度单位:Hz
Par. 0-20	[1612]	显示行(小):电动机电压
Par. 0-21	[1610]	显示行(小):电动机功率
Par. 0-22	[1603]	显示行(小):状态字
Par. 0-23	[1613]	显示行(大):频率
Par. 0-24	[1600]	显示行(大):电动机电流
Par. 1-20	22	电动机功率(kW)
Par. 1-22	380	电动机电压(V)
Par. 1-23	50	电动机频率(Hz)
Par. 1-24	47. 1	电动机电流(A)
Par. 1-25	735	电动机额定转速(r/min)
Par. 1-39	8	电动机级数
Par. 5-40	[9]	继电器功能:报警
Par. 8-01	[0]	控制地点:数字输入和控制字
Par. 8-02	[3]	控制字源:选件 A
Par. 8-10	[0]	控制字格式:FC 控制
Par. 9-18	7	总线地址
Par. 9-22	[104]	数据 PPO 类型:PPO Type 4

需要注意的是，Par. 9-18 中的总线地址应该与 PLC 硬件组态中的变频器从站地址一致。

变频器与 PLC 之间的数据交换基于数据 PPO 类型的不同而有所不同，本监控系统选择的是 PPO Type 4 Module consistent PCD。PPO Type 4 Module consistent PCD 只由 PCD（过程控制数据）区组成，包含 6 个字，这 6 个字用来定义 PLC 与变频器交换过程控制数据的类型，相互响应。PPO 类型如图 5-32 所示。

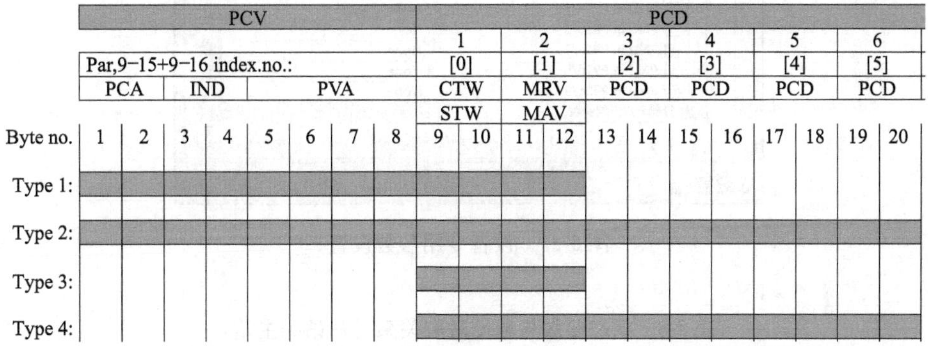

PCV | PCD
1 2 3 4 5 6
Par,9−15+9−16 index.no.: [0] [1] [2] [3] [4] [5]
PCA IND PVA CTW MRV PCD PCD PCD PCD
STW MAV
Byte no. 1 2 3 4 5 6 7 8 9 10 11 12 13 14 15 16 17 18 19 20
Type 1:
Type 2:
Type 3:
Type 4:

图 5-32　数据 PPO 类型

对于 PCD 过程控制数据来说，区中前 2 个字由 CTW（控制字）和 MRV（主要参考值——速度）组成，PLC 将数据写入变频器，变频器从而控制电动机起停及速度给定；对于 PCD 过程状态数据来说，区中前两个字由 STW（状态字）和 MAV（主要实际值——速度）组成，PLC 从变频器读取数据。剩余的 4 个字可通过项目要求自由设定需要监控的变量，本设计中选择的是 Motor Voltage（电动机电压）、Motor Current（电动机电流）、DC Link Voltage（直流母线电压）、Digital Input（数字输入），从而反映出电动机运行的状态及实际速度，可通过设备专用参数设置，如图 5-33 所示。

PCD 过程区的 6 个字 I 区地址为：304—305、306—307、308—309、310—311、312—313、314—315。Q 区地址为：256—257、258—259、260—261、262—263、264—265、266—267。配置完成后的参数与地址对应关系见表 5-7 和表 5-8。其中，PIW 为输入地址，PQW 为输出地址。

表 5-7　控制参数与地址对应关系（主站到从站）

PCD					
1	2	3	4	5	6
CTW	MRV	Empty	Empty	Empty	Empty
PQW256	PQW258	PQW260	PQW262	PQW264	PQW266

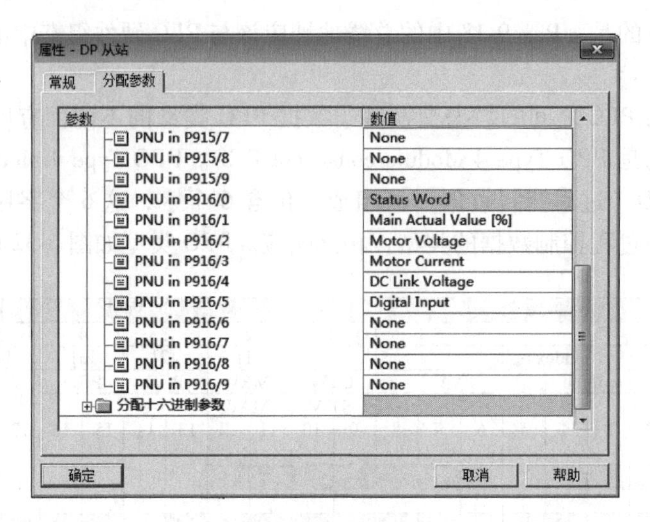

图 5-33　设备专用参数设置

表 5-8　状态参数与地址对应关系（从站到主站）

PCD					
1	2	3	4	5	6
STW	MAV	Motor Voltage	Motor Current	DC Link Voltage	Digital Input
PIW304	PIW306	PIW308	PIW310	PIW312	PIW314

将配置下载到 PLC 中，通信建立完成。

5.5　故障监测系统设计

5.5.1　系统总体设计方案

故障监测系统具有两个功能，分别为气阀故障监测与管路故障监测。因此故障监测系统按功能分为两部分，每部分设计 3 个模块来实现对应的功能，分别为：数据采集模块、数据处理模块、结果显示模块，如图 5-34 所示。

按照 2D-90 往复压缩机故障监测的设计需求，需要对 8 个气阀进行故障诊断，8 个油气管路测点进行振动状态监测。在基于可视化软件设计平台与数学计算仿真软件的混合编程下，通过硬件设计与软件设计来实现故障监测系统的设计功能。故障监测系统的设计原理如图 5-35 所示。

按照两个功能所设计的模块分别进行实现对应功能的方案设计，完成系统方案设计之后，再进行系统硬件部分的设计，最后通过系统软件设计来完成整个系统的设计。其中，数据采集模块需要软硬件设计，数据处理模块与结果显示模块

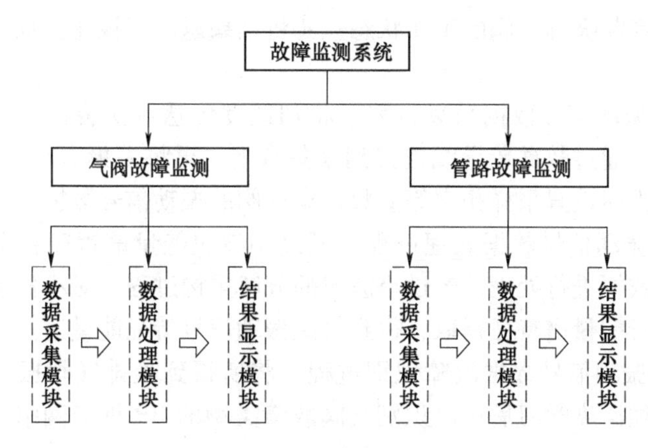

图 5-34 故障监测系统

需要软件设计。

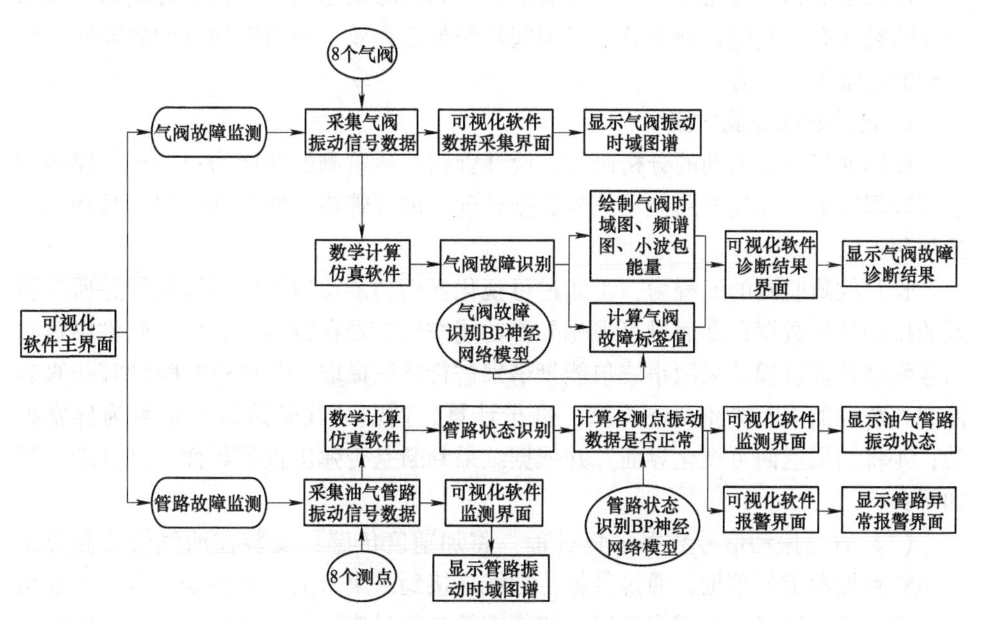

图 5-35 故障监测系统的设计原理

1. 气阀故障监测方案

根据气阀故障诊断原理，设计气阀故障监测的功能为：气阀振动信号数据采集、气阀振动信号数据处理、气阀故障识别、气阀故障诊断结果显示。

气阀故障监测的流程为：①通过可视化界面功能按钮采集气阀振动信号数据；②通过可视化界面功能按钮控制数学计算仿真软件进行信号数据处理过程，采用小波包能量谱来进行特征提取；③通过数学计算仿真软件中训练好的 BP 神经网络模型，判断吸排气阀的工作状态；④将结果返回可视化界面。其详细过程如下：

（1）气阀振动信号数据采集过程　将加速度传感器安装在气阀上采集气阀振动信号数据，通过数据传导线连接到采集卡上，再将采集卡与工控机相连接，最后通过采集程序设置采样频率等参数采集气阀的振动信号数据。

（2）气阀振动信号数据处理过程　通过小波包能量谱程序将采集到的各组气阀振动信号数据进行处理，经过小波包的分解重构过程，对小波包分解重构后的末节系数进行能量谱特征提取，得到气阀振动信号特征能量谱。

（3）气阀振动信号数据故障识别过程　将所得到吸排气阀振动信号特征能量谱输入此前经深度学习后可以识别气阀故障类型的 BP 神经网络模型，输出计算结果。

（4）气阀故障诊断结果显示过程　将数学计算仿真软件识别到的气阀故障类别结果返回到可视化界面，进行显示。气阀故障状态共有五类，分别为：气阀阀片断裂状态、气阀弹簧失效、气阀阀片密封面失效、未识别的气阀故障状态和气阀的正常工作状态。

2. 管路故障监测方案

根据油气管路振动的分析研究，设计管路故障监测的功能为：油气管路振动信号数据采集、油气管路振动信号数据处理、油气管路异常振动报警、显示异常振动测点。

管路故障监测的流程为：①通过可视化界面功能按钮采集到油气管路所有测点的振动信号数据；②通过可视化界面功能按钮实现在数学计算仿真软件中进行信号数据处理过程，采用小波包能量谱来进行特征提取；③通过数学计算仿真软件中训练好的 BP 神经网络模型，进行计算，判断油气管路测点是否为异常振动；④将结果返回可视化界面，并依据结果判断是否弹出报警界面。其详细过程如下：

（1）管路振动信号数据采集过程　将加速度传感器安装在油气管路测点上采集管路振动信号数据，通过数据传导线连接到采集卡上，再将采集卡与工控机相连接，最后通过采集程序设置采样频率等参数采集油气管路的振动信号数据。

（2）管路振动信号数据处理过程　通过小波包能量谱程序将采集到的油气管路各个测点的振动信号数据进行处理，经过小波包的分解重构过程，对小波包分解重构后的末节系数进行能量谱特征提取，得到油气管路各个测点的振动信号特征能量谱。

（3）管路振动信号数据故障识别过程　将所得到的油气管路各个测点的振动信号特征能量谱输入此前经深度学习后可以识别管路异常振动的 BP 神经网络模型，输出计算结果。

（4）管路振动状态显示及报警过程　将数学计算仿真软件识别到的管路每个测点的振动状态结果返回到可视化界面，进行显示。所监测到的管路测点振动状态有正常振动状态和异常振动状态。若管路振动状态异常，则弹出报警界面。

5.5.2　气阀和管路故障信号的采集与识别

1. 气阀故障信号的采集与识别

（1）气阀故障模拟　为了气阀故障诊断系统设计以及气阀故障诊断实验做准备，对现有的正常气阀阀片进行破坏，模拟往复压缩机在工作生产过程中气阀会出现的故障类型。模拟气阀故障的类型有：气阀正常、气阀阀片断裂、气阀弹簧失效和气阀阀片密封面失效。具体模拟状态如下：

1）模拟气阀正常的状态，需要气阀各个结构均为完好无缺的状态，不需要对阀片等零件进行处理就能够完成其工作。

2）往复压缩机气阀在长时间的恶劣环境下工作，气阀阀片会有一定的磨损，当阀片磨损到一定程度就会造成阀片断裂。模拟气阀阀片断裂的状态，需要对完好的气阀阀片做断裂处理。为了使气阀阀片断裂特征效果明显，可使气阀阀片断裂成两部分。气阀阀片断裂模拟如图 5-36 所示。

3）往复压缩机气阀在长时间的恶劣环境下工作，气阀中的弹簧在经过不断的压缩反弹后，其刚度会下降，使弹簧失效。为了模拟气阀弹簧失效的状态，需要在安装气阀阀片的过程中拆去少许弹簧，如图 5-37 所示。

4）模拟气阀阀片密封面失效的状态，需要对完好的气阀阀片做磨损处理。为了使气阀阀片密封面失效特征效果明显，可对其做划痕处理。气阀阀片密封面失效模拟如图 5-38 所示。

图 5-36　气阀阀片断裂模拟

图 5-37　气阀弹簧失效模拟

图 5-38　气阀阀片密封面失效模拟

（2）气阀故障信号采集　分别选取压电式加速度传感器 CT1010L、USB2830 数据采集卡、CT5201 恒流适配器、振动信号采集系统，先将 CT1010L 加速度传感器与 CT5201 恒流适配器相连接，再将数据传导线连接到 USB2830 数据采集卡上，最后将数据采集卡的 USB 输出端连接到计算机上，接入振动信号采集系统。振动信号采集系统连线如图 5-39 所示。

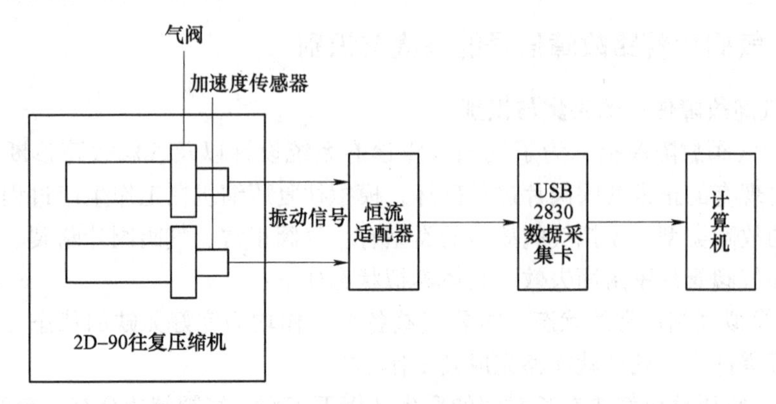

图 5-39　振动信号采集系统连线

由于气阀阀盖是密封的，所以需要将 CT1010L 加速度传感器的数据传导线从阀盖中穿出，因此需要在阀盖中心处开一个螺纹孔，将数据传导线从阀盖中穿出后，再将其螺纹孔周围灌注胶水，使其达到完全密封的效果，防止压缩机内部气体泄漏。CT1010L 数据传导线引出方案如图 5-40 所示。

图 5-40　CT1010L 数据传导线引出方案

1）设定 2D-90 型往复压缩机额定转速为 750r/min，周期为 0.08s。为了更好地对振动信号进行数据分析，决定采集气阀工作的两个周期，时间为 0.16s。

结合加速度传感器的参数和采样定理，以及 2D-90 型往复压缩机气阀振动搭配率，设定采样程序的频率为 25.6kHz。在额定转速下，可得采样点数为 4096 个。由 CT1010L 压电式加速度传感器的参数可以得到电压灵敏度为 100mV/g，最大量程为 50g，因此可以得出其输出电压范围是−5~5V。

2）使 2D-90 型往复压缩机在额定转速下工作，同时打开冷却水循环系统对其进行降温。待其运转稳定后即可开始气阀的振动信号数据采集，吸排气阀的每种工作状态振动信号数据各采集 1000 组，并将采集到的数据保存成文件，为接下来的气阀故障提取方法与状态识别方法研究分析做准备。

（3）气阀故障特征提取 选取小波包分析的方法进行气阀故障特征提取。为了提高气阀故障诊断的准确率，需要确定最优的小波基函数和小波包分解层数，而后进行小波包的分解与重构过程，最终得到小波包的能量谱。

1）依据 2D-90 型往复压缩机气阀的振动信号特点，需要考虑的是小波包分解的准确度、计算速度以及边缘效应。其中最主要的是小波包分解的准确度，因此，选取 db10 小波基作为气阀故障诊断系统中小波包分析方法的小波基函数，其滤波器长度为 $2N=20$。图 5-41 所示为 db10 小波基滤波器。

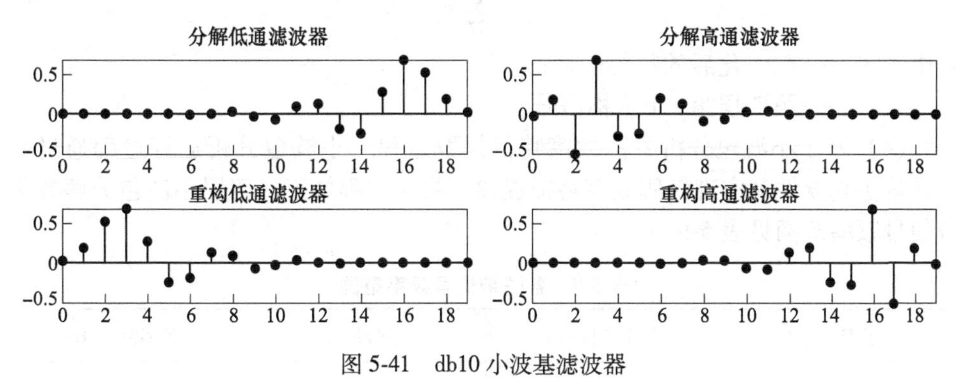

图 5-41 db10 小波基滤波器

2）经过对气阀四种状态下的振动信号数据分别进行三层、四层、五层和六层小波包分解与重构的对比实验可得，选取四层小波包分解层数后，再经过气阀故障诊断状态识别过程得到的识别结果准确率最高，因此直接选取四层小波包分解与重构来对 2D-90 往复压缩机气阀的振动信号数据进行特征提取的过程。

3）能量谱特征提取步骤如图 5-42 所示。

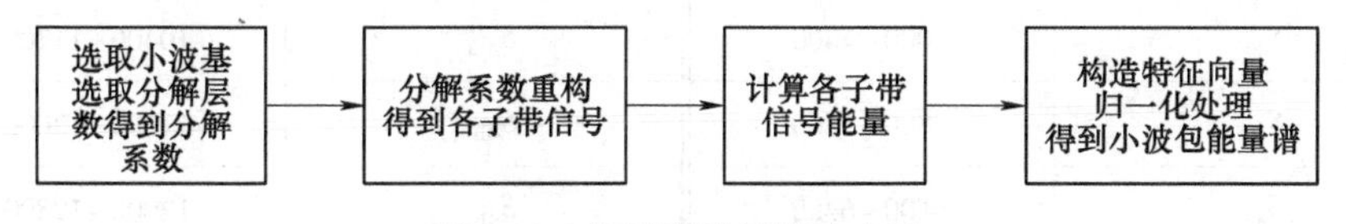

图 5-42 能量谱特征提取步骤

①小波基选择 db10，分解层数选择四层，对 2D-90 型往复压缩机气阀振动信号数据进行分解，得到小波包分解系数 $X_{i,j}$。

②将得到的 16 个节点的分解系数进行重构得到各子带信号 $S_{i,j}$。

③计算各子带信号 $S_{i,j}$ 的能量 E_j，即

$$E_j = \int |S_j(t)|^2 \mathrm{d}t = \sum_{j=1}^{n} x_j\, k^2 \tag{5-3}$$

式中　$S_j(t)$ ——原始信号；

x_j ——原始信号离散点幅值；

E_j ——子带信号第 j 个节点的能量；

n ——采样点数；

k——爆破振动信号离散采样点数。

4）将各个子带的信号构造成一个特征向量，并对此特征向量进行归一化处理。

$$\boldsymbol{T}=\frac{[E_0, E_1, E_2, E_j]}{\sum_{0}^{j} E_j} \tag{5-4}$$

式中　$\boldsymbol{T}$ ——归一化后的特征向量；

E_j ——第四层第 j 个重构信号。

（4）基于小波包分析方法故障特征提取过程　小波包分析运算过程通过数学计算仿真软件来实现气阀故障特征提取，具体过程如下。四层小波包分解各子带信号频率范围见表 5-9。

表 5-9　各子带信号频率范围

子带信号	频率范围/Hz	子带信号	频率范围/Hz
S_{400}	0~800	S_{408}	6400~7200
S_{401}	800~1600	S_{409}	7200~8000
S_{402}	1600~2400	S_{410}	8000~8800
S_{403}	2400~3200	S_{411}	8800~9600
S_{404}	3200~4000	S_{412}	9600~10400
S_{405}	4000~4800	S_{413}	10400~11200
S_{406}	4800~5600	S_{414}	11200~12000
S_{407}	5600~6400	S_{415}	12000~12800

吸气阀四层小波包分解重构信号和能量谱图，如图 5-43（吸气阀正常重构信号，其他三种情况省略）和图 5-44 所示。同理可对排气阀的四种工作状态下的振动信号数据进行特征提取。

（5）气阀故障状态识别　应用常用的网络模型就是 BP 神经网络。具体过程为：

1）设置将通过四层小波包分析得到的吸排气阀四种工作状态下的小波包能量谱进行标签处理，见表 5-10。

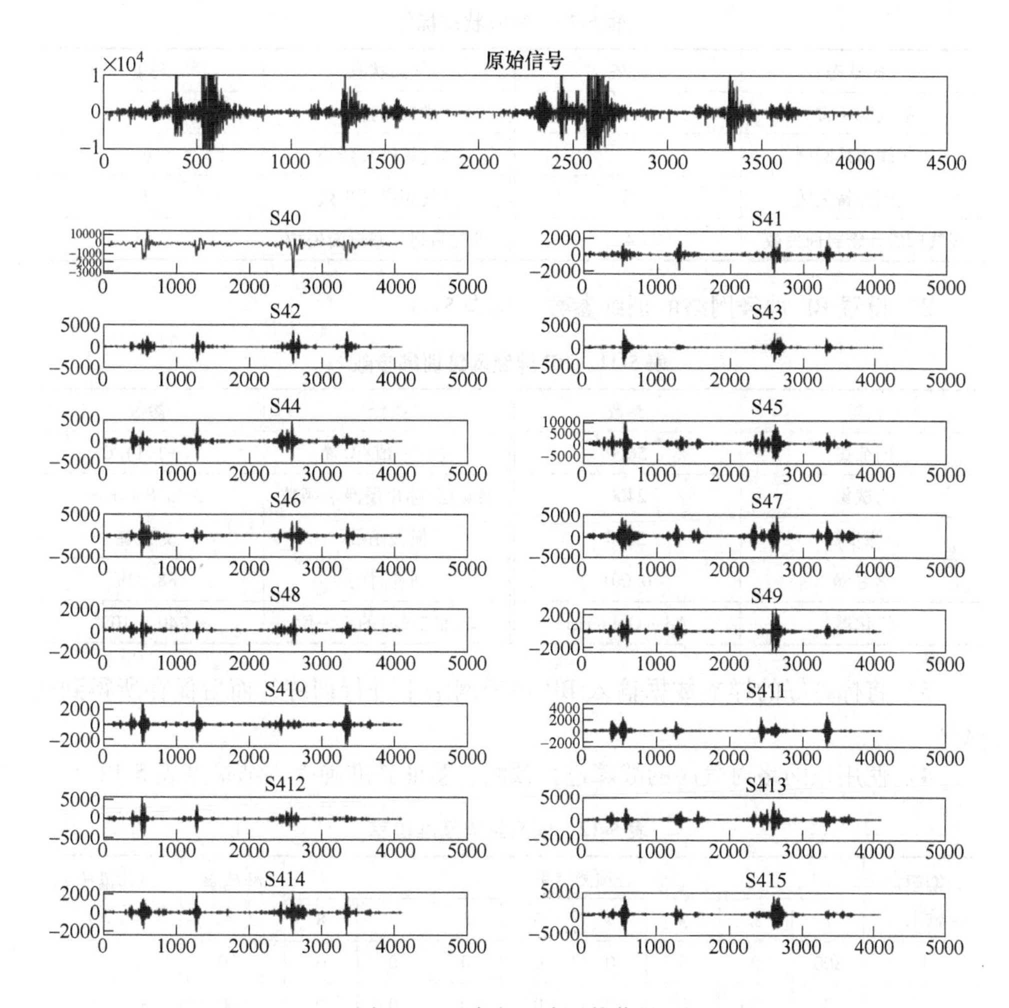

图 5-43　吸气阀正常重构信号

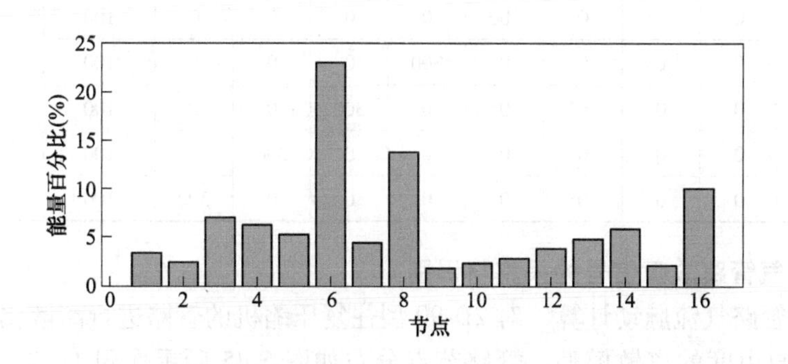

图 5-44　吸气阀正常四层小波包能量谱图

表 5-10 气阀状态标签

气阀状态	标签	气阀状态	标签
吸气阀正常	1	排气阀正常	5
吸气阀阀片断裂	2	排气阀阀片断裂	6
吸气阀弹簧失效	3	排气阀弹簧失效	7
吸气阀阀片密封面失效	4	排气阀阀片密封面失效	8

2）设置 BP 神经网络的训练参数，见表 5-11。

表 5-11 BP 神经网络训练参数

指标	参数	指标	参数
训练集	5600	初始权值/偏置	(-1,1)/0
测试集	2400	隐藏层/输出层激活函数	Relu/Sofemax
训练步数	5000	损失函数	交叉熵
学习率	0.001	训练时间	88.028
优化器	AdamOptimizer	训练完成时的损失值	1.740×10^{-4}

3）将标签好的样本数据输入 BP 神经网络中进行训练，而后保存所得到的网络。

4）使用该网络对气阀的故障进行预测，验证其准确率，结果见表 5-12。

表 5-12 预测结果及准确率

期望输出	预测结果								准确率（%）	总体准确率（%）
	1	2	3	4	5	6	7	8		
1	300	0	0	0	0	0	0	0	100	100
2	0	300	0	0	0	0	0	0	100	
3	0	0	300	0	0	0	0	0	100	
4	0	0	0	300	0	0	0	0	100	
5	0	0	0	0	300	0	0	0	100	
6	0	0	0	0	0	300	0	0	100	
7	0	0	0	0	0	0	300	0	100	
8	0	0	0	0	0	0	0	300	100	

2. 油气管路故障信号的采集与识别

（1）管路气流脉动计算　对 2D-90 型往复压缩机的管路进行离散化，将其转化为有限自由度的离散模型，管路节点分布如图 5-45 所示。用 1、2、3 等数字来表示管路的节点，共分为 25 个节点，两个节点之间的管路构成一个管路单元。

其中气流相通的管路为独立管路（压缩机气缸分割），通过节点将管路分割成等截面直管、异径管、容器、分支或汇流管等单元。

从其中任意一个边界单元开始，一个管路单元的出口边界条件就是下一个管路单元的入口边界条件，作为边界条件的已知条件是第一个单元的入口边界条件和最后一个单元的出口边界条件，即开口边界 $P^* = 0$ 以及闭口边界 $\xi^* = 0$。对于 2D-90 型往复压缩机管路来说，其具有多分支的复杂管路，因此会有多个边界单元及相应的边界条件。

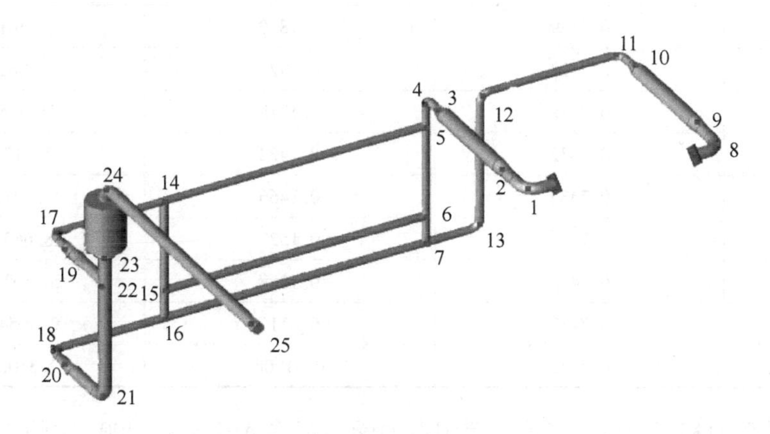

图 5-45　管路节点分布

使用数学计算仿真软件对各个管路单元进行矩阵计算，计算得出各节点的脉动压力幅值和脉动压力相对幅值，见表 5-13。

表 5-13　脉动压力幅值和脉动压力相对幅值

节点	API 618:2007 许用值(%)	脉动压力相对幅值计算值(%)	脉动压力幅值/N
1	0. 7432	0. 5821	188. 0785
2	0. 7432	0. 2672	119. 9372
3	0. 8384	0. 364	117. 1642
4	0. 8384	0. 3518	75. 6385
5	0. 7129	0. 3068	66. 7811
6	0. 7129	0. 3122	50. 6264
7	0. 7129	0. 2533	44. 2331
8	0. 7432	0. 6188	170. 9636
9	0. 7432	0. 3568	101. 6862
10	0. 8384	0. 3811	120. 3465
11	0. 8384	0. 2861	51. 3662

（续）

节点	API 618:2007 许用值(%)	脉动压力相对幅值计算值(%)	脉动压力幅值/N
12	0.7129	0.277	49.7244
13	0.7129	0.2672	49.551
14	0.7129	0.2177	33.717
15	0.7129	0.2369	35.671
16	0.7129	0.2079	31.197
17	0.7129	0.1839	25.301
18	0.7129	0.1926	26.382
19	0.7432	0.1318	23.366
20	0.7432	0.1422	23.1139
21	0.7432	0.1466	22.3012
22	0.7432	0.1522	28.6633
23	0.7432	0.1168	20.1031
24	0.7432	0.0117	2.3054
25	0.7432	0.01208	2.3102

脉动压力相对幅值计算值与美国石油学会标准 API 618：2007 中的许用值相对比，对比结果如图 5-46 所示。

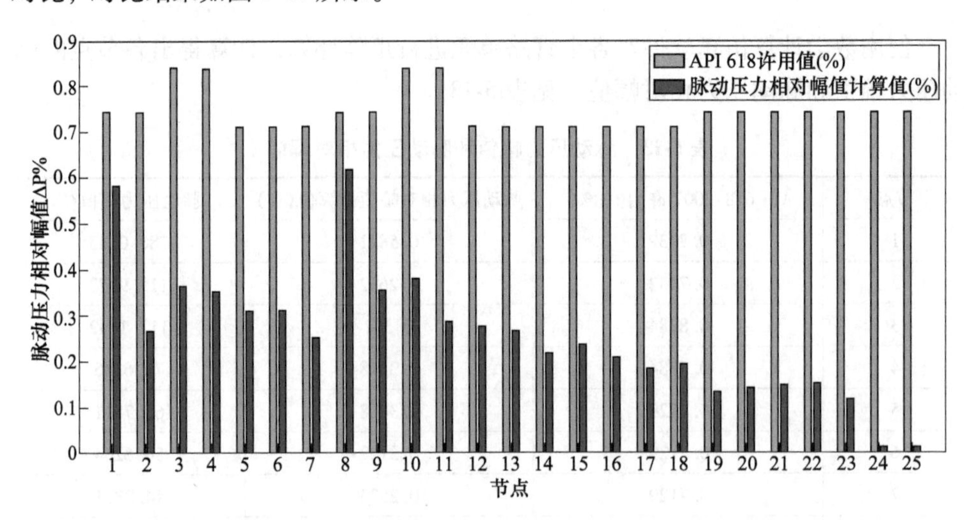

图 5-46　脉动压力相对幅值计算值与美国石油学会标准 API 618：2007 许用值对比图

经过对比 API 618：2007 许用值可得，2D-90 型往复压缩机管路设计符合标准。

对管路进行故障诊断，还需要排除管路共振对故障诊断结果所带来的影响，因此要确定 2D-90 型往复压缩机管路在正常工况下是否存在共振现象。步骤如下：

1）计算激振频率。

2）计算 2D-90 型往复压缩机机械固有频率。

3）运用转移矩阵法计算 2D-90 型往复压缩机管路气柱固有频率。

计算结果见表 5-14。

表 5-14 频率计算结果对照表

阶次	激振频率/Hz	管路气柱固有频率/Hz	机械固有频率/Hz
1	9.75	23.03	33.178
2	19.5	41.34	38.098
3	29.25	55.12	42.313
4	39	60.98	43.343
5	48.75	70.56	52.979

对比各个频率计算结果可知，激振频率与管路气柱固有频率、机械固有频率均不处于共振频率带，因此满足对 2D-90 型往复压缩机管路进行故障诊断的条件。

（2）管路振动故障信号采集和识别　管路的故障诊断与气阀的故障诊断过程极为相似，首先选择管路振动的测点，进行管路的振动状态数据信号采集，然后对采集到的管路振动信号进行特征提取，最后选取合适的状态识别方法，对管路进行故障识别与诊断。因为管路振动信号的特点是非线性非平稳的，所以可以采用变分模态分解算法（variational mode decomposi-tion，VMD）作为特征提取方法。结合多尺度熵、小波包降噪、优化选取变分模态分解的分解层数等方法，可对 VMD 方法进行优化，经过优化后的 VMD 方法会更加的适用于往复压缩机油气管路故障特征的提取。

由于气阀与管路振动信号都有非线性非平稳的特点，因此可借助气阀故障诊断的方法试分析管路是否处于正常振动状态，是否发生故障。对 2D-90 型往复压缩机油气管路振动信号数据进行采集，具体过程如下：

1）根据管路各节点脉动压力幅值和脉动压力相对幅值计算结果与 API 618：2007 标准相比较确定测点，在进气管路与排气管路分别选择 2 个测点；对于润滑油管路，选择 4 个测点。综上总计需要 8 个测点。

各测点局部放大图如图 5-47～图 5-49 所示。

2）在 2D-90 型往复压缩机正常工况下，应用气阀振动信号数据采集方法对管路测点进行振动信号数据采集，每个测点采集 1000 组数据。

a) 测点1

b) 测点2

图 5-47　进气管路 2 个测点

a) 测点1

b) 测点2

图 5-48　排气管路 2 个测点

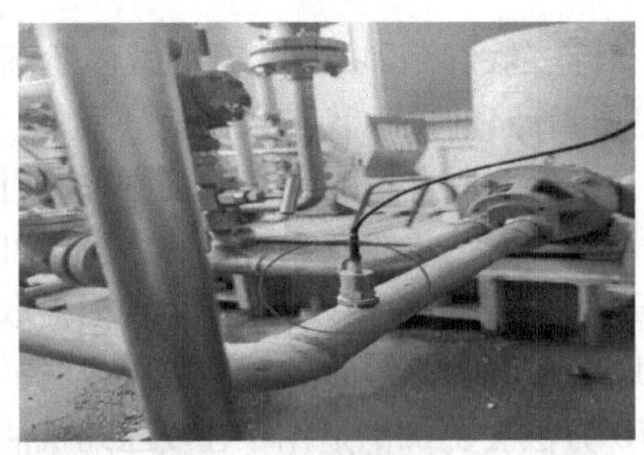
a) 测点1

b) 测点2

c) 测点3

d) 测点4

图 5-49　润滑油管路 4 个测点

3）应用对气阀振动信号数据处理的方法对油气管路振动信号数据进行处理。得到油气管路 8 个测点的正常振动信号数据经四层小波包分解重构后的特征能量谱图。

应用 BP 神经网络对管路 8 个测点的正常振动信号数据分别构建管路测点正常振动的网络模型。依据此模型来判断油气管路测点是否处于正常振动状态，进而判断整体管路是否处于正常振动状态，最终实现监测 2D-90 型往复压缩机油气管路振动状态。

5.5.3　系统硬件安装

（1）CT1010L 加速度传感器的安装　将 8 个压电式加速度传感器 CT1010L 吸附固定在气阀阀座上，如图 5-50 所示。将 8 个压电式加速度传感器 CT1010L 吸附固定在油气管路测点处。

（2）加速度传感器传导线引出方案　由于气阀阀盖是密封的，需要将 CT1010L 加速度传感器的传导线从阀盖中穿出，因此对剩余没有加工的阀盖进行加工，与此前加工方案相同，将阀盖中心处开一个螺纹孔，将数据传导线从阀盖中穿过后，再将其螺纹孔周围灌注胶水，使其达到完全密封的效果，防止压缩机内部气体泄漏，如图 5-51 所示。

图 5-50　加速度传感器安装方式

（3）数据采集卡的连接　为了能够同时采集吸气阀和排气阀共 8 个气阀的振动信号数据，分别将 CT1010L 加速度传感器连接在恒流适配器上，再分别将数据传导线连接到 USB2830 数据采集卡上，最后将数据采集卡的 USB 输出端连接到工控机上，接入气阀实时故障诊断系统。接线示意图如图 5-52 所示。

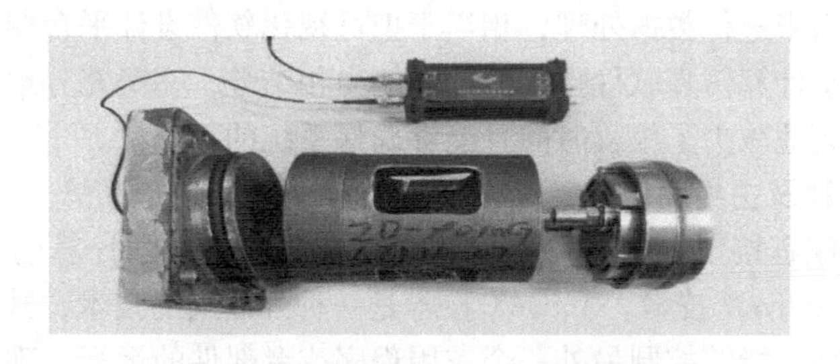

图 5-51　气阀加速度传感器安装方式

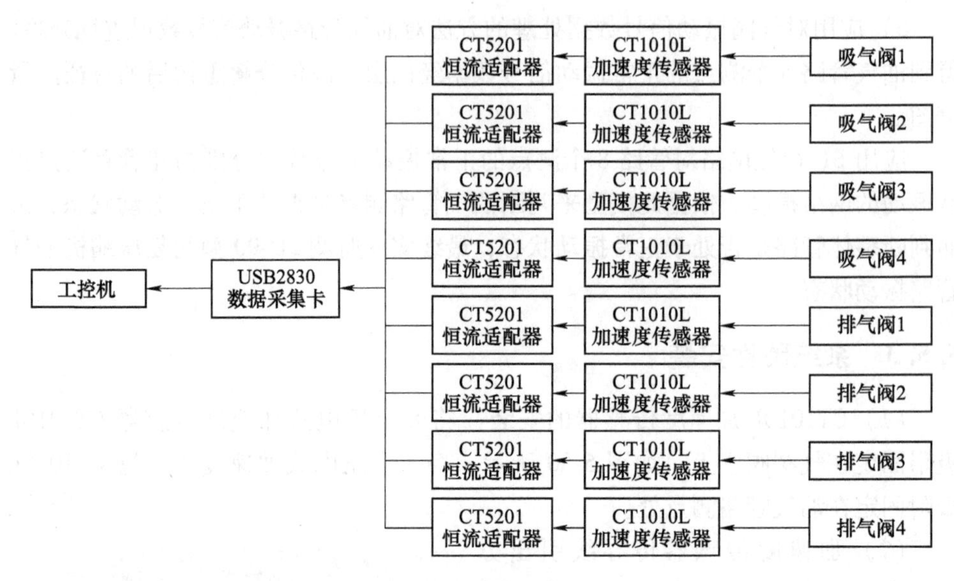

图 5-52 接线示意图

5.5.4 系统软件设计

首先，数据采集模块需要设计开发数据采集程序，将所有加速度传感器采集的振动信号进行转换及保存。其次，数据处理模块需要应用处理气阀与管路振动信号数据的小波包程序、识别气阀故障和管路振动状态的程序。最后，结果显示模块需要将数据处理模块的气阀故障诊断结果与管路振动状态结果显示到可视化界面的程序。

除此之外还包括整个系统的界面设计，如系统主界面、数据采集系统界面和气阀故障诊断界面。由于 USB2830 数据采集卡的数据采集程序是基于可视化软件设计平台设计开发的，而数据处理的小波包程序以及故障识别的程序是基于数学计算仿真软件设计开发的，因此需要通过混合编程的方式，把可视化软件设计平台与数学计算仿真软件相结合。可视化软件设计平台用来制作图形界面，数学计算仿真软件用来进行数据处理，相当于把可视化软件设计平台便捷的图形界面编辑优点与数学计算仿真软件强大的计算能力相结合，完美充分地发挥了各自软件的特点，极大地减少了编程时间且能够确保系统的稳定性。

1. 混合编程及主界面设计

（1）混合编程接口方法　可视化软件设计平台与数学计算仿真软件的接口实现方法选择 ActiveX 技术。ActiveX 技术是一种开放式的技术，其可以使得一个应用程序或者部件能够控制另外一个应用程序或者部件的运行。现阶段新的应用程序都已经支持了 ActiveX 技术，只要一个软件支持 ActiveX 自动化控制端协议，另一个软件支持 ActiveX 自动化服务端协议，再通过建立两个软件之间的 ActiveX 自动化连接，就可以实现在一个软件中调用另一个软件了。利用这个规则，可以实现在可视化软件设计平台中输入数学计算仿真软件的程序，输入数学计算仿真软件需要导入的数据，执行数学计算仿真软件的指令，调用数学计算仿真软件的各种工具箱，获取结果等。

结合故障监测系统的功能设计需求，需要使用数学计算仿真软件中的神经网络工具箱以及绘图功能，综合考虑，使用可视化软件设计平台编写系统主界面程序，而后利用 ActiveX 部件调用数学计算仿真软件的方法，达到可视化软件设计平台自动化控制数学计算仿真软件的目的。将数学计算仿真软件强大的数值计算功能与可视化软件设计平台在图形用户界面开发方面的优势相结合，从而高效地完成对气阀的故障诊断。可视化软件设计平台与数学计算仿真软件关系如图 5-53 所示。

依据功能逻辑关系，将可视化软件设计平台定义为控制端，数学计算仿真软件定义为可视化软件设计平台的自动化服务器。设置数学计算仿真软件为自动化服务器，利用的是 ActiveX 自动化技术的方法，所以首先需要指定数学计算仿真软件的 Program ID 为 X. APPlication，它代表数学计算仿真软件自动化服务器为共享的服务器。在可视化软件设计平台中开启数学计算仿真软件自动化服务器使用的代码为：

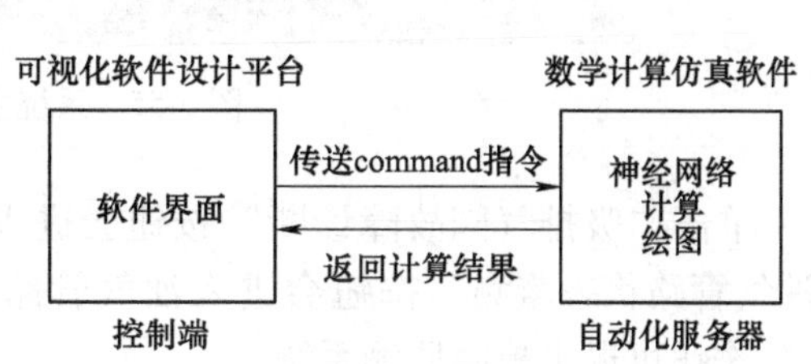

图 5-53 可视化软件设计平台与数学计算仿真软件关系

Dim X As Object′定义一个对象型变量 X

X=CreateObject("X. Application")′设置 X 为自动化服务器

（2）系统主界面设计

故障监测系统是为了实现对 2D-90 型往复压缩机吸排气阀及油气管路进行实时状态监测，对气阀进行实时故障诊断以及管路振动异常进行报警。系统界面关系框图如图 5-54 所示。

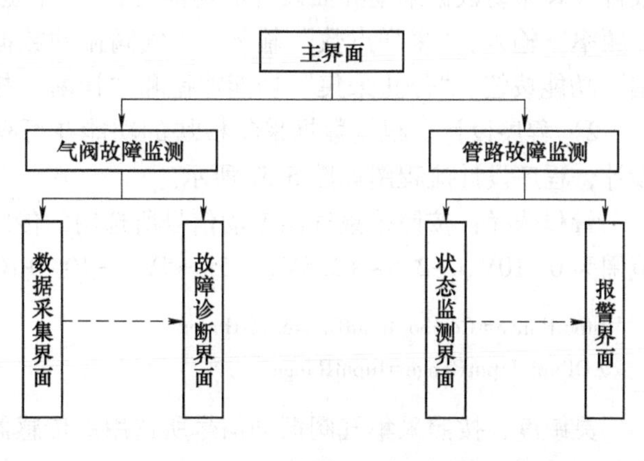

图 5-54 系统界面关系框图

系统主界面设计有 3 个功能按钮，分别为“吸排气阀故障诊断”按钮、“油气管路状态监测”按钮、“退出”按钮。系统主界面如图 5-55 所示。

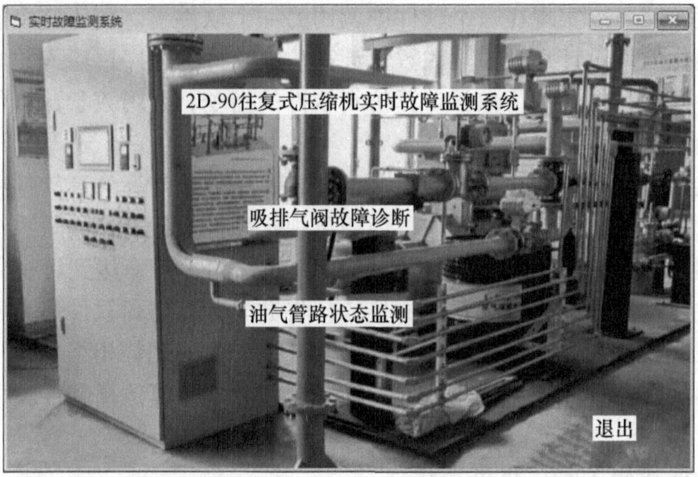

图 5-55　系统主界面

单击“吸排气阀故障诊断”按钮会进入吸排气阀振动数据采集界面，单击“油气管路状态监测”按钮会进入油气管路振动状态实时监测界面，单击“退出”按钮可退出故障监测系统。

2. 气阀故障监测功能

气阀故障监测功能由 3 个模块组成，分别为数据采集模块、数据处理模块、结果显示模块。

（1）数据采集模块

1）界面设计。结合系统硬件部分实现对吸排气阀振动数据的采集，并通过 USB2830 的 USB 接口输入工控机中，由可视化软件设计平台读取、保存数据。吸排气阀振动数据采集界面设计的功能有：“量程选择”、“灵敏度”输入、“采样频率”输入、“采样点数”输入、“气阀振动数据采集选择”选项、“开始采集”功能按钮、“停止采集”功能按钮和“诊断”按钮，如图 5-56 所示。

2）程序设计。根据数据采集模块的功能在可视化软件设计平台中进行程序设计，程序设计流程图如图 5-57 所示。

量程选择：按照采集气阀振动信号所选用的传感器型号确定量程范围，可选范围为 0~10V、-2.5~+2.5V、-5~+5V、-10~+10V。关键程序如下：

```
InputRange=Combo_InputRange.ListIndex
ADPara.InputRange=InputRange
```

灵敏度：按照采集气阀振动信号所选用的传感器型号确定灵敏度值。关键程序如下：

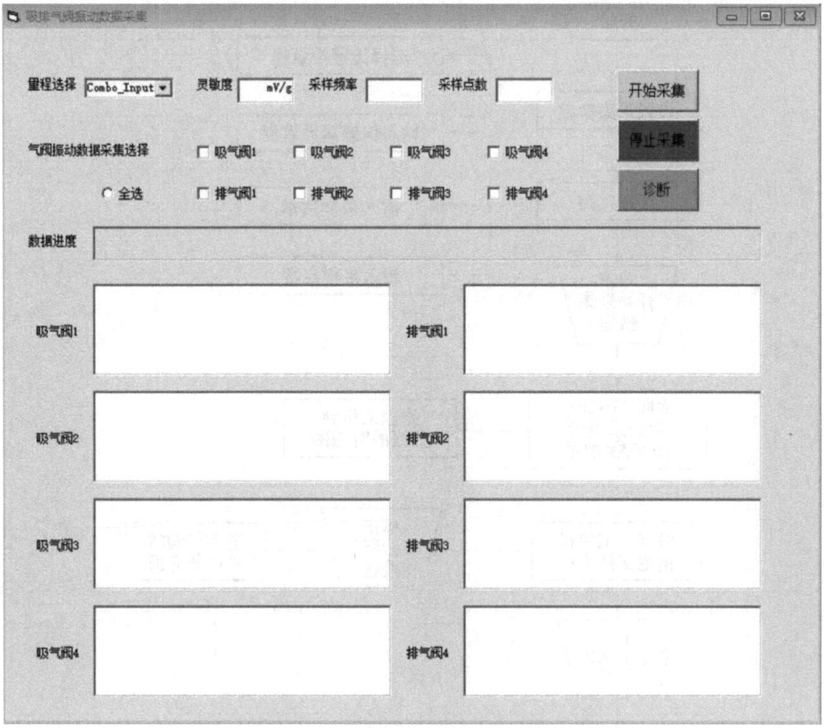

图 5-56　吸排气阀振动数据采集界面

```
ADPara. TrigWindow = Val( Lingmindu. Text)
```

采样频率及采样点数：按照实际测量需求设置采样频率及采样点数。关键程序如下：

```
ADPara. Frequency = Val( Frequency. Text)
nReadSizeWords = Val( Caiyangdianshu. Text)
nRetWords = nReadSizeWords - 1
TransformNumber = nRetWords
```

气阀振动数据采集选择：可以根据诊断需求，通过气阀振动数据采集选择部分，选择所需要进行实时故障诊断的气阀。关键程序如下：

```
If Option_Quanxuan. Value = Ture Then
Check1. Value = 1……Check8. Value = 1
End If
```

气阀振动数据按照采集时间保存成 . txt 文件。关键程序如下：

```
a = Format( Now( ) ,"yyyy-mm-dd hh. mm. ss")
Open App. Path &"\吸气阀 1\"& a &". txt" For Output As #1
```

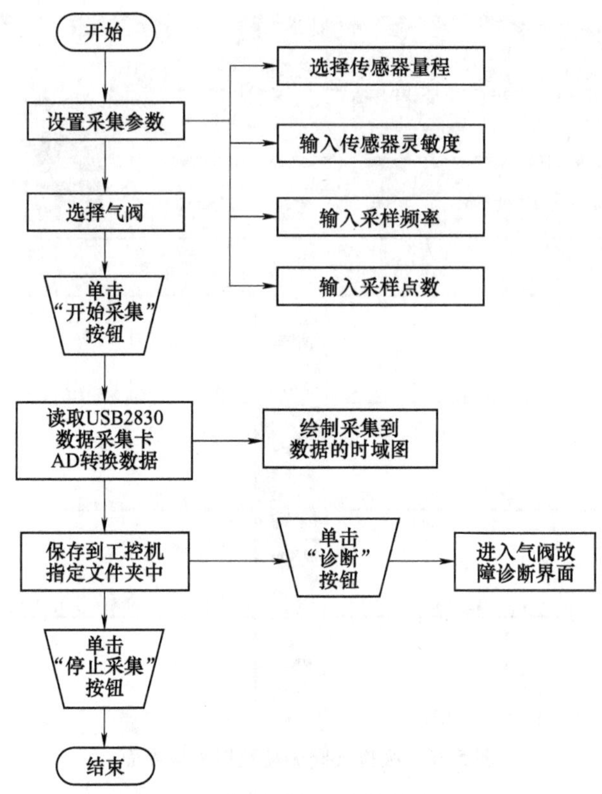

图 5-57　数据采集程序设计流程图

```
Open"f:\date. txt" For Append As #1
For x0=0 To(Rnumber)Step(1)
Print #1,pnumber(1,x0)
Next x0
Close #1
```

数据进度：显示数据采集每一次的进度条。关键程序如下：

```
For mNumber=0 To TransformNumber Step 1
ProgressBar1. Value=mNumber+1000
If mNumber Mod(InputGallery+1)= 0 Then
N=N+1
End If
```

图像区域：显示 8 个气阀采集过程中的振动信号时域图。关键程序如下：

```
Dim Matlab As Object
Dim A As String
Set Matlab=CreateObject("Matlab. Application")
```

```
A="cd('f:\');x=load('date.txt');plot(x);print(1,'-dpng','f:\sy')"
Picture_xiqifal.Picture=LoadPicture("f:\sy.png")
```

单击“开始采集”按钮，可视化软件平台会开始采集吸排气阀振动数据，压电式加速度传感器采集到气阀振动的电压信号，通过数据采集卡 AD 转化为数字信号，再经数据采集程序转化为振动加速度信号，将数据转成 .txt 文件保存在工控机指定文件夹中，并绘制气阀振动信号的时域图显示在数据采集界面的图像区域。单击“停止采集”按钮即可停止振动数据的采集，单击“诊断”按钮会进入气阀故障诊断界面。

（2）数据处理模块　通过 ActiveX 技术将可视化软件设计平台与数学计算仿真软件进行通信。将采集到的气阀振动数据导入数学计算仿真软件，然后通过此前训练好的 BP 神经网络模型进行计算和相应的绘图。数据处理程序设计流程图如图 5-58 所示。运用设计程序将气阀振动数据导入数学计算仿真软件。

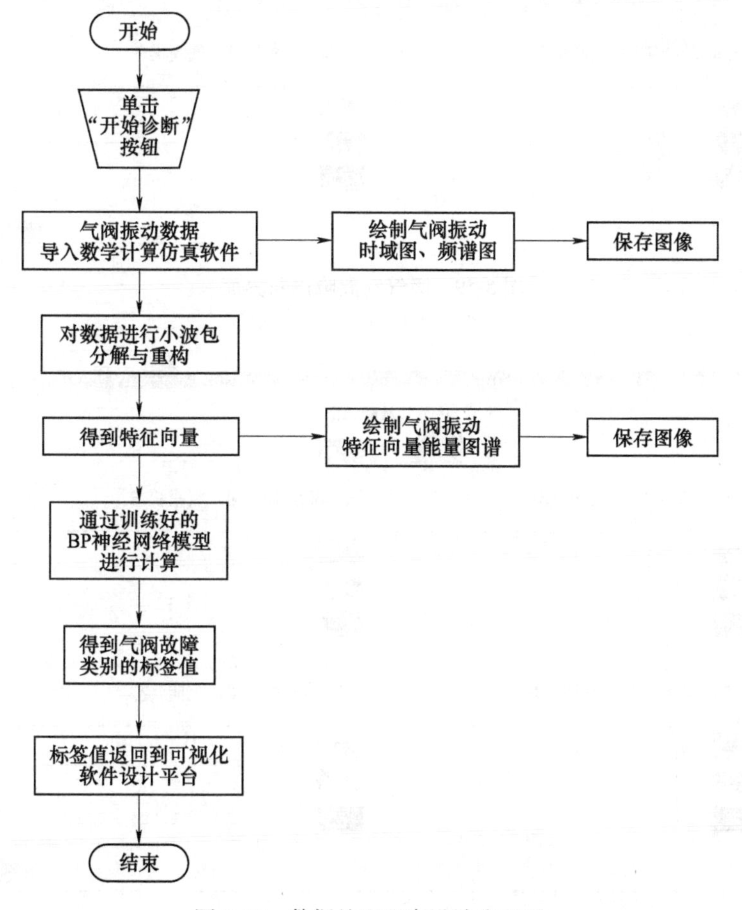

图 5-58　数据处理程序设计流程图

(3) 结果显示模块

1）界面设计。输出计算结果返回到可视化软件设计平台，最终将结果显示到气阀故障诊断界面。气阀故障诊断界面共有两页，第一页为吸气阀故障诊断界面，第二页为排气阀故障诊断界面。吸气阀故障诊断界面如图 5-59 所示，排气阀故障诊断界面如图 5-60 所示。

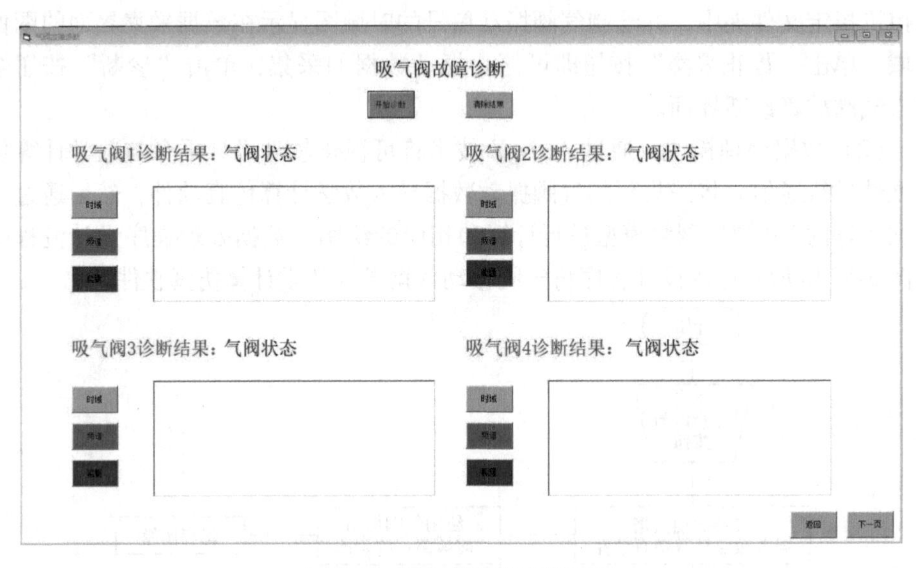

图 5-59　吸气阀故障诊断界面

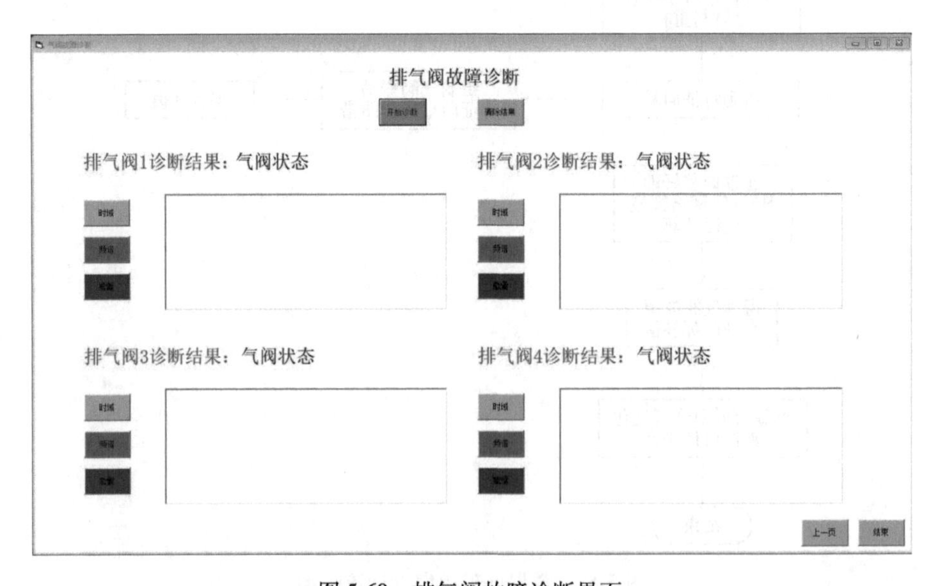

图 5-60　排气阀故障诊断界面

2）程序设计。根据结果显示模块的功能在可视化软件设计平台中进行程序设计，程序设计流程图如图 5-61 所示。

单击“开始诊断”按钮后，系统后台会通过数学计算仿真软件进行气阀故障诊断的流程，诊断完成后，会在界面上显示对应的气阀故障诊断结果和故障状态类型。

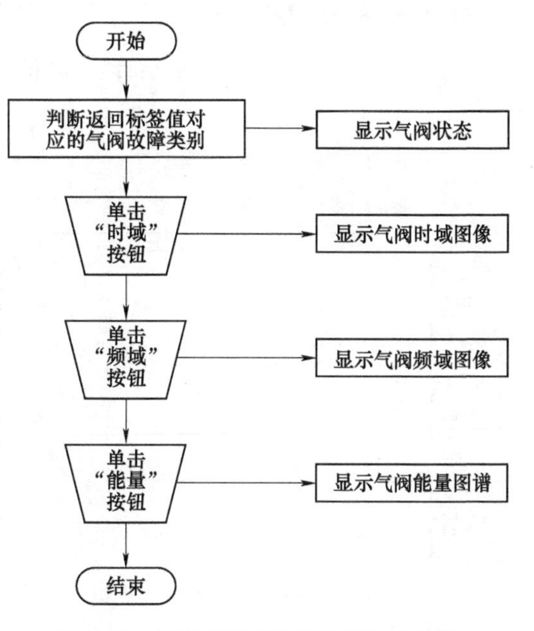

图 5-61　结果显示模块程序设计流程图

3. 油气管路故障监测功能

油气管路故障监测功能由 3 个模块组成，分别为数据采集模块、数据处理模块、结果显示模块。

（1）数据采集模块

1）界面设计。结合系统硬件部分实现对油气管路测点振动数据的采集，并通过 USB2830 的 USB 接口输入工控机中，由可视化软件设计平台读取、保存数据。其功能有：“量程选择”、“灵敏度”输入、“采样频率”输入、“采样点数”输入、“开始监测”按钮、“停止”按钮以及“退出”按钮。油气管路故障监测界面如图 5-62 上半部分所示。

2）程序设计。根据数据采集模块的功能在可视化软件设计平台中进行程序设计。数据采集模块程序设计流程图如图 5-63 所示。

按照采集信号所选用的传感器型号确定量程范围以及灵敏度。

按照实际测量需求设置采样频率以及采样点数。

单击“开始监测”按钮，界面下方会显示采集到测点振动数据的时域图，按照油路和气路的测点分别进行显示。

相关程序同气阀故障诊断功能数据采集模块程序。

（2）数据处理模块　管路测点振动数据采集完成之后，将采集到的振动数据输入数学计算仿真软件中。数据处理模块数据处理部分是在数学计算仿真软件中进行的，并且在后台运行，不显示计算与绘图过程。通过 ActiveX 技术将可视化软件界面与数学计算仿真软件进行通信。将采集到的各个管路测点振动数据导入数学计算仿真软件，然后通过此前训练好的各个测点 BP 神经网络模型进行计算。数据处理模块程序设计流程图如图 5-64 所示。

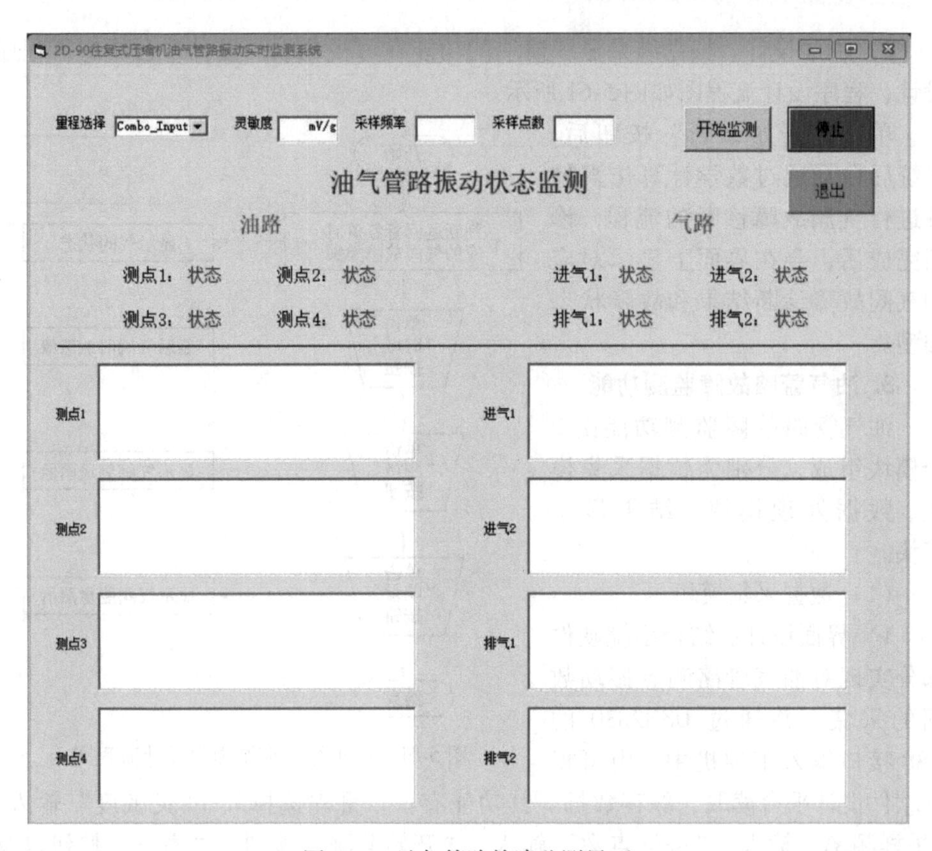

图 5-62　油气管路故障监测界面

管路振动数据导入数学计算仿真软件。

（3）结果显示模块

1）输出计算结果返回到可视化软件设计平台，最终将结果显示到管路振动状态监测界面。数学计算仿真软件计算的结果在可视化软件界面中显示的振动状态为正常或异常，当测点出现振动异常时，则弹出报警界面。油气管路振动状态监测界面如图 5-62 下半部分所示。

2）程序设计。根据结果显示模块的功能在可视化软件设计平台中进行程序设计，结果显示模块程序设计流程图如图 5-65 所示。

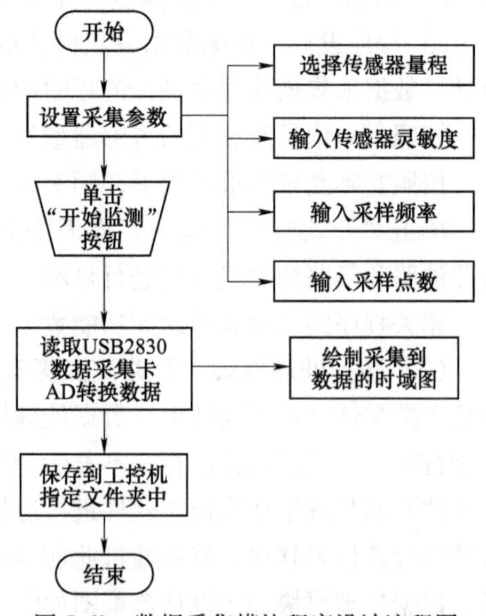

图 5-63　数据采集模块程序设计流程图

单击“开始监测”按钮后，管路振动数据被导入数学计算仿真软件，系统后台会通过数学计算仿真软件进行管路故障监测的流程，并在界面上显示对应的管路测点振动状态。单击“确定”按钮即可关闭报警界面，单击“退出”按钮则返回系统主界面。

在实际生产过程中，对压缩机管路振动进行实时监测，可以及时的发现管路振动异常点，避免由于管路异常振动造成设备的损坏乃至对工作人员的生命安全造成威胁。

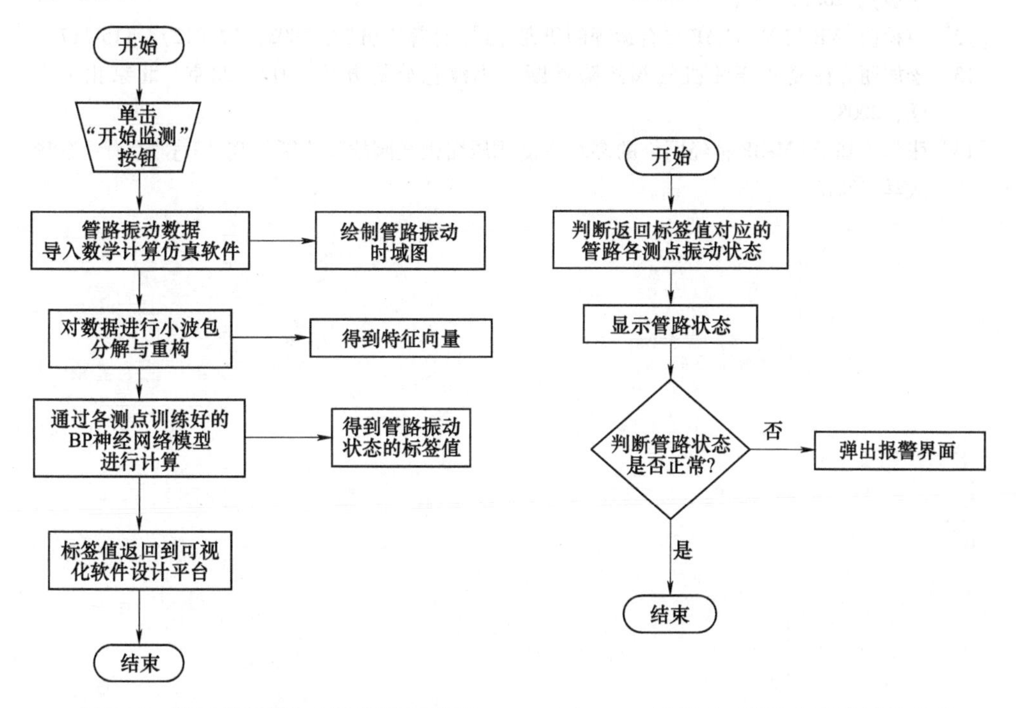

图5-64 数据处理模块程序设计流程图　　图5-65 结果显示模块程序设计流程图

参考文献

[1] 鞠薇. 离子膜蚀刻机的安全控制系统研究［D］. 衡阳：南华大学，2015.

[2] 顾建凯. 基于PLC的低成本机械式立体停车库控制系统研究［D］. 兰州：兰州交通大学，2013.

[3] 刘新航. 空气压缩机组监控系统开发［D］. 大连：大连理工大学，2006.

[4] 王振. 基于PLC的锅炉供热控制系统的设计［D］. 大连：大连海事大学，2008.

[5] 周荣斌. 结构化编程思想在PLC中的运用［J］. 宜春学院学报，2011，33（4）：61-63.

[6] 李长诗，陈冬丽. S7—300PLC与丹佛斯FC300变频器通信的实现［J］. 电气应用，

2010（12）：68-71.
[7] 包伟华，陈华．Profibus 产品的设备描述技术［J］．自动化仪表，2005，26（11）：12-14.
[8] 彭文明．中板厂加热炉供水监控系统［J］．设备管理与维修，2012（12）：33-34.
[9] 李同运．空气压缩机组监控系统开发研究［D］．太原：太原理工大学，2011.
[10] 薛政坤，汪曦，于晓光，等．多尺度特征组合优化的航空液压管路故障诊断［J］．机床与液压，2022，50（18）：146-152.
[11] 梁新成，黄志刚，朱慧．VB 与 Matlab 混合编程的研究［J］．北京工商大学学报（自然科学版），2007，25（1）：38-41.
[12] 卢秋蓝．VB 与 MATLAB 混合编程的研究［J］．计算机仿真，2003，20（12）：115-117.
[13] 李旭朋．往复式压缩机气阀故障诊断的小波包分析方法［D］．北京：北京化工大学，2008.
[14] 张华．基于 LM-BP 神经网络的多级往复式压缩机气阀故障诊断研究［D］．上海：东华大学，2015.

第6章 隔膜压缩机配油系统结构优化

06

6.1 油腔流场模型建立

基于 MD2.5 隔膜压缩机实际运行状况及油腔部位的结构尺寸，建立该压缩机一级气缸部件的二维、三维模型，提取气缸模型中的油腔结构并对该油腔结构进行合理简化，确定 Fluent 软件中适合流体算法模型及油腔流场模型相关的物理参数，并根据经典往复压缩机的理论基础及该压缩机的结构参数，准确计算出流场分析进出口边界条件，为 MD2.5 隔膜压缩机油腔流场数值分析提供必要条件。

6.1.1 油腔几何模型的建立

图 6-1 所示为 MD2.5 隔膜压缩机外形，图 6-2 所示为一级气缸部分结构图，根据油腔的实际结构以及硬件的可行性综合考虑，对油腔结构进行简化处理。油腔整体简化后的三维模型如图 6-3 所示，因为该模型为轴对称模型，为了减少计算机的计算量，提高计算效率，取模型的 1/8 进行模拟分析，油腔对称面二维示意图如图 6-4 所示。

图 6-1 MD2.5 隔膜压缩机外形

为了保证气缸的密封性能，气缸中缸盖、弹性膜片、配油盘三者直接刚性接触，弹性膜片被缸盖与配油盘夹在中间，膜腔的周边缝隙趋近于 0，因此对油腔模型的网格划分造成极大困难。为了提高下一步网格划分的质量，需要根据油腔的实际结构，在不影响流场模拟计算的基础上将膜腔周边的缝隙进行锐化，从而

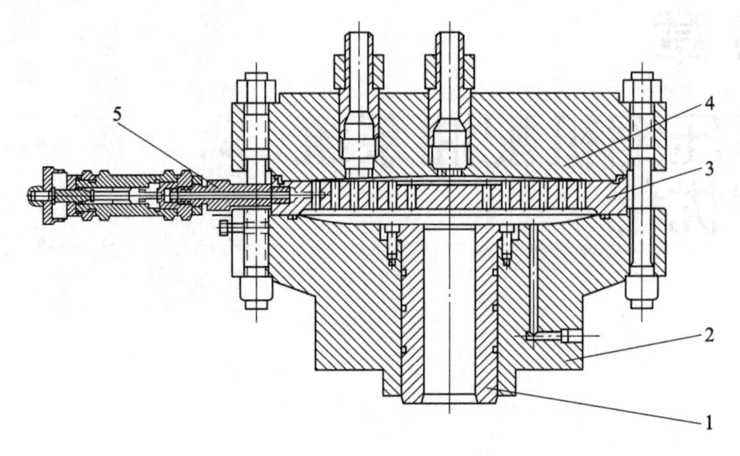

图 6-2　一级气缸部分结构图

1—缸套　2—缸体　3—弹性膜片　4—缸盖　5—调压阀

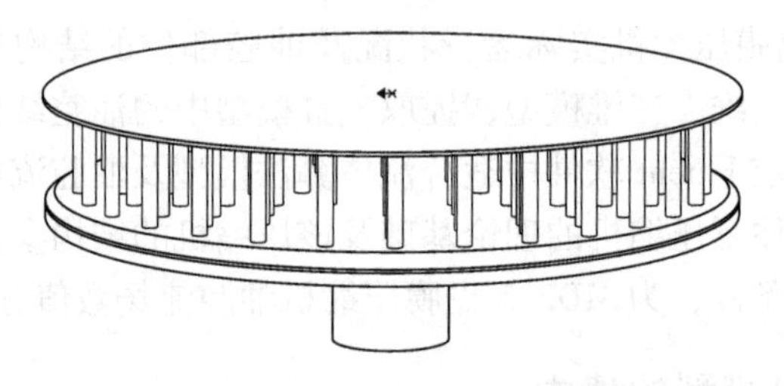

图 6-3　油腔整体简化后的三维模型

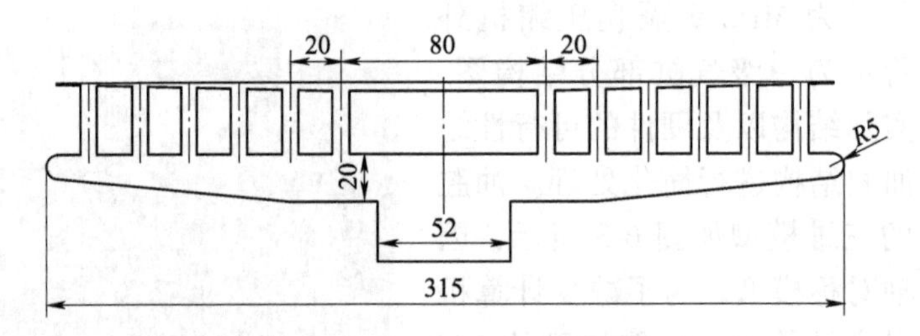

图 6-4　油腔对称面二维示意图

提高狭窄区域的网格质量。

6.1.2　油腔流场数值模拟计算的假设

对 MD2.5 隔膜压缩机油腔流体模拟流动特征作出了以下几种假设：

1）假设在实际工作过程中液压油的黏度和温度都恒定不变，液压油为不可压缩液体。

2）假设壁面边界条件为绝热壁面边界，膜片两侧的气体与液压油之间没有热量的传递。

3）假设密封性良好，油腔中油量保持不变，不考虑液压油通过活塞环泄漏及补油的影响。

4）忽略补油系统对油腔内流场的影响。

5）隔膜压缩机油腔内液压油的流动视为湍流流动。

6）不考虑油腔内液压油自身重力对流动性的影响。

7）液压油中不掺杂气体及其他杂质。

6.1.3　Fluent 设置

1. Fluent 算法选择

使用有限体积法对油腔流场数值模拟的流体区域进行离散，然后用控制方程组对离散后微小体积单元进行求解。采用 SIMPLE 算法对油腔流场进行计算。SIMPLE 的核心是在交错网格的基础上循环“猜测修正”的过程对压力场进行计算求解，进而求解动量方程，SIMPLE 算法的计算流程如图 6-5 所示。

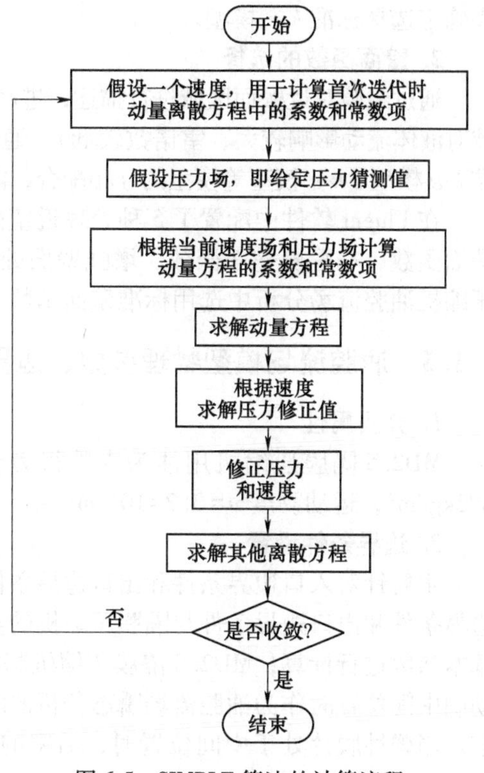

图 6-5　SIMPLE 算法的计算流程

2. 离散方式

用 Fluent 控制体积的方法对 MD2.5 隔膜压缩机油腔流体计算区域进行离散化处理，主要是通过离散方式在节点上建立相应的离散方程组求解出控制体积上的未知量。

6.1.4　湍流模型

选湍流模型使油腔中建立的方程组封闭。Fluent 软件提供了基于雷诺平均 *N-S* 方程组模拟（RANS）常用的湍流数值模拟方式。

采用两方程涡黏性模型中的 k-ε 两方程模型。

1. k-ε 两方程模型选择

k-ε 两方程模型共分三种，分别为：标准 k-ε 模型、RNG k-ε 模型、可实现型 k-ε 模型，这三种 k-ε 模型的使用场合见表 6-1。

表 6-1　k-ε 两方程模型的使用场合

k-ε 模型	使用场合
标准 k-ε 模型	应用多，计算量适中。有较多数据积累和相当适度。对于曲率较大、较强压力梯度、有旋问题等复杂流动模拟效果欠缺
RNG k-ε 模型	可用于模拟射流撞击、分离流、二次流、旋流等中等复杂流动，但受涡旋黏性各向同性假设限制
可实现型 k-ε 模型	与 RNG 模型用途一致，并可以更好地适用于圆孔射流问题

根据 k-ε 两方程模型的使用场合及 MD2.5 隔膜压缩机油腔内流场的特点，最终确定选择标准 k-ε 模型。

2. 壁面函数的选择

通过经验对近壁面区域进行描述，进而对选用的湍流模型进行补充（近壁面区域对液体流动影响较大、雷诺数较低），通过壁面函数法和低雷诺数 k-ε 模型、标准 k-ε 模型、k-ε 模型等模型的互相配合，能更好地处理整个流道的流动计算问题。

在 Fluent 软件中配置了 5 种处理近壁面问题的函数：标准壁面函数、可缩放壁面函数、非平衡壁面函数、增强壁面处理、自定义壁面函数。在 MD2.5 隔膜压缩机油腔流场分析中选用标准壁面函数。

6.1.5　油腔流场模型物理参数、边界条件的设置

1. 介质属性

MD2.5 隔膜压缩机用油为壳牌得力士 32 号液压油，该液压油的密度 $\rho=872\text{kg/m}^3$，运动黏度 $\nu=3.2\times10^{-5}\text{m}^2/\text{s}$。

2. 边界条件设置

主要针对入口边界条件和出口边界条件进行定义。油腔流场仿真计算的入口边界条件和出口边界条件与隔膜压缩机的实际运行工况相关，需要根据该机型的基本参数进行计算，MD2.5 隔膜压缩机基本参数见表 6-2。选取弹性膜片向上运动到中间位置时作为油腔流场瞬态分析的时间点，此刻弹性膜片处于无变形的状态。当弹性膜片处于中间位置时，活塞的位移为行程的一半，根据热-动力学计算入口和出口边界条件。

表 6-2　MD2.5 隔膜压缩机基本参数

容积流量/(m^3/min)	行程/mm	吸气压力/MPa	排气压力/MPa	连杆中心距/mm	曲轴转速/(r/min)
0.06	110	1.2/5.4	5.4/22	330	400

(1) 入口边界条件　通常根据适用条件可将入口边界条件分为速度入口、压力入口和质量入口三种。依据压缩机的工况可知速度入口边界条件最容易确定，入口边界条件主要确定活塞速度，活塞速度决定了油腔入口速度，活塞速度

的确定根据曲柄连杆机构的运动关系进行计算。

图6-6所示为典型往复压缩机中心连杆机构示意图，活塞位移为

$$x = \overline{BO} - \overline{CO} = l + r - (l\cos\beta + r\cos\theta) \tag{6-1}$$

由几何关系转化后得

$$x = r\left[(1 - \cos\theta) + \frac{1}{\lambda}\left(1 - \sqrt{1 - \lambda^2 \sin^2\theta}\right)\right] \tag{6-2}$$

式中　l——连杆长度（mm）；

r——曲柄半径（mm）；

β——连杆摆角（°）；

θ——曲柄转角（°）；

λ——连杆比。

则活塞速度为

$$v = \frac{dx}{dt} = r\omega\left(\sin\theta + \frac{\lambda}{2}\frac{\sin2\theta}{\sqrt{1 - \lambda^2 \sin^2\theta}}\right) \tag{6-3}$$

将$\sqrt{1 - \lambda^2\sin^2\theta}$按二项式展开并舍去高阶项后，式（6-2）和式（6-3）可简化为

$$x = r\left[(1 - \cos\theta) + \frac{\lambda}{4}(1 - \cos2\theta)\right] \tag{6-4}$$

$$v = \frac{dx}{dt} = r\omega\left(\sin\theta + \frac{\lambda}{2}\sin2\theta\right) \tag{6-5}$$

将表6-2中MD2.5隔膜压缩机的相关参数代入式（6-4）和式（6-5）中，计算得夹角$\theta = 59.086°$，活塞速度$v = 2.16\text{m/s}$。

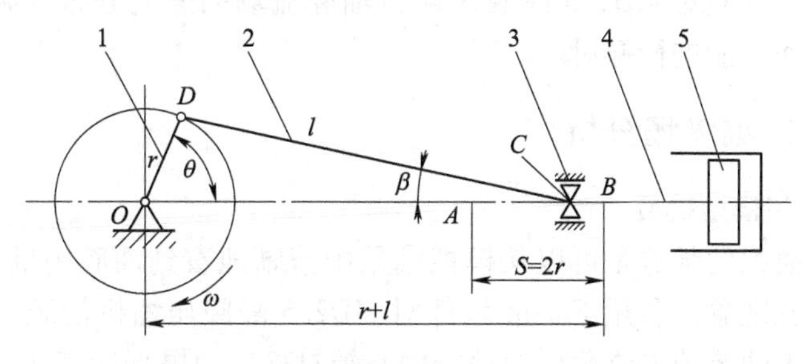

图6-6　典型往复压缩机中心连杆机构示意图

1—曲轴　2—连杆　3—十字头　4—活塞杆　5—活塞

（2）出口边界条件　通常根据适用条件可将出口边界条件分为速度出口、压力出口和质量出口三种。出口边界条件为压力出口，主要确定油腔的出口压力，出口的压力与弹性膜片的变形量、弹性膜片气压侧压力相关。按照隔膜压缩机的工作过程，膜腔与液压缸中的压力指示如图6-7所示，图中虚线表示膜腔气

体压力，实线表示液压缸油压。

由图6-7可知，当膜片到达平衡位置时，弹性膜片两侧气压与油压相等，此时弹性膜片无变形，活塞行程为总行程的一半。

活塞在下至点时，弹性膜片与配油盘曲面贴合，气腔为进气压力1.2MPa；当膜片处于中间位置时，气腔容积为起始位置的一半，将热力学参数代入热力学方程可得：$p=2.4$MPa。

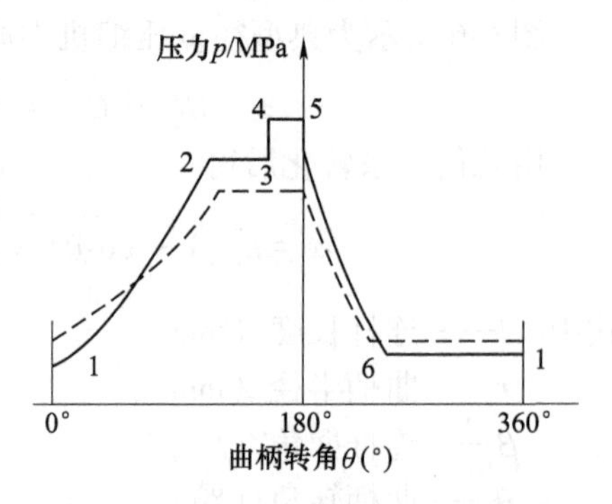

图6-7　膜腔与液压缸中的压力指示

因此可以确定边界条件为：入口速度为2.16m/s；压力出口，出口压力为2.4MPa；壁面设置为绝热壁面，无渗透和滑移情况；截面设置为对称面。

（3）计算结果收敛准则及残差、步长的设定　在计算的过程中，残差监测曲线会随着计算时间不断变化。经过有限的时间计算，当残差监测曲线中的xy方向速度分量、连续性方程、能量方程、湍流动能方程以及湍流耗散率六条曲线均低于设定的精度值时，默认计算结束且收敛。在这里所有模拟计算的收敛标准均设置为10^{-3}。

6.2　油腔流场数值模拟

采用Fluent软件对MD2.5隔膜压缩机油腔结构进行模拟计算，将计算流体力学理论与隔膜压缩机开发相结合，通过对油腔的二维模型和局部三维模型的模拟分析及对比，共同对MD2.5隔膜压缩机油腔流场的速度分布、湍流动能及湍流耗散率等流动性能进行探讨。

6.2.1　油腔二维流场分析

1. 二维油腔模型确立

二维流场模拟的优势是可以从模拟结果中清晰地看到油腔内部流体的速度、压力和各种液流现象，利用Fluent软件对MD2.5隔膜压缩机油腔二维流场进行模拟分析。由于油腔的二维截面图关于中心轴对称，为提高计算速度，可将模型进一步简化，最终简化图如图6-8所示。

2. 模型网格划分

将建立的二维模型导入CFD ICEM软件并对油腔二维几何模型进行网格划分。油腔从入口到出口尺寸不一，因此需要根据具体的尺寸对油腔进行网格划分，此模型顶部为弹性膜片的运动空间，缝隙相对比较狭窄，因此网格小、密度大，通道及其以下部分区域的网格相对稀疏。

鉴于油腔结构复杂性，采用非结构化（pave）网格中的四边形网格对油腔整体进行划分，整体（interval size）设为 0.2，总共有 5207 个网格单元，3466 个节点，平均网格质量为 0.953。油腔二维网格划分局部示意图如图 6-9 所示，油腔二维网格质量如图 6-10 所示。

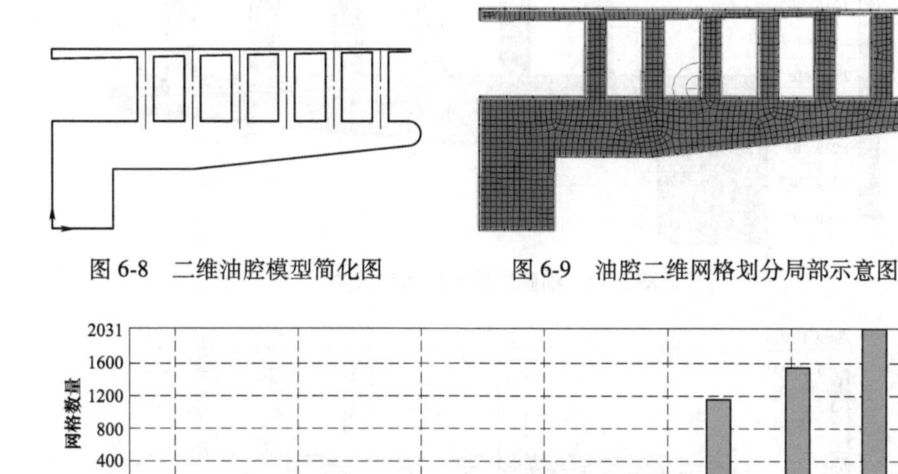

图 6-8　二维油腔模型简化图

图 6-9　油腔二维网格划分局部示意图

图 6-10　油腔二维网格质量

3. 数值模拟结果与分析

完成对上述油腔二维结构的几何建模、网格划分后，在 Fluent 中进行相关物理参数设置，利用 Fluent 完成数值模拟，得出相应仿真结果。油腔二维模拟残差监测曲线图如图 6-11 所示。

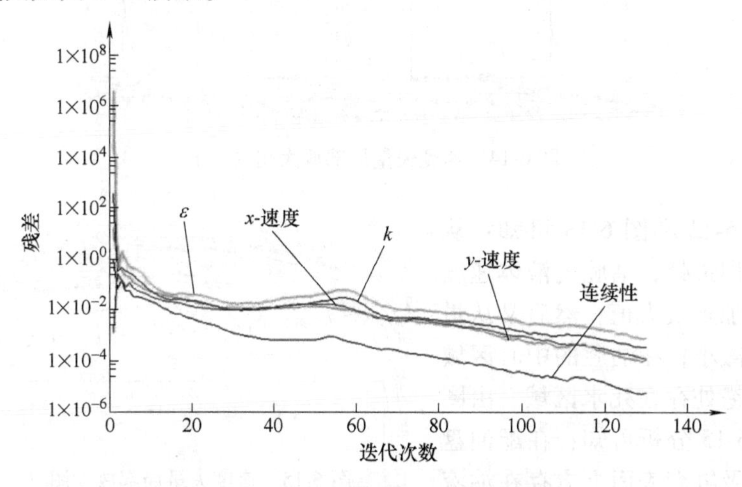

图 6-11　油腔二维模拟残差监测曲线图

在模拟计算过程中，当残差监测曲线达到收敛精度时模拟分析结束。油腔二维模拟图如图 6-12～图 6-17 所示。

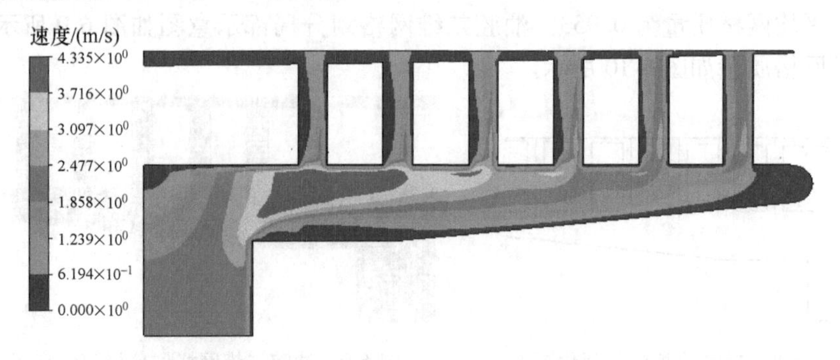

图 6-12　油腔二维模拟速度云图

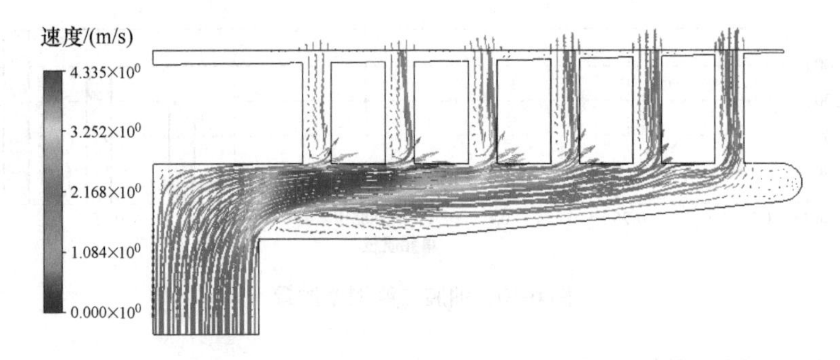

图 6-13　油腔二维模拟速度矢量图

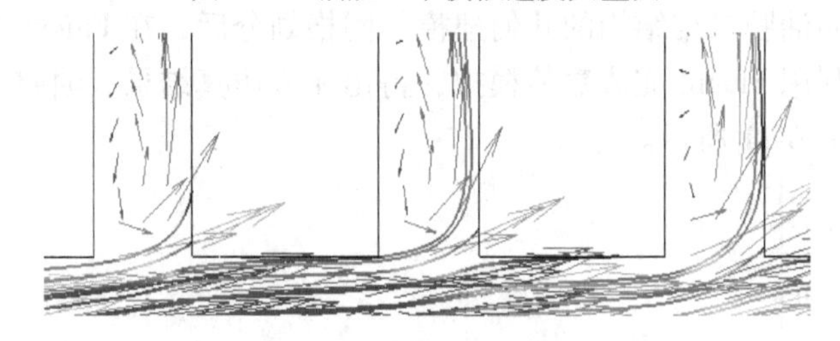

图 6-14　速度矢量局部放大图（一）

由图 6-12 和图 6-13 可知：从中心处到周边处，油腔内液体速度先急剧增加到最大值，然后又从最大值均匀减小；在油腔的中心区域及油腔边缘处存在死水区域。由图 6-13～图 6-15 分析可知：在配油盘孔道下方及缸套表面上方存在油液

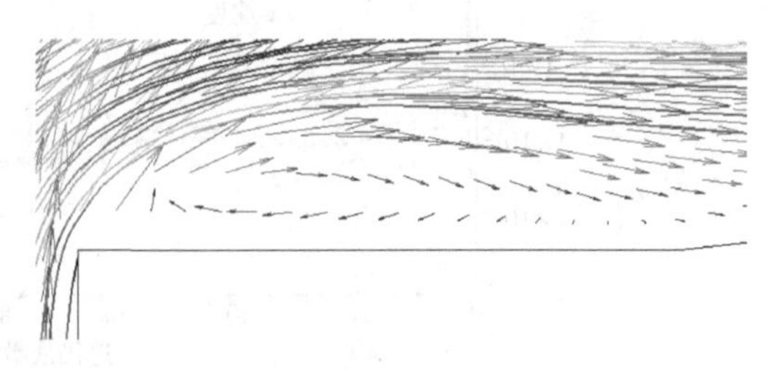

图 6-15　速度矢量局部放大图（二）

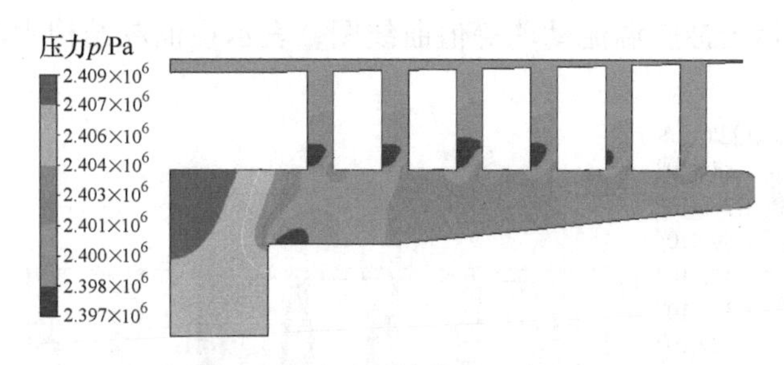

图 6-16　油腔二维模拟压力云图

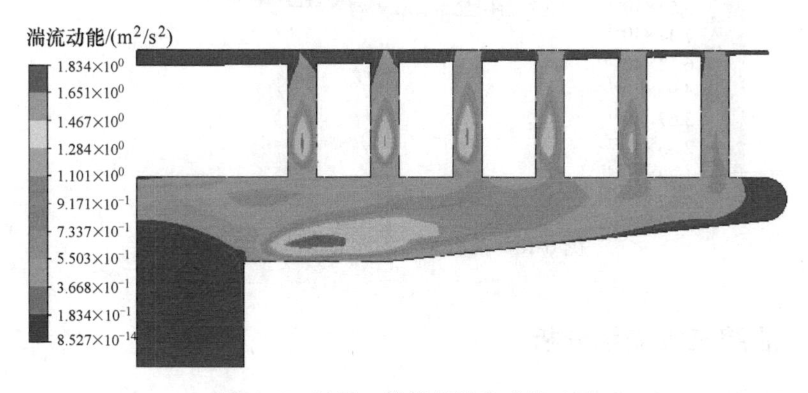

图 6-17　油腔二维模拟湍流动能云图

注：因为是进行二维流场分析，所以软件生成的湍流动能单位为 m^2/s^2，后同。

回流现象，回流会造成油液的动能损耗和摩擦损耗。

图 6-16 表明由于配油盘中心处未开孔道，造成在配油盘中心处产生局部高压区；由于缸套上端面存在棱角，当油液流过上端面时油腔过流端面面积突然变大，造成了缸套上端面的局部低压区，油腔内液体速度受压力分布的影响。

由图 6-17 所示湍流动能云图可知：在缸套上表面周边动能耗散最强烈；在盘通道中动能耗散相对较弱；在缸套围成的区域中，油液的能量耗散最弱；在孔道处能量耗散的强弱与孔径大小直接相关，孔径越小能量耗散越大，为了减少油液的能量损失，孔径的大小须进一步优化。

综上，油腔结构存在很多设计缺陷，为了提高油腔内液体的流动性能，需要对油腔结构进行合理优化。

4. 湍流动能耗散分析

由模拟结果可发现，液压油主要以湍流的形式在油腔内流动，这种流动是不均匀、无规律的。由于液体的不规则流动在油腔通道中产生了许多不同尺度的涡旋，通过对涡旋理论的分析得知：涡旋大小和涡旋方向直接影响湍流耗散大小。因此需要对隔膜压缩机油腔内液压油的涡量大小、方向及能量耗散进行深入的讨论，图 6-18 所示为油腔湍流动能等值曲线图，表示在油腔结构中湍流动能的具体分布情况。

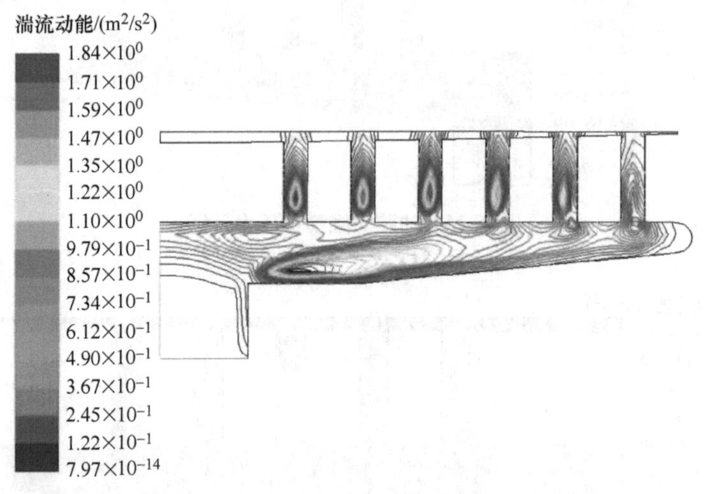

图 6-18　油腔湍流动能等值曲线图

6.2.2　油腔三维流场分析

1. 三维油腔模型确立

根据简化的二维油腔结构模型建立三维油腔模型。因为油腔为对称结构，所以只取 1/8 模型进行仿真分析，其三维模型如图 6-19 所示。

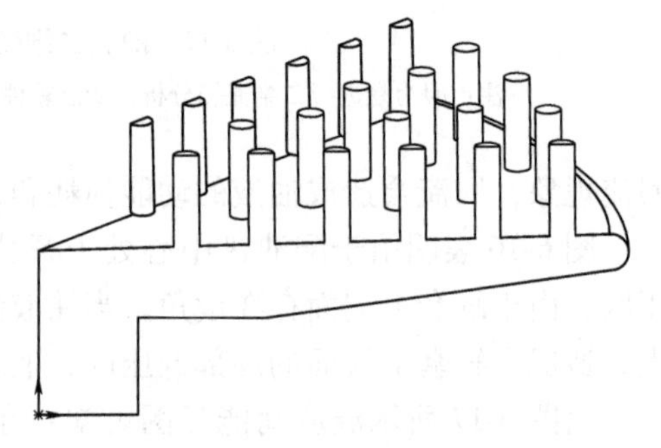

图 6-19　三维油腔模型

2. 模型网格划分

将用三维建模软件完成的三维油腔模型导入前处理软件 CFD ICEM 中，并对其进行网格划分。油腔从入口到出口的几何尺寸变化比较明显，因此需要根据具体的尺寸进行油腔网格的划分，提高位于尺寸突变处的网格质量。

鉴于油腔结构的复杂性，采用非结构化网格中的四面体（tet）网格对油腔整体进行划分，整体（interval size）设为 0.2，总共有 359328 个网格单元，73582 个节点，平均网格质量为 0.835。油腔三维网格划分局部示意图如图 6-20 所示，油腔三维网格质量如图 6-21 所示。

3. 数值模拟结果与分析

对上述油腔三维结构完成几何建模、网格划分后，依据实际工况对 Fluent 中的相关物理参数进行设置，基于 Fluent 模拟出了油腔三维模型局部流场的压力、

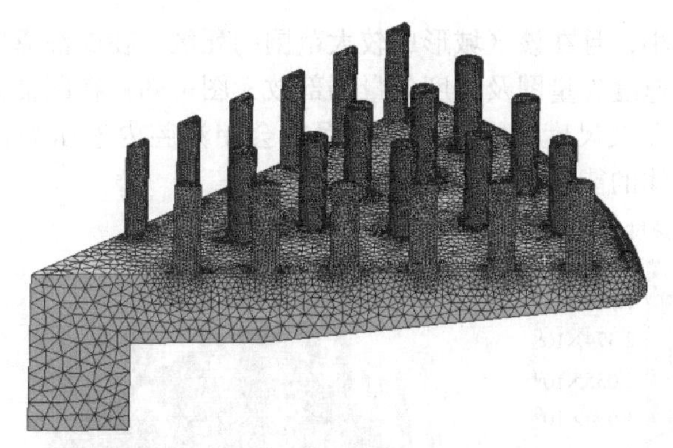

图 6-20　油腔三维网格划分局部示意图

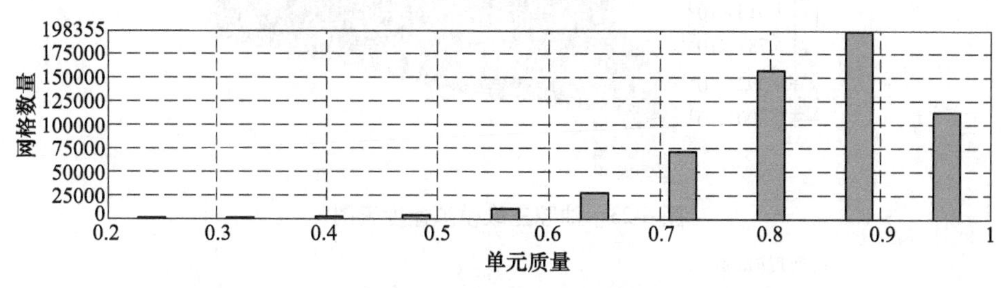

图 6-21　油腔三维网格质量

速度、湍流动能云图。油腔三维模拟残差监测曲线图如图 6-22 所示。

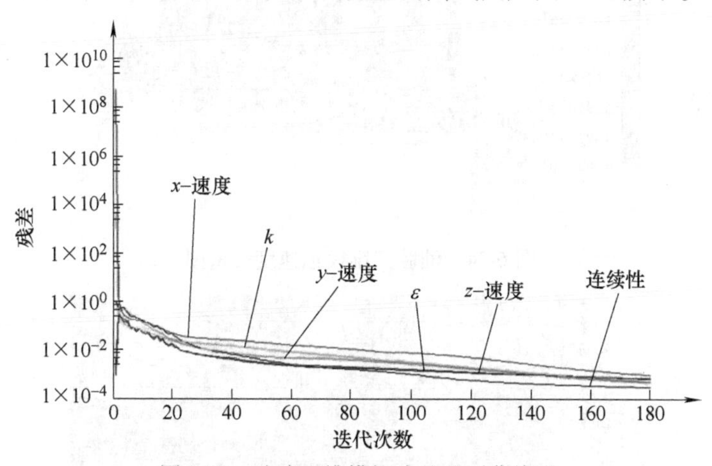

图 6-22　油腔三维模拟残差监测曲线图

图 6-23 ~ 图 6-25 分别为油腔三维流场中的速度云图、速度矢量图及速度矢量局部放大图。由速度云图可知：液体运动在轴向和周向的分布不均匀，从入口垂直射入油腔的液体撞击配油盘底面后，液体运动方向发生改变向四周喷射，从第一环孔到第三环孔的环形区域内液体流动速度相对比较大，从第三环孔到边缘区

域液体流动速度小，且在该区域形成较大范围的死区，在配油盘中心位置形成小范围低速区。由速度矢量图及速度矢量局部放大图可知：在配油盘孔道底部与缸套上表面附近存在大尺度的涡旋，这些涡旋会使油腔内液压油将动能转化为热能，从而造成液体的能量损失。

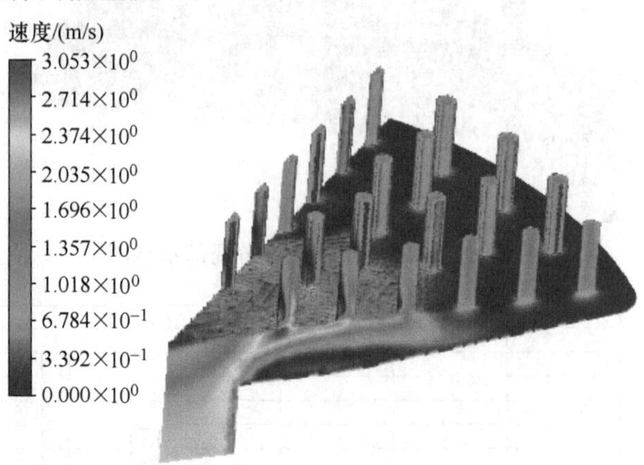

图 6-23　油腔三维模拟速度云图

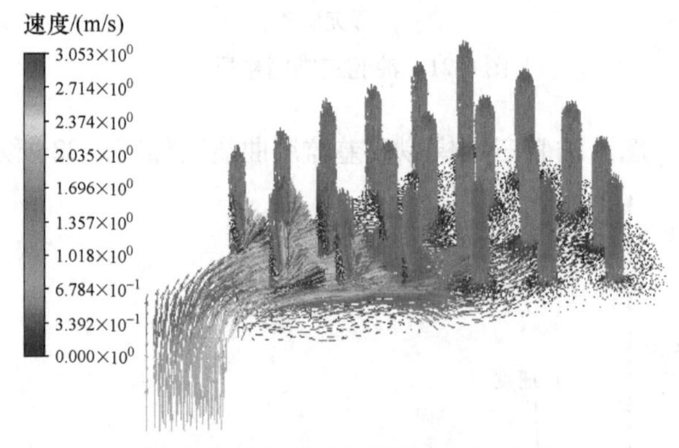

图 6-24　油腔三维模拟速度矢量图

图 6-25　油腔三维模拟速度矢量局部放大图

图 6-26 直观表示了油腔三维流场中流体压力的分布情况，经分析可知：油腔内的压力变化是非线性的，在中心区域产生局部高压。从液体入口到配油盘底面，油压的变化如图 6-27 所示，由油压变化曲线可知：从入口起点开始压力缓慢增加，当增加到一定值时，压力开始呈线性增加；从中心沿配油盘半径方向油压的变化如图 6-28 所示，由油压变化曲线可知：沿半径方向油压快速下降，当下降到最低时压力又开始升高，并趋于稳定。

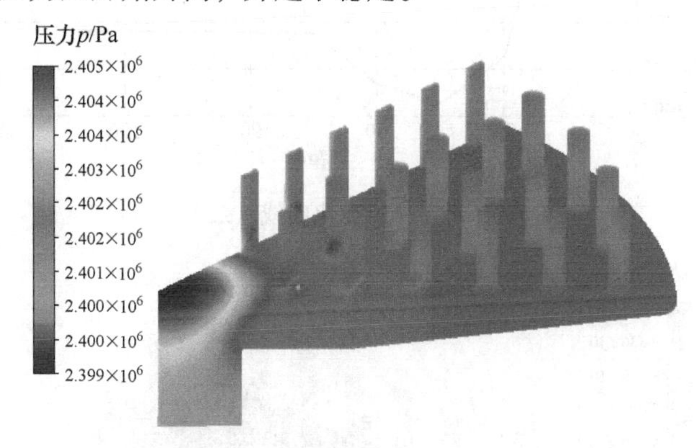

图 6-26 油腔三维模拟压力云图

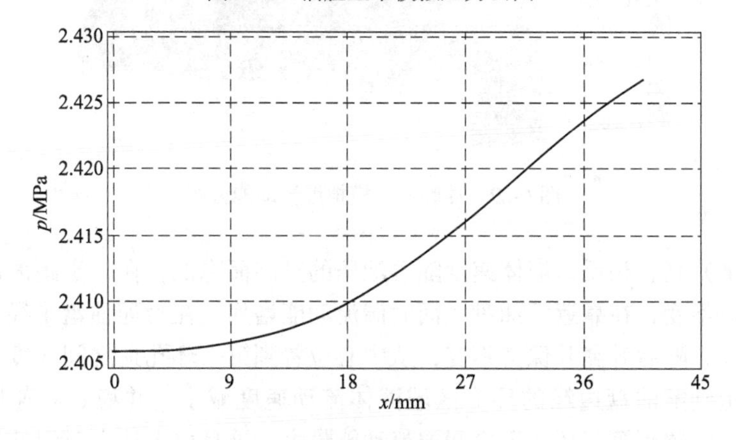

图 6-27 油压变化曲线（一）

由如图 6-29 所示的油腔三维模拟湍流动能云图可知：油腔中湍流动能的变化是非线性的，在缸套内湍流动能比较小，因此动能的耗散也比较小；当液体运动方向由轴向转变成径向时，液体的湍流动能增大，并且在配油盘孔道底部的涡旋处湍流动能最强烈，动能的耗散最大；由于沿半径方向过流面积变大，所以从第三环孔道到边缘区域湍流动能减小；由于配油盘的孔道相对狭小，所以在配油盘的孔道中液体湍流动能增大。

结合油腔的压力云图和速度云图可知：液压油在油腔内流动的过程中，油压

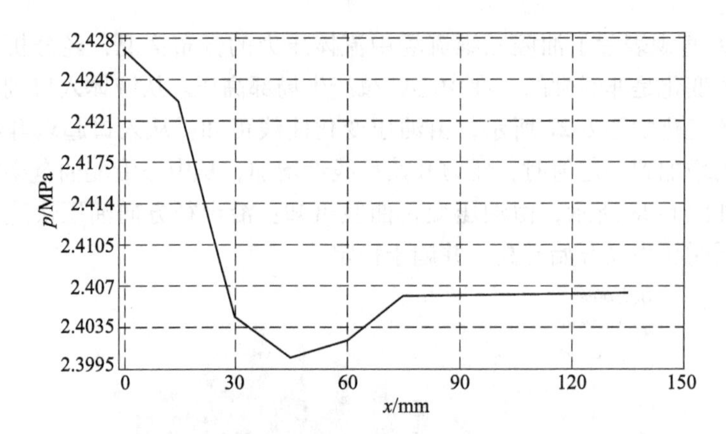

图 6-28　油压变化曲线（二）

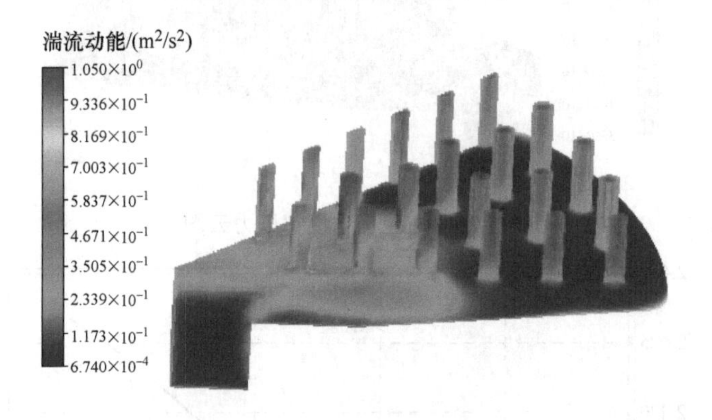

图 6-29　油腔三维模拟湍流动能云图

沿轴向逐渐升高，相反，液体速度随着油压的升高而降低，在一定距离内湍流动能基本保持不变，在靠近配油盘底面时湍流动能增加；在沿配油盘半径方向，腔内油压降低，随后升高并保持不变，从中心位置到第一环孔道之间速度增大，从第一环孔道到配油盘边缘的环形区域液体流动速度减小，并稳定到速度保持不变，从中心位置到第三环孔道之间湍流动能最大。这是由于从入口快速射入油腔的液体垂直撞击配油盘底面，使液体流动方向急速发生改变，在孔道附近液体的流动形式比较复杂且在孔道底部产生涡旋，在涡旋处，液压油的动能转化为热能，造成能量的耗散，从而影响隔膜压缩机在运行时的工作效率。

6.2.3　油腔二维流场与三维流场对比分析

通过前两节中对 MD2.5 隔膜压缩机油腔二维流场和三维流场的模拟分析，对油腔内液压油的流动性有了初步认识，对腔内油压分布、速度变化及湍流动能耗散的情况有了基本的了解。但是，运用两种不同的模拟方式计算出来的结果存在一定的差异，将油腔二维流场与三维流场模拟结果进行分析对比，对比分析结果总结如下：

1）二维流场模拟的优势在于模型简单、网格划分方便快捷、模拟速度快、计算效率高。相反，在三维流场模拟中，模型结构更复杂、网格划分比较烦琐，需要大量的时间运行计算。MD2.5 隔膜压缩机的实体结构复杂，尺寸多变，且存在距离较小的夹缝，从模型的前期处理及运算效率来看，二维流场模拟更加快捷。二维流场模拟出来的结果也可以清楚地表现出油腔内油压的分布规律、速度变化趋势及湍流动能的消耗情况。

2）三维流场模拟可以真实地反映液压油在油腔中流动的情况，液体分子在油腔的运动是无序、杂乱无章的，通过三维流场模拟可以清晰地看出油液分子在油腔中的流动轨迹。从三维流场的角度分析隔膜压缩机油腔内油液的流动性更加真实可靠，可以从不同截面、不同方向具体分析油腔内液体的流动规律。

3）二维流场与三维流场模拟分析结果都可以为隔膜压缩机油腔结构的设计优化提供参考。

6.3　MD2.5 隔膜压缩机油腔结构优化设计

从缸套的倒角、配油盘凸面结构、锥面角度及配油盘的孔径四个方面设计单因素实验的方法来优化 MD2.5 隔膜压缩机油腔结构，减小液体在油腔中的能量损失，提高压缩机工作效率，为工程设计提供参考依据。将流体分析软件 Fluent 与隔膜压缩机油腔的结构设计相结合。

6.3.1　缸套圆角的优化

在缸套加工时，缸套内径与上表面交界处自然形成了直角棱角，直角棱角的存在不仅对气缸活塞的装配造成困难，而且对油腔中液体的流动性能造成影响。当液体在油腔中流动方向由轴向变成沿配油盘半径方向时，液体向四周呈抛物面状流动，在抛物面底部形成大范围的涡旋区域，通过对缸套棱角的优化可降低抛物面到底面的高度，进而减小涡旋区域的面积，降低液体的能量损失，提高隔膜压缩机的工作效率。

1. 计算模型的确立

通过优化缸套的棱角进而使油腔的结构得到优化，减小涡旋的范围，提高压缩机的工作效率。采用单一变量的方法，在棱角处加圆角，共分析 5 种圆角，圆角半径分别为：5mm、8mm、10mm、12mm、15mm。缸套圆角为 5mm 时的油腔二维模型如图 6-30 所示。

使用单一变量的方法对油腔的缸套圆角结构进行优化，根据设定只需要控制

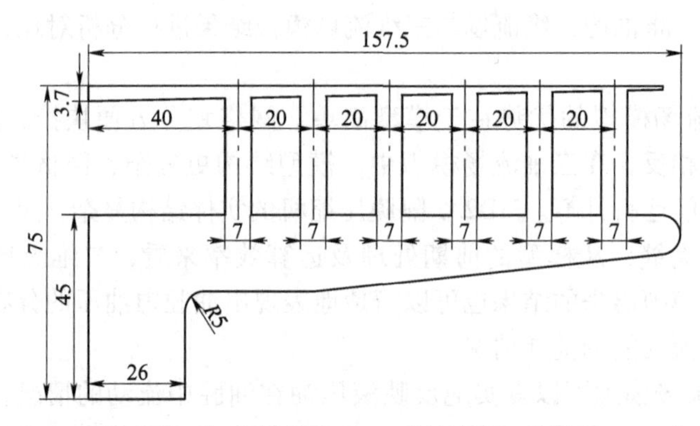

图 6-30　缸套圆角为 5mm 时的油腔二维模型

缸套圆角尺寸，油腔的其他结构参数均与初始结构参数一致。建立模型并进行相应的网格划分，油腔三维模型的网格数量为 458930。

2. 计算结果与分析

根据实际工况完成指定参数的设置并对缸套圆角的油腔模型在 Fluent 软件中进行模拟分析，计算完成后获得不同缸套圆角油腔的速度云图和湍流动能云图。

分析缸套圆角分别为 5mm、8mm、10mm、12mm、15mm 的油腔的速度云图（图 6-31 所示为缸套圆角为 5mm 时的速度云图，其他尺寸省略），得出其共同特点为：油腔液体的速度随油压的变化而变化，油压比较低的区域，液体速度比较高；缸套圆角优化后，与初始油腔结构对比分析可知，油腔周边区域的流体死区范围明显减少，在配油盘半径方向速度更加均匀，在圆角半径为 10mm 时死区范围最小；随着圆角半径的增大，油腔中最大速度随之减小。在配油盘孔径中油液的速度增大，这是因为液体在空腔流动过程中，过流端面的面积骤然变小，使得液体经过狭窄的通道时速度迅速升高。油腔中液体的速度大小与流向可以反映其本身湍流性质，油液的速度大小可以反映湍流的强度，速度方向则可以反映湍流的流动方向。当液体的流动方向由轴向变成径向时，液体的流动形式呈抛物

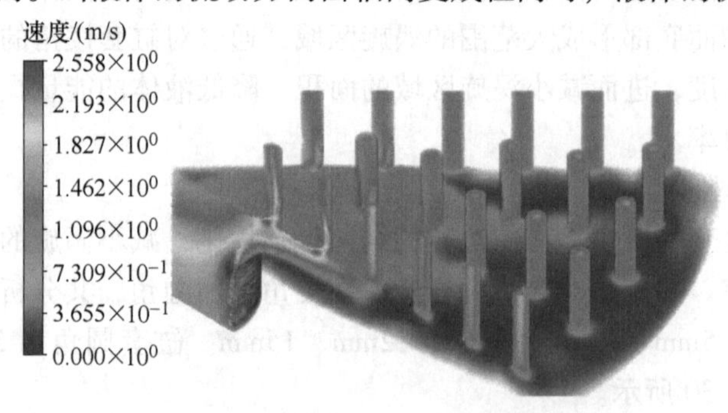

图 6-31　缸套圆角为 5mm 时的速度云图

面状，在抛物面下方形成了回流涡旋，使得液体在工作过程中产生损耗，进而降低了机械效率。通过对缸套圆角的优化，回流涡旋减小，但是并不明显，油腔结构需要进一步优化。

分析缸套圆角分别为 5mm、8mm、10mm、12mm、15mm 的油腔的湍流动能云图（图 6-32 所示为缸套圆角为 5mm 时的湍流动能云图，其他尺寸省略），由于缸套结构尺寸及整体机构的限制，圆角半径不宜再增大。由图 6-32 分析可知：在油腔的中心区域及配油盘的孔道中液体湍流动能比较大，但从数据可以看出，

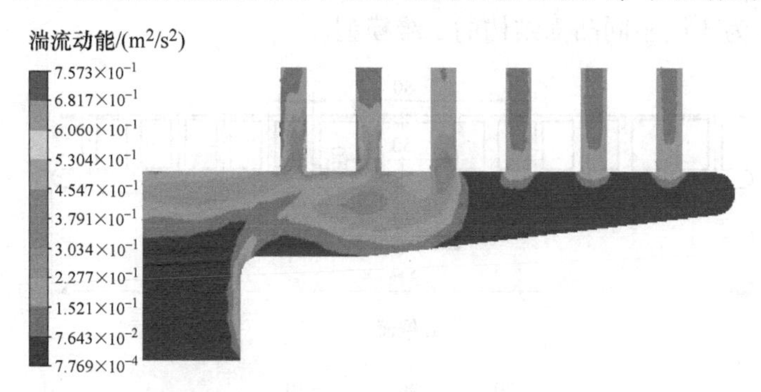

图 6-32　缸套圆角为 5mm 时的湍流动能云图

随着缸套圆角的增大，油腔中的湍流动能逐步减小，因此油腔中液体的能量损失也随之减小。不同缸套圆角对湍流动能的影响如图 6-33 所示。

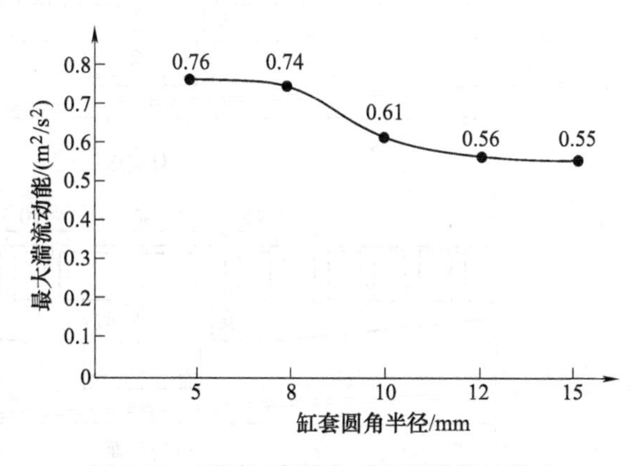

图 6-33　不同缸套圆角对湍流动能的影响

从图 6-33 可以看出：随着缸套圆角半径的增大，油腔中的湍流动能的最大值逐渐减低，但两者的关系并不是线性的。综合油腔压力、速度、湍流动能等云图分析可知：油腔结构中缸套圆角半径的最佳优化尺寸为 15mm。

6.3.2　配油盘凸面结构形式的优化

在配油盘凸面结构形式未优化前，配油盘中心处为平面，当液体垂直撞击配油盘底部平面时，液体的流动方向被迫发生改变，流动方向由轴向变成径向。在配油盘底部增加凸面结构对腔内的液体起到缓冲的作用，有助于改变液体在油腔中的流动性。不同凸面结构油腔中液体的湍流动能等流动性能不尽相同，对液体

的能量消耗也会产生不同的影响，因此合理的配油盘凸面结构对油腔结构很重要。常见的凸面结构有锥面、内圆面和外圆面等。本节重点在于优化配油盘底面中心凸面结构形状，在其他结构相同的条件下，得到湍流动能最小、能量耗散最少的凸面结构，提高压缩机的工作效率，从而为工程应用提供理论参考。

1. 计算模型的确立

为确保数值仿真模拟的准确性，对模型的结构参数进行控制，保证变量的单一性。设定配油盘孔径 7mm，缸套不加圆角，选取 3 组不同凸面结构进行模拟。图 6-34 所示为 3 组不同凸面结构的二维模型。

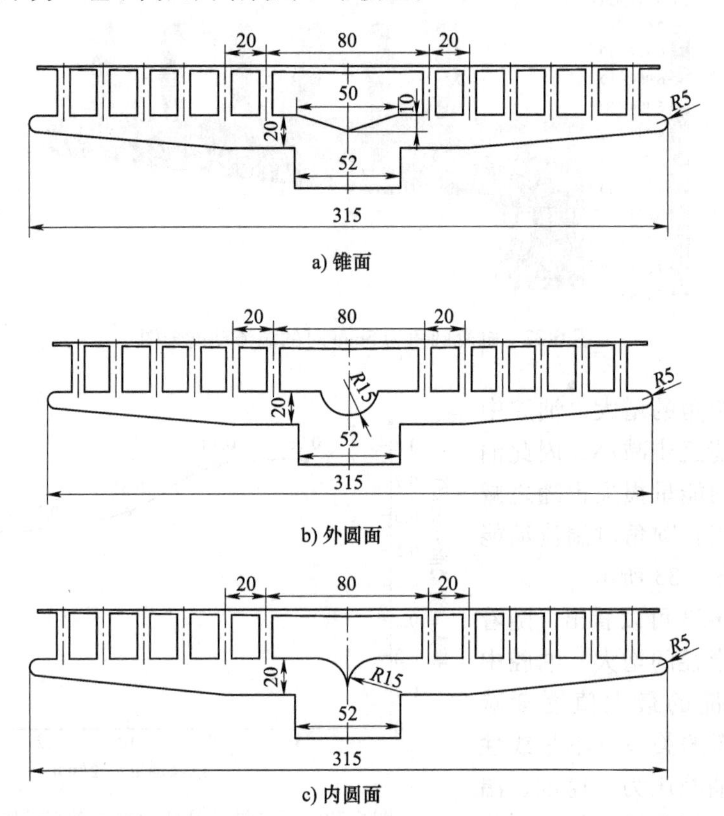

图 6-34　3 组不同凸面结构的二维模型

取三维模拟油腔模型的 1/8，锥面油腔局部三维实体模型如图 6-35 所示，三维模型网格的数量控制在 45000~50000 之间。边界条件与 6. 1. 5 节中的设置相同。

2. 计算结果与分析

通过对 3 组油腔速度矢量图分析，不难发现，液体速度在配油盘半径方向上变化剧烈，在缸套上方及配油盘孔道中存在大尺度的湍流涡旋。三维速度矢量图可以直观、清晰地反映出液体在油腔中的流动方向。在油腔中液体的流动方向是不一的、多变的，因为油腔空间比较大、压力分布不均匀，使液体沿油腔周向流动。依据油腔内液体速度的变化可知：内圆面形式的凸面结构最适合液体流动，其次是锥面和外圆面。

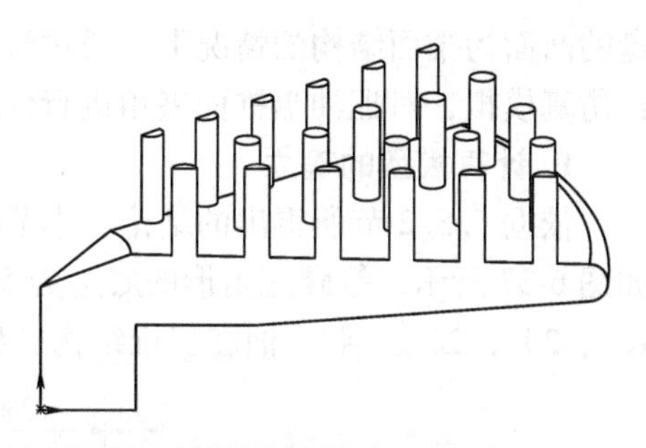

图 6-35　锥面油腔局部三维实体模型

通过黏度图的对比分析可知：腔内液体高湍流黏度区域主要分布在油腔中心位置及配油盘孔道下方，前三圈孔道下方液体的黏度最高，这主要是由于液体在流动过程中油腔的截面面积发生突变，使腔内油压分布不均进而导致油腔内产生涡旋。涡旋造成此区域的液体的湍流强度增加，湍流动能值变大，液体黏度随之增强，在此过程中完成能量转化，造成能量的损失。配油盘凸面的不同结构主要是对油腔中心液体造成影响，当液体流动方向发生改变时，配油盘底部的凸面对液体具有一定的引流作用。通过对不同凸面结构下的湍流黏度云图的比较可以看出：在该油腔结构尺寸下内圆面的湍流黏度梯度变化最明显，其次是平面、外圆面、锥面，液体湍流黏度梯度的变化情况直接反映了液体的动能变化，在上述几种配油盘凸面结构中，内圆面结构油腔的能量耗散最大。不同凸面结构下的最大湍流黏度变化如图 6-36 所示。

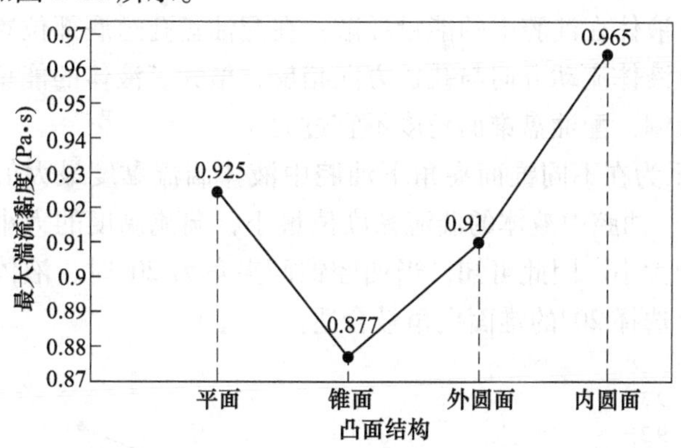

图 6-36　不同凸面结构下的最大湍流黏度变化

锥面具有加工方便、加工成本低的优势，综合上述分析及可加工性可知：配油盘的凸面结构为锥面最合适。

6.3.3　锥面角度的优化

配油盘的锥面对油腔内液体起到引流的作用，锥面角度直接影响腔内液体流动性能，进而直接影响油腔液体的能量损失情况。本节的重点研究内容是在配油盘的凸面为锥面结构的情况下，通过流体软件对几组不同锥面夹角的油腔模型进行仿真模拟，对配油盘锥面夹角进行优化。

1. 计算模型的确立

依据 6.3.2 节所得出的结论，本节对锥面结构进行研究，锥面油腔二维模型如图 6-37 所示，等腰三角形的底边为 50mm，斜边与底边的夹角 α 有 5 种：16°、18°、20°、22°、24°。油腔三维结构模型的网格数控制在 45000~50000。

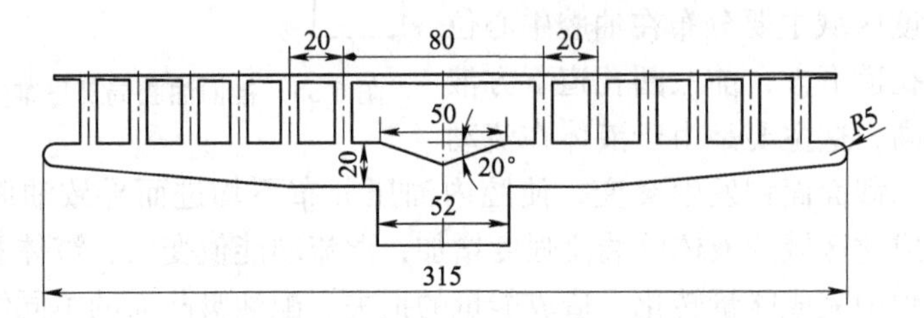

图 6-37　锥面油腔二维模型

2. 计算结果与分析

通过对锥面等腰三角形底边为 50mm 时，斜边与底边在 5 种不同夹角下油腔的三维速度矢量图和二维湍流黏度云图分析，可清楚地看出，液体经过油腔通道时，在配油盘锥面中心处及第一环孔和第三环孔之间的空腔位置形成形状不同的涡旋，主要造成液体在油腔中的能量耗散；在配油盘孔道底部位置形成了较小的湍流涡旋，有时液体流动方向与孔道方向相反，增大了液体的能量消耗。由于油腔结构尺寸的限制，配油盘锥面角度不宜过大。

图 6-38 所示为在不同锥面夹角下油腔中液体湍流黏度最大值的变化。当锥面角度为 20°时，油腔中液体的湍流黏度值最小，湍流黏度的大小直接反映了油腔中湍流动能的大小。因此可知，当油腔锥面夹角为 20°时，液体在油腔中能量消耗最低，所以选择 20°的锥面夹角最合适。

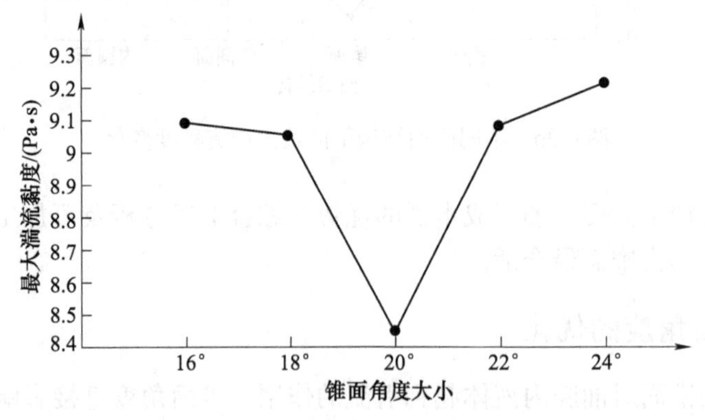

图 6-38　不同锥面夹角下最大湍流黏度变化

6.3.4 配油盘孔径的优化

配油盘的孔道是油腔内液体的重要通道，液体流经配油盘孔道喷射至配油盘上方，实现对弹性膜片的驱动。以往主要根据工程师的经验对配油盘通道孔径进行设计，要保证配油盘通道的总面积是活塞面积的 1.5~2 倍，但是对孔道的个数及孔径并没有特殊规定，因此在实际工程设计中存在很大的缺陷。本节的重点研究内容是在原油腔结构不变的情况下，通过流体仿真模拟分析几组不同配油盘孔径的物理模型，优化配油盘孔径的大小，为工程实践提供理论参考。

1. 计算模型的确立

本节针对配油盘孔径大小进行研究，8mm 孔径油腔在其他结构不变的情况下，设置 5 种不同的孔径结构：6mm、7mm、8mm、9mm、10mm。三维结构模型网格单元数控制在 45000~50000。

2. 计算结果与分析

通过对孔径分别为 6mm、7mm、8mm、9mm、10mm 的油腔中液体的速度云图分析可知，随着孔径的增大，油腔中液体的最大速度逐渐变小，油腔中死区范围有所减小，配油盘通道的过流面积随之增大，因此在入口流量不变时，油腔中液体的最大速度有所降低。图 6-39 所示为孔径为 6mm 时油腔中液体的速度云图（其他孔径尺寸省略）。

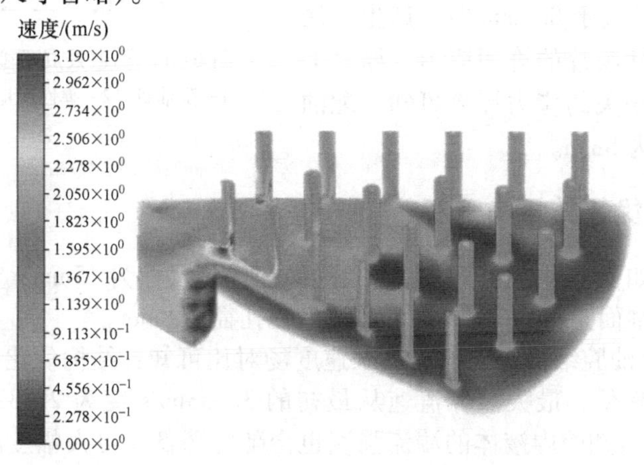

图 6-39 孔径为 6mm 时的速度云图

图 6-40 所示为配油盘通道在不同孔径的情况下油腔内最大速度变化趋势，当孔径为 10mm 时，油腔内速度最低。当油腔内速度越低时，油腔内液体的湍流动能耗散率也越低，所以随着孔径的增大，油腔内液体的湍流耗散率逐渐减低。

当弹性膜片与配油盘贴合时，孔道处会产生局部变形，因此孔径的大小也会受到弹性膜片局部应力的限制，变形示意图如图 6-41 所示，局部应力计算公式

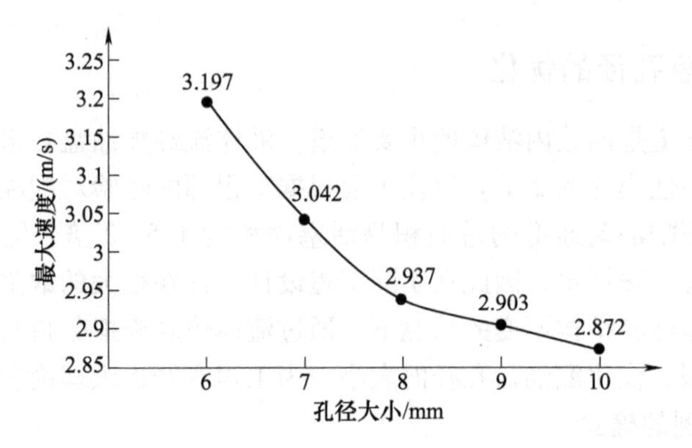

图 6-40　不同孔径下的最大速度变化

如下

$$\sigma_0 = \Delta p\left[0.67\left(\frac{R}{h}\right)^2 + 1\right] \tag{6-6}$$

式中　R——配油盘孔道半径（mm）；

h——弹性膜片厚度（mm）；

Δp——压差（Pa）。

通过计算，配油盘通道孔径不能超过 8.5mm，当孔径大于 8.5mm 时，产生的局部应力大于弹性膜片的许用应力。综合上述模拟分析及相关的应力计算可知，配油盘的最佳孔径为 8mm。

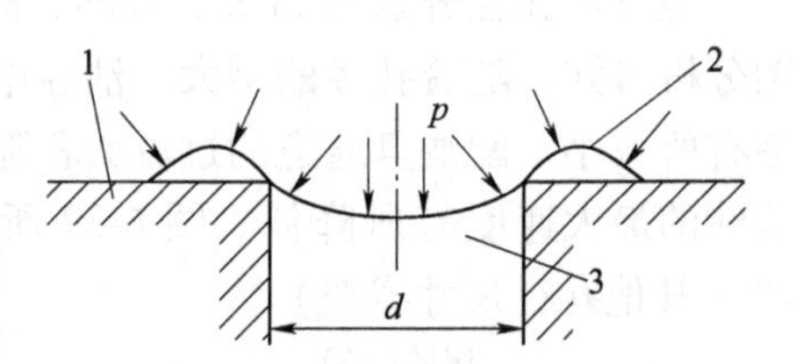

图 6-41　孔道处局部变形示意图

1—配油盘　2—弹性膜片　3—孔道

6.3.5　最终优化结果与分析

分析得到如下结果：缸套圆角半径的最佳优化尺寸为 15mm；最优凸面结构为锥面；最优锥面夹角为 20°；配油盘的最佳孔径为 8mm。

1）通过对油腔结构优化前后三维速度场对比可知：结构优化后，油腔中液体的流速明显降低，最大液体流速从最初的 3.053m/s 变为 2.337m/s，减小了 23.45%，进而可知腔内液体的湍流强度也会随之降低，可大幅度降低液体在油腔中的能量消耗。据此分析，优化后的油腔结构更加有利于液体在腔内的流动。

2）通过对油腔结构优化前后三维速度剖面图对比可知：油腔中心处的死区消失，油腔周边区域的死区范围明显减少，配油盘锥面附近的速度梯度降低，在缸套上方的回流涡旋的尺寸明显减小，改善了液体在油腔内的流动性。

3）通过对油腔结构优化前后湍流动能云图及黏度云图对比可知：优化前油腔结构流场中液体动能的消耗主要集中在中心至第三环孔道范围内及配油盘通道处，最大湍流动能值为 1.05m²/s²。优化后油腔中液体的湍流动能消耗的集中位置基本没有变化，但最大湍流动能值降低至4.92×10⁻¹m²/s²。整个油腔通道内的液体湍流动能下降了53.14%，油腔中湍流动能的变化表明优化后的结构有效地减小了液体在油腔中的湍流，使得液体流经油腔时减小能量耗散；油腔结构优化对湍流黏度的分布没有明显影响，在锥面底部液体的湍流黏度最大，但最大湍流黏度值降低，最大值从初始的9.52×10⁻¹Pa·s下降至8.85×10⁻¹Pa·s，下降了7%，进而减少了油腔内液体动能向内能的转化，降低了能量消耗，提高压缩机的工作效率。

综上对比分析得出：通过对油腔结构的优化，改善了液体的流动性能、降低了液体湍流强度、减少了能量消耗。

参考文献

[1] 隋洪涛，李鹏飞，驰虎，等．精通CFD动网格工程仿真与案例实战［M］．北京：人民邮电出版社，2013.

[2] 阎超．计算流体力学方法及应用［M］．北京：北京航空航天大学出版社，2006.

[3] 李万平．计算流体力学［M］．武汉：华中科技大学出版社，2004.

[4] SHEIKHALISHAHI S M，ALIZADEHRAD D，DASTGHAIBYFARD G H，et al. Efficient computation of N-S equation with free surface flow around an ACV on shirazUCFD grid［C］//Advances in Computer Science and Engineering 13th International CSI Computer Conference，CSICC 2008 Kish Island，Iram，March 9-11，2008 Revised Selected Papers. Berlin. Springer，2008：799-802.

[5] 温正．FLUENT流体计算应用教程［M］．2版．北京：清华大学出版社，2013.

[6] DEMESOUKAS S，CAILLOL C，HIGELIN P，et al. Near wall combustion modeling in spark ignition engines. Part A：flame-wall interaction［J］. Energy Conversion and Management，2015，106：1426-1438.

[7] 姜浩．4HS-MG迷宫压缩机密封性能分析与密封齿优化结构设计研究［D］．沈阳：沈阳理工大学，2017.

[8] CENGEL Y A，CIMBALA J M. 流体力学基础及其工程应用（上册）：翻译版：原书第4版［M］．李博，梁莹，译．北京：机械工业出版社，2019.

[9] CEBECI T，SHAO J P，KAFYEKE F，等．工程计算流体力学［M］．符松，译．北京：清华大学出版社，2009.

第7章 迷宫密封结构优化设计

07

7.1 转速对密封性能的分析

以企业生产的4HS-MG迷宫压缩机分析矩形齿和梯形齿密封对泄漏的影响，及其在齿形、齿数、密封间隙、压比等相同时对泄漏的影响。

7.1.1 模型的建立

以4HS-MG迷宫压缩机的一级活塞和气缸为例，其主要技术参数见表7-1。

表7-1 4HS-MG迷宫压缩机主要参数

级数	Ⅰ	Ⅱ	Ⅲ	Ⅳ
进气口压力/MPa	1	—	—	—
出气口压力/MPa	—	—	—	30
进口温度/℃	30	40	40	40
排出温度/℃	155	159	45	135
气缸直径/mm	1300	700	425	270
气缸行程/mm	80			
曲轴转速/(r/min)	1875			
轴功率/kW	240			
电动机功率/kW	315			

该压缩机第一级气缸的长度为1300mm，宽度为300mm，将模型进行简化。密封间隙采用0.2mm，矩形齿槽宽度为间隙的20~30倍，深度为间隙的3~5倍，凹槽间隙大于间隙的50倍，深宽比为0.2，凹槽间隙大于2.5mm。梯形齿仿照矩形齿进行建立模型。本节根据最佳矩形密封机构和梯形密封机构建立二维模型

图，选取宽度 $W=1.5\mathrm{mm}$，深度 h 从 $0.2\sim3.5\mathrm{mm}$ 依次算出其泄漏量。齿形的局部放大图如图 7-1 所示。

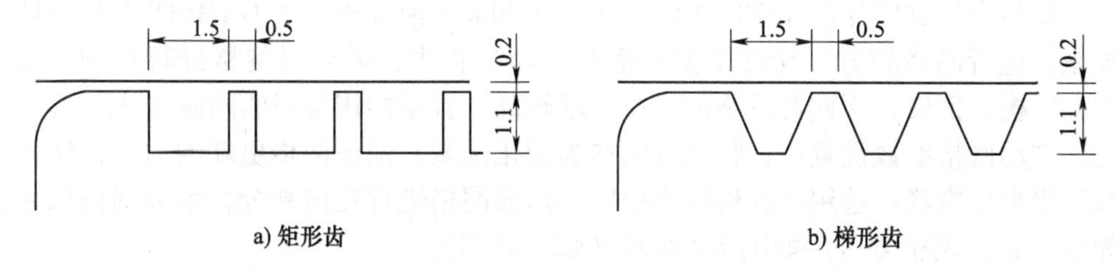

图 7-1　齿形的局部放大图

7.1.2　活塞运动规律的分析

迷宫压缩机的曲柄连杆机构是压缩机各运动构件的总和，其中包括曲轴、连杆、活塞、十字头和活塞杆。活塞的速度随着曲轴转角的变化而发生改变。

根据活塞位移 x 和曲轴转角的关系

$$x = r\left[(1-\cos\theta)+\frac{\lambda}{4}(1-\cos2\theta)\right] \tag{7-1}$$

迷宫压缩机曲轴的旋转可以认为是等速的，则

$$\frac{\mathrm{d}\theta}{\mathrm{d}t}=\omega=\frac{\pi n}{30} \tag{7-2}$$

对式（7-1）中的时间求一阶导数，可以得出活塞运动的速度为

$$v=r\omega\left(\sin\theta+\frac{\lambda}{2}\sin2\theta\right) \tag{7-3}$$

实际工作中使用活塞的平均速度，即

$$v_{\mathrm{m}}=\frac{sn}{30} \tag{7-4}$$

式中　r——曲轴旋转半径（m）；

λ——曲轴旋转半径和连杆长度的比；

θ——转角（°）；

ω——曲轴旋转的角速度（rad/s）；

n——曲轴的转速（r/min）；

s——行程（m）。

选取电动机的转速分别为 375r/min、750r/min、1125r/min、1500r/min、1875r/min，即活塞的平速度为 1m/s、2m/s、3m/s、4m/s、5m/s，研究不同时刻泄漏量的变化。

7.1.3 网格划分

以整个气缸作为流体空间的计算域，用 Fluent 前处理软件 GAMBIT 在整个计算域内进行网格划分。动网格模拟活塞运动过程中，需要对网格进行拉伸、压缩、重构、消失，因此对网格的质量要求较高，且不能用常规的网格划分形式。

在动网格参数设置中，将气缸壁作为变化区域，保证网格更新的质量，使计算结果更加准确。选用非结构网格中的三角形网格进行几何划分，划分网格尺寸为 0.2mm，网格划分后如图 7-2 所示（部分截图）。

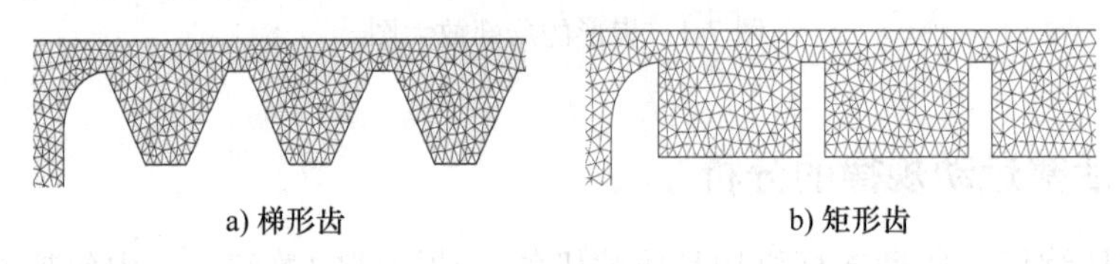

a) 梯形齿　　b) 矩形齿

图 7-2　网格划分局部放大图

7.1.4 模型设置

气缸采用横向模型、理想气体、绝热壁面、进口压力恒定，气体在密封腔内视为湍流，压力作为边界条件，按照 SIMPLEC 算法，离散格式选用二阶迎风格式，模型选用 k-ε 模型和标准函数。以下介绍动网格的设置。

1. UDF 的编写

气体的压缩过程是每一个周期压缩两次。粗略地认为这两次压缩气体的过程中气缸内气体的流动状态近似相同，所以只需要考虑半个周期即可。本节考虑到活塞的实际运动情况，设定活塞运动的速度按照正弦运动规律变化。按照上述设定的速度，活塞的运动规律为

$$v = A\pi\sin(B\pi t) \tag{7-5}$$

A 的值分别为 1/2、1、3/2、2、5/2，B 的值分别为 0.08、0.06、0.04、0.02、0.01，最大速度为 $\frac{1}{2}\pi$m/s，平均速度为

$$v_{\mathrm{m}} = \frac{2}{\pi}v_{\max} = 1\mathrm{m/s} \tag{7-6}$$

应用 UDF 函数中的宏 DEFINE_CG_MOTION 制定活塞速度随时间的改变。

2. 动网格参数设置

由于活塞在气缸内处于运动状态，静态模拟很难满足条件，所以本节采用动网格来模拟活塞在气缸中的运动，活塞的运动利用用户自己定义的 UDF 函数来实现。Fluent 软件中的动网格算法主要用来计算内部网格节点的调节，应选取弹性光顺和局部重构两种算法。

设置动网格参数。将弹性常数因子（spring constant factor）设置为 1，边界节点松弛因子（boundary node relaxation factor）设置为 0，激活尺寸函数（size function）、最小长度规（minimum length scale）、最大长度规（maximum length scale）和最大网格扭曲率（maximum cell skewness）参照网格尺寸信息进行设置。修改尺寸重构间隔（size re mesh interval）为 5，其余参数保持默认不变。

3. 残差及步长的设置

迷宫压缩机的气缸内气体速度、湍流动能和湍流扩散率都设置为 10^{-4}，当湍流动能和湍流扩散的残差精度小于 10^{-4}时则认为该计算达到收敛精度，并且可通过查看是否满足质量守恒进而判断是否满足收敛，即查看入口和出口质量流的差值，小于 0.01 则认为满足收敛精度。动网格计算每个时间子步的最大迭代步数为 20 步。

迷宫压缩机气缸的计算残差值监测曲线图如图 7-3 所示。

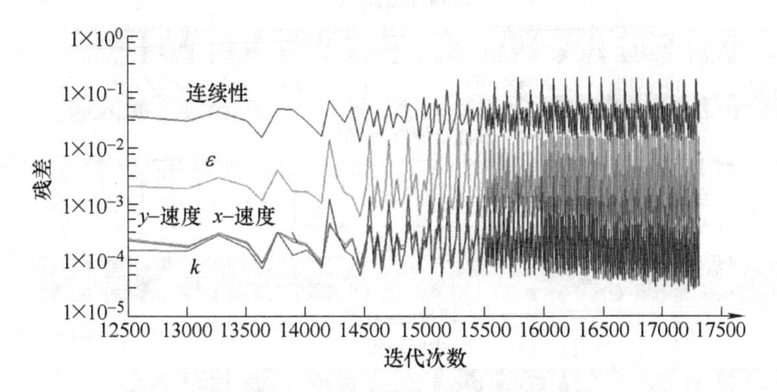

图 7-3　动网格计算残差监测曲线图

为了避免仿真计算过程中模型出现负体积，则需要对时间步长进行调整。每一个模型的时间步长均不一样。时间步长的设置是根据用户的计算需要，先基于最小网格尺寸和最大的运动速度，算出一个较大的时间步长，然后选取小于计算值进行调试，最终得出一个合适的时间步长。

7.1.5　数值仿真结果与分析

1. 矩形齿和梯形齿湍流和速度矢量的对比

活塞的运动是一个连续运动的过程，整个过程无法全部体现，本节选取其中的几个时间点，观察不同速度下的湍流云图和速度矢量图，表示模型中气体的流动状态。

图 7-4 和图 7-5 分别表示速度 1m/s 时，矩形齿和梯形齿三个位置的湍流云图和速度矢量图。

1）气体在迷宫间隙流动过程中的速度要明显高于在迷宫密封空腔内的速度，

这是因为，气体从活塞边缘的缝隙进入第一个密封空腔，相当于气体在狭窄的密封间隙中高速运动，突然进入一个较大的空间，所以速度会减小，并形成涡旋。有些气体动能和动量交换强烈，也有些气体交换比较微弱，形成的涡流也有大有小。综上，迷宫结构的存在对气体的流动产生了一定的影响。

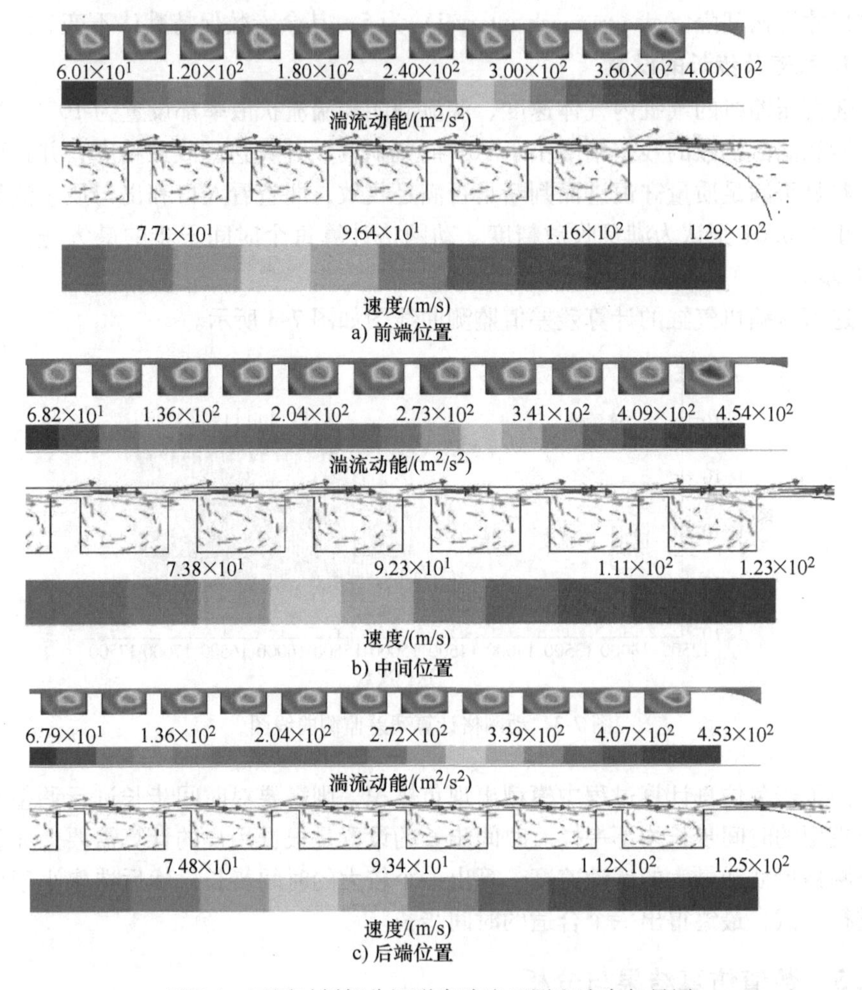

图 7-4　不同时刻部分矩形齿湍流云图和速度矢量图

2）活塞运动时，密封空腔内湍流黏度时刻发生改变。气流在齿形空腔中的流动可以分为中心的主涡旋、空腔两边角处的小角涡和齿尖后的分离涡等流动形式。中心处的主涡旋对密封效果起主导作用。

3）观察湍流云图可以发现，矩形齿中气体在每一个空腔内均产生了大小不等的涡旋，且涡旋多数出现在空腔的中间位置，空腔利用率较高，能量耗散明显。梯形齿中气体通过空腔并没有很多大的涡旋，但是最大湍流动能达到

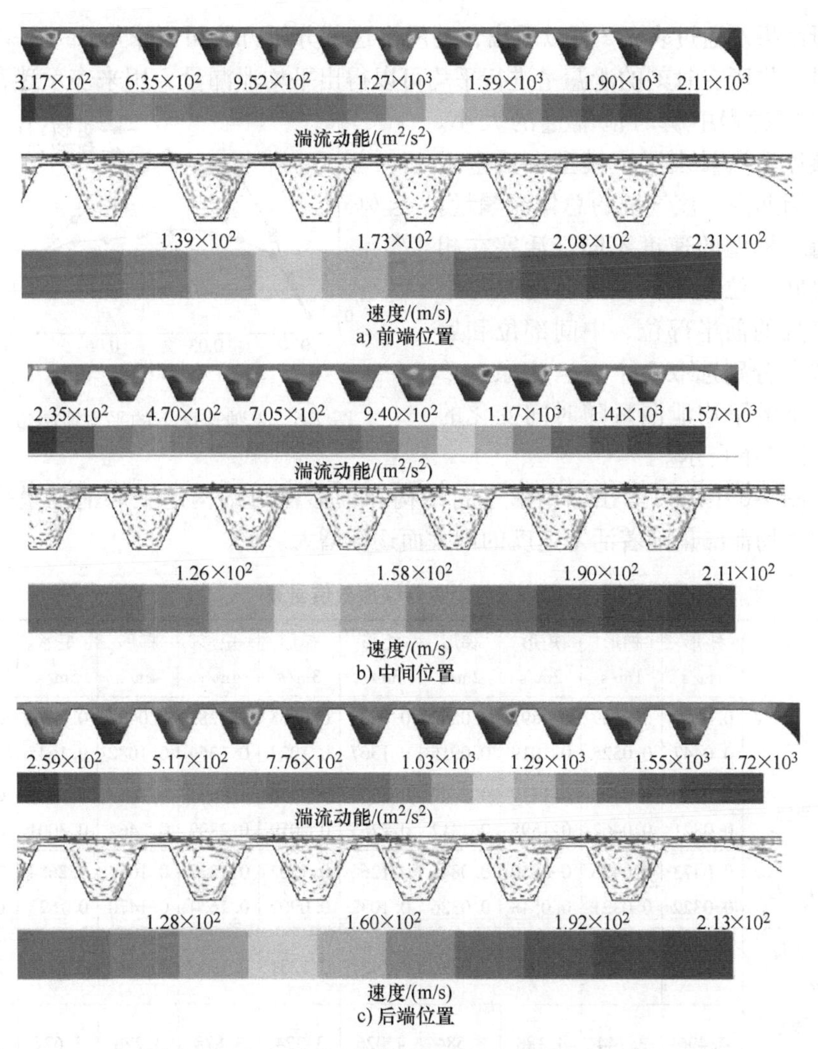

图 7-5　不同时刻部分梯形齿湍流云图和速度矢量图

$2110\mathrm{m}^2/\mathrm{s}^2$，较矩形齿最大的湍流强度多出了 4.6 倍，能量耗散很明显。梯形底部湍流在此处产生涡旋能力弱，能量耗散水平不高，所以该尺寸的梯形齿没有达到最佳情况，还存在一定的改进空间。

4）从矩形齿和梯形齿的速度矢量云图可知，节流间隙处流动截面小，气流产生射流现象，流速增大，压力能转化为动能；当气体进入凹腔内部时，由于空腔流动截面较大，气体流速降低，在空腔内部形成大的涡旋。由于节流作用和密封齿腔内的动能耗散作用，从而降低压力，达到密封作用。

2. 泄漏量的对比

表 7-2 给出了两种空腔结构采用动网格技术数值模拟所得到的不同速度下的

泄漏量结果。通过表 7-2 可以看出，动网格这种分析方法可以求解出每一时刻的泄漏量，将所有时刻的泄漏量进行平均可以得出平均泄漏量，用来表示迷宫压缩机在工作过程中瞬时泄漏量的大小。使用整体泄漏量表示本模型在活塞运动半个周期内，该气缸的总体泄漏量。由于每个模型的速度不同，活塞在相同的时间点位置不同，所以选取每个模型气缸的前半部位、中间部位和后半部位（分别选取 2 个点）记录。单独速度下的平均泄漏量随时间变化的曲线如图 7-6 所示。

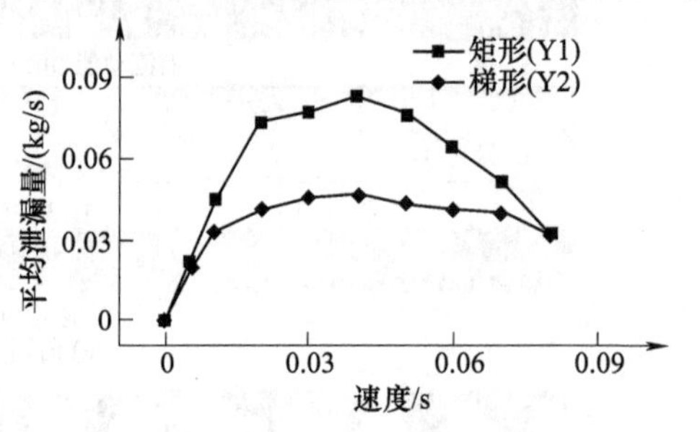

图 7-6　单独速度下的平均泄漏量

从图 7-6 中可以看出，矩形密封结构和梯形密封结构的平均泄漏量变化曲线，即平均泄漏量随着活塞速度的增大而逐渐增大。

表 7-2　泄漏量模拟数值结果

时间	矩形 1m/s	梯形 1m/s	矩形 2m/s	梯形 2m/s	矩形 3m/s	梯形 3m/s	矩形 4m/s	梯形 4m/s	矩形 5m/s	梯形 5m/s
前半部位	0.0567 0.0447	0.0669 0.0525	0.0895 0.1019	0.0542 0.0915	0.0535 0.1367	0.0765 0.1023	0.1283 0.1364	0.0484 0.1082	0.1396 0.1645	0.0573 0.1049
中间部位	0.0740 0.0821	0.0408 0.0462	0.1379 0.1595	0.1440 0.1312	0.2435 0.2255	0.1576 0.2019	0.2631 0.2899	0.2669 0.2464	0.3235 0.3001	0.3357 0.3457
后半部位	0.0473 0.0322	0.0426 0.0321	0.0850 0.0543	0.0845 0.0326	0.1266 0.1092	0.1102 0.0902	0.1827 0.1634	0.1664 0.1470	0.2684 0.1623	0.2054 0.0903
平均泄漏量/(kg/s)	0.0562	0.0468	0.1047	0.0896	0.1491	0.1231	0.1939	0.1639	0.2264	0.1899
整体泄漏量/10^{-3} kg	4.496	3.744	4.188	3.584	4.026	3.324	3.878	3.278	3.622	3.038

从表 7-2 和图 7-7 中可以看出，整体泄漏量较小，这是因为该模型是简化模型，周期较短（实际中，整体泄漏量会远远大于该计算结果）；随着活塞速度的增大，平均泄漏量是逐渐增大的，而整体泄漏量却是逐渐减少的，这是因为活塞的运动周期也是影响整体泄漏量的一个因素。

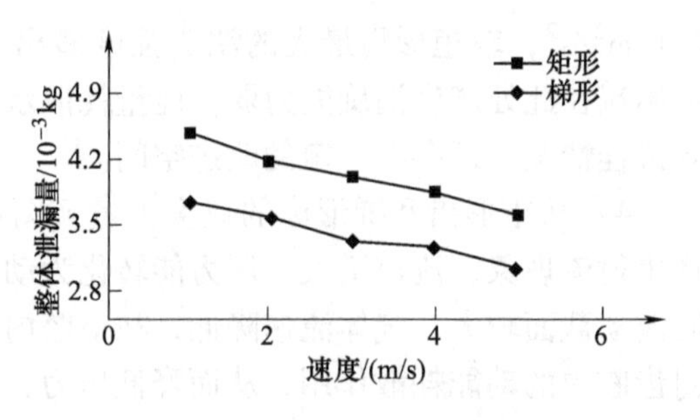

图 7-7　整体泄漏量数值模拟结果比较

3. 速度仿真结论

1）在一定的条件下（即相同的齿形、齿数、密封间隙、压比等），随着活塞速度的增大，平均泄漏量逐渐增大。但在压缩机工作的一个周期内，整体泄漏量是减少的。所以在迷宫压缩机设计时可以适当提高转速，或者减少行程，这样有利于减少整体泄漏量。

2）在相同的条件下，梯形齿结构的密封性能，要明显优于常用的矩形齿。所以建议在实际生产中，优选梯形齿结构。

3）考虑迷宫压缩机的速度对密封性能的影响，对高速迷宫压缩机设计时速度的选取具有指导意义。

7.2　影响密封性能因素主次分析

将 CFD 动网格技术和正交试验的设计理论进行结合，探究影响迷宫密封的因素对泄漏量影响的大小，并通过较少次数的数值模拟得到计算试验结果，最后通过计算得到迷宫密封泄漏量与影响因素之间的关系，从而为企业经济生产提供理论上的支持。

7.2.1　试验的设计步骤

1）确定试验目的和评价指标。通过分析 4HS-MG 迷宫压缩机的密封性能，达到减少压缩机泄漏量的目的。使用泄漏量作为衡量迷宫压缩机密封性能的指标，且越少越好。

2）挑选影响因素作为水平因素表。对于因素的选择主要符合以下原则：针对泄漏量影响较大的因素；对于泄漏量影响较小或无影响的因素不考虑。对于选取出的影响因素，根据前期学者的研究和生产经验，确定因素的影响范围。

3）选择并设计正交表头。根据 4HS-MG 迷宫压缩机的影响因素个数、水平数以及计算量大小而定。选中正交表既要能容下所有要考虑的因素，又要考虑试验号最小。本节选用 4 个影响因素。

4）确定试验方案，进行试验，并记录结果。在计算仿真中，得到 8 个仿真方案。

5）对试验结果进行分析和计算，得出 4 个影响因素的主次关系，并选出最佳方案。

根据正交试验步骤，建立矩形结构正交表，见表 7-3。

表 7-3 矩形结构正交表

试验因素	间隙宽度/mm	空腔深度/mm	进出口压力比	活塞速度/(m/s)	泄漏量/(kg/s)
1	0.3	0.7	2.0	3	仿真结果
2	0.3	1.0	3.0	4	仿真结果
3	0.3	2.0	4.0	5	仿真结果
4	0.4	0.7	3.0	5	仿真结果
5	0.4	1.0	4.0	3	仿真结果
6	0.4	2.0	2.0	4	仿真结果
7	0.5	1.0	2.0	5	仿真结果
8	0.5	2.0	3.0	3	仿真结果
9	0.5	2.0	3.0	3	仿真结果

7.2.2 试验分组

目前影响泄漏量的因素，主要有：间隙宽度、空腔深度、进出口压力比、活塞速度。深入探讨这些影响因素对泄漏量的影响规律，可为迷宫压缩机的研发提供一定的理论依据。

正交试验选用迷宫间隙宽度的范围为 0.3~0.5mm。

迷宫密封的空腔深度，对迷宫空间涡旋的形成有很大的影响。迷宫空腔深度浅，气体进入空腔后因为回流区很少，所以很难形成完整、有效的涡旋，从而迷宫空腔中涡旋的能量消耗较低，迷宫密封效果不好。本节选取空腔深度为 0.7~2mm。

进出口压力比决定了迷宫压缩工作的环境及压缩机的设计，如果工程环境中需要得到较高出口压力，可以采用多级压缩的方法。一般情况下，单级气缸的进出口压力比不易过大，如果过大会对压缩机的制造材料有很大的要求，本节选取进出口压力比为 2~4。

针对高速迷宫压缩机，故选取活塞速度为 3m/s、4m/s、5m/s（即在本模型中电动机的速度为 1125r/min、1500r/min、1875r/min）。继续选用常见齿形矩形空腔结构作为计算模型。

进出口压力比和活塞速度不属于迷宫密封结构参数，这两个参数需要在 Fluent 中进行设置。在正交试验设计时，先把进出口压力比和其他结构参数一起分组，等到数值模拟时，再对应设置。

7.2.3　数值仿真结果与分析

根据正交表中的影响因素，结合 4HS-MG 迷宫压缩机的尺寸建立模型，图 7-8 中仅列举出间隙宽度为 0.3mm、空腔深度为 0.7mm，间隙宽度为 0.4mm、空腔深度为 1mm，间隙宽度 0.5mm、空腔深度为 2mm 的三个模型。

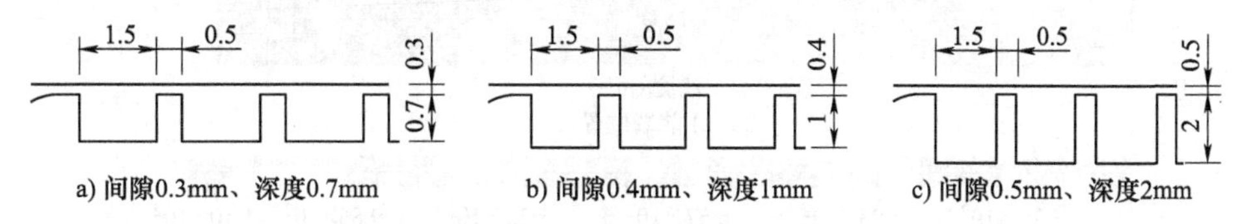

图 7-8　正交试验迷宫密封矩形模型

参考 7.1.4 节中动网格的设置并进行计算，依旧选取每一个模型中气缸的前半部位、中间部位以及后半部位。每个位置选取 2 个点测其泄漏量。矩形齿正交试验结果见表 7-4。

表 7-4　矩形齿正交试验结果

试验因素	试验因素 1	试验因素 2	试验因素 3	试验因素 4	试验因素 5	试验因素 6	试验因素 7	试验因素 8	试验因素 9
前半部位	0.014	0.012	0.017	0.146	0.015	0.015	0.236	0.114	0.018
	0.203	0.190	0.273	0.292	0.183	0.210	0.297	0.308	0.258
中间部位	0.223	0.258	0.312	0.368	0.261	0.309	0.375	0.392	0.329
	0.273	0.324	0.319	0.395	0.292	0.319	0.461	0.366	0.380
后半部位	0.210	0.136	0.296	0.309	0.246	0.246	0.422	0.342	0.210
	0.103	0.094	0.245	0.297	0.145	0.129	0.319	0.311	0.123
平均泄漏量/(kg/s)	0.171	0.169	0.244	0.301	0.190	0.205	0.352	0.306	0.220
整体泄漏量×10^{-2}/kg	3.93	2.96	3.41	4.21	4.37	3.59	6.16	4.28	5.06

将半个周期的试验数值填入矩形结构正交表中，并进行比对。

由于每个模型的湍流云图和速度矢量图存在一定的相似性，故只列出模型 1、模型 5 和模型 9 的湍流云图和速度矢量图（其余省略），如图 7-9～图 7-11 所示。

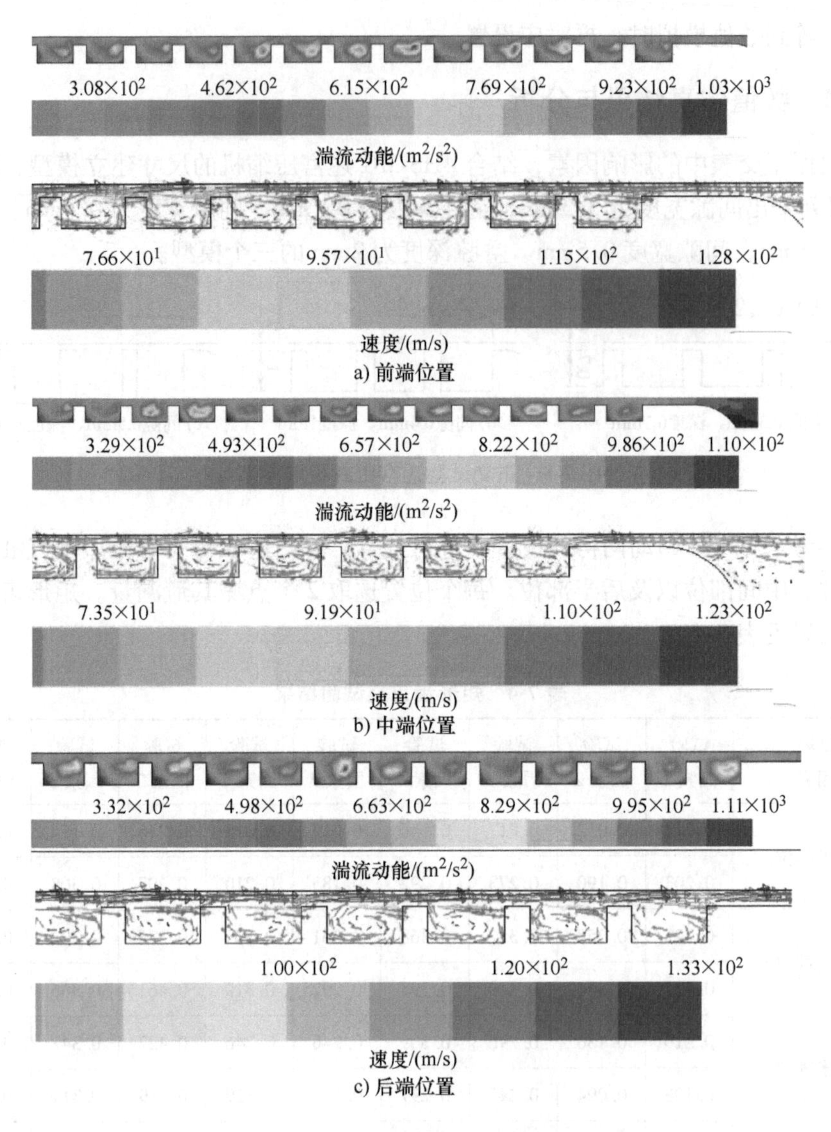

图 7-9　模型 1 部分湍流云图和速度矢量图

从图 7-9~图 7-11 中可以看出，不同结构的矩形空腔对密封的影响有很大的关系。从湍流云图可以看出，模型 1、模型 5 和模型 9 的最大湍流强度是增加的。模型 1 中湍流强度出现在密封空腔的位置较好，但是强度并不大；模型 5 中湍流强度有所增加，但是主要出现在密封齿齿根处，对能量耗散较小，密封性能降低，密封结构并不是很理想。模型 9 的湍流强度在 3 个模型中是最大的，但是湍流强度较大的位置没有出现在密封空腔中，而是出现在活塞密封空

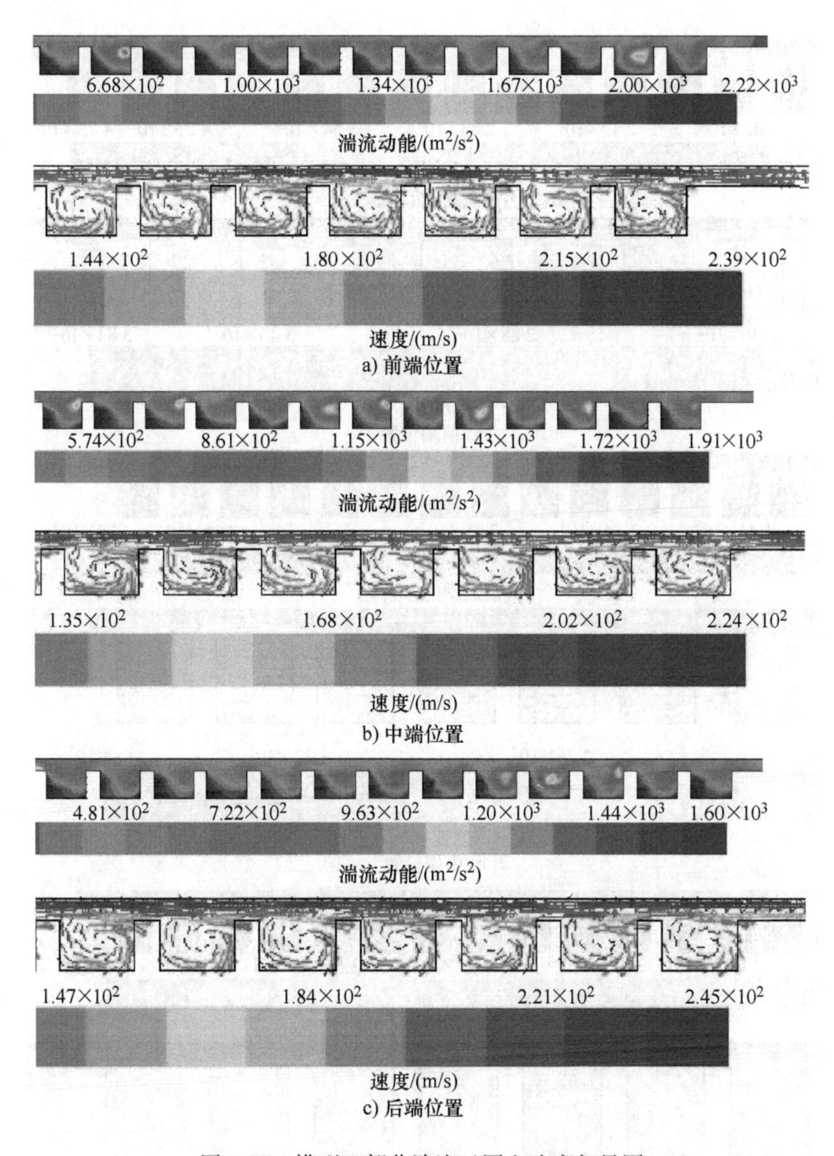

a) 前端位置

b) 中端位置

c) 后端位置

图 7-10　模型 5 部分湍流云图和速度矢量图

腔的初始位置，这是由于活塞的倒角和气缸壁产生了一种类迷宫的过程，但该过程产生的位置较小，对整体的密封性能产生的影响并不是很大。从速度矢量图中可以看出，模型 1、模型 5、模型 9 的最大速度是逐渐增大的，这是因为 3 个模型中气缸进出口的压力比在逐渐增大。随着进出口压力比的增大，泄漏量也逐渐增大。

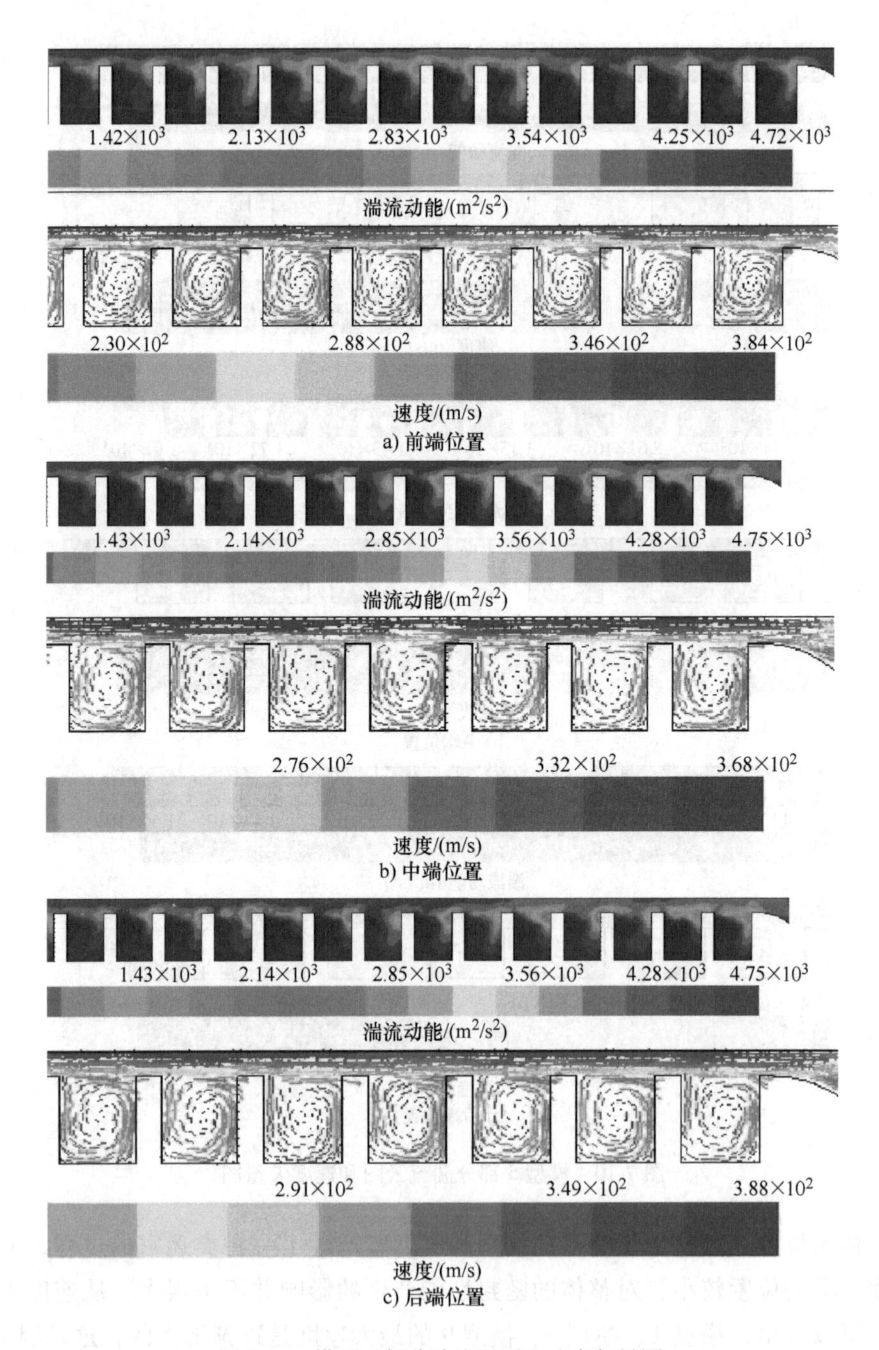

a) 前端位置

b) 中端位置

c) 后端位置

图 7-11　模型 9 部分湍流云图和速度矢量图

正交试验泄漏量的分析见表 7-5。

表 7-5　矩形结构泄漏量正交表

试验因素	间隙宽度/mm	空腔深度/mm	进出口压力比	活塞速度/（m/s）	整体泄漏量/10^{-2}kg
1	0.3	0.7	2.0	3	3.93
2	0.3	1.0	3.0	4	2.96
3	0.3	2.0	4.0	5	3.41
4	0.4	0.7	3.0	5	4.21
5	0.4	1.0	4.0	3	4.37
6	0.4	2.0	2.0	4	3.59
7	0.5	0.7	4.0	4	6.16
8	0.5	1.0	2.0	5	4.28
9	0.5	2.0	3.0	3	5.06

根据正交理论，定义 K_{ij} 表示 j 列上水平编号为 i 的试验数据结果的和。$\overline{K_{ij}}$ 表示试验结果的平均数值，即

$$\overline{K_{ij}} = \frac{1}{n} K_{ij} \tag{7-7}$$

式中　n——j 列水平编号为 i 的出现次数。

极差反映了 j 列影响因素变动对于试验结果影响的大小。极差的计算如下

$$R_j = \max_i \{\overline{K_{ij}}\} - \min_j \{\overline{K_{ij}}\} \tag{7-8}$$

式中　R_j——j 列的极差。

一般规定，不同因素的极差也不尽相同，即各因素对迷宫泄漏量的影响也不相同。极差中数值最大的因素则是对泄漏量结果影响最大的因素，也就是最主要的影响因素。

对于正交表中的各影响因素进行极差计算

$$K_{ij} = \sum_{j}^{n} y_j \tag{7-9}$$

$K_{11} = 0.0393 + 0.0296 + 0.0341 = 0.103$；$K_{12} = 0.0421 + 0.0437 + 0.0359 = 0.122$；
$K_{13} = 0.0616 + 0.0428 + 0.0506 = 0.155$；$K_{21} = 0.0393 + 0.0421 + 0.0616 = 0.143$；
$K_{22} = 0.0296 + 0.0437 + 0.0428 = 0.116$；$K_{23} = 0.0341 + 0.0359 + 0.0506 = 0.121$；
$K_{31} = 0.0296 + 0.0359 + 0.0428 = 0.108$；$K_{32} = 0.0296 + 0.0421 + 0.0506 = 0.122$；
$K_{33} = 0.0341 + 0.0437 + 0.0616 = 0.139$；$K_{41} = 0.0393 + 0.0506 + 0.0437 = 0.134$；
$K_{42} = 0.0296 + 0.0359 + 0.0616 = 0.127$；$K_{43} = 0.0428 + 0.0421 + 0.0341 = 0.119$；

$\overline{K_{11}} = \frac{1}{3} \times 0.103 = 0.0343$；$\overline{K_{12}} = \frac{1}{3} \times 0.122 = 0.0407$；$\overline{K_{13}} = \frac{1}{3} \times 0.155 = 0.0517$；

$\overline{K_{21}} = \frac{1}{3} \times 0.143 = 0.0477$；$\overline{K_{22}} = \frac{1}{3} \times 0.116 = 0.0387$；$\overline{K_{23}} = \frac{1}{3} \times 0.121 = 0.0403$；

$\overline{K_{31}} = \dfrac{1}{3} \times 0.108 = 0.0360$；$\overline{K_{32}} = \dfrac{1}{3} \times 0.122 = 0.0407$；$\overline{K_{33}} = \dfrac{1}{3} \times 0.139 = 0.0463$；

$\overline{K_{41}} = \dfrac{1}{3} \times 0.134 = 0.0447$；$\overline{K_{42}} = \dfrac{1}{3} \times 0.127 = 0.0423$；$\overline{K_{43}} = \dfrac{1}{3} \times 0.119 = 0.0397$；

$R_1 = 0.0517 - 0.0343 = 0.0174$；$R_2 = 0.0477 - 0.0387 = 0.009$；

$R_3 = 0.0463 - 0.0360 = 0.0105$；$R_4 = 0.0447 - 0.0397 = 0.005$。

根据极差的计算可以得出，对于同一种齿形，迷宫密封机构参数对泄漏量影响程度大小关系的排序为：间隙宽度、进出口压力比、空腔深度、活塞速度。其中，间隙宽度和进出口压力比影响较大。企业在4HS-MG迷宫压缩机设计时，应该首先注重影响较大的因素。

根据以上计算结果，确定在这几个因素下最佳的方案。迷宫压缩机密封性能的判断标准，是寻找使泄漏量较小的条件。在4个影响因素中找出K_{1j}、K_{2j}、K_{3j}、K_{4j}中最小情况的影响因素的组合，通过正交试验，得出的最优方案是间隙宽度为0.3mm、空腔深度为1.0mm、进出口压力比为3、活塞速度为5m/s。最优方案的组合形式并不属于9组试验中的任意一组，这也体现出正交试验方法的另一个优点，即预见性，可以为企业在工程实际中多个因素的选取提供一种新的方法和思路。

根据正交试验的最优方案，对上述最优化条件的试验方案进行仿真模拟，验证方法的最优性，并通过经验公式做进一步的验证，验证结果见表7-6。

表7-6　最优模型泄漏量

模型半个周期整体泄漏量	最优结构
仿真泄漏量	0.0253
计算泄漏量	0.0274
误差	7.66%

针对正交试验最优模型的试验结果，可以看出其密封性能比其余的9组试验有很大的改进。虽然计算泄漏量和仿真泄漏量存在着一定的误差，这是因为理论计算的条件都是在较为理想的情况下，从而计算精度有所降低，但是误差不大。证明该试验方法可以满足对多因素工程的需要，可以很好地用于迷宫密封机构的设计上。

7.3　迷宫压缩机密封齿形结构的优化

迷宫密封齿形结构是影响泄漏量的一个重要因素，齿形结构不同，气体在齿形空腔中的湍流耗散情况、涡流的形成大小和位置也不同。目前常见的迷宫密封空腔形状主要分两大类。

1）规则齿形结构：矩形齿、三角形齿、梯形齿（主要影响因素为内倾角和深宽比）。

2）不规则齿形结构：半圆形齿、类圆形齿等（主要影响因素是齿形的深宽比和齿形的结构）。

根据 4HS-MG 迷宫压缩机的迷宫密封空腔形状和特征，逐一分析不同齿形结构对泄漏量的影响大小，并对各空腔齿形的最佳尺寸比例进行模拟仿真，对其迷宫密封性能进行对比，最后通过类比法，结合 CFD 软件分析和理论方法，并结合正交试验的结果和企业高速迷宫压缩机的研发，找出泄漏量较少的空腔齿形进行尺寸优化。设置 4HS-MG 迷宫压缩机的转速为 1850m/s，即活塞速度为 5m/s。

7.3.1　一种新齿形结构的提出

建立如图 7-12 所示的 5 种迷宫密封空腔模型。其中迷宫间隙宽度为 0.3mm，在最佳齿数为 12 时，齿厚由理论上的 0.3mm 增加到 0.5mm，这样可以减少泄漏效果，在计算泄漏量时，保证进出口压力比、活塞速度、介质密度等因素相同，仅考虑空腔形状对泄漏量的影响（通过大量的仿真实验和理论研究可以得到，三角形空腔凹角为 300°左右时泄漏量最小；梯形齿空腔按照矩形空腔建立模型；半圆形空腔为整圆形一半时泄漏量最小；椭圆形空腔按照半圆形空腔建立模型）。

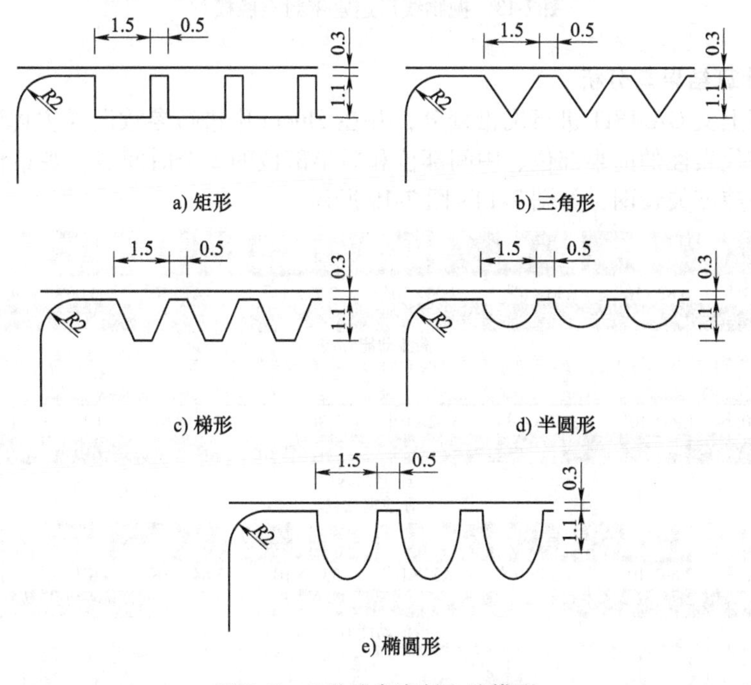

图 7-12　5 种迷宫密封空腔模型

通过对不规则齿形的研究，提出了一种新的齿形结构，并给出齿形方程，方便将其应用于实际的工程中。抛物线形齿迷宫密封解析关系式为

$$Y_i=\begin{cases}N\left[X-i\left(2\sqrt{\frac{M}{N}}+P\right)\right]^2 & iP+(2i-1)\sqrt{\frac{M}{N}}\leqslant X\leqslant iP+(2i+1)\sqrt{\frac{M}{N}}\\ M(2i+1)\sqrt{\frac{M}{N}}+iP\leqslant X\leqslant(2i+1)\sqrt{\frac{M}{N}}+(i+1)P\end{cases}\tag{7-10}$$

式中 X、Y——活塞上二维抛物线方程的自变量和函数（m）；

N——确定抛物线开口的变量（m）；

M——抛物线齿形齿高变量（m）；

P——齿高 M 条件下抛物线齿形的间隙宽度变量（m）；

i——0、1、2、3…。

结合上述齿形结构，绘制抛物线形迷宫密封空腔模型如图 7-13 所示。

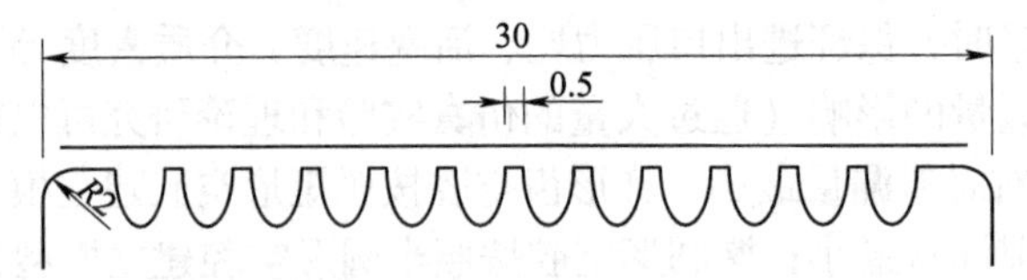

图 7-13 抛物线形迷宫密封空腔模型

1. 计算结果与分析

参照上文 GAMBIT 进行网格划分，并在 Fluent 中进行参数设置仿真计算。选取其中有代表性的前半部位、中间部位和后半部位的 3 个时间点，观察模型的湍流云图和速度矢量图，如图 7-14～图 7-19 所示。

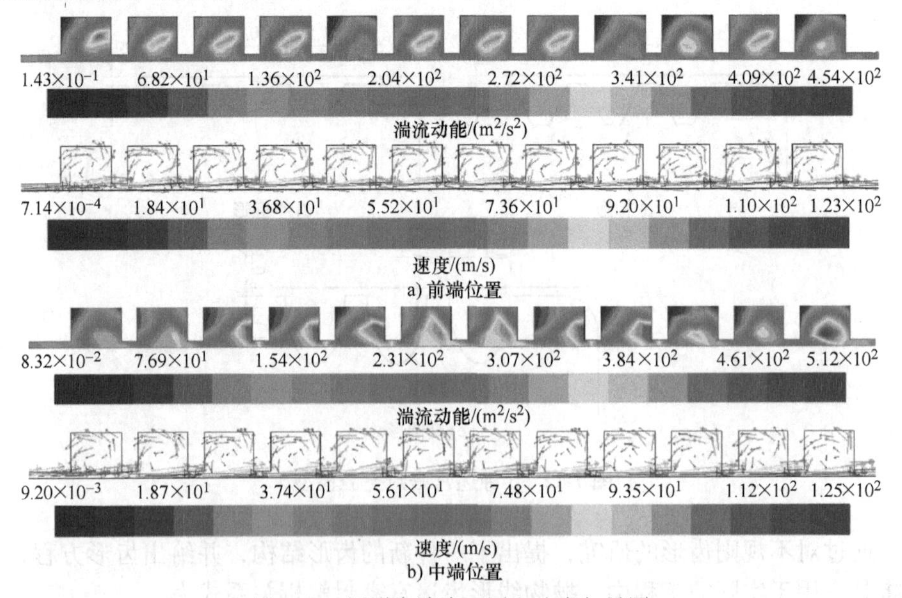

图 7-14 矩形齿湍流云图和速度矢量图

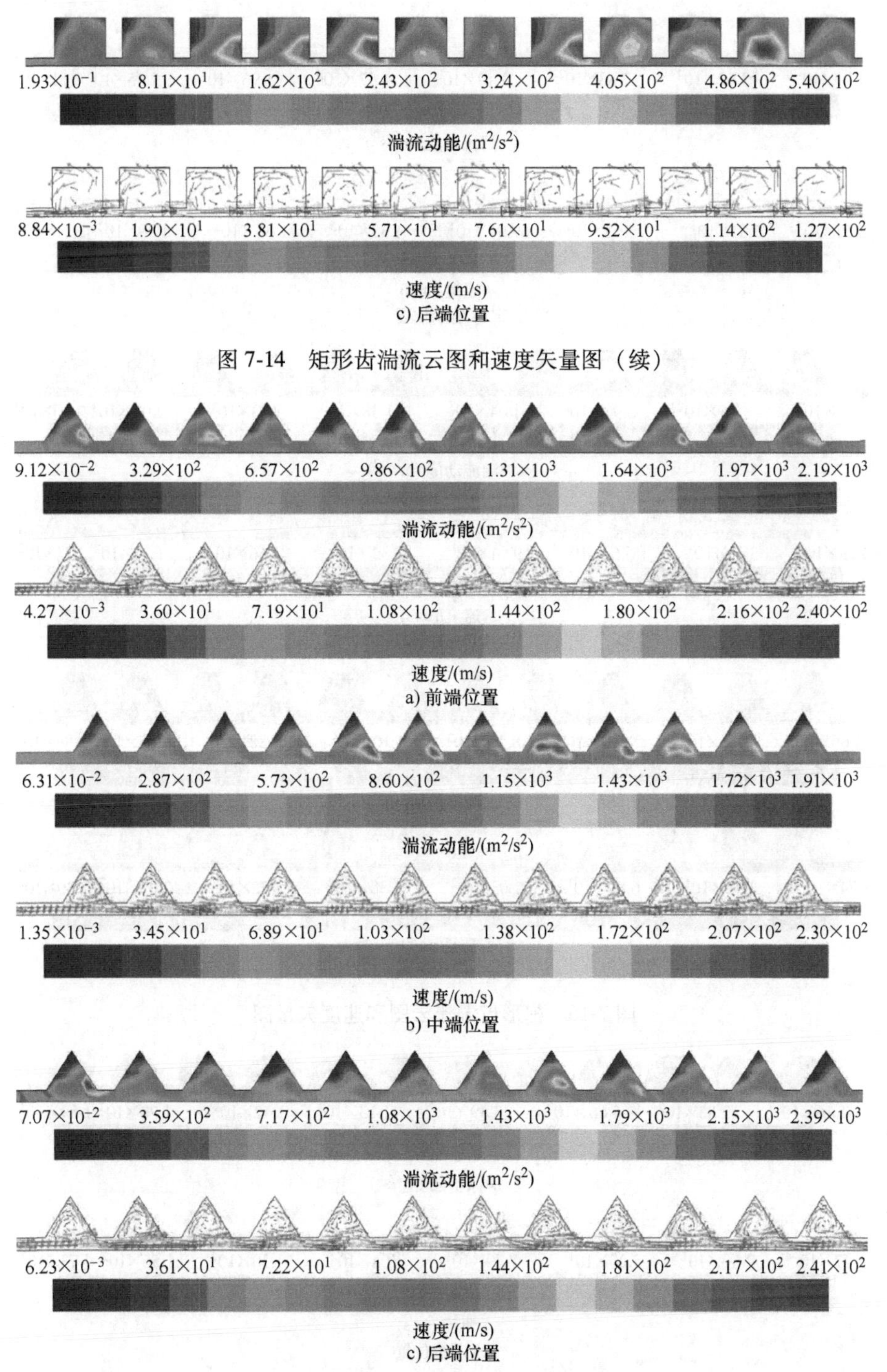

c) 后端位置

图 7-14　矩形齿湍流云图和速度矢量图（续）

a) 前端位置

b) 中端位置

c) 后端位置

图 7-15　三角形齿湍流云图和速度矢量图

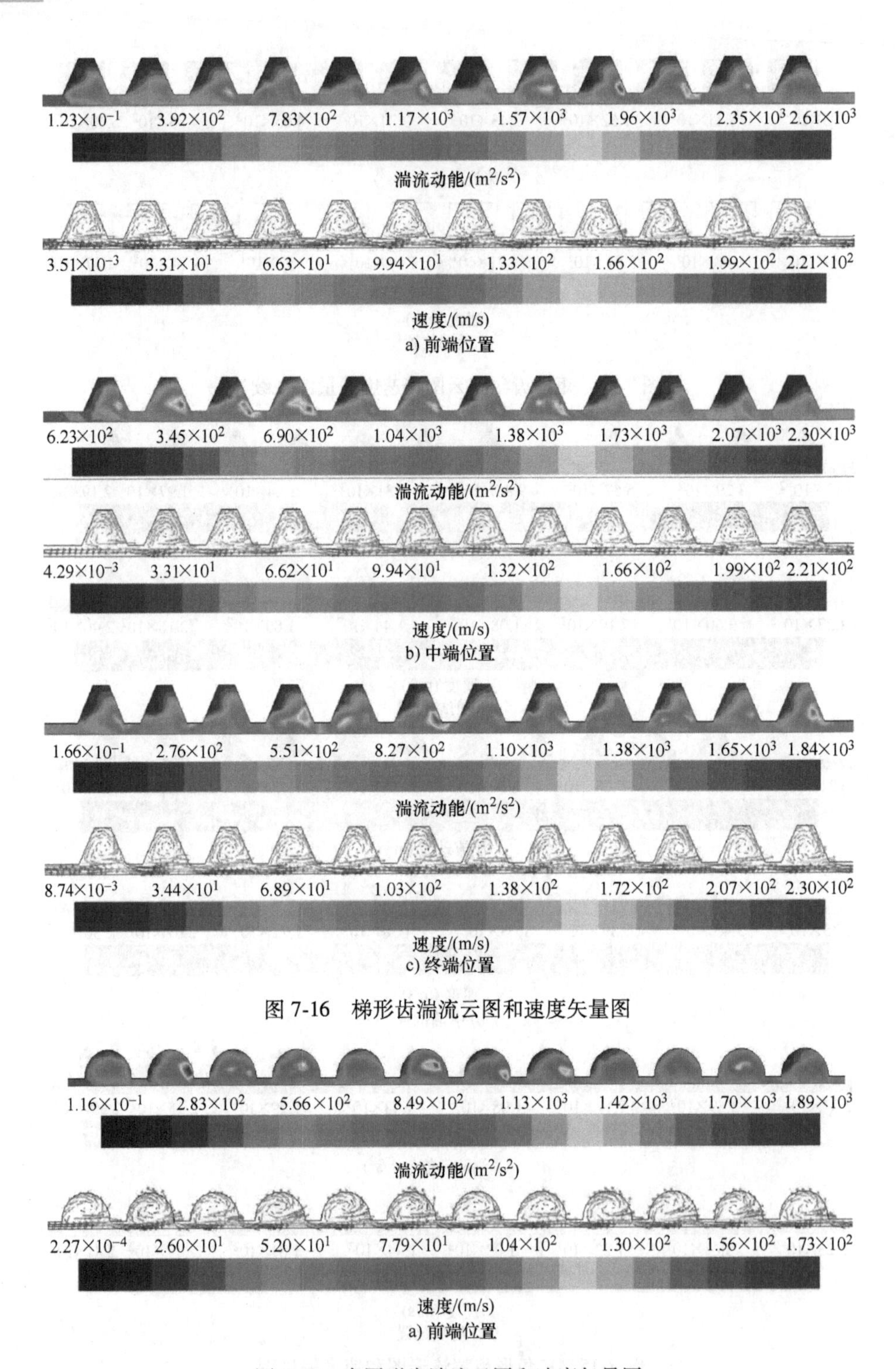

图 7-16 梯形齿湍流云图和速度矢量图

图 7-17 半圆形齿湍流云图和速度矢量图

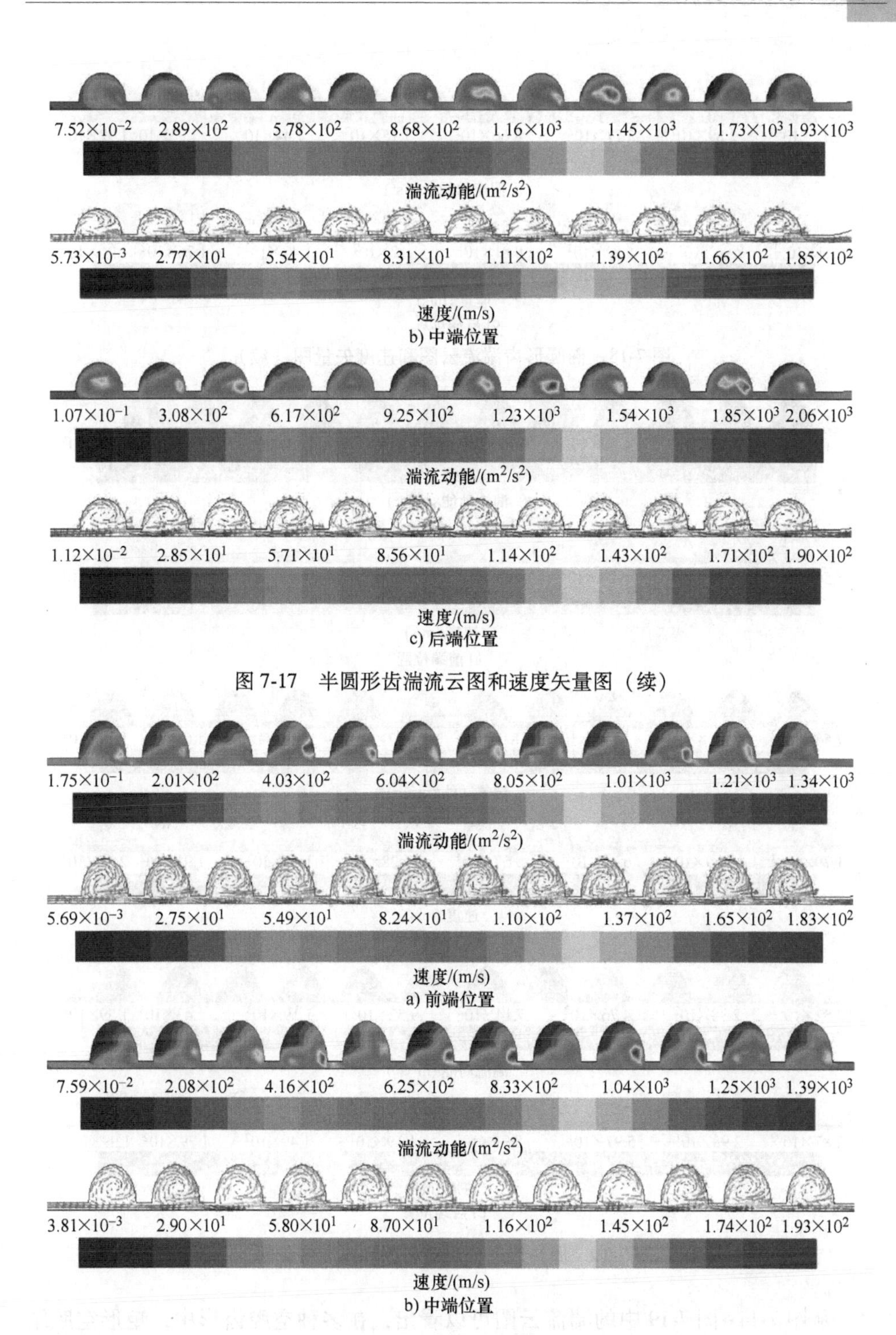

图 7-17　半圆形齿湍流云图和速度矢量图（续）

图 7-18　椭圆形齿湍流云图和速度矢量图

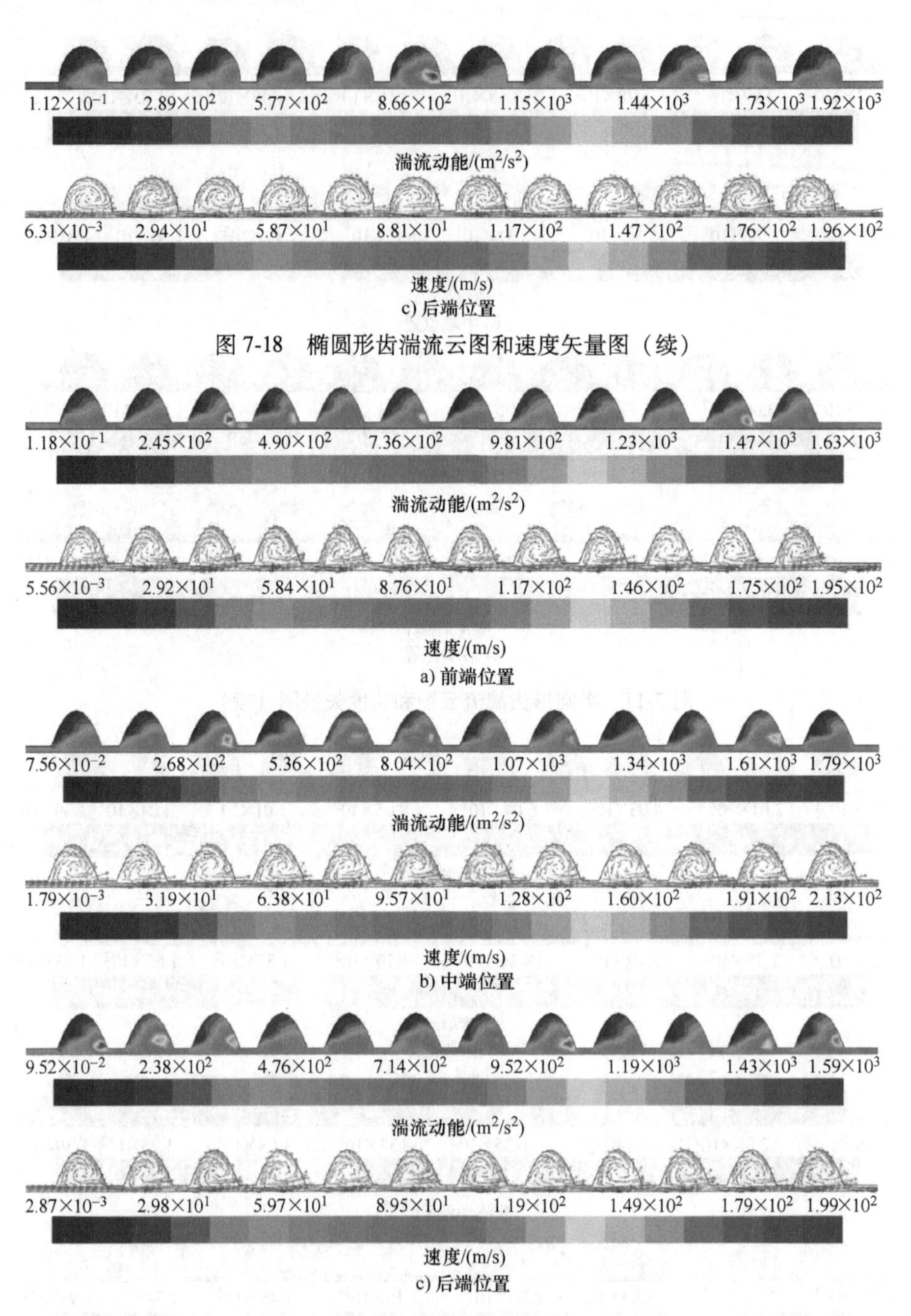

c) 后端位置

图 7-18 椭圆形齿湍流云图和速度矢量图（续）

a) 前端位置

b) 中端位置

c) 后端位置

图 7-19 抛物线形齿湍流云图和速度矢量图

从图 7-14~图 7-19 中的湍流云图可以看出，在多种空腔齿形中，矩形空腔结构、半圆形空腔结构及椭圆形空腔结构的湍流黏度较大，内部较为明显。内部湍流涡旋在各个齿形中分配不同，但在密封齿和密封空腔的位置，容易产生湍流涡旋。这是因为气体通过射流作用，冲击到密封齿表面，速度发生剧烈变化，从而引起气体动能耗散增大；同时在射流和回流的交界处，气体运动方向不同，容易因为摩擦产生剪切层，动能通过耗散作用转化成热能，在交界处能量消耗较大。在矩形空腔结构中，湍流涡旋出现在凹槽中间，且范围较广，说明矩形的空腔利用率较高。在其余的几种迷宫空腔中，湍流涡旋出现数量较少且不在空腔中心位置，说明气体动能只有一小部分转化为了气体的内能，绝大多数的动能，直接进入下一个迷宫空腔，最后从间隙流出。这样导致能量消耗不够充分，在泄漏量的数值上有所反应。

整个密封过程在各个密封空腔的内部都存在着速度涡流。气体在密封节流点处速度达到最大。当气体进入密封空腔后，瞬间体积增大，气体充满整个空腔，气体压力骤减，速度也随之减小。在这个过程中，一部分气体留在密封空腔中形成涡旋，另一部分气体经过下一个节流点速度提升后，再次进入下一个密封空腔，流动过程不断重复，最终完成气体对能量的扩散。

2. 泄漏量的对比

在活塞运动的半个周期过程中，选取 6 种齿形空腔仿真的前端 2 个点、中端 2 个点、后端 2 个点，将泄漏量进行平均，得出该齿形空腔的平均泄漏量，见表 7-7。

表 7-7　泄漏量模拟数值结果　　（单位：kg/s）

时间	矩形空腔	三角形空腔	梯形空腔	半圆形空腔	椭圆形空腔	抛物线形空腔
前端	0. 1396	0. 145	0. 0573	0. 132	0. 134	0. 126
	0. 1645	0. 255	0. 1049	0. 211	0. 281	0. 208
中端	0. 3235	0. 308	0. 3357	0. 314	0. 326	0. 310
	0. 3001	0. 295	0. 3457	0. 278	0. 304	0. 289
后端	0. 2684	0. 232	0. 2054	0. 249	0. 251	0. 244
	0. 1623	0. 177	0. 0903	0. 173	0. 179	0. 161
平均泄漏量	0. 2264	0. 235	0. 1899	0. 226	0. 245	0. 222

分析表 7-7 可知，在半个周期内矩形空腔和半圆形空腔的平均泄漏量相差很小，由于半圆形空腔在实际生产中不易加工生产，矩形和三角形更容易实现，实际中常用的是三角形，由此生产加工也可考虑用矩形，密封性更好。同时可以得知，梯形空腔的平均泄漏量是整组齿形结构中最小的，其余齿形中泄漏量从小到大依次是抛物线形、半圆形、矩形、三角形、椭圆形。

在各种空腔齿形泄漏量的对比过程中，发现抛物线形结构可以达到较小的泄漏量，且从其湍流云图和速度矢量图中可以看出空腔内形成的涡旋较为明显，但涡旋不能均匀出现在每个空腔结构，导致空腔的利用率不高，没有达到最佳密封效果，存在着一定的改进空间。

7.3.2 矩形空腔结构的优化

根据上述关于不同齿形结构平均泄漏量的比较，针对泄漏量较小且应用最广、容易加工制造的矩形空腔，进一步分析。

1. 矩形空腔模型建立

在保证一定条件下（迷宫间隙宽度、活塞速度、进出口压力比等），影响矩形结构泄漏量的主要因素有矩形结构的深度和宽度。为全面分析矩形深度和宽度的影响，分别从两个方面来探讨两者之间的配合关系，设定以下两个迷宫模型结构。

1）选取空腔数为12个，空腔宽度为1.5mm，迷宫间隙宽度为0.3mm，空腔间隔为0.5mm，空腔深度依次选为0.5mm、1mm、1.5mm、2mm、2.5mm、3mm。

2）选取空腔数为12个，空腔深度为3mm，迷宫间隙宽度为0.3mm，空腔间隔为0.5mm，空腔宽度依次选为0.5mm、1mm、1.5mm、2mm、2.5mm、3mm。图7-20所示为空腔深度为3mm、宽度为1.8mm和空腔宽度为3mm、深度为0.8mm的模型，其他迷宫结构与此相似。参照前文中的网格划分及Fluent设置进行计算。

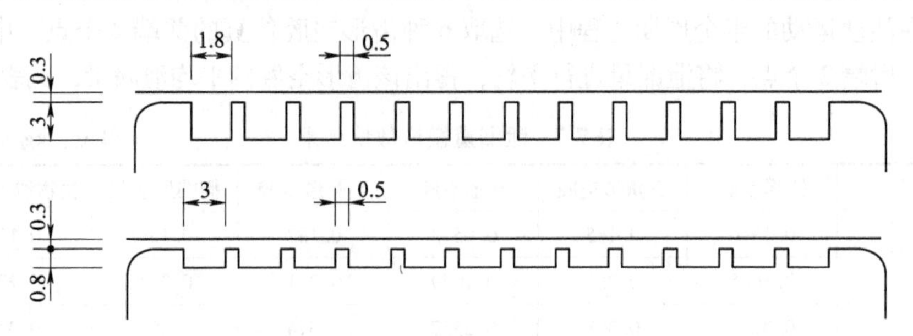

图7-20　两种模型结构

2. 计算结果与分析

泄漏量和气体在间隙内的流动情况与进出口压力比和其湍流黏度有很大关系。第一种情况：从扁状矩形到正方形变化的过程，说明深宽比小于1时泄漏量的变化趋势，得出实验模拟结果与经验公式计算结果，见表7-8。

表7-8　不同空腔深度下的仿真与计算数据

空腔深度/mm	0.5	1	1.5	2	2.5	3
平均泄漏量/(kg/s)	0.117	0.094	0.046	0.193	0.321	0.44
计算泄漏量/(kg/s)	0.138	0.106	0.059	0.203	0.399	0.51

表7-8中给出了随着空腔深度的增加，仿真数据与计算数据的变化规律。从图7-21中可以看出，泄漏量在达到1.5mm之前，呈平缓下降趋势；过了最小值点1.5mm后，整个曲线又急剧上升。说明正方形空腔下的泄漏量较大，扁状矩

形却有较好的密封性。也说明，迷宫密封的密封性并不是随着深度加深越来越好，而是一定尺寸下某个深宽比下密封性最好，也证明了仿真的可靠性。

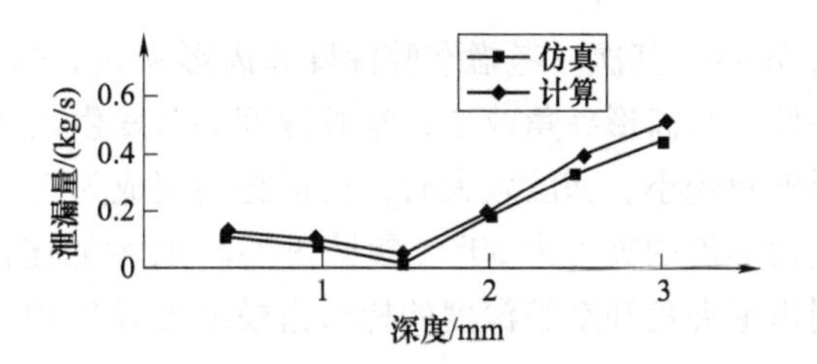

图 7-21 随深度变化的仿真数据与计算数据折线图

第二种情况：矩形空腔由细长形到正方形的变化过程，说明深宽比大于 1 的泄漏量变化情况。泄漏量的数值见表 7-9。

表 7-9 不同空腔宽度下的仿真与计算数据

空腔宽度/mm	0.5	1	1.5	2	2.5	3
平均泄漏量/(kg/s)	0.256	0.225	0.059	0.31	0.41	0.51
计算泄漏量/(kg/s)	0.275	0.233	0.072	0.343	0.431	0.64

由图 7-22 可以看出，变化规律基本与图 7-21 类似，略有不同的是整体泄漏量较大，说明细长形矩形没有扁状矩形的密封性好，但基本都是在深宽（宽深）比为 0.5 时密封性最好。

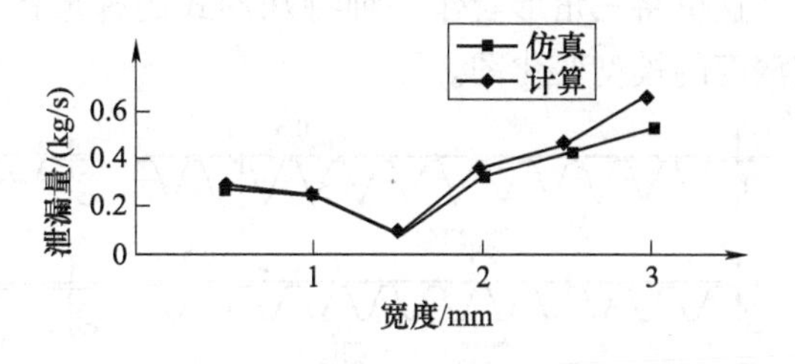

图 7-22 随宽度变化的仿真数据与计算数据折线图

在上文中讨论的矩形空腔的两大影响因素中，空腔深度比宽度小时的密封性较空腔深度比宽度大时的密封性好。而且都有宽度（深度）不同时，随着深度（宽度）的增大，泄漏量先平稳减小而后急剧增大的情况。所以不能惯性地认为矩形的空腔密封性最好。

当深宽比约为 0.5 时的矩形空腔密封性最好。但是，最佳深宽比并不是固定的，会随着尺寸大小的变化而发生变化。

7.3.3 梯形空腔结构的优化

本节主要针对齿形中泄漏量最小的梯形齿进行研究和分析。从以往学者的研究数据可知，对于梯形密封结构，在进出口压力比、间隙宽度、齿数、活塞速度等因素一定时，影响其密封性能的主要有空腔深度和齿形夹角（齿与齿之间的夹角）。为了全面分析梯形空腔深度和齿形夹角的影响，下面分别从两个方面来探讨两者之间的关系。

1. 梯形空腔模型建立

首先，参照前文对影响因素的研究，限定空腔除深度和齿形夹角之外的其余影响条件，即进出口压力比选取 2.2，间隙宽度为 0.3mm，齿数为 12，活塞速度为 5m/s。其次，考虑空腔深度和齿形夹角，这两个因素并不是两个相互独立的条件。当齿形夹角改变，空腔深度必然发生改变且容易对齿形形状产生影响。齿形夹角较小、深度较大时，齿形将会变成为三角形齿。目前，企业中加工使用的三角形齿的夹角为 30°（参见图 7-27 所示的迷宫压缩机气缸和活塞实物图）。不同齿形夹角和空腔深度的梯形齿模型见表 7-10。

表 7-10　梯形齿模型

空腔深度/mm	齿形夹角					
	28°	39°	49°	60°	74°	103°
3	三角形	—	—	—	—	—
2.1	梯形	三角形	—	—	—	—
1	梯形	梯形	梯形	梯形	三角形	—
0.6	梯形	梯形	梯形	梯形	梯形	三角形

这里将三角形看作一种特殊形式的梯形齿形。图 7-23 所示为不同夹角和空腔深度的模型变化图。

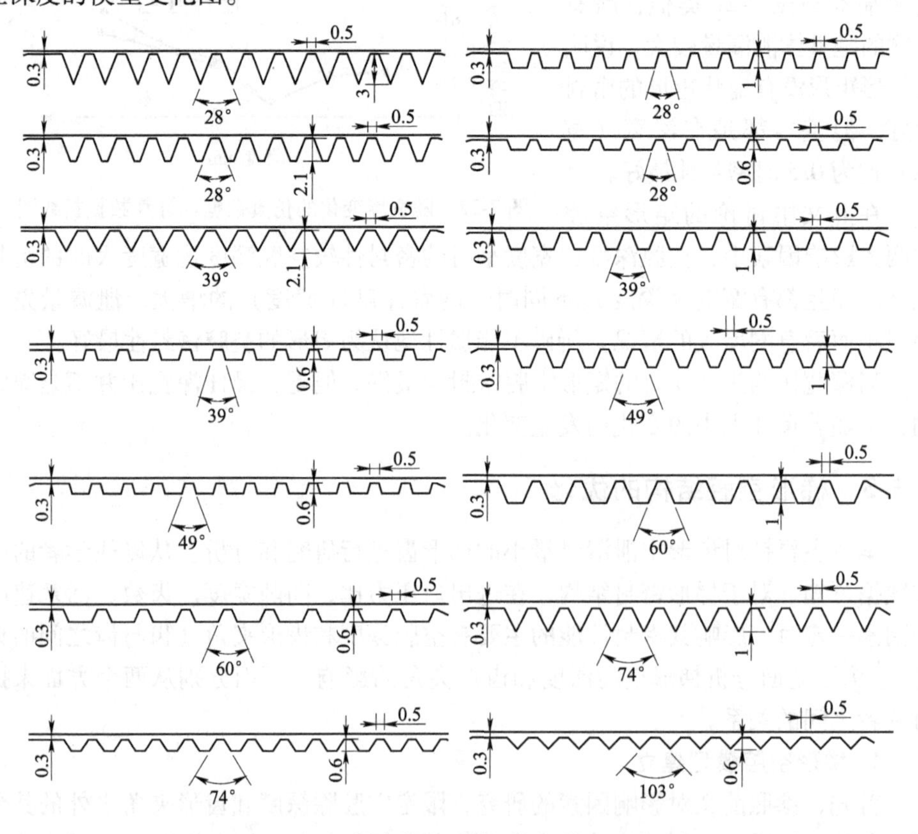

图 7-23　不同夹角和空腔深度的模型变化图

2. 数值仿真结果与分析

图 7-24 所示为上述部分模型在同一时间下不同齿形夹角和空腔深度下的湍流云图速度矢量图。通过下图可以看出，齿形夹角和空腔深度对中心处的主涡旋和空腔两边的小角涡的形成和能量损失量有着很大影响。这是因为齿形夹角和空腔深度影响气体在空腔中的射流和涡旋之间质量、动量和能量的交换。

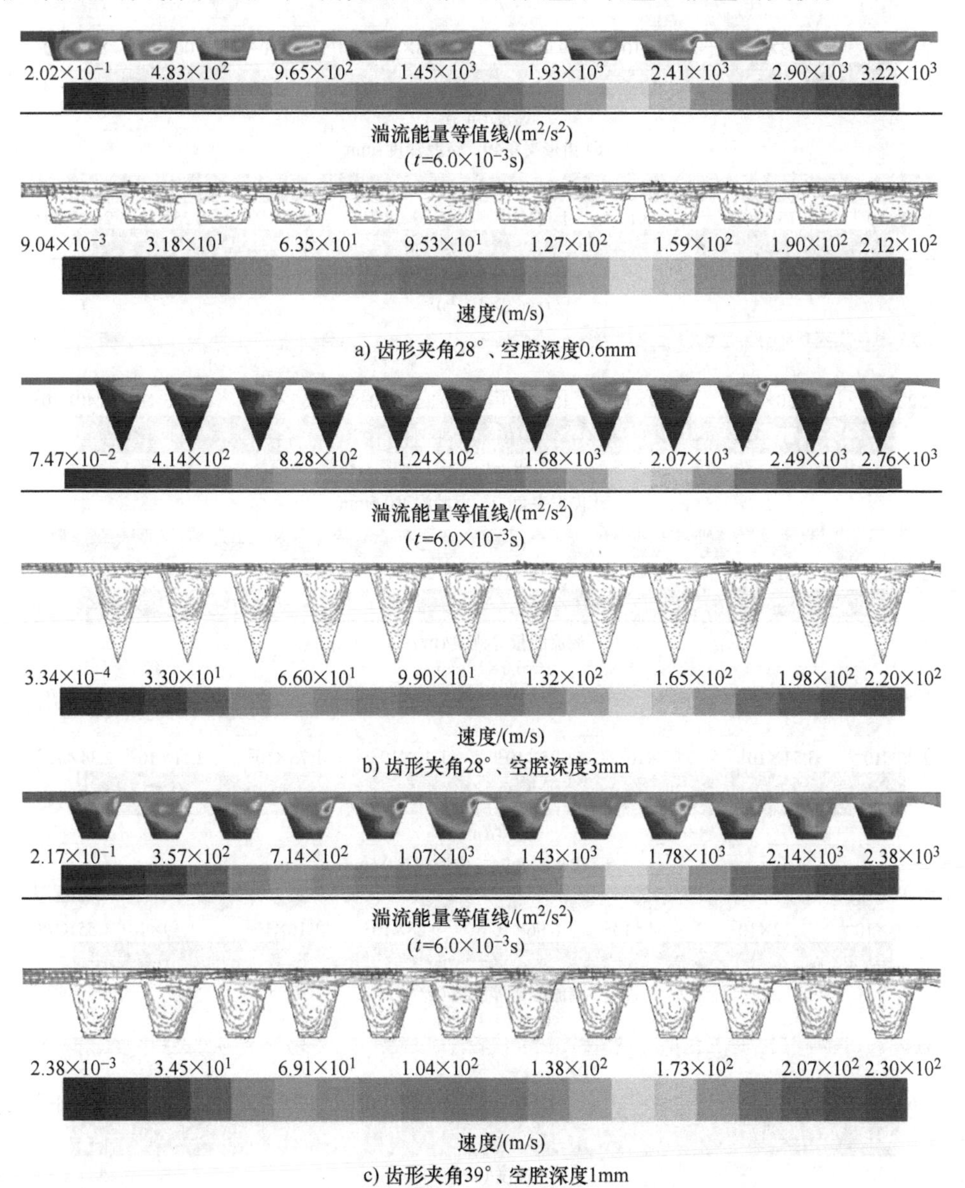

a) 齿形夹角28°、空腔深度0.6mm

b) 齿形夹角28°、空腔深度3mm

c) 齿形夹角39°、空腔深度1mm

图 7-24　梯形齿结构变化湍流云图和速度矢量图

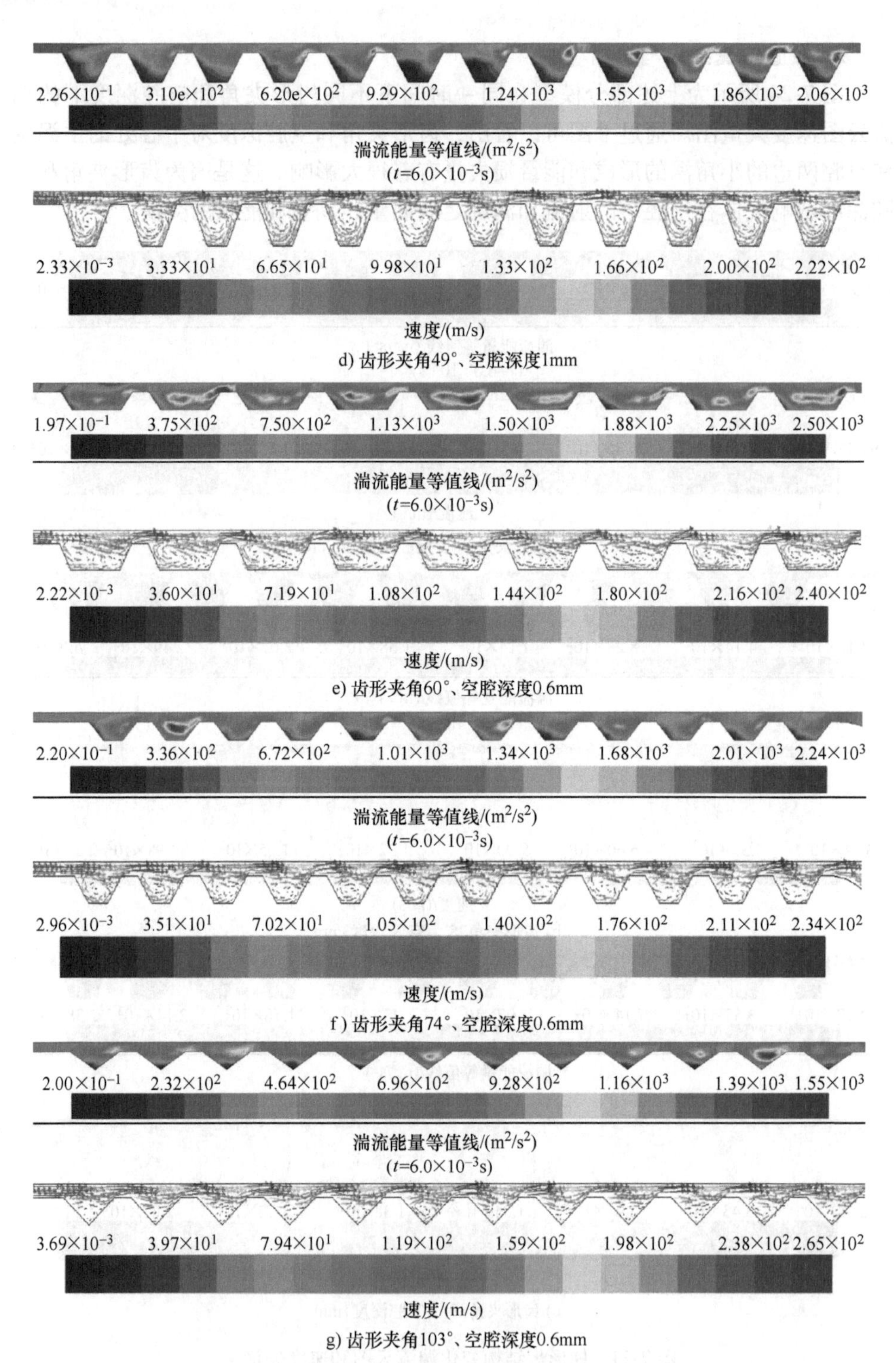

图 7-24　梯形齿结构变化湍流云图和速度矢量图（续）

由图7-24a和图7-24b可知，在齿形夹角一致的情况下，增大齿形深度，模型的湍流强度并没有得到提高，且空腔的主涡旋主要出现在空腔深度为0.6mm的模型中；在空腔深度为3mm的模型中，绝大部分的齿形空腔均没有发挥作用，空腔利用率过低；从两者的速度矢量图可以看出，迷宫间隙中的气体速度近似相同，这是因为两者的第一个迷宫空腔进气压强和最后一个空腔出口压强相同。由图7-24c和图7-24d可知，在空腔深度一致、齿形夹角不同的情况下，两个模型的最大湍流强度近似一致，相差不大，夹角为49°的模型中湍流强度出现的数量和位置要明显好于39°的模型；从两者的速度矢量图可以看出，两个模型中均形成了完整的速度涡旋，且均没有速度较小、几乎处于静止的情况，证明深度为1mm的空腔很利于质量、能量及动量的交换，能够起到很好的密封效果。图7-24e～g中深度为0.6mm，夹角从60°～103°。在这3个模型中，60°夹角的模型湍流云图最为理想，空腔中能量耗散较为强烈，空腔的利用率较高，能保证整体模型能量耗散的均一性；在夹角为74°和103°的模型中并不能形成有效的涡旋，尤其是在夹角为103°的模型中，由于夹角增大，导致空腔深度过浅，反而不利于涡旋的形成，气体进入空腔后没有达到能量耗散就进入下一个空腔，所以齿形夹角并不是越大密封性能越好。根据以上分析可以得出，60°是最优齿形夹角。

表7-11为这14个模型的泄漏量，表中的泄漏量均为多个动态特征时刻泄漏量统计后的平均值。

表7-11 14个模型的泄漏量 （单位：kg/s）

空腔深度/mm	齿形夹角					
	28°	39°	49°	60°	74°	103°
3	0.4305	—	—	—	—	—
	0.4804	—	—	—	—	—
2.1	0.3424	0.2816	—	—	—	—
	0.3738	0.3107	—	—	—	—
1	0.3070	0.2681	0.2047	0.1511	0.2088	—
	0.3249	0.2943	0.2581	0.1972	0.2212	—
0.6	0.3204	0.2747	0.2728	0.1442	0.1845	0.5085
	0.3566	0.3013	0.2891	0.1699	0.2001	0.5592

图 7-25 所示为仿真泄漏量和计算泄漏量的趋势图。

从图 7-25 可以看出，泄漏量最低的是齿形夹角为 60°、空腔深度为 0.6mm。在几组模型中，空腔深度为 1mm 的模型 3、模型 5、模型 7、模型 9、模型 11 相比同齿形夹角的其他模型，泄漏量均较低。但是，在齿形夹角为 60°的模型 9 和模型 10 中，空腔深度为 0.6mm 的泄漏量要大于空腔深度为 1mm 的模型。从图 7-24 所示的湍流云图和速度矢量图中可以看出，0.6mm 的模型还有一定改进的空间。将 0.6~1mm 进行细化，并继续建立模型进行计算，其过程与前文相同，故在此不做过多的赘述。最终确定齿高为 0.8mm、齿形夹角为 60°的模型，密封性能较好，尺寸确定合理。

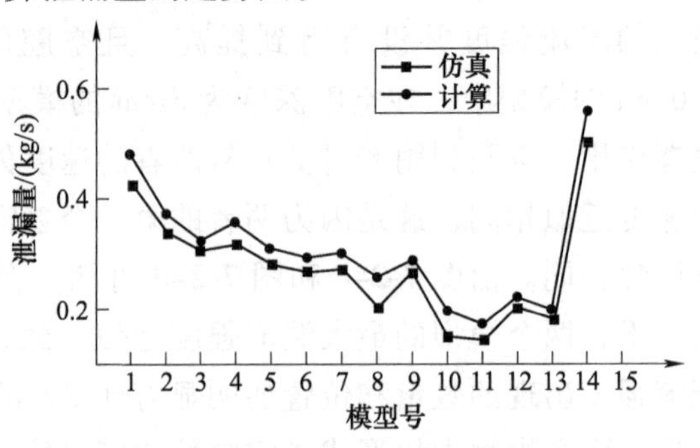

图 7-25 仿真泄漏量和计算泄漏量趋势图

7.3.4 最终模型优化

最终优化模型如图 7-26 所示。

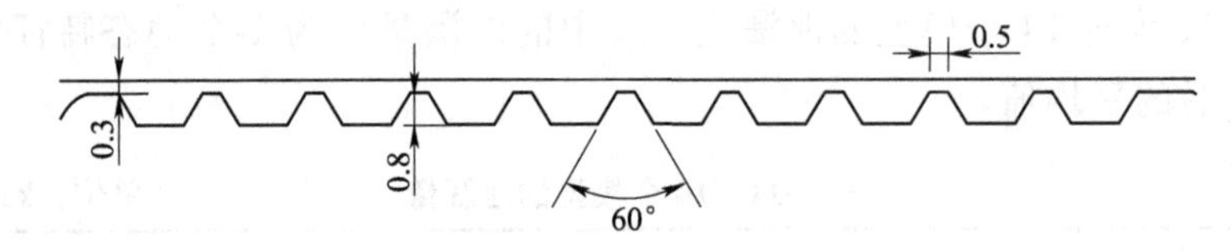

图 7-26 最终优化模型

优化模型和企业目前使用的齿形进行对比，结果见表 7-12。

表 7-12 最优模型泄漏量对比

模型方法	企业原始模型	优化模型	性能对比
仿真泄漏量	0.2038kg/s	0.1292kg/s	36.6%
计算泄漏量	0.2417kg/s	0.1429kg/s	40.9%

通过表 7-12 可知，经模拟仿真和经验公式计算均可以得出，优化模型的泄漏量比企业原始模型的泄漏量小，在性能上有很大的提高，这说明合理的齿形结构可以有效地减少迷宫泄漏量，提高迷宫压缩机的工作效率。同时，也证明了数值模拟仿真的准确可靠性，为企业迷宫压缩机气缸和活塞的设计提供理论支持。迷宫压缩机气缸和活塞实物图如图 7-27 所示。

图 7-27　迷宫压缩机气缸和活塞实物图

参 考 文 献

[1] CENGEL Y A，CIMBALA J M. 流体力学基础及其工程应用：英文版 [M]. 北京：机械工业出版社，2013.

[2] SHEIKHALISHAHI S M，ALIZADEHRAD D，DASTGHAIBYFARD G H，et al. Efficient computation of N-S equation with free surface flow around an ACV on shirazUCFD grid [C] //Advances in Computer Science and Engineering：13th International CSI Computer Conference，CSICC 2008 Kish Island，Iran，March 9-11，2008 Revised Selected Papers. Berlin：Springer，2009：799-802.

[3] 王学深. 正交试验设计法 [J]. 山西化工，1989 (3)：53-58.

第8章 气缸受迫振动分析及结构优化

08

8.1 气缸有限元静力学分析

选国内较为新颖的三种铸造型不锈钢气缸。缸体与缸套采用过盈配合，气缸内部设置注油点，材质为304，阀孔盖处设置气量调节装置，进、排气口采用上进下出的方式。气缸及压缩机关键参数见表8-1。其中，气缸1与气缸2为两进两出的形式，气缸3为一进一出的形式。

表8-1 气缸及压缩机关键参数表

缸号	气缸1	气缸2	气缸3
曲柄等效半径/mm	120	120	90
连杆长度/mm	600	700	400
曲轴额定转速/(r/min)	425	425	485
相对余隙容积	46%	38%	52%
进气压力/MPa	1.41	7.2	1.35
排气压力/MPa	5.34	15.3	4.24
设计压力/MPa	0.9	2.0	0.85
气缸内径/mm	610	430	260
缸套内经/mm	580	390	225
行程/mm	240	240	180

8.1.1 气缸三维模型及有限元模型的建立

1. 气缸三维模型的建立

气缸三维模型根据实际工程图样由三维建模软件Creo建立，缸体整体结构较为复杂，内外设置多处除沙孔、注油孔，其内部铸造有水腔与气腔，且水腔与气腔各自独立，水腔整体包围气腔以达到散热的目的。由于气缸除缸体外的零部件都是标准件，强度已经过多次分析验证，因此在强度分析中只对缸体进行分析。

2. 气缸有限元模型的建立

选用 ANSYS 软件中的 Workbench 仿真环境进行仿真，并支持所有 ANSYS 的有限元分析功能。

（1）材料属性　气缸各部件的材料属性见表 8-2。每个气缸对应部件的材料相同。

表 8-2　材料属性表

部件名	缸体/缸盖	缸套	阀孔盖/压阀罩	螺栓
材料	304L	JT25-47D	304	35
弹性模量/GPa	204	169	193	212
密度/(kg/m^3)	7.93×10^3	7.5×10^3	7.93×10^3	7.87×10^3
泊松比	0.285	0.26	0.247	0.291
屈服强度/MPa	205	250	205	315
抗拉强度/MPa	485	460	520	503

（2）网格划分　在 ANSYS 中选用四面体网格划分法，网格参数见表 8-3。

表 8-3　气缸网格参数

缸号	气缸 1	气缸 2	气缸 3
网格尺寸/mm	15	15	10
节点数	856884	923929	891989
网格数	545432	605695	1333573

（3）施加边界条件

1）载荷的施加：气缸强度分析中需要施加的载荷条件已经在气缸静态载荷分析计算中得到，载荷施加方向如图 8-1 所示。

2）约束的施加：在完整的卧式压缩机部件中，气缸缸体的盖侧与气缸支承相连，轴侧与接筒或中体相连。因在强度分析中不需要上述两个部件，故在缸体支承螺孔处添加固定约束，在缸座螺孔处添加圆柱约束。

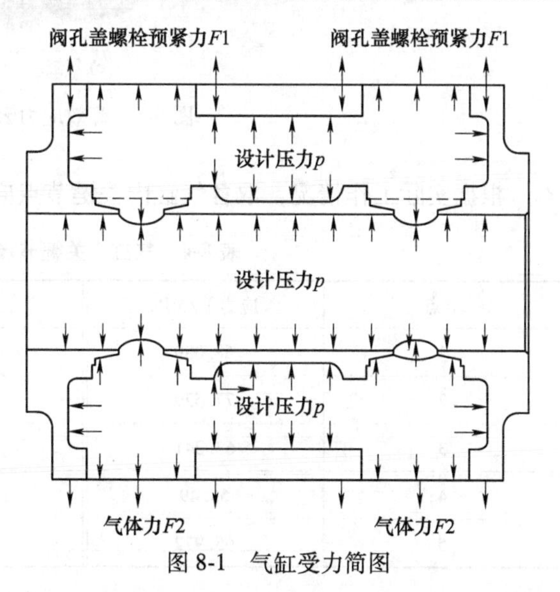

图 8-1　气缸受力简图

8.1.2 气缸静力学分析结果

为研究气缸强度是否合格，在分析设置中插入等效应力云图观察气缸各点应力情况，并与材料的许用应力值相比较，验证是否存在应力集中的现象。各气缸强度分析等效应力云图如图 8-2 所示。

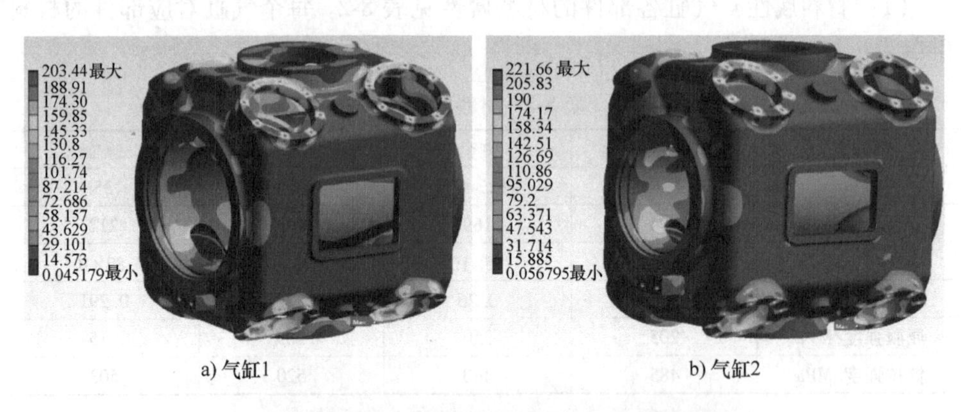

a) 气缸1　　b) 气缸2

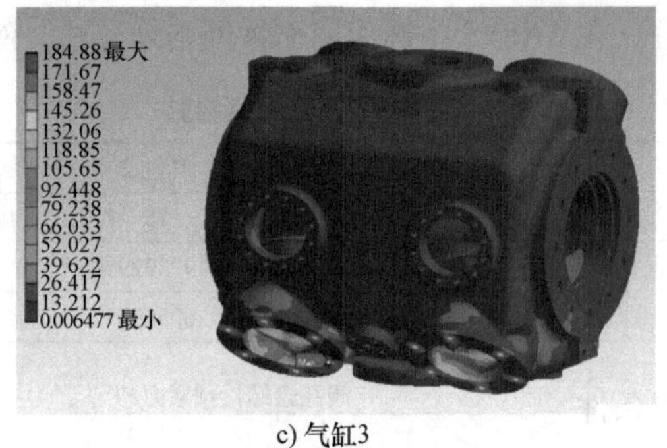

c) 气缸3

图 8-2　等效应力云图

根据实际工作情况，取各气缸内关键节点应力值各 10 处，见表 8-4~表 8-6。

表 8-4　气缸 1 关键节点应力值

节点	应力值/MPa	节点	应力值/MPa
1	68.089	6	50.924
2	77.529	7	68.87
3	63.241	8	73.02
4	55.49	9	73.589
5	65.972	10	75.831

表 8-5　气缸 2 关键节点应力值

节点	应力值/MPa	节点	应力值/MPa
1	71.73	6	50.955
2	78.852	7	69.298
3	58.144	8	55.465
4	73.07	9	71.816
5	58.839	10	79.131

表 8-6　气缸 3 关键节点应力值

节点	应力值/MPa	节点	应力值/MPa
1	59.735	6	65.165
2	60.125	7	60.132
3	70.3	8	68.9
4	71.65	9	68.07
5	78.89	10	59.568

8.1.3　材料许用应力计算

由于气缸的材料及铸造方式的特殊性，在考虑许用应力［σ］时需进行特殊计算。以气缸 3 为例进行计算。

对于 304L 材料，为保险起见，根据安全系数表取抗拉强度对应的安全系数 $j_m=2.3$，屈服强度对应的安全系数 $j_p=1.0$。

材料的强度会随着温度的升高而降低，正常温度、高温、低温应分开计算。这里选用的气缸设计温度为 200℃，而 304L 材料在 100~500℃时要考虑温度对材料特性的影响。抗拉强度 R_m 被 $R_{m,T}$ 替代，屈服强度 R_p 被 $R_{p,T}$ 替代。此时，引入温度系数 $K_{T,m}$ 与 $K_{T,p}$，其计算公式为

$$K_{T,m}=K_{T,p}=1-1.7\times10^{-3}\times(T-100) \tag{8-1}$$

式中　T——材料所处温度（℃）。

因此抗拉强度的安全系数为

$$j_{T,m}=\frac{j_m}{K_{T,m}} \tag{8-2}$$

式中　j_m——材料自身抗拉强度安全系数；

$K_{T,m}$——温度系数。

屈服强度的安全系数为

$$j_{T,p}=\frac{j_p}{K_{T,p}} \tag{8-3}$$

式中　j_p——材料自身屈服强度安全系数；

$K_{T,p}$——温度系数。

由式（8-2）和式（8-3）算得 $j_{T,m}=2.8$，$j_{T,p}=1.2$。抗拉许用应力计算公式为

$$[\sigma_{T,m}]=\frac{[\sigma_m]}{j_{T,m}} \tag{8-4}$$

屈服许用应力计算公式为

$$[\sigma_{T,p}]=\frac{[\sigma_p]}{j_{T,p}} \tag{8-5}$$

$[\sigma_m]$ 取 485MPa，$[\sigma_p]$ 取 116MPa，由式（8-4）和式（8-5）算得抗拉许用应力为 173MPa，屈服许用应力为 97MPa，二者取小值，故气缸 3 最终算得的许用应力为 97MPa。

以相同方法计算得到气缸 1 与气缸 2 的许用应力，均为 81.03MPa。

将表 8-4~表 8-6 中的关键节点应力与各缸许用应力相比较可发现，各气缸内部应力值均小于许用应力值，但在阀孔盖螺栓孔处各气缸的应力值均远大于许用应力值。这是因为阀孔盖内外部压差很大，内侧受到交变的进、排气压力和螺栓预紧力的作用。此外，上述强度分析方法存在分析误差，导致实际应力值比仿真分析值小。为了改善该类型气缸在阀孔盖螺栓处应力较大的情况，可在满足螺栓强度计算的前提下，适当减小阀孔盖与缸体的连接螺栓规格，以减小螺栓预紧力载荷的大小。

8.2　气缸有限元模态分析

气缸内部承受气体交变载荷的作用而引起振动，外部管道中的气流脉动、电动机的振动等也会传递给气缸，这些都是气缸发生共振的诱发因素。当气缸的固有频率与上述某个振动频率接近时就会引起共振，这时振动系统的振幅会大幅度增加而造成严重破坏，为避免共振的发生就要研究气缸固有频率、振型、振幅等固有特性。为了探究并改进铸钢型气缸在发生共振时的薄弱结构，将对气缸进行模态分析，得到气缸的固有特性，对气缸进行共振校核，结合模态分析结果进行结构上的优化改进。

模态分析前对气缸模型做如下简化。

1）气缸外表面有众多螺纹孔与连接螺栓，因为螺纹与螺栓尺寸过小，网格较难划分，因此将螺纹孔以等规格光孔代替并删除所有的连接螺栓。

2）气缸内部设有直径为 3mm 的注油孔与油道，这也会导致网格较难划分，因此删去此类尺寸过小的孔、槽等结构。

3）气缸内外存在着大量的圆角与倒角，这些结构会在有限元分析中浪费大量不必要的分析时间，因此将圆角及倒角删除。

简化后的气缸模型如图 8-3 所示。

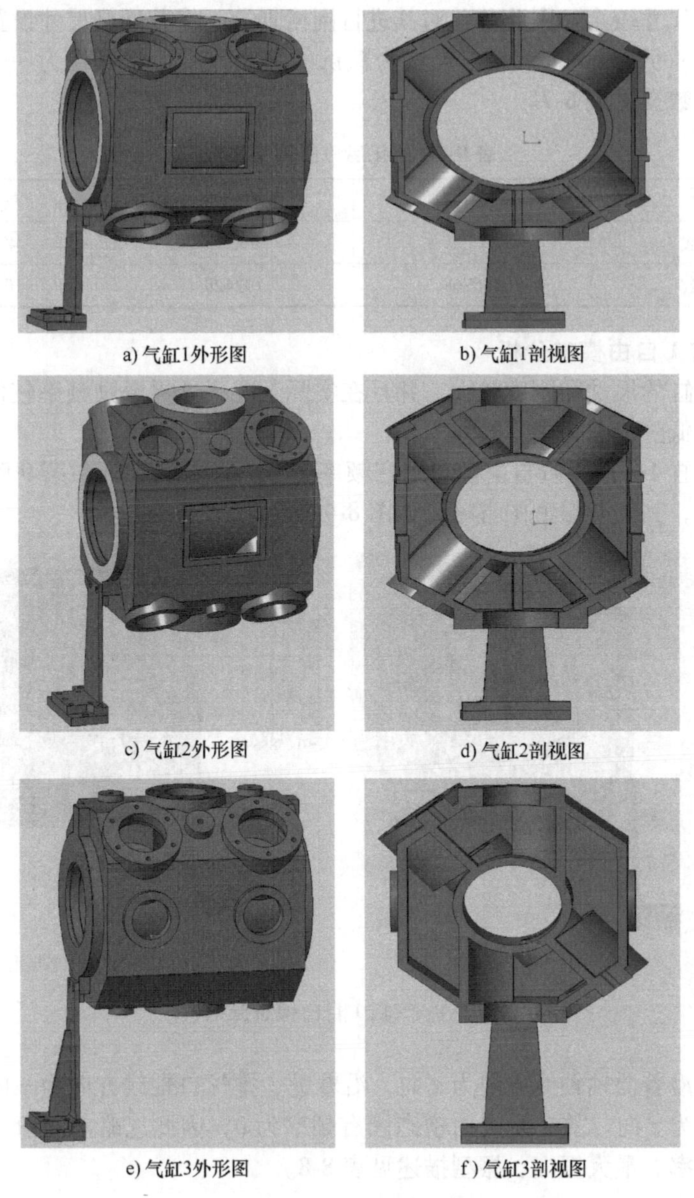

a) 气缸1外形图　　b) 气缸1剖视图

c) 气缸2外形图　　d) 气缸2剖视图

e) 气缸3外形图　　f) 气缸3剖视图

图 8-3　简化后的气缸模型

根据有无约束可将模态分析分为自由模态分析与约束模态分析。

8.2.1　气缸有限元自由模态分析

由于不需要施加任何边界条件，在分析前仅需要对气缸部件进行材料属性设置与网格的划分。材料属性已在表 8-2 中列出，在进行网格划分时，由于气缸支承处的结构尺寸较小，因此单独对其进行网格划分，将其网格尺寸设置为 10mm，气缸网格尺寸仍为 30mm。接触设置为默认的绑定方式，将其视为一个整体。划分好的网格数据见表 8-7。

表 8-7 简化后气缸网格参数

参数	气缸 1	气缸 2	气缸 3
网格数	87550	95225	47625
节点数	185768	192429	101736

1. 气缸 1 自由模态分析

由于气缸的尺寸和刚度较大，并且在实际工况下外界激励频率较低，因此其振型主要以低阶模态为主。

对于气缸 1，前 3 阶自由模态固有频率为 0，截取第 5 阶和第 9 阶振型图作为分析参考，其他阶振型图省略，如图 8-4 所示。

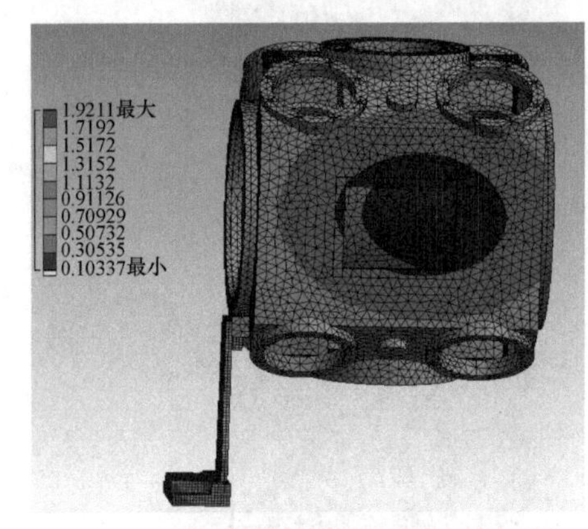

a) 第5阶自由模态振型

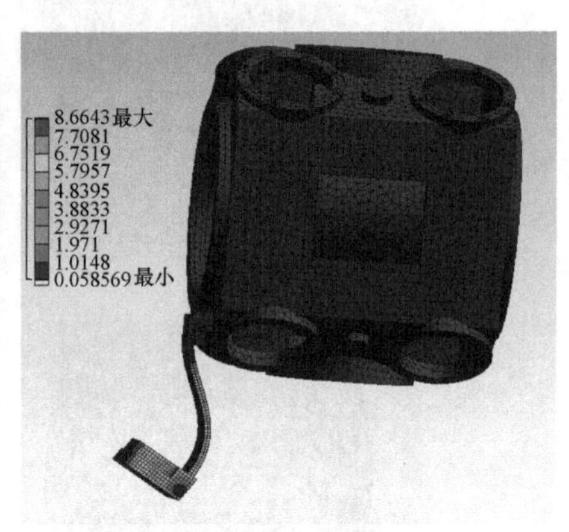

b) 第9阶自由模态振型

图 8-4 气缸 1 自由模态振型

现规定沿着曲轴轴线方向为 x 向，沿着进、排气口轴线方向为 y 向，沿着气缸轴线方向为 z 向。前 3 阶自由模态固有频率为 0，因此忽略前 3 阶，气缸 1 各阶次固有频率、最大振幅、振型描述见表 8-8。

表 8-8 气缸 1 自由模态参数

阶次	固有频率/Hz	最大振幅/mm	振型
4	4.9733×10^{-4}	1.376	整体沿 z 轴平动
5	1.478×10^{-3}	1.9211	整体沿 z 轴平动
6	1.803×10^{-3}	1.845	支承绕 z 轴转动

（续）

阶次	固有频率/Hz	最大振幅/mm	振型
7	18.525	5.6	支承绕 x 轴转动
8	58.424	9.5472	支承绕 y 轴转动
9	130.88	8.6643	支承绕 x 轴转动

由表 8-8 可知，气缸 1 的第 4、第 5、第 6 阶自由模态的固有频率非常小，振型主要表现为气缸整体的平动和支承绕 z 轴的转动，其余阶振型主要表现为气缸支承绕 x、y 轴的转动。

2. 气缸 2 自由模态分析

对于气缸 2，由于其前 2 阶自由模态固有频率为 0，截取第 4 阶和第 7 阶振型图，如图 8-5 所示，其他阶振型图省略。

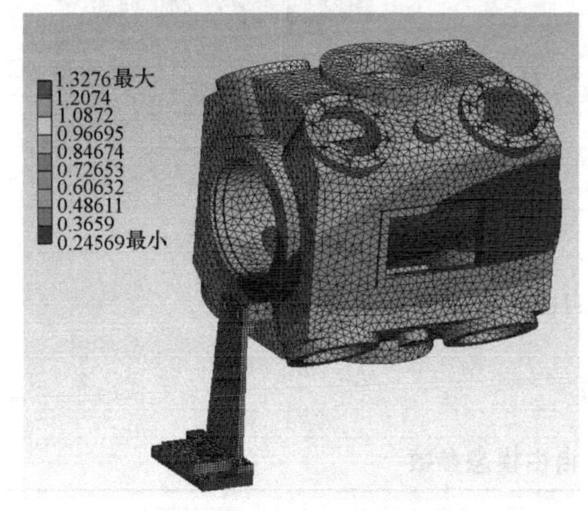

a) 第4阶自由模态振型

b) 第7阶自由模态振型

图 8-5　气缸 2 自由模态振型

气缸 2 各阶次自由模态参数见表 8-9。

表 8-9　气缸 2 自由模态参数

阶次	固有频率/Hz	最大振幅/mm	振型
3	2.4531×10^{-4}	1.2709	整体沿 z 轴平动
4	6.5467×10^{-4}	1.3276	整体沿 y 轴平动
5	2.167×10^{-3}	1.9788	整体沿 y 轴平动
6	18.397	5.6271	支承绕 x 轴转动
7	58.52	9.5516	支承绕 y 轴转动
8	131.01	8.6676	支承绕 x 轴转动

由表 8-9 可知，气缸 2 的第 3、第 4、第 5 阶自由模态的固有频率非常小，振型主要表现为气缸整体的平动，第 6、第 7、第 8 阶振型表现为气缸支承绕 x、y 轴的转动。

3. 气缸 3 自由模态分析

对于气缸 3，由于其前 3 阶固有频率为 0，可忽略，截取第 5 阶和第 8 阶振型图来分析，如图 8-6 所示。其他各阶振型省略。

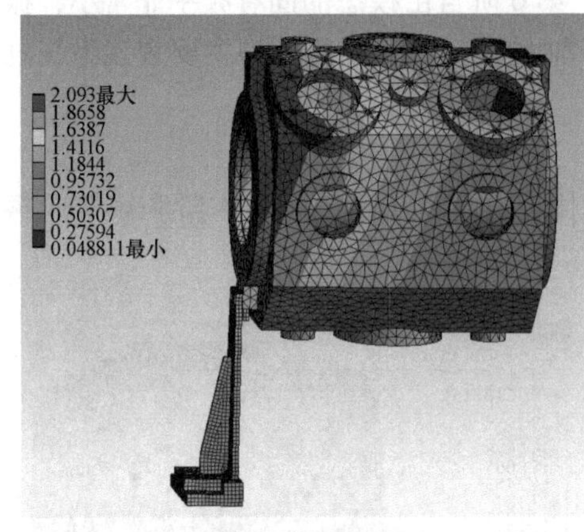

a) 第5阶自由模态振型

b) 第8阶自由模态振型

图 8-6　气缸 3 自由模态振型

气缸 3 各阶次自由模态参数见表 8-10。

表 8-10　气缸 3 自由模态参数

阶次	固有频率/Hz	最大振幅/mm	振型
4	2.9344×10^{-4}	1.758	整体沿 z 轴平动
5	6.8037×10^{-4}	2.093	整体沿 z 轴平动
6	3.4529×10^{-3}	3.1196	整体沿 y 轴平动
7	23.666	7.6247	支承绕 x 轴转动
8	72.947	13.803	支承绕 y 轴转动
9	138.66	12.298	支承绕 y 轴转动

由表 8-10 可知，气缸 3 的第 4、第 5、第 6 阶自由模态的固有频率非常小，主要振型表现为整体的平动，第 7、第 8、第 9 阶振型表现为气缸支承绕 x、y 轴的转动。

综上所述，三组气缸的自由模态振型变化规律基本一致，即在固有频率≤1Hz 时，其振型主要以气缸整体的平动为主，而在较大固有频率时振幅最大值均出现在气缸支承处，这是因为气缸支承要承受气缸部件、接筒部件以及缓冲罐的重量，对刚度要求较高，此处刚度可能不足，在优化时可适当提高气缸支承的刚度。

8.2.2　气缸有限元约束模态分析

为得到气缸在实际安装情况下的振动状态，需对各气缸进行约束模态分析。

根据气缸实际安装情况，需要在 ANSYS 中施加的约束包括模拟螺栓紧固施加在各螺栓孔处的圆柱约束，由于气缸支承下面与地基相连，因此可在气缸支承底板处添加固定约束。其余 ANSYS 设置同自由模态分析设置。

1. 气缸 1 有限元约束模态分析

针对气缸 1，提取第 2 阶和第 5 阶模态振型，如图 8-7 所示。

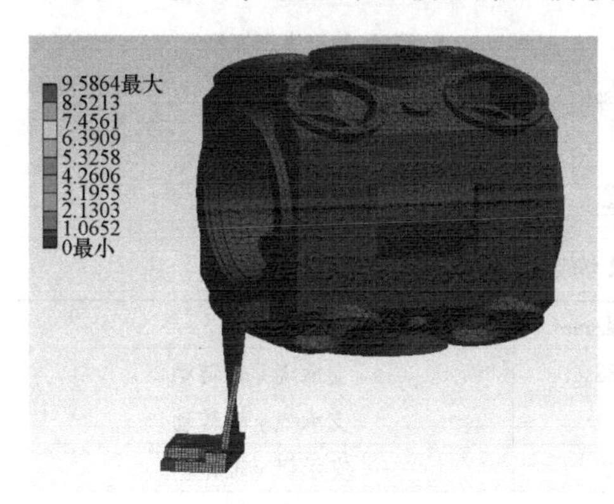

a) 第2阶约束模态振型

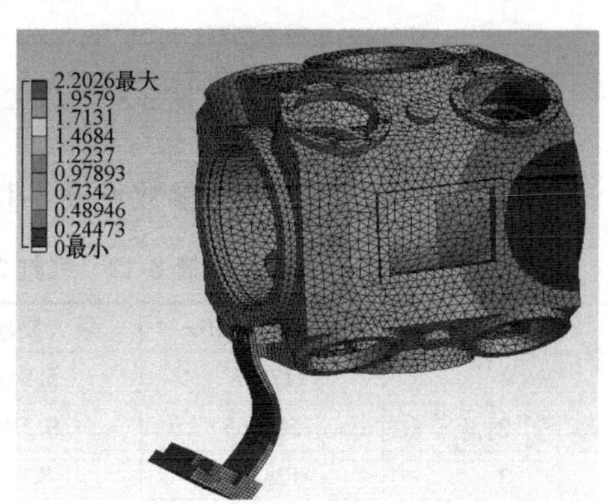

b) 第5阶约束模态振型

图 8-7　气缸 1 约束模态振型

气缸 1 前 6 阶约束模态参数见表 8-11。

表 8-11　气缸 1 约束模态参数

阶次	固有频率/Hz	最大振幅/mm	振型
1	17.173	5.9584	支承绕 x 轴转动
2	56.212	9.5864	支承绕 y 轴转动
3	127.79	8.6341	支承绕 y 轴转动
4	129.62	8.6898	支承绕 x 轴转动
5	230.54	2.2026	支承绕 x 轴转动
6	250.69	1.5104	支承绕 x 轴转动，气缸两侧壁向内压缩

由表 8-11 可知，气缸 1 在约束状态下其各阶振型主要表现为气缸支承绕 x、y 轴的转动，在 56.212Hz 固有频率下振幅最大。

2. 气缸 2 有限元约束模态分析

针对气缸 2，提取第 2 阶和第 5 阶模态振型，如图 8-8 所示。

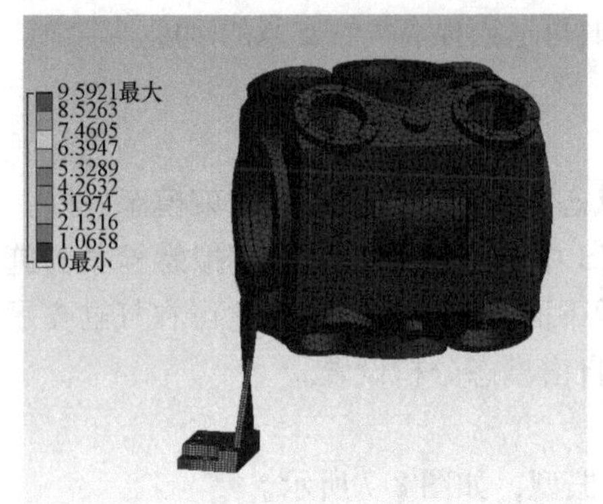

a) 第2阶约束模态振型

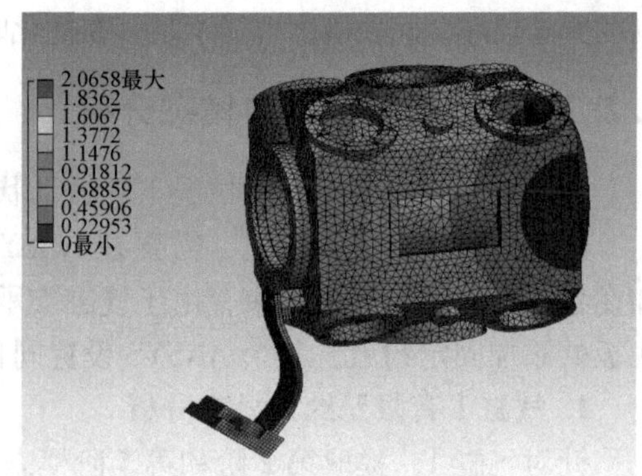

b) 第5阶约束模态振型

图 8-8　气缸 2 约束模态振型

气缸 2 前 6 阶约束模态参数见表 8-12。

表 8-12　气缸 2 约束模态参数

阶次	固有频率/Hz	最大振幅/mm	振型
1	17.18	5.9588	支承绕 x 轴转动
2	56.265	9.5921	支承绕 y 轴转动
3	128.42	8.603	支承绕 y 轴转动
4	129.58	8.6759	支承绕 x 轴转动
5	201.27	2.0685	支承绕 x 轴转动
6	222.74	1.2689	支承绕 x 轴转动，气缸两侧壁向内压缩

由表 8-12 可知，气缸 2 在约束状态下其各阶振型主要表现为气缸支承绕 x、y 轴的转动，在 56.265Hz 固有频率下振幅最大。

3. 气缸 3 有限元约束模态分析

针对气缸 3，提取第 2 阶和第 5 阶模态振型，如图 8-9 所示。

气缸 3 前 6 阶约束模态参数见表 8-13。

表 8-13　气缸 3 约束模态参数

阶次	固有频率/Hz	最大振幅/mm	振型
1	21.599	8.2251	支承绕 x 轴转动
2	68.038	13.709	支承绕 y 轴转动
3	127.8	13.167	支承绕 y 轴转动
4	230.19	2.1679	支承绕 x 轴转动
5	248.45	2.0988	支承绕 x 轴转动
6	385.08	12.717	支承绕 x 轴转动

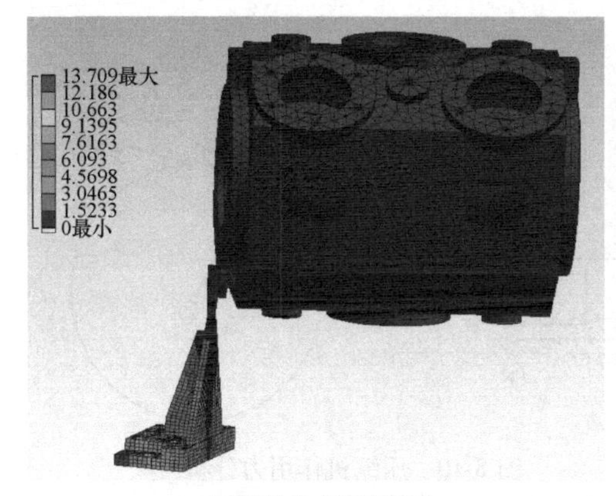

a) 第2阶约束模态振型

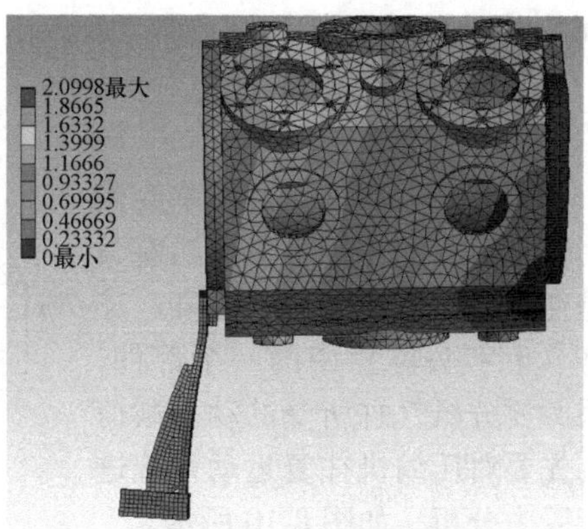

b) 第5阶约束模态振型

图 8-9　气缸 3 约束模态振型

由表 8-13 可知，气缸 3 在约束状态下其各阶振型主要表现为气缸支承绕 x、y 轴的转动，在 68.038Hz 固有频率下振幅最大。

综上所述，各气缸在约束条件下的固有频率均大于自由模态下的固有频率，这是因为约束的增加改变了结构的总体刚度矩阵，使得分析结果发生变化。在振型上，约束模态的各阶振型同自由模态的一样，主要以气缸支承的扭转变形为主，这就说明无论在自由状态下还是约束状态下，铸钢型气缸的支承部件都是整个气缸部件在发生共振时的薄弱结构，需在设计时充分考虑气缸支承的刚度可靠性，若刚度不足很有可能造成严重的后果。

同时，在约束条件下，各气缸的 1 阶固有频率分别为 17.173Hz、17.18Hz、21.599Hz。各气缸对应的压缩机转速分别为 425r/min、425r/min、485r/min，根据频率与转速公式

$$f = \frac{n}{60} \tag{8-6}$$

得到各压缩机额定工作频率分别为 7.083Hz、7.083Hz、8.083Hz。按照 API 618：2007 中规定，激振频率与固有频率相差 20%以内即可认为结构有可能发生共振。各压缩机额定工作频率与气缸固有频率比分别为 142.4%、142.6%、167.2%，均远大于规定的 20%，因此可以得出结论——铸钢型气缸在正常设计结构下实际运行时不会发生共振。

8.3　气缸有限元瞬态响应分析

利用瞬态响应分析法结合压缩机实际工况对各气缸分别进行受迫振动分析，观察气缸振动响应情况，找到应力集中与振动烈度较高的结构，为后续的振动控

制提供优化方向。

8.3.1 气缸动态载荷分析

因为气缸在工作过程中会受到来自活塞的作用力，而活塞又是往复运动系统（包括活塞、连杆、十字头等）中的一个部件，因此要分析气缸所受的动态载荷首先要对压缩机往复运动系统进行受力分析，如图 8-10 所示。

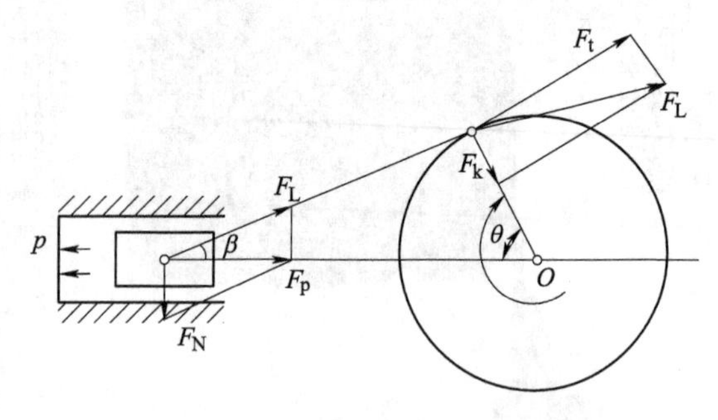

图 8-10 压缩机作用力分析

由图 8-10 可知，气缸的气腔会因为容积的交替变化而承受交变气体压力 p，活塞在往复运动过程中因为加速度的存在而产生往复惯性力 F_{Is}，同时，活塞还会在运动中与缸套内壁产生往复摩擦力 F_f，在交变气体压力 p 的作用下活塞还会受到气体力 F_g的作用。上述三种作用力代数和称为综合活塞力 F_p。连杆摆角为 β，综合活塞力可以分解为垂直气缸轴线方向的侧向力 F_N和沿着连杆方向的连杆力 F_L。

8.3.2 气缸动态载荷计算

由于往复惯性力方向沿着气缸中心线，且主要作用在往复部件，对气缸的影响不大，故在瞬态响应分析时可忽略往复惯性力的作用。

由于选用的各气缸均采用油润滑的方式，即在压缩机工作过程中间断性地从气缸注油点处向活塞上滴加润滑油，且由于十字头具有导向作用，活塞在运动中对缸套产生的侧向压力非常小，往复摩擦力数值相较于气体力可忽略不计。因此在瞬态响应分析中，不考虑往复摩擦力对气缸的影响。

压缩机所有动态载荷中，交变气体压力 p 对气缸的影响最大，也是气缸发生振动的最主要原因，因此以下着重对交变气体压力进行分析计算。

经简化计算，活塞位移 x、速度 v、加速度 a 关于时间 t 的周期变化表达式为

$$x = r\left[(1-\cos\omega t)+\frac{\lambda}{4}(1-\cos 2\omega t)\right] \tag{8-7}$$

$$v = r\omega\left(\sin\omega t+\frac{\lambda}{2}\sin 2\omega t\right) \tag{8-8}$$

$$a = r\omega^2(\cos\omega t+\lambda\cos 2\omega t) \tag{8-9}$$

式中 x——活塞位移（mm）；

r——曲柄半径（mm）；

v——活塞速度（mm/s）；

a——活塞加速度（mm/s^2）；

ω——曲轴旋转角速度（rad/s）；

λ——连杆比。

曲轴旋转角速度计算公式为

$$\omega = 2\pi n \tag{8-10}$$

式中　n——曲轴转速（r/min）。

连杆比计算公式为

$$\lambda = \frac{r}{L} \tag{8-11}$$

式中　L——连杆中心距（mm）。

以式（8-7）~式（8-9）为基础，结合气缸相关结构参数，计算得到气缸腔内容积 V 的周期变化函数为

$$V = V_s\left[\alpha + \frac{1 - \cos\omega t}{2} + \frac{1}{2\lambda}\left(1 - \sqrt{1 - \lambda^2 (\sin\omega t)^2}\right)\right] \tag{8-12}$$

式中　V_s——气缸行程容积（mm^3）；

α——相对余隙容积（mm^3）。

气缸行程容积 V_s 计算公式为

$$V_s = S_1 s \tag{8-13}$$

式中　S_1——活塞迎风面积（mm^2）；

s——活塞行程（mm）。

将进、排气过程假设为理想循环，在以上假设的基础上根据热力学第一定律及绝热过程特征，可得到腔内气体压力 p 与腔内容积 V 的关系式为

$$pV^k = C \tag{8-14}$$

式中　k——等熵指数；

C——常数。

k 的计算公式为

$$k = \frac{C_p}{C_V} \tag{8-15}$$

式中　C_p——定压比热容（J/kg·℃）；

C_V——定容比热容（J/kg·℃）。

依据选用的压缩机气体介质相关参数，计算得 $k=1.4$。

由式（8-15）变形可得腔内气体压力 p 的计算公式为

$$p = CV^{-1.4} \tag{8-16}$$

由式（8-7）~式（8-9）、式（8-12）、式（8-16）可知，活塞位移 x、活塞速度 v、活塞加速度 a、腔内容积 V 以及腔内气体压力 p 均是关于时间 t 周期变化的函数，为了更为直观地观察上述变量的周期变化规律，将各方程代入 MATLAB 中，通过编写各自运动函数，结合各压缩机相关参数求得各变量关于 t 的函数图

像，式中各压缩机相关参数均在表 8-1 中给出。

气缸 1 相关参数周期变化曲线如图 8-11 所示。

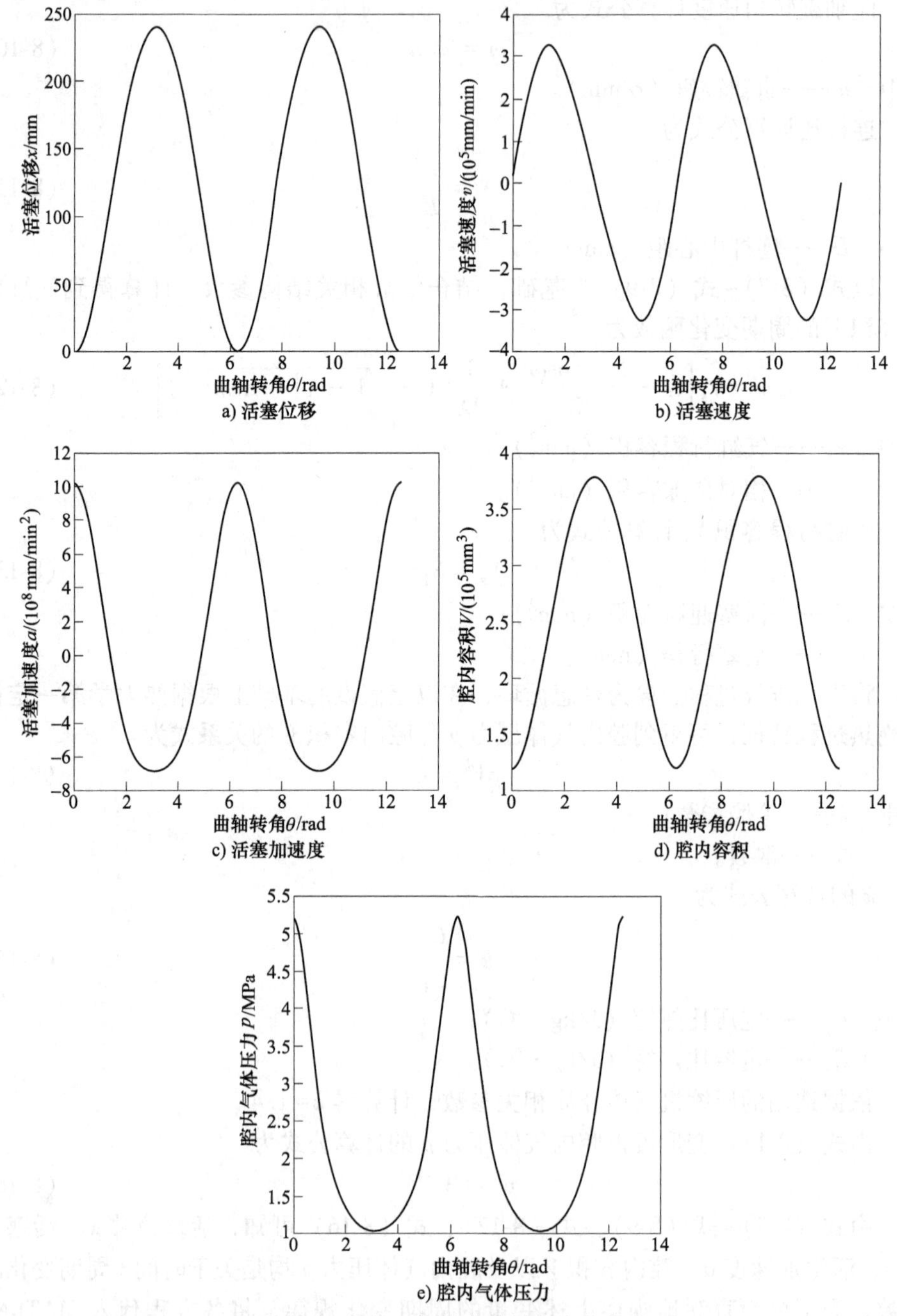

图 8-11　气缸 1 相关参数周期变化曲线

气缸 2 相关参数周期变化曲线如图 8-12 所示。

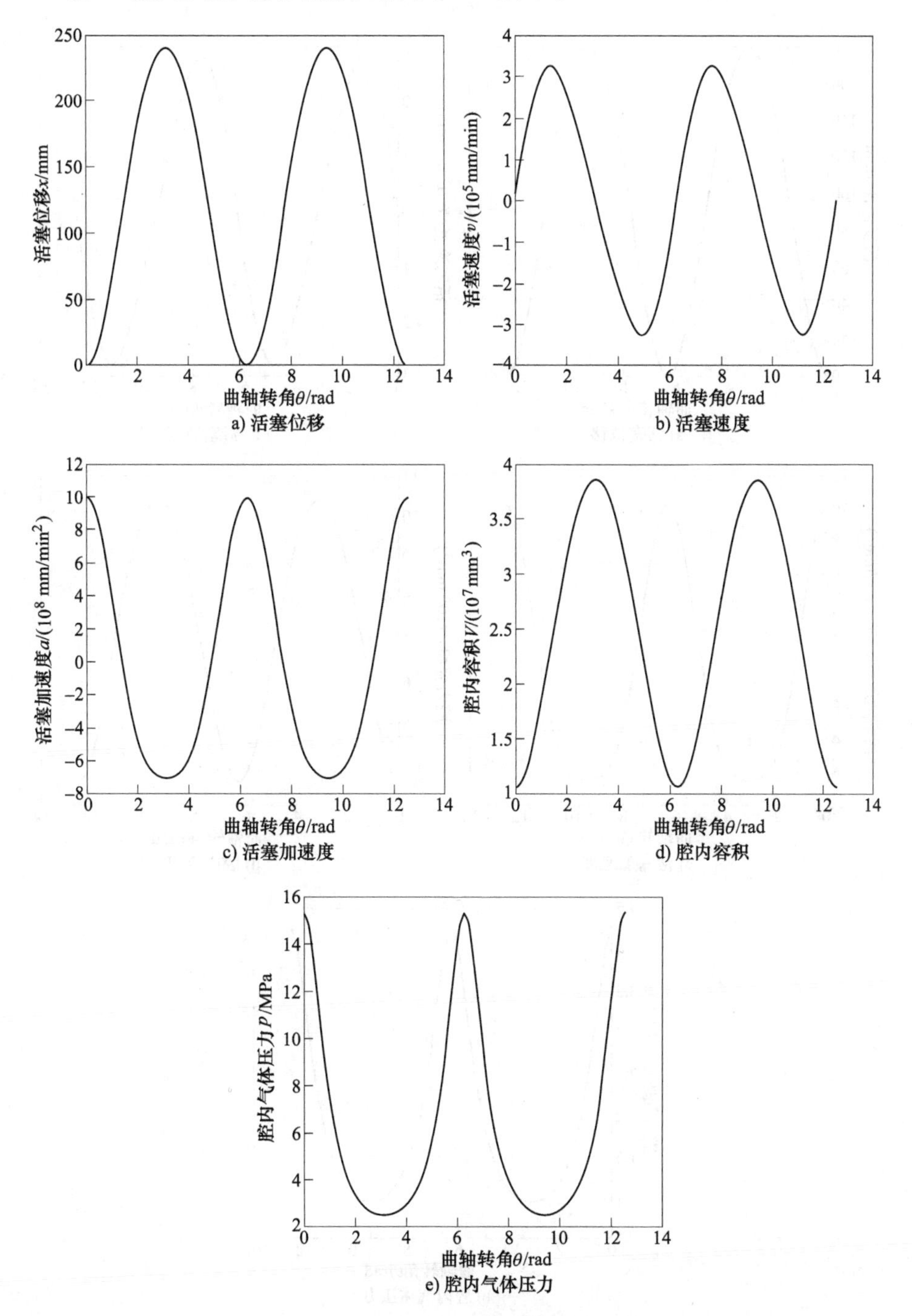

图 8-12　气缸 2 相关参数周期变化曲线

气缸 3 相关参数周期变化曲线如图 8-13 所示。

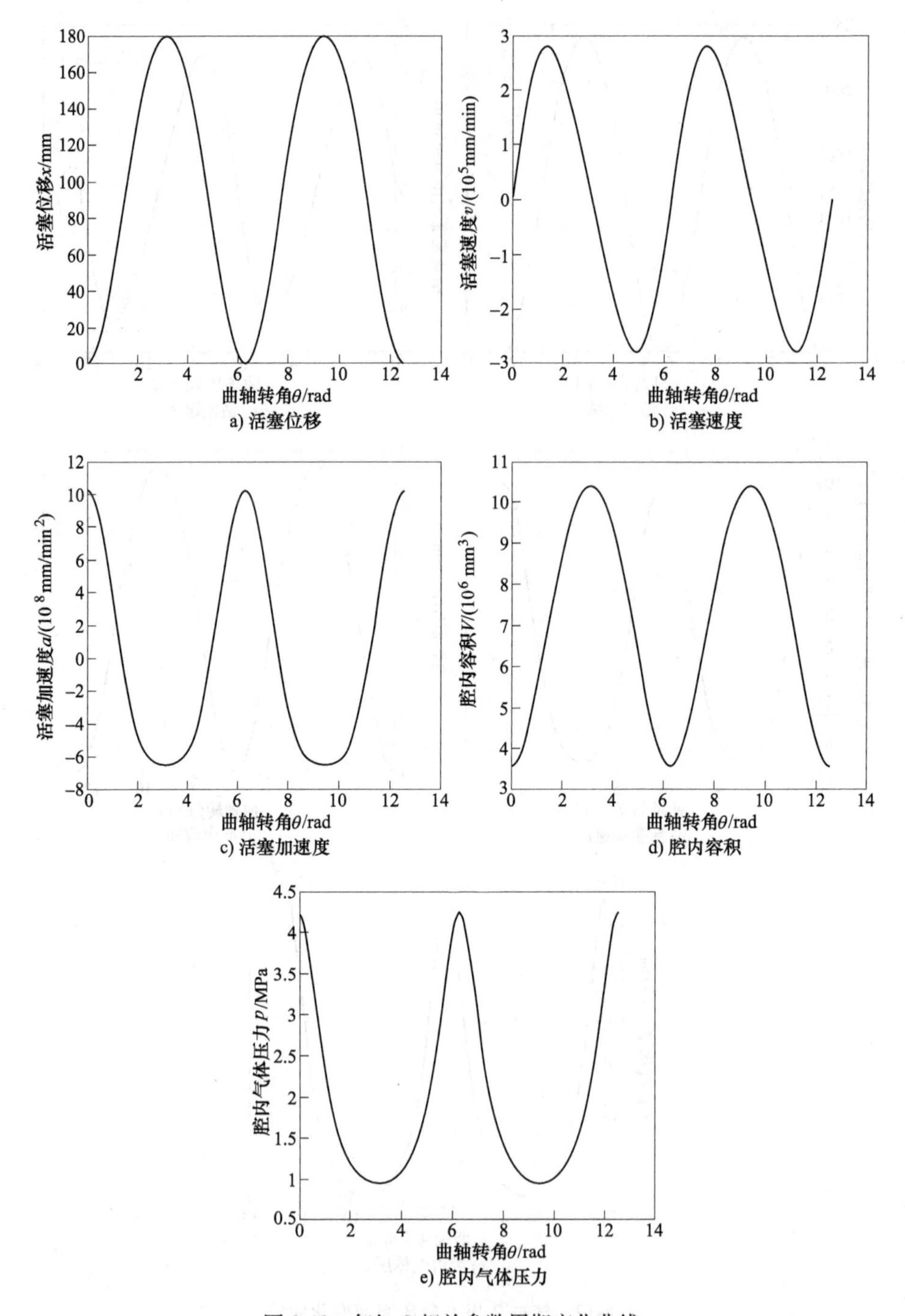

图 8-13　气缸 3 相关参数周期变化曲线

观察图 8-11～图 8-13 中的腔内气体压力周期变化曲线可知，各气缸腔内的气体压力幅值近似等于级间排气压力。排气压力是指最终排出压缩机的气体压力，在此只针对某级气缸的排气压力，因此用级间排气压力替代。根据克拉伯龙方程

$$pV = nRT \tag{8-17}$$

式中　p——气体压强（Pa）；

V——气体体积（m^3）；

n——气体摩尔质量；

R——气体普适恒量，$R=8.31\text{J}/(\text{mol}\cdot\text{K})$；

T——气体温度（K）。

可知，在气体物质的量不变的情况下，随着气体温度的升高，气体压力与气体体积成反比。在压缩机中，气体经压缩后体积大幅度减小，但气体物质的量不变，因此经压缩后的气体压力将远大于进入气缸前的气体压力。

综上所述，压缩机排气压力总大于进气压力，腔内气体压力幅值约等于排气压力（级间排气压力）。

8.3.3　气缸有限元瞬态响应分析

1. 载荷施加

瞬态响应分析中约束方式与约束模态分析中的约束方式相同，本节中不再赘述。

ANSYS 分析中，载荷的施加方法采用 Tabulor 法，即在式（8-16）的基础上利用 MATLAB 生成载荷数据文件，将数据导入 EXCEL 中，再将 EXCEL 中的数据导入 ANSYS 中，完成载荷大小的设置。

载荷施加位置为进、排气腔所有与气体接触的内壁上，方向由系统默认控制。

2. 分析设置

选用的各压缩机电动机均为三相异步电动机，其转速见表 8-1，分别为 425r/min、425r/min、485r/min，即各电动机每运行一个周期的时间为 0.14s、0.14s、0.124s。取各气缸分析时长为一个工作循环，即 0.14s、0.14s、0.124s，载荷步长设置为 0.002s，则各周期包含约 70、70、62 个载荷步，每个载荷步又分为 2 个子载荷步，每个子载荷步时长为 0.001s，由 ANSYS 程序自动控制。

3. 气缸有限元瞬态响应分析结果

综合分析对象特点与各方法优缺点，采取完全法进行瞬态响应分析求解。提

取各气缸等效应变云图与等效应力云图，以及气缸在 x、y、z 三个方向上的速度响应云图。其中气缸的等效应变与应力云图如图 8-14 和图 8-15 所示。

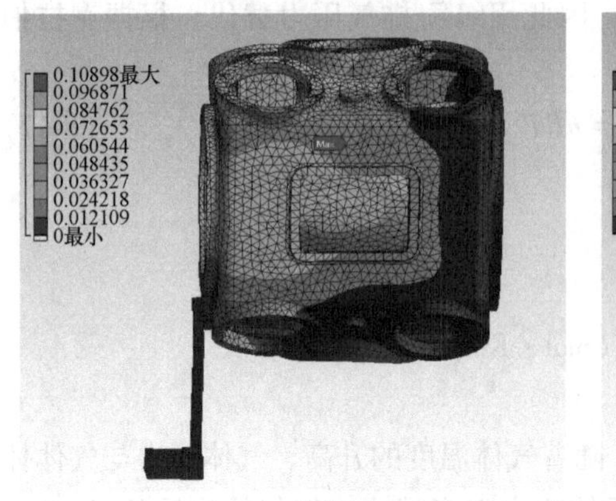

a) 气缸1

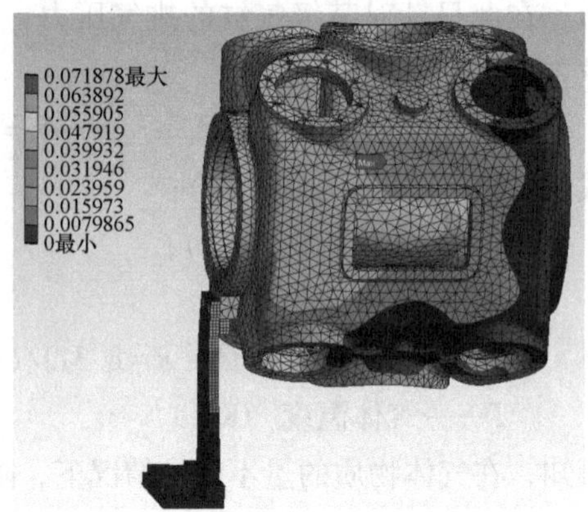

b) 气缸2

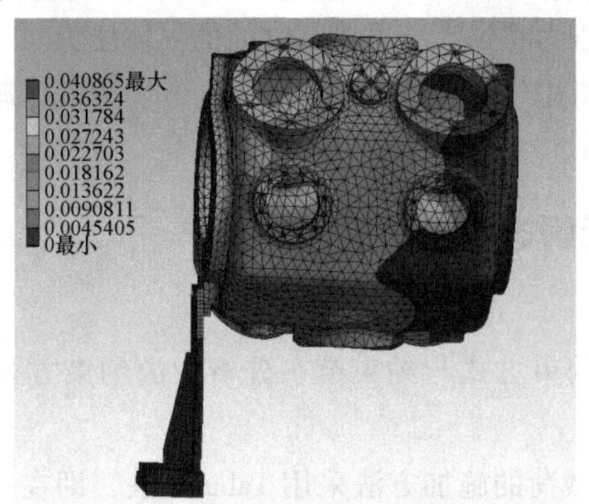

c) 气缸3

图 8-14　气缸等效应变云图

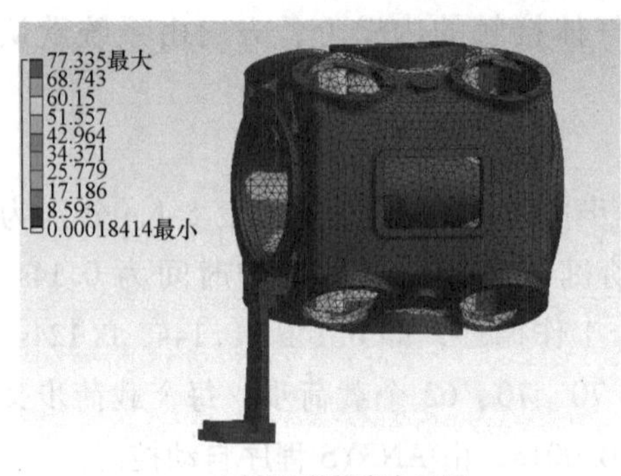

a) 气缸1整体应力云图

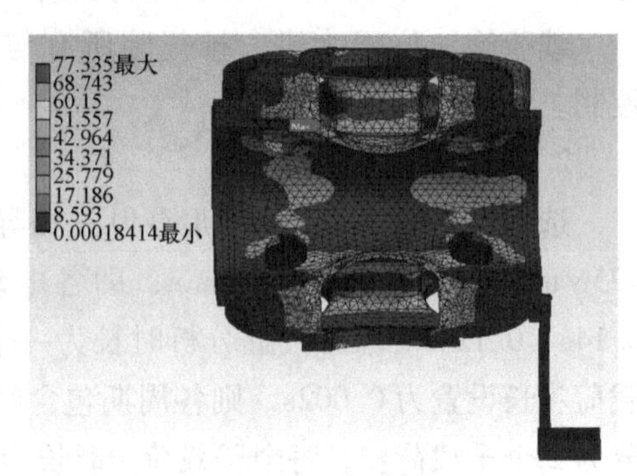

b) 气缸1应力最大点

图 8-15　气缸等效应力云图

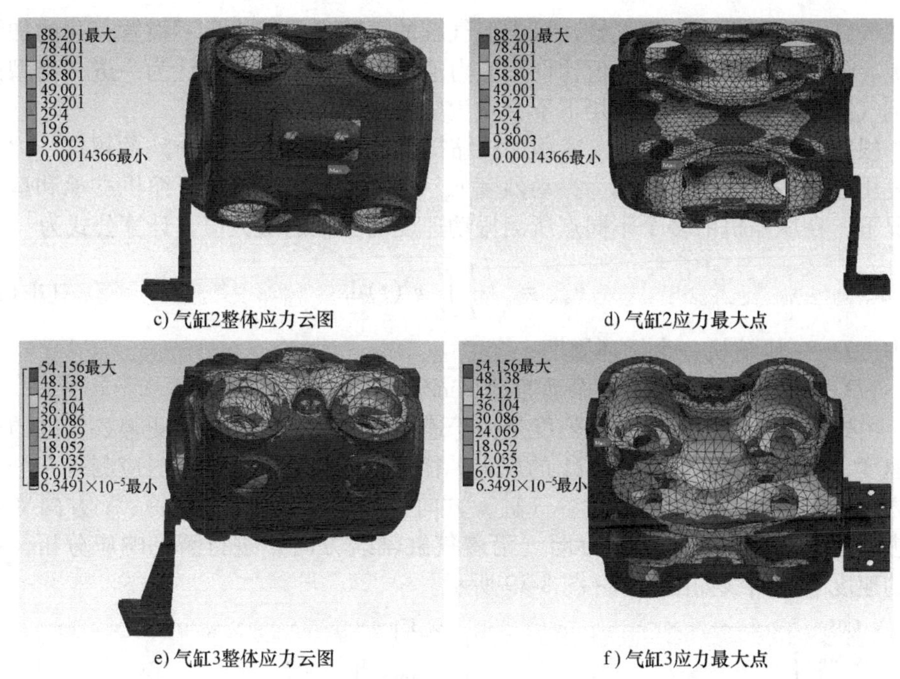

c) 气缸2整体应力云图　　d) 气缸2应力最大点

e) 气缸3整体应力云图　　f) 气缸3应力最大点

图 8-15　气缸等效应力云图（续）

由图 8-14 可知，各气缸在交变气体压力作用下的最大变形区均在进、排气口下方气缸内壁处，各气缸最大变形量分别为 0. 11mm、0. 072mm、0. 041mm，总体变形相对较小。

通过对各气缸材料许用应力的分析计算，气缸 1、气缸 2、气缸 3 的许用应力值分别为 81. 03MPa、81. 03MPa、97MPa。由图 8-15 可知，各气缸在交变气体压力作用下其最大应力值分别为 77. 335MPa、88. 201MPa、54. 156MPa，经比较气缸 2 的最大应力值大于许用应力值，而气缸 1 与气缸 3 的最大应力值小于许用应力值，但气缸 1 的最大应力值比较接近许用应力值。

气缸 1 与气缸 2 均为两进两出型气缸，其应力最大值均出现在进、排气口下的加强筋板圆角处，结构如图 8-16 所示。

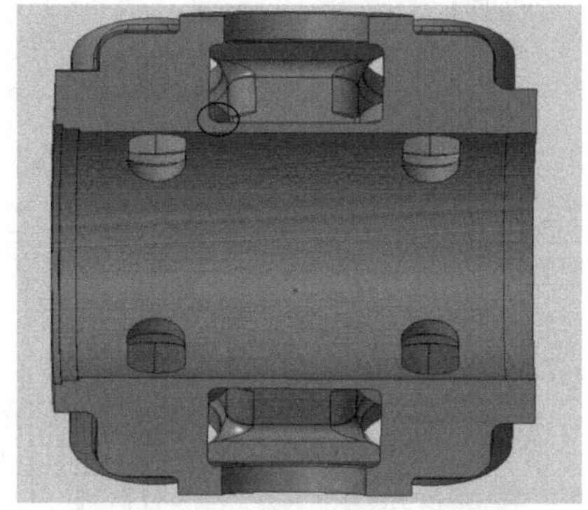

图 8-16　应力集中结构示意图

该处筋板连接气腔内壁与水腔外壁，与交变气体压力直接接触，在气缸内部所有筋板中起到主要支承强化的作用。因此可以认为该处可能成为两进两出型铸钢气缸易发生应力集中的部位，为了改善此处应力较大的情况，可适当加大筋板圆角的尺寸。

气缸 3 为一进一出型气缸，该类型气缸的气腔空间较小，不设置上述的加强筋板，分析得到的最大应力值比许用应力值小很多，因此可以认为一进一出型的铸钢气缸在交变气体压力作用下不会发生应力集中的现象。

根据 GB/T 7777—2021《容积式压缩机机械振动测量与评价》的规定，评价往复压缩机振动强弱的指标为振动烈度 v_{rms}，它表示在规定的压缩机支承和运行工况下，在压缩机的多个不同点所测振动速度均方根的最大值，计算公式为

$$v_{\mathrm{rms}} = \sqrt{\frac{1}{T}\int_0^T v^2(t)\,\mathrm{d}t} \tag{8-18}$$

式中 T——压缩机一个循环周期；

$v(t)$——气缸某方向上的振动速度（m/s）。

由式（8-18）可知，振动烈度是关于速度的函数，因此需要测得各气缸的振动速度，根据 GB/T 7777—2021 的规定，往复压缩机在测量振动时应测得三个正交方向上的数据。因此分别对各气缸 x 方向（沿着曲轴轴线方向）、y 方向（沿着进、排气口轴线方向）、z 方向（沿着气缸轴线方向）进行瞬态响应分析，提取的速度响应曲线如图 8-17～图 8-19 所示。

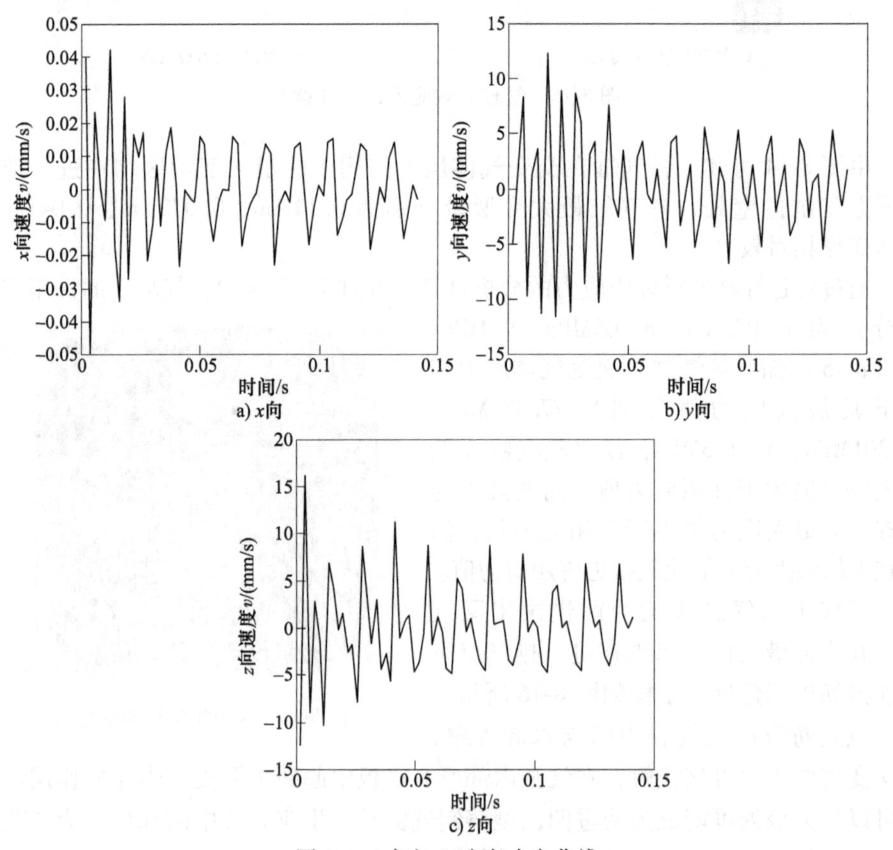

图 8-17　气缸 1 速度响应曲线

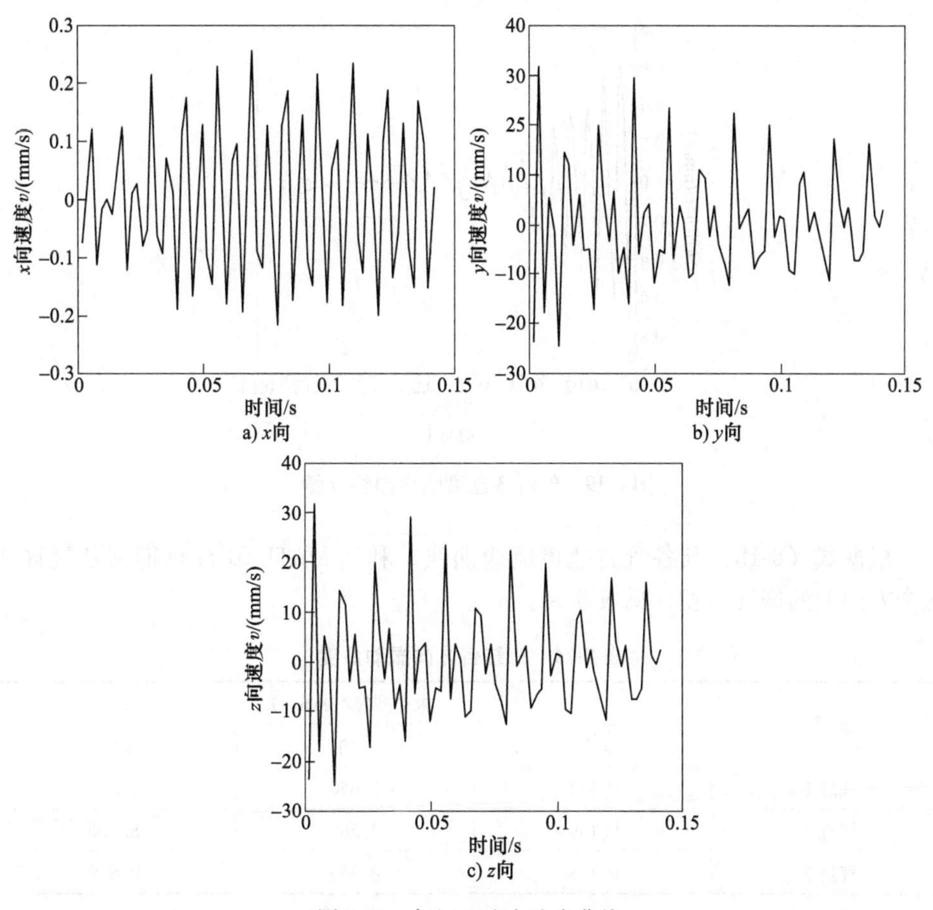

图 8-18　气缸 2 速度响应曲线

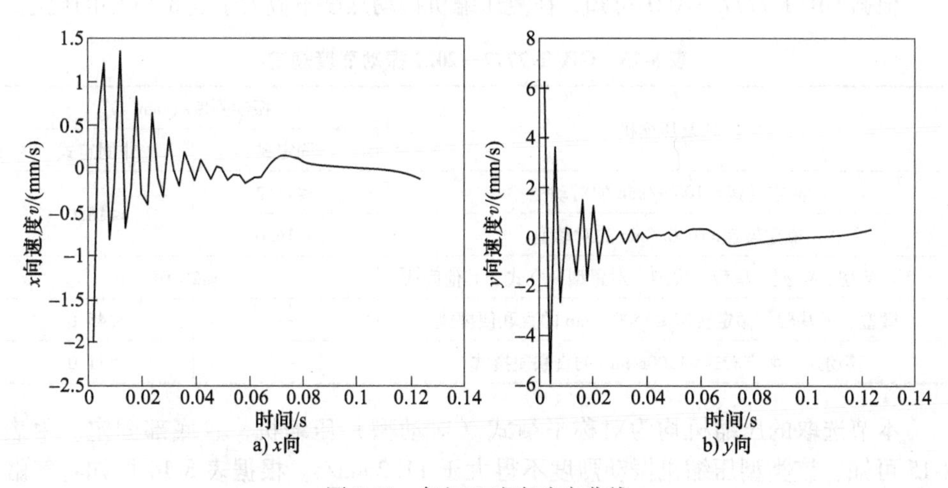

图 8-19　气缸 3 速度响应曲线

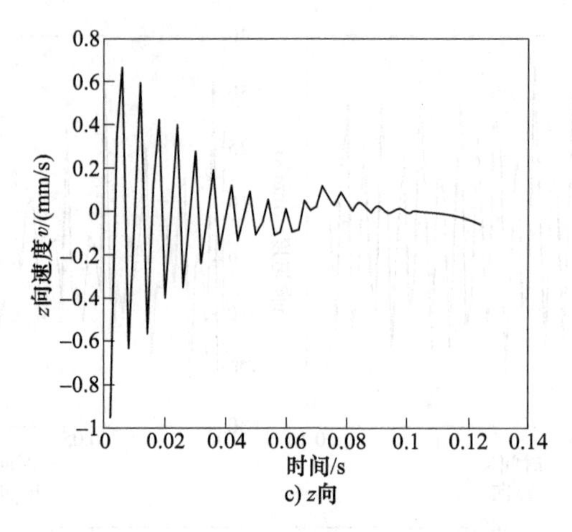

c) z向

图 8-19　气缸 3 速度响应曲线（续）

根据式（8-18）与各气缸速度响应曲线，利用 MATLAB 计算得到各气缸在三个方向上的振动烈度，见表 8-14。

表 8-14　气缸各方向振动烈度

缸号	振动烈度/(mm/s)		
	x 向	y 向	z 向
气缸 1	0. 162	3. 650	4. 016
气缸 2	0. 109	3. 585	8. 691
气缸 3	0. 118	0. 335	0. 565

根据 GB/T 7777—2021 可知，往复压缩机振动烈度不应大于表 8-15 中的规定。

表 8-15　GB/T 7777—2021 振动烈度规定

往复压缩机	振动烈度/(mm/s)	
	固定式	非固定式
额定转速≤1000r/min 的对动型	≤11. 2	≤18. 0
额定转速>1000r/min 的对动型	≤16. 0	
L 型、V 型、W 型、星型、扇型、对置型、立式、其他卧式	≤28. 0	
微型、无基础、额定转速≤1500r/min 的直联便携式	—	≤45. 0
移动式、额定转速>1500r/min 的直联便携式	—	≤71. 0

本节选取的压缩机均为对称平衡式（对动型）压缩机，且底部固定。由表 8-15 可知，该类型压缩机振动烈度不得大于 11. 2mm/s。根据表 8-14 可知各气缸振动烈度均不大于 11. 2mm/s，符合标准规定。

从表 8-14 可以看出，气缸 1 在 z 向的振动烈度最大，在 x 向振动烈度最小；气缸 2 在 z 向上的振动烈度最大，在 x 向振动烈度最小；气缸 3 在 z 向振动烈度最大，在 x 向振动烈度最小。

总的来说，各气缸在 z 向的振动烈度明显大于 x 向与 y 向的振动烈度，且两进两出型气缸在 y 向与 z 向上的振动烈度明显大于一进一出型气缸。

结合压缩机结构特点来看，气缸上下部与进、排气缓冲罐相连，在气口中心线方向上受到了约束，沿着气缸轴线方向上虽与接筒连接受到一定约束，但要承受综合活塞力的作用，在曲轴轴线方向基本不会受到作用力的影响，这就导致了气缸在 z 向上的振动烈度大于 x 向与 y 向。此外，由于两进两出型气缸的进、排气压力要明显大于一进一出型气缸，因此气缸 3 的振动烈度会明显小于气缸 1 与气缸 2。

综上所述，各气缸振动烈度在三个方向上均满足标准的规定，各气缸在 z 向振动烈度较大，为了进一步减小 z 向的振动烈度，可适当加大支承板厚度以提高气缸在 z 向的刚度。

8.4　气缸重要结构优化设计

铸钢型气缸作为压缩机主要采用的结构件，其阀孔凸缘部分以及气缸支承部件耐振性结构是影响其强度的主要因素，而气缸阀孔螺栓处的应力集中和气缸振动控制是设计铸钢型气缸必须考虑的要点。为了得到具体的优化方案并验证方案的合理性，对气缸各类分析中的可优化结构提出具体的优化方案，然后利用各类分析方法进行优化方案合理性校核，为铸钢型气缸的后续设计优化奠定基础。

8.4.1　气缸阀孔凸缘部分结构强度优化设计

针对气缸强度分析中发现的气缸阀孔螺栓处的应力集中现象，根据 8.1 节对气缸静态载荷的分析，气缸阀孔处承受的静态载荷主要为螺栓预紧力载荷与最大气体力载荷。其中，螺栓预紧力载荷可通过减小螺栓规格或数量来减小，具体优化过程如下。

螺纹的最小截面积 A_1 应按照下式计算

$$zA_1 = \frac{F_0}{[\sigma_P]} \tag{8-19}$$

式中　z——螺栓数量；

F_0——螺栓预紧力（N）；

$[\sigma_P]$——预紧拉伸应力（MPa），$[\sigma_P] \leqslant (0.5 \sim 0.75)\sigma_S$，对于直径小于 16mm 的螺栓取较小值，这里统一取为 0.6。

在进行螺栓强度计算时，螺栓预紧力 F_0 的计算公式为

$$F_0 = KF_{max} \tag{8-20}$$

式中　K——预紧系数；

F_{max}——阀孔盖紧固螺栓所承受的最大气体作用力（N）。

在气缸中，作用于气缸盖与阀孔盖的紧固螺栓及管道法兰连接螺栓承受的最大气体力计算公式为

$$F_{max} = \frac{\pi D_m^2}{4} p_1 \tag{8-21}$$

式中　D_m——平均密封直径（mm）；

p_1——气缸内最大排气压力（Pa）。

结合式（8-19）及各压缩机、气缸相关参数，最终计算得各气缸阀孔盖螺栓最小截面积与螺栓外径，见表 8-16。

表 8-16　螺栓最小截面积与螺栓外径

缸号	气缸 1	气缸 2	气缸 3
螺栓最小截面积/mm²	784.27	798.52	767.31
螺栓外径/mm	M16	M16	M16

此外，为了保证螺栓连接的气密性，相邻螺栓之间的间隔 t 不超过一定范围，其值与被密封的气体压力差值 ΔP 有关

$$\Delta P \leqslant 1\text{MPa 时}, t = (4 \sim 6)d \tag{8-22}$$

$$1\text{MPa} < \Delta P \leqslant 10\text{MPa 时}, t = (2.7 \sim 4.5)d \tag{8-23}$$

$$\Delta P > 10\text{MPa 时}, t = (2.0 \sim 3.2)d \tag{8-24}$$

式中　d——螺栓外径（mm）。

各气缸被密封气体压力差值 ΔP 见表 8-17。

表 8-17　被密封气体压力差值

缸号	气缸 1	气缸 2	气缸 3
被密封气体压力差值/MPa	4.34	14.3	3.24

当连接件的刚性较大、垫片厚度较大、垫片较软及螺栓较长时，t 值可取较大值。结合式（8-22）~式（8-24）及各气缸结构特性，计算得相应的螺栓间隔与数量见表 8-18 所示。

表 8-18　螺栓间隔与数量

缸号	气缸 1	气缸 2	气缸 3
螺栓间隔/mm	60.3	51.7	99.6
螺栓数量	8	8	6

将原设计参数与优化后有关参数进行比较，见表 8-19。

表 8-19　优化前后螺栓有关参数对比

缸号	气缸 1		气缸 2		气缸 3	
阶段	优化前	优化后	优化前	优化后	优化前	优化后
螺栓规格	M20	M16	M20	M16	M20	M16
螺栓数量	8	8	8	8	6	6

由表 8-19 可知，针对螺栓的优化仅对螺栓规格进行，螺栓数量与原设计一致。综上所述，针对气缸阀孔处应力集中问题提出的优化方案为：将各气缸阀孔螺栓规格由 M20 改为 M16。

根据式（8-20）计算优化后各气缸阀孔处螺栓总预紧力 F_0，结果见表 8-20。

表 8-20　优化后阀孔螺栓总预紧力

缸号	气缸 1	气缸 2	气缸 3
螺栓总预紧力/N	367850	287825	387590

8.4.2　气缸阀孔凸缘部分结构强度优化方案验证

对各优化后的气缸模型进行预紧力载荷大小变化的静力学分析，与其他设置静力学分析一致。优化后各气缸等效应力云图如图 8-20 所示。

根据对气缸内部关键节点的应力值分析可知，气缸内部应力符合要求，因此在本节中不再做气缸内部的应力值分析，仅对应力集中部位进行分析讨论。由图 8-20 可以看到，优化后阀孔螺栓孔处仍为应力最大部位，提取优化前后最大应力值进行对比，见表 8-21。

表 8-21　优化前后最大应力值对比

缸号	气缸 1		气缸 2		气缸 3	
	优化前	优化后	优化前	优化后	优化前	优化后
最大应力值/MPa	203.44	168.52	221.66	186.59	184.88	177.18

综上所述，针对铸钢型气缸阀孔盖螺栓处应力集中的问题，可通过减小阀孔盖螺栓规格的方法进行改善，且优化后的缸体最大应力值较优化前明显减小。

8.4.3　端部有支承的气缸振动控制优化

由于对气缸的模态分析与瞬态响应分析分别研究的是气缸的共振与气缸的受迫振动，两者本质上都是研究气缸的振动问题，因此本节将对气缸模态分析与气缸瞬态响应分析中发现的可优化结构进行优化方案的设计与验证。

1. 气缸共振控制

对各气缸的模态分析中发现，气缸在各非零固有频率下发生共振时，气缸支

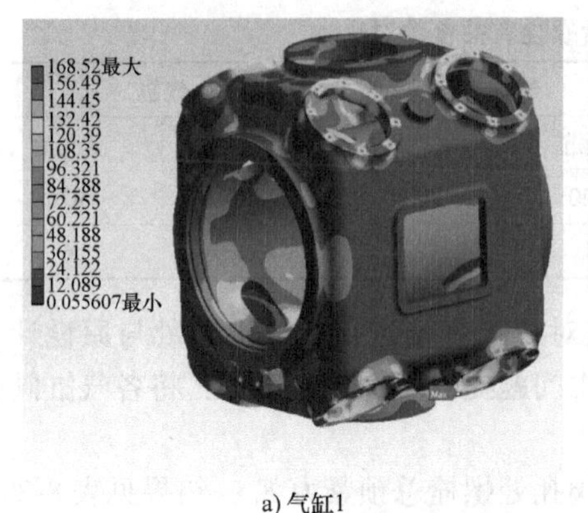

a) 气缸1

b) 气缸2

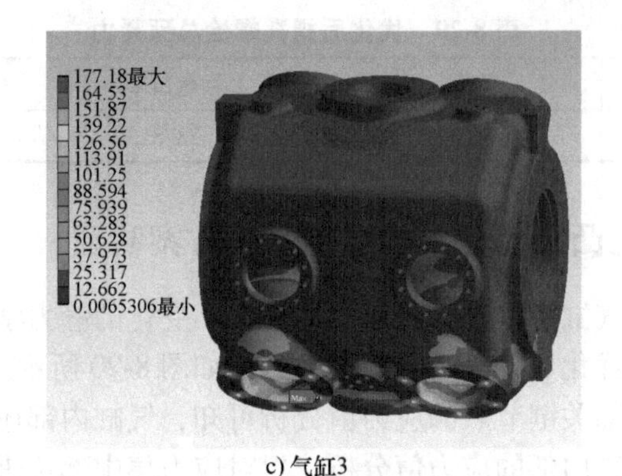

c) 气缸3

图 8-20　优化后各气缸等效应力云图

承总是变形最大的结构，故可针对该结构进行优化改进。

大型卧式气缸的质量大、伸出中体支承部位较长，因此应在气缸端部设置支承。对支承结构的要求包括：

1）能够承受气缸部件的质量。

2）在气缸受力与受热时能保证气缸轴向实现自由胀缩。

3）能保证气缸发生轴向位移时不下沉。

4）支承的高度可以调整。

气缸支承主要由底板、垫板、托板、筋板以及支承板组成。其中，底板位于结构最下方，上面与垫板通过螺栓相连接，起到地基的作用；支承板焊接在垫板上，起主要支承作用；筋板背面焊接在支承板上，底面焊接在垫板上，起到强化支承的作用；托板焊接在支承板背面靠上的位置，与缸盖的法兰面接触。整个支承部件通过螺栓紧固在缸体上，其三维图如图 8-21 所示。

为了提高气缸工作的可靠性，结合模态分析结果与气缸支承结构特点可知，如果发生共振，气缸支承在 x 向的抗弯刚度不足，导致这个方向的变形过大，应

在 x 方向上进行加强。

抗弯刚度 K 是指物体抵抗弯曲变形的能力，对于气缸支承，其计算公式为

$$K = EI_x \tag{8-25}$$

式中　E——弹性模量（MPa）；

I_x——垂直于回转面 xOz 的 x 轴的惯性矩（m^4）。

$$I_x = S_{xOz} l_x^2 \tag{8-26}$$

式中　S_{xOz}——支承在 xOz 面的截面积（mm^2）；

l_x——截面在 x 轴向的长度（mm）。

将式（8-26）代入式（8-25）中可得

$$K = ES_{xOz} l_x^2 \tag{8-27}$$

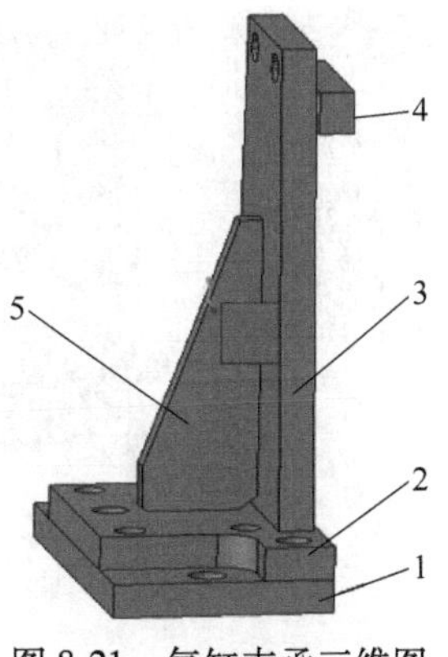

图 8-21　气缸支承三维图
1—底板　2—垫板　3—支承板
4—托板　5—筋板

由式（8-27）可知，由于弹性模量 E 仅与材料属性有关，在材料不变的前提下，弹性模量 E 始终为常数，此时抗弯刚度 K 仅与支承在 xOz 面的截面积有关，即可通过加大支承在 xOz 面的截面积来提升支承在 x 向的抗弯刚度。

综合厂内各标准等级气缸支承，现对各气缸支承进行如下优化。

气缸 1 与气缸 2 因为使用的气缸支承为同一型号，因此作合并优化：支承板上端宽度由 150mm 加大至 170mm，底部宽度由 220mm 加大至 230mm，如图 8-22 所示。气缸 3 的支承优化方案为：支承板上部宽度由 100mm 加大至 120mm，底部宽度由 160mm 加大至 170mm，如图 8-23 所示。

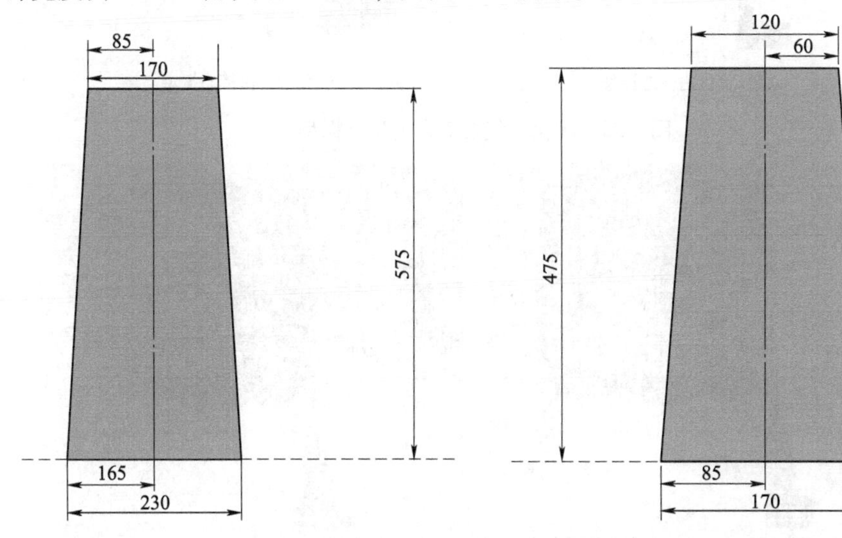

图 8-22　气缸 1、2 支承优化后尺寸　　图 8-23　气缸 3 支承优化后尺寸

根据上述优化方案分别对各气缸进行自由模态分析与约束模态分析，提取前 6 阶中的第 2 阶和第 6 阶自由模态振型与约束模态振型，如图 8-24～图 8-29 所示。

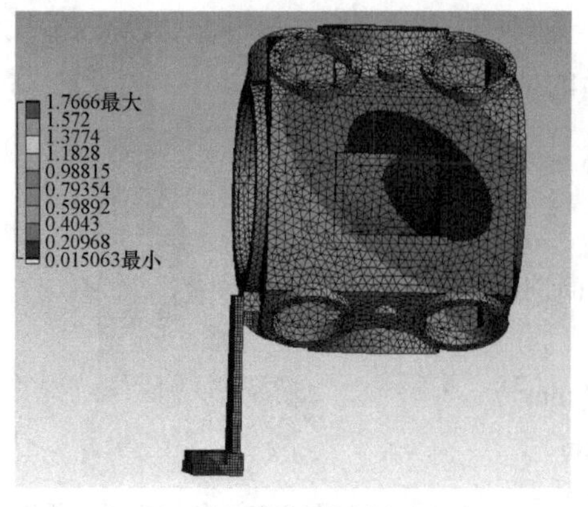

a) 第2阶自由模态振型　　b) 第6阶自由模态振型

图 8-24　优化后气缸 1 自由模态振型

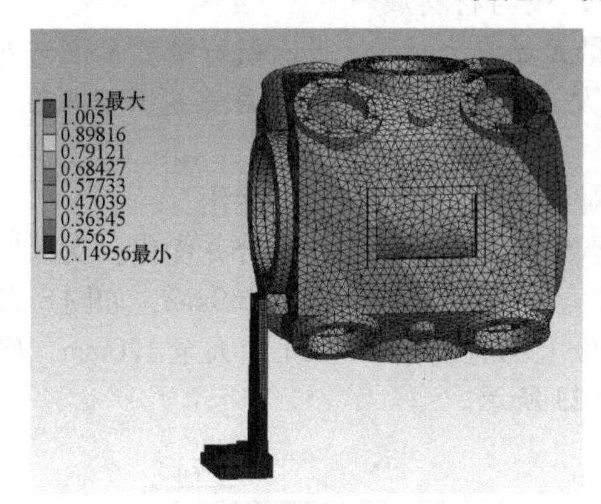

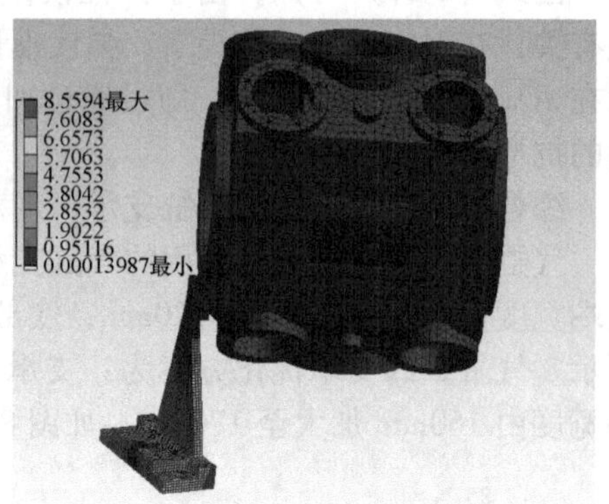

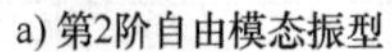
a) 第2阶自由模态振型　　b) 第6阶自由模态振型

图 8-25　优化后气缸 2 自由模态振型

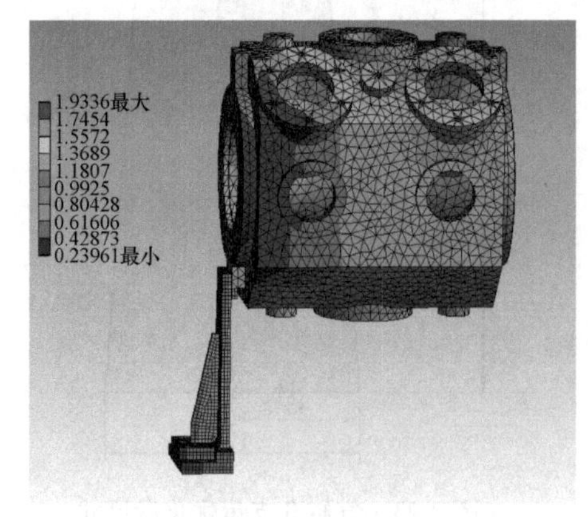

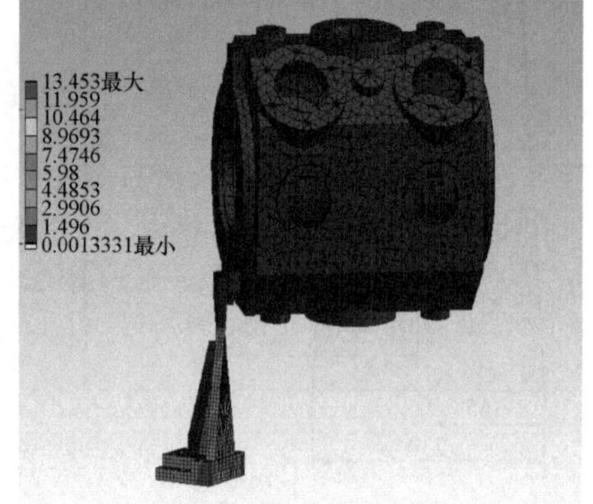

a) 第2阶自由模态振型　　b) 第6阶自由模态振型

图 8-26　优化后气缸 3 自由模态振型

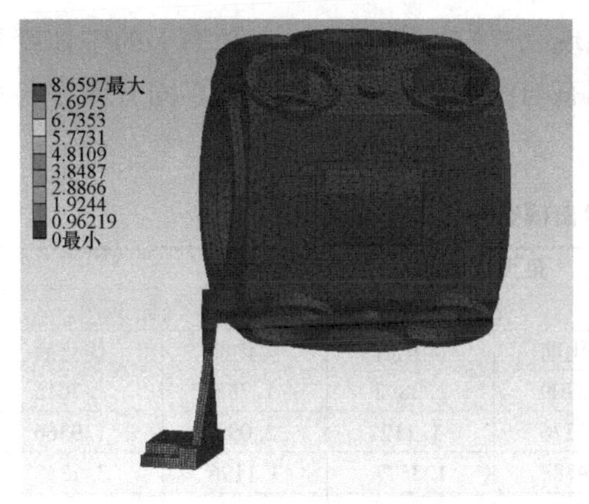

a) 第2阶约束模态振型

b) 第6阶约束模态振型

图 8-27　气缸 1 约束模态振型

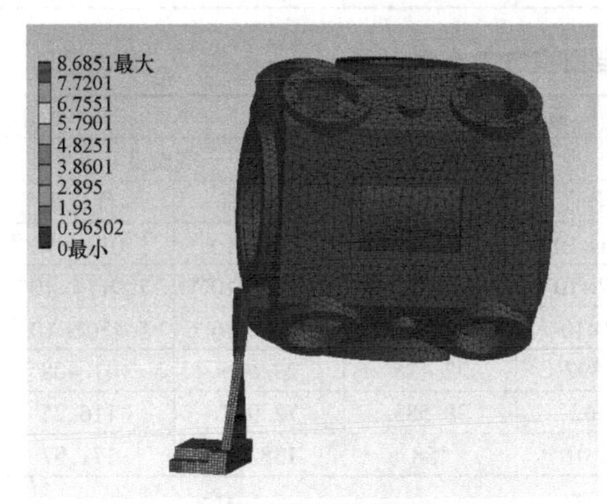

a) 第2阶约束模态振型

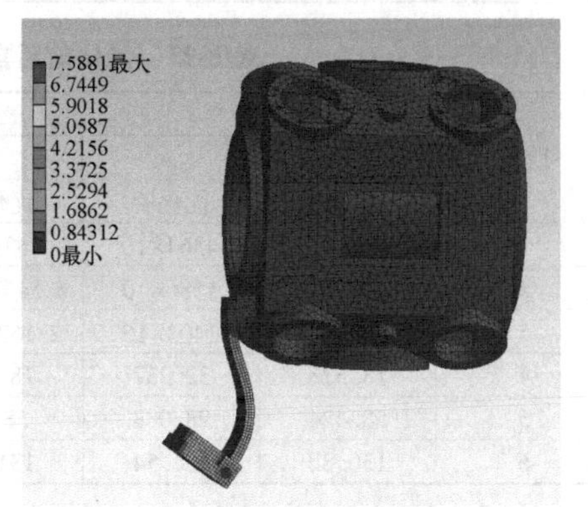

b) 第6阶约束模态振型

图 8-28　气缸 2 约束模态振型

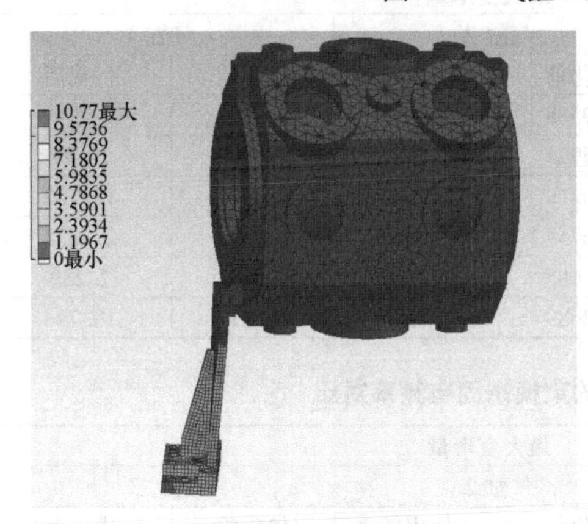

a) 第2阶约束模态振型

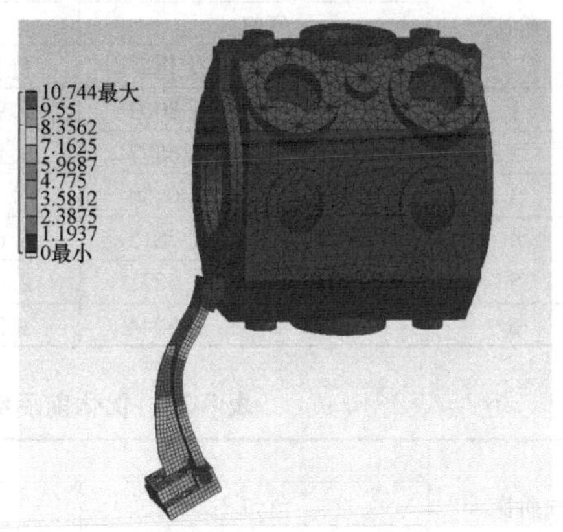

b) 第6阶约束模态振型

图 8-29　气缸 3 约束模态振型

对比各气缸优化前后振型图可以发现，气缸在前6阶固有频率下的整体变形方式基本不变。优化前后各气缸自由模态与约束模态的前6阶非零固有频率与最大变形量见表8-22~表8-25所示。

表8-22 优化前后自由模态最大变形量对比

阶次	最大变形量					
	气缸1		气缸2		气缸3	
	优化前	优化后	优化前	优化后	优化前	优化后
1	1.376	1.4087	1.2709	1.3892	1.758	1.7015
2	1.9211	1.766	1.3276	1.112	2.093	1.9366
3	1.845	1.9886	1.9788	1.3677	3.1196	3.1343
4	5.6	5.4477	5.6271	5.4711	7.6247	7.4164
5	9.5472	8.882	9.5516	8.9283	13.803	11.267
6	8.6643	8.5968	8.6676	8.5594	12.298	13.453

表8-23 优化前后自由模态固有频率对比

阶次	最大变形量					
	气缸1		气缸2		气缸3	
	优化前	优化后	优化前	优化后	优化前	优化后
1	4.9733×10^{-4}	5.4364×10^{-4}	2.4531×10^{-4}	1.0139×10^{-4}	2.9344×10^{-4}	5.0135×10^{-4}
2	1.478×10^{-3}	1.4686×10^{-3}	6.5467×10^{-4}	2.3511×10^{-4}	6.8037×10^{-4}	7.9174×10^{-4}
3	1.803×10^{-3}	2.1403×10^{-3}	2.167×10^{-3}	6.5932×10^{-3}	3.4529×10^{-3}	5.4302×10^{-3}
4	18.525	32.337	18.397	32.128	23.666	41.408
5	58.424	98.088	58.62	98.583	72.947	116.25
6	130.88	156.54	131.01	158	138.66	171.97

表8-24 优化前后约束模态最大变形量对比

阶次	最大变形量					
	气缸1		气缸2		气缸3	
	优化前	优化后	优化前	优化后	优化前	优化后
1	5.9584	5.8002	5.9588	5.8016	8.2251	7.9949
2	9.5864	8.6597	9.5921	8.6581	13.709	10.77
3	8.6341	9.0156	8.603	8.9546	13.167	13.722
4	8.6898	6.7815	8.6759	3.0803	2.1679	2.4078
5	2.2026	4.6271	2.0685	1.5307	2.0988	2.239
6	1.5104	1.5044	1.2689	1.0581	12.717	10.744

表8-25 优化前后约束模态固有频率对比

阶次	最大变形量					
	气缸1		气缸2		气缸3	
	优化前	优化后	优化前	优化后	优化前	优化后
1	17.173	29.845	17.18	29.885	21.599	37.834
2	56.212	91.744	56.265	92.071	68.038	102.82

（续）

阶次	最大变形量					
	气缸 1		气缸 2		气缸 3	
	优化前	优化后	优化前	优化后	优化前	优化后
3	127.79	148.18	128.42	143.68	127.8	166.67
4	129.62	214.81	129.58	195.53	230.19	229.79
5	230.54	235.31	201.27	223.46	248.45	247.85
6	250.69	250.97	222.74	226.28	385.08	508.73

为了更直观地观察优化前后各参数变化规律，现将表格中数据导入 MATLAB 中生成拟合曲线，如图 8-30~图 8-33 所示。

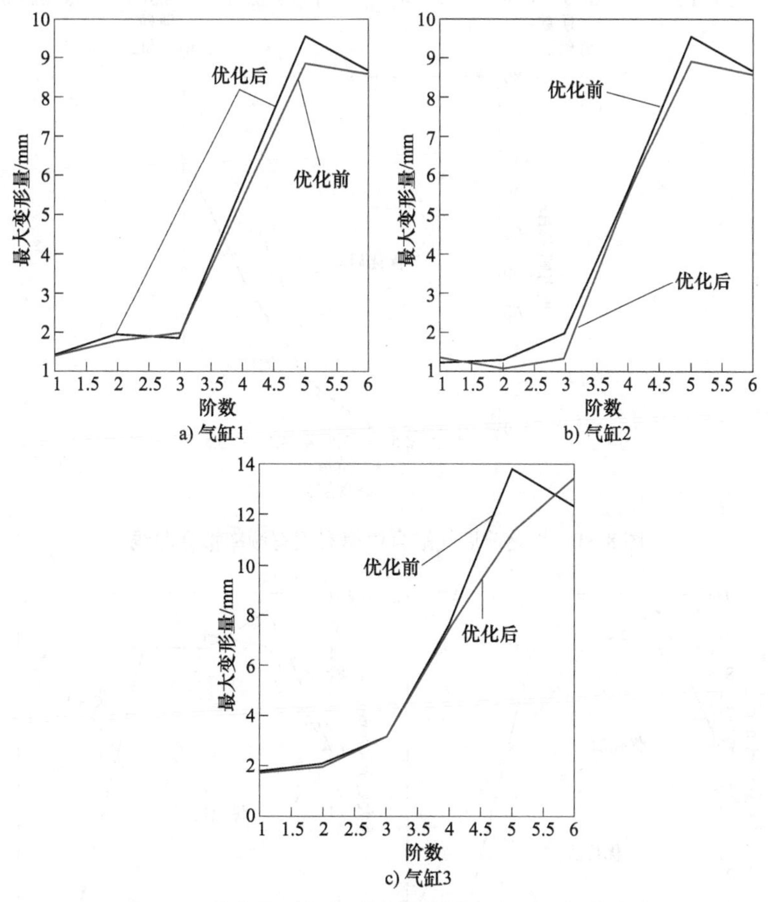

图 8-30　优化前后气缸自由模态最大变形量拟合曲线

由图 8-30 与图 8-32 可以看出，在优化支承板尺寸后，气缸在自由模态与约束模态下的各阶最大变形量小于优化前的最大变形量，证明优化方案确实可以有效抑制气缸在发生共振时的变形。

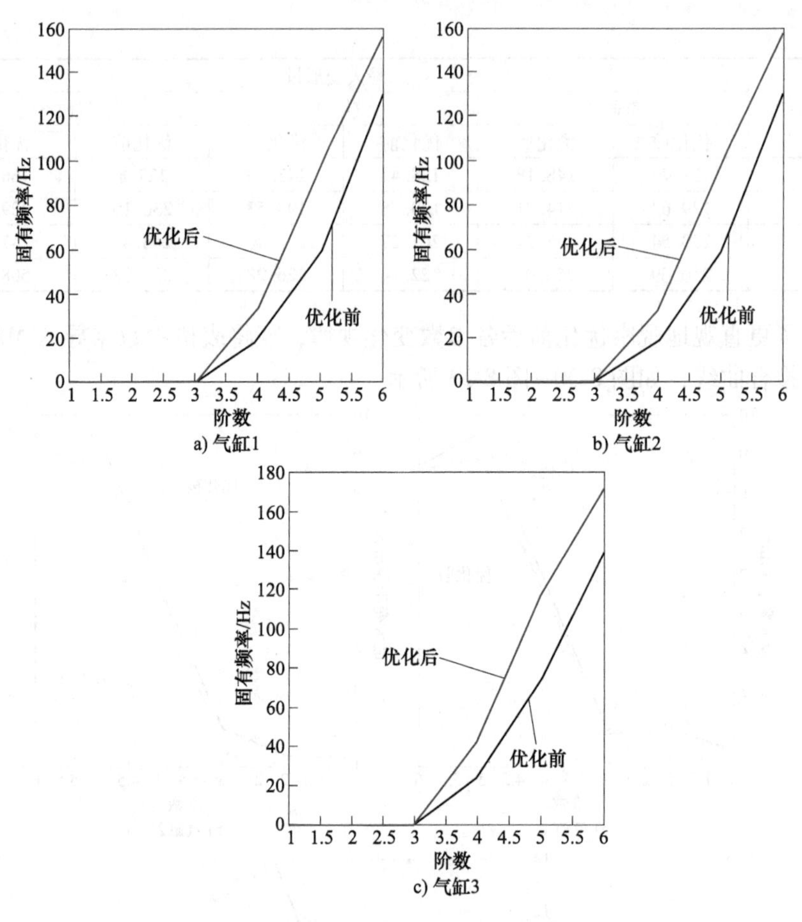

图 8-31　优化前后气缸自由模态固有频率拟合曲线

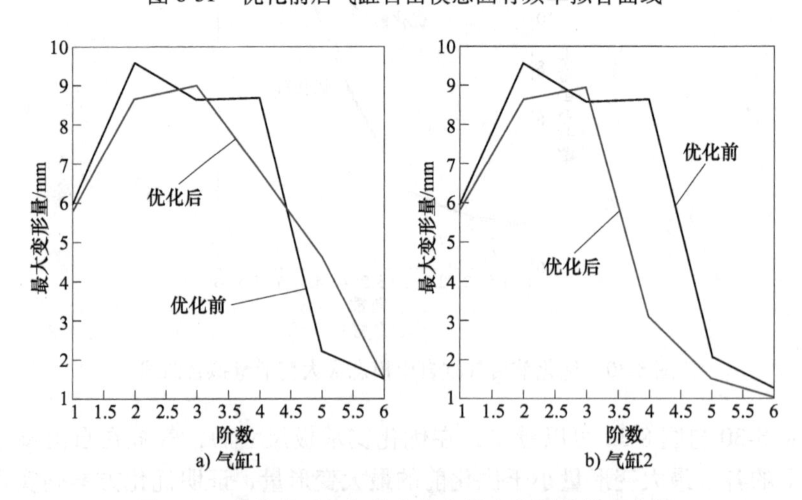

图 8-32　优化前后气缸约束模态最大变形量拟合曲线

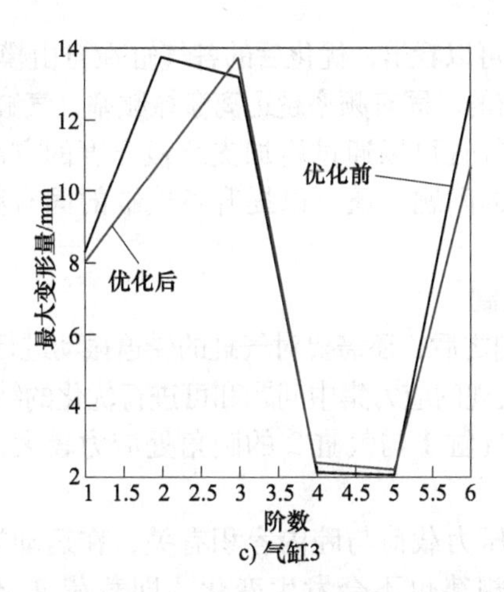

图 8-32　优化前后气缸约束模态最大变形量拟合曲线（续）

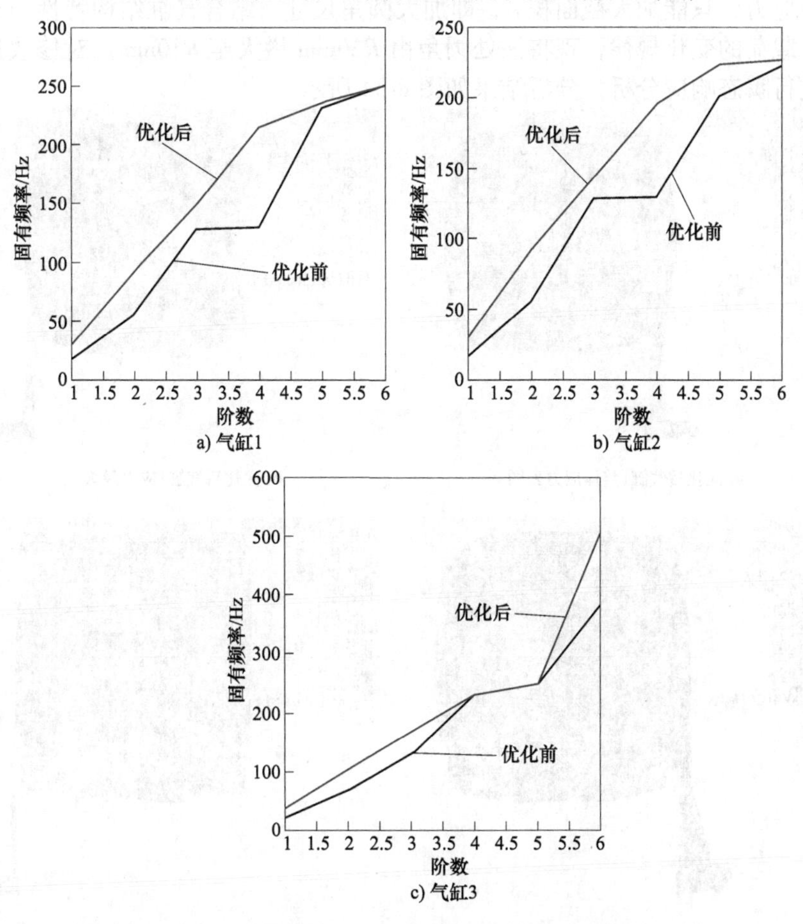

图 8-33　优化前后气缸约束模态固有频率拟合曲线

由图 8-31 与图 8-33 可以看出，优化后的各气缸在自由模态与约束模态下的固有频率整体上要高于优化前的。固有频率越远离激振频率，气缸就越难发生共振。

综上所述，铸钢型气缸可以通过增加支承板宽度的方法改善气缸在发生共振时支承处 x 向变形较大的问题，还可以提升各气缸的固有频率，加强各气缸的抗共振能力。

2. 气缸受迫振动控制

在分析气缸共振控制之后，还需要对气缸的受迫振动进行控制。在各气缸的瞬态响应中，对分析结果中发现的应力集中问题和可进行优化的结构进行优化与分析。

对瞬态响应分析中气缸 1 与气缸 2 的圆角处应力较大的问题进行优化，优化过程如下。

气缸内部交变气体压力载荷与腔内容积有关，在运动规律不会发生变化的前提下，腔内容积的变化规律也不会发生变化，即载荷 W 不变。因此要想减小圆角处的应力，只能加大截面积 A，即加大圆角尺寸。结合气缸结构特性与交变气体压力载荷的变化规律，现将该处圆角由 R20mm 增大至 R30mm。对修改后气缸模型进行瞬态响应分析，分析结果如图 8-34 所示。

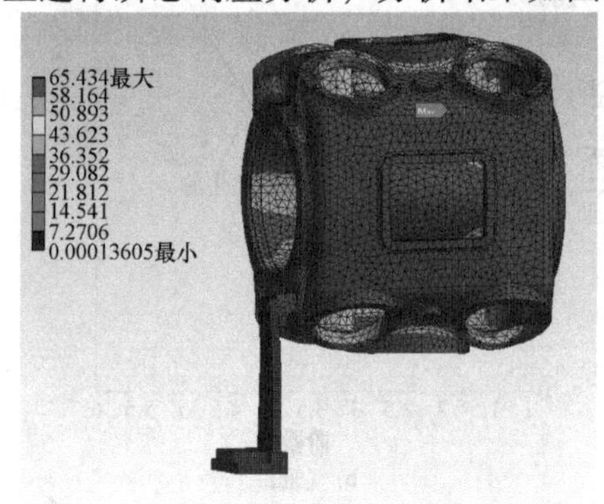

a) 优化后气缸1整体应力云图

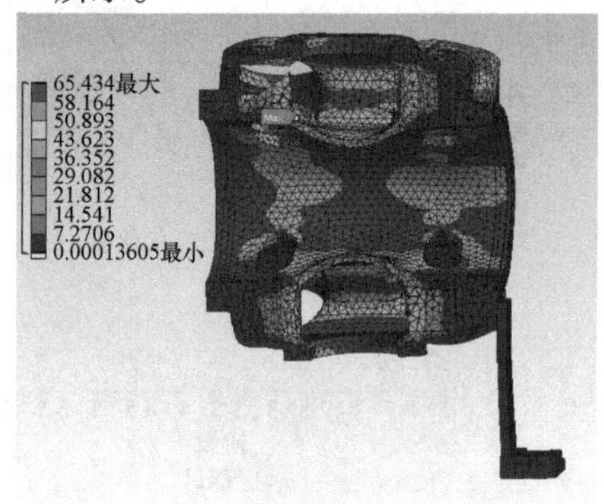

b) 优化后气缸1应力最大点

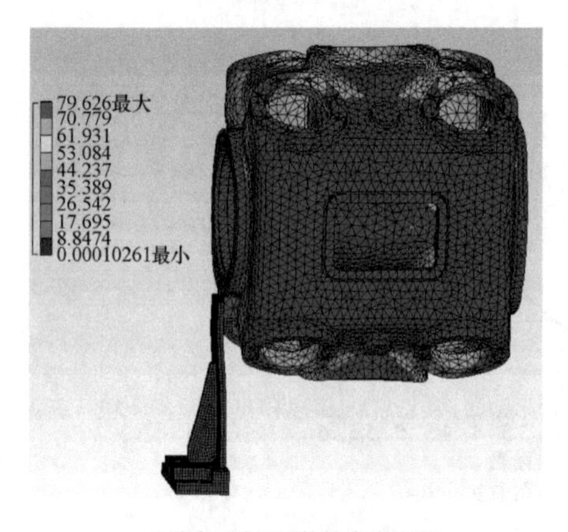

c) 优化后气缸2整体应力云图

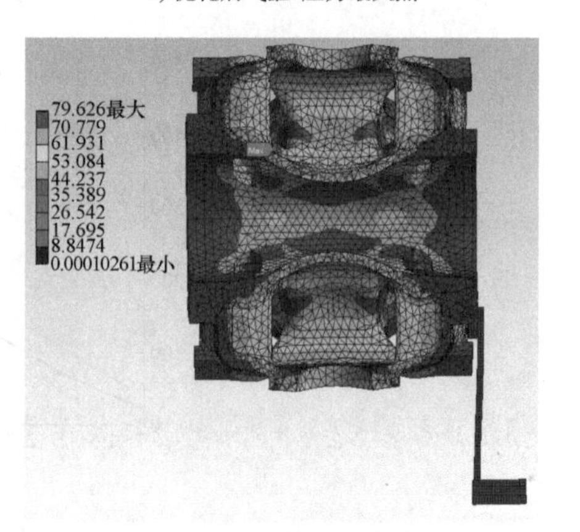

d) 优化后气缸2应力最大点

图 8-34　优化后气缸应力云图

优化前后气缸应力最大值对比见表 8-26。

表 8-26　优化前后气缸应力最大值对比

缸号	气缸 1	气缸 2
优化前	77.335	88.201
优化后	65.434	79.626
降幅	15.4%	9.7%

从表 8-26 可以看出，优化后的气缸 1 与气缸 2 的圆角处应力有较为明显的降低，同时也证明了上述优化方案的可行性。

针对瞬态响应分析中各气缸在 z 向的振动烈度较大的问题，为了增加气缸在 z 向的刚度，结合对结构刚度的讨论，现将气缸 1 与气缸 2 的支承板厚度由 20mm 增加至 30mm，将气缸 3 的支承板厚度由 16mm 增加至 25mm。对修改后的气缸模型进行瞬态响应分析，提取分析结果中各气缸在三个方向上的速度响应曲线，如图 8-35～图 8-37 所示。

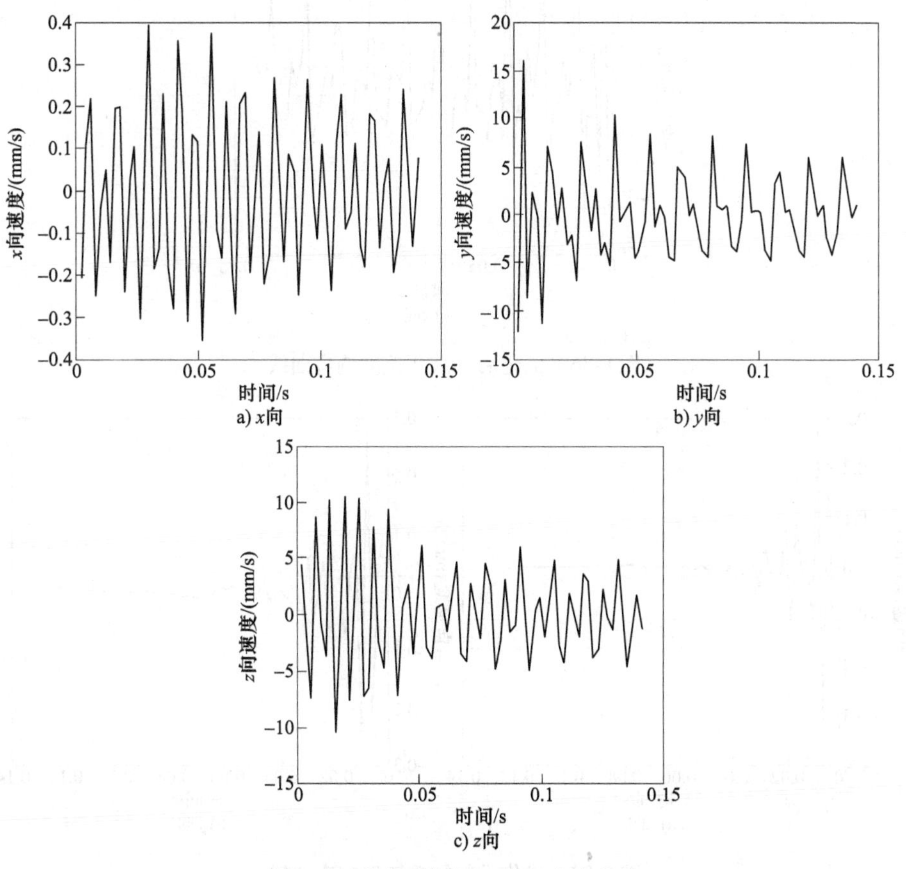

图 8-35　优化后气缸 1 速度响应曲线

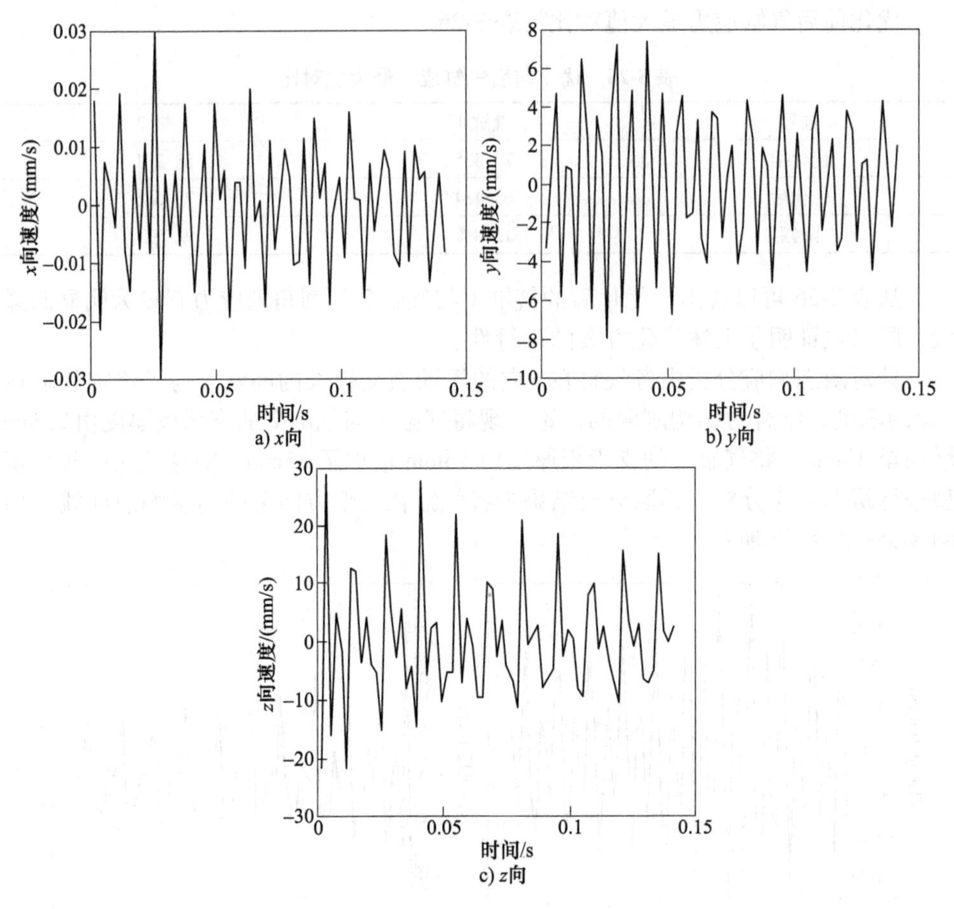

图 8-36　优化后气缸 2 速度响应曲线

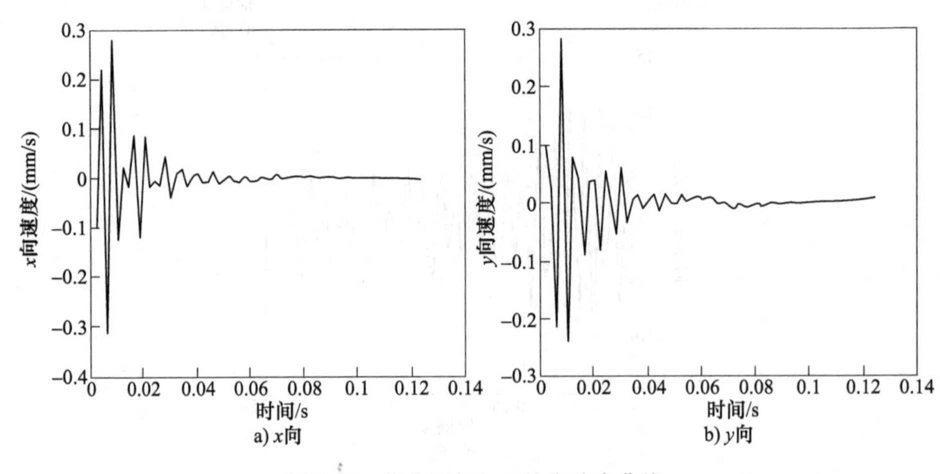

图 8-37　优化后气缸 3 速度响应曲线

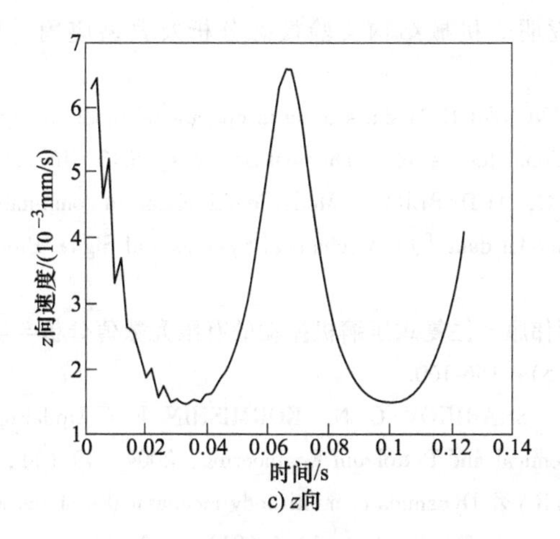

图 8-37　优化后气缸 3 速度响应曲线（续）

根据式（8-18）结合各气缸速度响应曲线，计算得优化后的各气缸在 x 向、y 向、z 向的振动烈度值，见表 8-27。

表 8-27　优化前后气缸振动烈度值对比

缸号	振动烈度/(mm/s)								
	x 向			y 向			z 向		
	初始	修改	降幅	初始	修改	降幅	初始	修改	降幅
气缸 1	0.162	0.114	29.6%	3.650	3.631	0.5%	4.016	3.564	11.3%
气缸 2	0.109	0.095	12.8%	3.585	3.200	10.7%	8.691	7.989	8.1%
气缸 3	0.118	0.078	33.4%	0.335	0.229	31.6%	0.565	0.273	51.7%

由表 8-27 可以看出，优化后各气缸在三个方向上的振动烈度均有较明显的降幅，其中气缸 3 在 z 向上的降幅最大，优化效果最明显，同时也证明了上述优化方案的可行性。但在 z 向上的振动烈度仍为最大。

综上所述，两进两出的铸钢型气缸可通过增大加强筋圆角的方法改善该处应力集中的问题，并可通过加厚支承板厚度的方法改善气缸在受迫振动时 z 向振动烈度较大的问题。

参 考 文 献

[1] WANG T, JIA X H, LI X Y, et al. Thermal-structural coupled analysis and improvement of the diaphragm compressor cylinder head for a hydrogen refueling station [J]. International Journal of Hydrogen Energy, 2020, 45 (1): 809-821.

[2] 黄捷，季忠，段虎明．机械结构实验模态分析及典型应用［J］．中国测试，2010，36（2）：4-8.
[3] AENLLE M L，BRINCKER R. Modal scaling in operational modal analysis using a finite element model［J］. International Journal of Mechanical Sciences，2013，76：86-101.
[4] BATOU A，SOIZE C，AUDEBERT S. Model identification in computational stochastic dynamics using experimental modal data［J］. Mechanical Systems and Signal Processing，2015，50；51：307-322.
[5] 仲崇明，万泉，蒋伟康．往复式压缩机振动的有限元数值分析与实验研究［J］．振动与冲击，2011，30（5）：156-160.
[6] ZAKHAROV B S，SHARIKOV G N，KORMISHIN E C. Updating piston pumps for oil production［J］. Chemical and Petroleum Engineering，2004，40（11，12）：732-738.
[7] ZBICIAK A，KOZYRA Z. Dynamics of multi-body mechanical systems with unilateral constraints and impacts［J］. Procedia Engineering，2014（91）：112-117.
[8] UDWADIA F E，PHOHOMSIRI P. Explicit equations of motion for constrained mechanical systems with singular mass matrices and applications to multi-body dynamics［J］. Proceedings of the Royal Society A Mathematical Physical and Engineering Sciences，2006，462（2071）：2097-2117.
[9] 吕端，曾东建，于晓洋，等．基于 ANSYS Workbench 的 V8 发动机曲轴有限元模态分析［J］．机械设计与制造，2012（8）：11-13.
[10] 张森森．级联往复式空压机动力学特性分析［D］．哈尔滨：哈尔滨工程大学，2013.
[11] 谭磊．基于有限元的高压气缸动态特性研究［D］．武汉：华中科技大学，2019.
[12] 周厚强．大功率往复式压缩机整机振动分析［D］．青岛：中国石油大学（华东），2017.